★生物技术系列

U0366566

植物学

张守润　杨福林　主编

ZHIWUXUE

化学工业出版社

·北京·

本书以被子植物为主线，阐述了植物体的形态特征、解剖结构、个体发育过程中器官的形态发生及胚胎形成特点；介绍了植物的多样性与分类的基础知识，植物界的系统进化，被子植物和裸子植物的分科，以及植物资源保护与利用等内容，图文并茂。每章后尚附有本章小结和多类型的思考题，书后还有实训（综合实训）和附录，突出应用性和可操作性。

本书适用于高职高专生物、园林和农林专业的师生，也可供相关专业的师生及技术人员参考。

图书在版编目（CIP）数据

植物学/张守润，杨福林主编．—北京：化学工业出版社，2007.7（2023.9重印）

高职高专"十一五"规划教材 ★生物技术系列

ISBN 978-7-122-00563-2

Ⅰ．植… Ⅱ．①张…②杨… Ⅲ．植物学-高等学校：技术学院-教材 Ⅳ．Q94

中国版本图书馆 CIP 数据核字（2007）第 101223 号

责任编辑：李植峰　梁静丽　郎红旗　　　　文字编辑：周　偬
责任校对：李　林　　　　　　　　　　　　装帧设计：张　辉

出版发行：化学工业出版社（北京市东城区青年湖南街13号　邮政编码100011）
印　　装：北京天宇星印刷厂
787mm×1092mm　1/16　印张17　字数425千字　　2023年9月北京第1版第14次印刷

购书咨询：010-64518888　　　　　　　　售后服务：010-64518899
网　　址：http://www.cip.com.cn
凡购买本书，如有缺损质量问题，本社销售中心负责调换。

定　　价：38.00元　　　　　　　　　　　　版权所有　违者必究

高职高专生物技术类"十一五"规划教材
建设委员会委员名单

主 任 委 员　陈电容
副主任委员　王德芝
委　　　员（按姓氏笔画排序）

王云龙	王方林	王幸斌	王德芝	李崇高	李敏骞	吴高岭
员冬梅	辛秀兰	宋正富	张胜	张海	张文雯	张温典
张德新	陆旋	陈红	陈电容	陈忠辉	陈登文	周庆椿
郑瑛	郑强	赵凤英	赵书芳	胡红杰	娄金华	钱志强
黄根隆	崔士民	程云燕				

高职高专生物技术类"十一五"规划教材
编审委员会委员名单

主 任 委 员　章静波
副主任委员　辛秀兰　刘振祥
委　　　员（按姓氏笔画排序）

王利明	王幸斌	王晓杰	卞勇	叶水英	包雪英	兰蓉
朱学文	任平国	刘振祥	关力	江建军	孙德友	李燕
李双石	李玉林	李永峰	李晓燕	李晨阳	杨贤强	杨国伟
杨洪元	杨福林	邱玉华	余少军	辛秀兰	宋京城	张文雯
张守润	张星海	张晓辉	张跃林	张温典	张德炎	陈玮
陈可夫	陈红梅	罗合春	金小花	金学平	周双林	周济铭
赵俊杰	胡斌杰	贺立虎	夏红	夏未铭	党占平	徐安书
徐启红	郭晓昭	陶令霞	黄贝贝	章玉平	章静波	董秀芹
程春杰	谢梅英	廖威	廖旭辉			

高职高专生物技术类"十一五"规划教材
建设单位名单
（按汉语拼音排序）

安徽第一轻工业学校　　　　　湖北荆门职业技术学院
安徽万博科技职业学院　　　　湖北荆州职业技术学院
安徽芜湖职业技术学院　　　　湖北三峡职业技术学院
安徽医学高等专科学校　　　　湖北生态工程职业技术学院
北京城市学院　　　　　　　　湖北十堰职业技术学院
北京电子科技职业学院　　　　湖北咸宁职业技术学院
北京吉利大学　　　　　　　　湖北中医学院
北京协和医学院　　　　　　　湖南省药品检验所
北京医药器械学校　　　　　　湖南永州职业技术学院
重庆工贸职业技术学院　　　　华中农业大学
重庆三峡职业学院　　　　　　江苏常州工程职业技术学院
甘肃农业职业技术学院　　　　江西景德镇高等专科学校
广东科贸职业学院　　　　　　江西应用职业技术学院
广西职业技术学院　　　　　　山东滨州职业技术学院
广州城市职业学院　　　　　　山东博士伦福瑞达制药有限公司
贵州轻工职业技术学院　　　　山东东营职业学院
河北承德民族师范专科学校　　陕西杨凌职业技术学院
河北承德职业技术学院　　　　上海工程技术大学
河北旅游职业学院　　　　　　四川工商职业技术学院
河南安阳工学院　　　　　　　苏州农业职业技术学院
河南工业大学　　　　　　　　武汉软件工程职业学院
河南科技学院　　　　　　　　武汉马应龙药业有限公司
河南濮阳职业技术学院　　　　武汉生物工程学院
河南漯河职业技术学院　　　　浙江大学
河南三门峡职业技术学院　　　浙江金华职业技术学院
河南信阳农业高等专科学校　　浙江经贸职业技术学院
黑龙江农业职业技术学院　　　浙江医药高等专科学校
呼和浩特职业学院　　　　　　郑州牧业工程高等专科学校
湖北大学知行学院　　　　　　郑州职业技术学院
湖北恩施职业技术学院　　　　中国食品工业（集团）公司
湖北黄冈职业技术学院

《植物学》编写人员

主　　编　张守润（甘肃农业职业技术学院）
　　　　　杨福林（河北旅游职业学院）
副 主 编　张德炎（湖北咸宁职业技术学院）
　　　　　朱学文（河南濮阳职业技术学院）
　　　　　张新中（甘肃农业职业技术学院）
编写人员（按姓氏笔画排序）
　　　　　巩国兴（甘肃农业职业技术学院）
　　　　　朱学文（河南濮阳职业技术学院）
　　　　　乔卿梅（河南郑州牧业工程高等专科学校）
　　　　　全国明（广州城市职业技术学院）
　　　　　孙伟华（河北旅游职业学院）
　　　　　杨福林（河北旅游职业学院）
　　　　　张守润（甘肃农业职业技术学院）
　　　　　张新中（甘肃农业职业技术学院）
　　　　　张德炎（湖北咸宁职业技术学院）
　　　　　郑　磊（湖北咸宁职业技术学院）
　　　　　郝改莲（河南濮阳职业技术学院）
　　　　　谭卫萍（广东科贸职业学院）

出 版 说 明

"十五"期间，我国的高职高专教育经历了跨越式发展，高职高专教育的专业建设、改革和发展思路进一步明晰，教育研究和教学实践都取得了丰硕成果。但我们也清醒地认识到，高职高专教育的人才培养效果与市场需求之间还存在着一定的偏差，课程改革和教材建设的相对滞后是导致这一偏差的两大直接原因。虽然"十五"期间各级教育主管部门、高职高专院校以及各类出版社对高职高专教材建设给予了较大的支持和投入，出版了一些特色教材，但由于整个高职高专教育尚未进入成熟期，教育改革尚处于探索阶段，故而现行的一些教材难免存在一定程度的不足。如某些教材仅仅注重内容上的增减变化，过分强调知识的系统性，没有真正反映出高职高专教育的特征与要求；编写人员缺少对生产实际的调查研究和深入了解，缺乏对职业岗位所需的专业知识和专项能力的科学分析，教材的内容脱离生产经营实际，针对性不强，新技术、新工艺、新案例、新材料不能及时反映到教材中来，与高职高专教育应紧密联系行业实际的要求不相适应；专业课程教材的编写缺少规划性，同一专业的各门课程所使用的教材缺乏内在的沟通衔接等。为适应高职高专教学的需要，在总结"十五"期间高职高专教学改革成果的基础上，组织编写一批突出高职高专教育特色，以培养适应行业需要的高级技能型人才为目标的高质量的教材不仅十分必要，而且十分迫切。

"十一五"期间，教育部将深化教学内容和课程体系改革作为工作重点，大力推进教材向合理化、规范化方向发展。2006年，教育部不仅首次成立了高职高专40个专业类别的"教育部高等学校教学指导委员会"，加强了对高职高专教学改革和教材建设的直接指导，还组织了普通高等教育"十一五"国家级规划教材的申报工作。化学工业出版社申报的200余本教材经教育部专家评审，被列选为普通高等教育"十一五"国家级规划教材，为高等教育的发展做出了积极贡献。依照教育部的部署和要求，2006年化学工业出版社与生物技术应用专业教育部教改试点高职院校联合，邀请50余家高职高专院校和生物技术相关企业作为教材建设单位，共同研讨开发生物技术类高职高专"十一五"规划教材，成立了"高职高专生物技术类'十一五'规划教材建设委员会"和"高职高专生物技术类'十一五'规划教材编审委员会"，拟在"十一五"期间组织相关院校的一线教师和相关企业的技术人员，在深入调研、整体规划的基础上，编写出版一套生物技术相关专业基础课及专门课的教材——"高职高专'十一五'规划教材★生物技术系列"。该批教材将涵盖各类高职高专院校的生物技术及应用专业、生物化工工艺专业、生物实验技术专业、微生物技术及应用专业、生物科学专业、生物制药技术专业、生化制药技术专业、发酵技术专业等专业的核心课程，从而形成优化配套的高职高专教材体系。目前，该套教材的首批编写计划已顺利实施。首批编写的教材中，《化学》、《细胞培养技术》和《药品质量管理》已列选为"普通高等教育'十一五'国家级规划教材"。

该套教材的建设宗旨是从根本上体现以应用性职业岗位需求为中心，以素质教育、创新教育为基础，以学生能力培养为本位的教育理念，满足高职高专教学改革的需要和人才培养的需求。编写中主要遵循以下原则：①教材内容中的理论知识和理论素材遵循"必需"、"够用"、"管用"的原则；②依据企业对人才的知识、能力、素质的要求，贯彻职业需求导向的原则；③坚持职业能力培养为主线的原则，多加入实际案例、技术路线、操作技能的论述，教材内容采用模块化形式组织，具有一定的可剪裁性和可拼接性，可根据不同的培养目标将内容模块剪裁、拼接成不同类型的知识体系；④考虑多岗位需求和学生继续学习的要求，在职业岗位现实需要的基础上，注重学生的全面发展，以常规技术为基础，关键技术为重点，先进技术为导向，体现与时俱进的原则；⑤围绕各种具体专业，制订统一、全面、规范性的教材建设标准，以协调同一专业相关课程教材间的衔接，形成有机整体，体现整套教材的系统性和规划性。同时，结合目前行业发展和教学模式的变化，吸纳并鼓励编写特色课程教材，以适应新的教学要求；并注重开发实验实训教材、电子教案、多媒体课件、网络教学资源等配套教学资源，方便教师教学和学生学习，满足现代化教学模式和课程改革的需要。

在该套教材的组织建设和使用过程中，欢迎高职高专院校的广大师生提出宝贵意见，也欢迎相关行业的管理人员、技术人员与社会各界关注高职高专教育和人才培养的有识之士提出中肯的建议，以便我们进一步做好该套教材的建设工作；更盼望有更多的高职高专院校教师和相关行业的管理人员、技术人员参加到教材的建设工作和编审工作中来，与我们共同努力，编写和出版更多高质量的教材。

化学工业出版社　教育分社

前　言

　　植物学是生命科学的基础学科之一，是各类高职高专院校中与生物学相关专业的一门必修专业基础课。

　　本教材是为了适应农林业发展和植物学教学体系改革的需要而组织编写的。在兼顾植物学知识的系统性、科学性和实效性的基础上，通过职业岗位群所需技能和能力分析、相关课程间知识结构关系分析，坚持理论教学"必需、够用为度"的原则，突出教材的适用性、应用性，突出实践教学，力求阐明植物学的基本知识和基本概念，密切联系实际，充分反映本学科的发展动态，体现高等职业教育的教学体系和特点。教材以被子植物为主线，阐述了植物体的形态特征、解剖结构、个体发育过程中器官的形态发生及胚胎形成特点；介绍了植物的多样性与分类的基础知识，植物界的系统进化，被子植物和裸子植物的分科，以及植物资源保护与利用等内容，图文并茂。每章后附有本章小结和多类型的思考题，便于学生加深对知识体系的理解，把握教材的核心内容，巩固所学知识。为了便于实践教学，加强实验实训，编写了实训（综合实训）及附录内容，以突出其应用性和可操作性。

　　参加本书编写的人员均为相关院校长期从事职业技术教育教学工作的专家和一线骨干教师，编写内容按照编者相对专长的研究领域进行分工，以保证教材尽可能充分反映相关领域的最新研究进展。本书分正文、实训和附录三部分。绪论和第一章由张守润编写，第二章由朱学文编写，第三章由张德炎、郑磊编写，第四章由杨福林、孙伟华编写，第五章由郝改莲编写，第六章由谭卫萍编写，第七章由张新中编写，实训与附录由全国明、乔卿梅编写。全书由张守润、张新中统稿，巩国兴负责插图汇编和文字排版，最后由杨福林审定全稿。

　　本书的编写得到了化学工业出版社和甘肃农业职业技术学院的支持和指导，也得到了诸位编写人员所在单位领导和同行的关心和帮助，同时在编写过程中也参阅了有关研究人员的研究成果和图片等文献资料，谨在此一并表示衷心的感谢。

　　由于时间紧、任务重，书中不妥之处在所难免，恳请广大读者提出宝贵意见。

编者

2007 年 6 月 于兰州

目　录

绪　论

学习目标

了解植物的基本特征及植物的多样性；植物学的概念及其学科分支；植物在自然界和人类生活中的作用；学习植物学的方法。

植物学是以植物为研究对象，以形态解剖、系统分类、植物与环境之间的关系为主要内容的一门基础学科。通过学习植物学，不仅能够深入理解和熟知植物的结构、功能和多样性，了解植物的起源和系统进化；同时，植物学知识对于人类面临的可持续发展问题，合理利用和保护植物资源，进行有序的生态重建和植被恢复等重大问题也是十分重要的。

一、植物及植物的多样性

地球上自生命发生以来，经历了几十亿年的漫长岁月，在不断演变和进化过程中，形成了约200万种现存的生物。其中，已知植物的总数达50余万种，它们是生物圈中的重要组成部分。

绝大多数植物有其区别于其他生物的基本特征：①它们的细胞具有细胞壁，具有比较固定的形态；②大多数种类能够借助太阳光能进行光合作用，把无机物质制造成有机物质而自养生活；③生长没有限定，大多数植物在从胚胎发生到植物体成熟的过程中，由于分生组织的存在能不断产生新的组织或新器官；④体细胞具有全能性，在适宜的条件下，一个体细胞经过分裂、生长和分化，就可成为一个完整的植株；⑤陆生植物扎根土壤中，对外界环境的变化一般不能迅速做出反应，往往只能在形态上演化出对不良环境有很强耐性与抗性等适应性变化的植株。在地球上复杂环境的孕育下，植物出现了多种多样的类型。不同植物的形态、结构、生活习性及对环境的适应性各有差异。在大小方面，有直径只有 $0.1\mu m$ 的支原体，也有枝叶繁茂的参天巨树。在结构方面，有的仅由一个细胞组成，如衣藻、小球藻；有的由定数细胞聚集成群体类型，如实球藻；在此基础上，出现了多细胞的低级类型，如紫菜、海带等；进一步演化形成多细胞的高级类型，其植物体具有高度的组织分化，产生了维管组织，形成了根、茎、叶等器官，再如松、苏铁、苹果、油菜、水稻、小麦、玉米等能产生种子，称为种子植物。在生命周期方面，有的细菌仅能生存 $20\sim30min$，即进行分裂而产生新个体；一年生和两年生的草本植物，分别在一年中或跨越两个年份，经历2个生长季而完成生命进程，如棉花、冬小麦等；多年生的草本植物可以生存多年，如芦苇、菊花等；木本植物的树龄较长，有的甚至长达百年、千年，如杨、柳、松、柏、银杏。就营养方式来说，植物界中绝大多数种类都具有叶绿体色素，能够进行光合作用，自制养料，它们被称为绿色植物或自养植物。但还有部分植物体内无叶绿体色素，不能自制养料，是一类寄生植物，必须寄生在其他植物上，吸收现成的营养物质而生活，如寄生在大豆上的菟丝子等。许多菌类多从腐败的生物体上通过对有机物的分解作用而摄取生活所需的养料，是营腐生生活的腐生植物。寄生植物和腐生植物均属于非绿色植物或称为异养植物。但非绿色植物中也有少数种类，如硫细菌、铁细菌可以借氧化无机物获得能量而自制养料。不同生态环境中常生长分布着不同的植物，大多数种类为陆生植物，部分种类生活在水中，称为水生植物，如常见的莲、金鱼藻等。在其他一些特定环境中，相应地出现一些特殊类型的植物，如砂生植物、盐生植物、酸性土植物、钙质土植物、冻原植物等。

植物的多样性是植物有机体在与环境长期的相互作用下，经过遗传、变异、适应和选择等一系列的矛盾运动所产生的。演化的趋势是由水生到陆生，由简单到复杂，由低等到高等。演化过程中，植物还将继续不断地向前发展，不断地产生新的种类，同时，人类生产劳动的实践活动，也将对植物界的繁荣昌盛产生愈来愈深远的影响。

数量浩瀚、类型丰富的植物组成了植物界。关于植物界的划分范围，人们存在着不同的看法，是随着科学的进步而发展的。但归纳起来，主要有两界、三界、四界、五界、六界等分类系统。

在 18 世纪，现代生物分类的奠基人，瑞典博物学家林奈（Carrolus Linneaus, 1707—1778）在《自然系统》（SystemaNaturae）一书中明确将生物分为植物和动物两大类，即植物界（Plantas）和动物界（Animalis）。这就是常说的两界系统，其中植物界包括菌类、藻类、地衣、苔藓类、蕨类和种子植物。这种分界系统沿用最广和最久，较有利于初学者对植物界的广泛理解。以后相继出现了三界（植物界、动物界和原生生物界）、四界（植物界、动物界、原生生物界、真菌界）和五界（植物界、动物界、真菌界、原生生物界和原核生物界）系统。在 20 世纪 70 年代，我国学者又把病毒和类病毒另立为非胞生物界，建立了六界系统。在生物多界系统中，植物界的范围相应缩小，有的分界学说甚至认为植物界仅包括苔藓类、蕨类和种子植物。

二、植物在自然界和人类生活中的作用

植物广泛分布于陆地、河流、湖泊和海洋，它们在生物圈的生态系统、物质循环和能量流动中处于最关键的地位，在自然界中具有不可替代的作用。

1. 转贮能量，为生命活动提供能源

绿色植物是自然界中的第一生产力。它们能够进行光合作用，把简单的无机物、水和二氧化碳合成为复杂的有机物，并在植物体内进一步同化为糖类、脂类、蛋白质等物质。这些物质除了少部分消耗于本身生命活动中，以及转化为组成躯体的结构材料之外，大部分以贮藏物的形式在细胞中聚留下来。在此过程中，太阳的光能相应地被转化为化学能贮积在这些物质之中。当人类、动物食用绿色植物，以及异养生物从绿色植物躯体上或死后残骸上摄取养料时，绿色植物体中的贮藏物质被分解利用，能量再度释放出来，从而为生物的生命活动提供了必不可少的能源。

2. 促进物质的循环，维持生态平衡

植物在自然界的各种物质循环中均起着非常重要的作用。最为突出的是绿色植物在光合过程中释放氧气，不断补充动植物呼吸和物质燃烧及分解时对氧的消耗，维持了自然界中氧的相对平衡，与生物的生命活动关系极为密切。

碳是生命的基本元素，绿色植物进行光合作用时，要吸收大量二氧化碳。长期以来，自然界中的二氧化碳能够始终维持相对平衡，除了地球上物质燃烧、火山爆发、动植物呼吸释放出二氧化碳之外，主要是依靠非绿色植物对生物尸体分解所产生的二氧化碳。

在氮的循环中，固氮细菌和少数固氮蓝藻把空气中的游离氮固定转化为含氮化合物，使之成为植物能够吸收利用的氮。绿色植物吸入这些含氮化合物，进而合成蛋白质，建造自身或贮积于体内。动物摄食植物，又转而组成动物蛋白质。生物有机体死亡后，经非绿色植物的分解作用释放出氨。一部分氨成为铵盐为植物再吸收；另一部分氨经过硝化细菌的硝化作用，形成硝酸盐，而成为植物的主要可用氮源。环境中的硝酸盐也可由反硝化细菌的反硝化作用，再释放出游离氮或氧化亚氮返回大气，以后，又可再被固定而利用。由此可见，氮的循环也只有在植物的作用下，才能不断进行。

其他如氢、磷、钾、铁、镁、钙等元素，也都以被吸收的方式从土壤进入植物体，通过

辗转变化，又重返土壤。

自然界的物质经常处于不断运动的状态之中，一方面通过绿色植物进行光合作用，合成有机物质；另一方面又通过动植物的呼吸作用，或者非绿色植物对死亡有机体的矿质化作用，使复杂的有机物分解成简单的无机物，重新再为绿色植物所利用。在物质的合成与分解过程中，使自然界的物质循环往复，永无止境。

3. 发展国民经济的重要物质资源

植物不仅对自然界起着重大作用，它在人类的生活中（衣、食、住、行等方面）也是不可缺少的。据推算，地球上的植物为人类提供90%的能量，80%的蛋白质，食物中有90%产自陆生植物。作为日常主要粮食的作物有稻、麦、玉米、高粱等；常见果蔬植物有桃、苹果、梨、柑橘、香蕉、荔枝、龙眼、白菜、萝卜等；甘蔗、甜菜可以制糖；大豆、花生、油菜为重要的油料植物；棉花、大麻、苎麻、竹是纺织或造纸的原料；许多高大树木，如红松、云杉、栎树等，可供建筑房屋、桥梁或制造舟车等用；法国梧桐、杨、重阳木、国槐等为常见行道树种。

在农业、林业生产上，许多植物是栽种培育的直接对象。植物在长期进化过程中，形成了无数类型的遗传性状而保存在植物界的不同物种中，数十万种的植物作为一个天然的基因库，是自然界留给人类的最宝贵的财富，对农业、林业中的引种驯化、抗病育种工作都具有极为重要的意义。

许多植物分别含有各种生物碱、苷类、萜类、有机酸、氨基酸、激素、抗生素等，多数是医药的主要有效成分。如金鸡纳、颠茄、毛地黄、乌头、丹参、薄荷、大黄、香附子等均为重要的药用植物。医药上常用的青霉素、土霉素、金霉素等，也是从低等植物菌类中提制而成的。

在工业方面，无论是食品工业、制糖工业、油脂工业、纺织工业、造纸工业，或是橡胶工业、油漆工业、酿造工业，甚至冶金工业、煤炭工业、石油工业等都需要植物作为原料或参与作用。

此外，在保持水土、改良土壤、绿化城市和庭园、保护环境、减少污染等方面，植物的作用和影响都十分重要和深远。

我国地大物博，植物资源丰富，仅种子植物就有约3万种，其中重要的经济植物甚多。稻、粟（谷子）在我国已有数千年的栽培历史。此外，还有许多原产、特产的种类，如桃、梅、柑橘、枇杷、白菜、茶、桑、油桐、大豆、苎麻、月季、玫瑰、牡丹、菊花、兰花、水仙、山茶、杜鹃花等；被誉为活化石的银杏、水杉、水松、银杉，更属稀世珍宝；我国的中药材资源尤为丰富，杜仲、人参、当归、石斛等均为名贵药用植物。这些蕴藏丰富的植物资源为我国经济的发展提供了雄厚的种质基础。

三、植物学的研究内容及其分支学科

植物学的形成和发展与生产实践紧密相关。早期的人类在采集植物充饥御寒和医治疾病时，开始积累有关植物的知识；以后在广泛利用植物、栽培繁育植物中，进一步加深了对植物的认识。随着人类生产实践活动的不断发展，有关植物知识的积累越来越丰富，从而逐渐建立了植物学这一学科。

植物学是研究植物界和植物体生活和发展规律的生物学科。主要研究植物形态结构的发育规律，生长发育的基本特性，类群进化与分类，以及植物与环境的相互关系等内容。随着生产和科学的发展，植物学已形成许多分支学科，现择要予以介绍。

植物分类学——研究植物种类的鉴定、植物之间的亲缘关系，以及植物界的自然系统的学科。

植物形态学——研究植物的形态结构在个体发育和系统发育中的建成过程和形成规律的学科。广义的概念还包括研究植物组织和器官显微结构及其形成规律的植物解剖学，研究高等植物胚胎形成和发育规律的植物胚胎学，以及研究植物细胞的形态结构、代谢功能、遗传变异等内容的植物细胞学。

植物生理学——研究植物生命活动及其规律的学科。包括植物体内的物质和能量代谢、植物的生长发育、植物对环境条件的反应等内容。

植物遗传学——研究植物的遗传和变异规律的学科。

植物生态学——研究植物与其周围环境相互关系的学科。现又发展出植物个体生态学、植物群落生态学和生态系统等分支内容。

回顾植物学的发展历程，一方面，许多分支学科相继形成；另一方面，由描述性阶段逐渐转入实验植物学阶段。20 世纪 60 年代以来，由于研究方法和实验技术的不断创新，植物科学得到迅速发展。在微观领域，由细胞水平进入亚细胞水平、分子水平，对植物体结构与功能有了更深入的了解，在光合作用、生物固氮、呼吸作用和离子吸收等许多方面获得了重大突破，特别是确认 DNA 是遗传的分子基础，并阐明 DNA 的双螺旋结构之后，人们开始从分子水平上认识植物。在宏观领域，已由植物的个体形态进入到种群、群落及生态系统的研究，甚至采用遥感技术研究植物群落在地球表面的空间分布和演变的规律，并应用其进行植物资源的调查。

更为值得注意的趋势是，随着科学的发展，植物学各分支学科已开始在新的水平上向着综合的方向发展，已形成了植物细胞生物学、分子植物学、植物生物工程、进化植物学、发育植物学、环境植物学等分支学科。此外，还有一些新型的学科正在酝酿兴起。总之，植物学家正以前所未有的规模、按照新的思路对植物进行开发、改造和利用，这标志着植物学已进入了一个新的发展阶段，它必将对现代农业的发展产生积极的作用。

四、学习植物学的目的和方法

研究植物学的目的在于掌握物种形成与系统发育的规律；研究个体构造、生物发育与生殖的规律；研究生命活动现象及生命活动的规律；研究植物与环境之间的辩证关系从而控制、利用和改良植物，扩大和充分利用野生植物资源，提高农作物的产量和品质，引种驯化，更好地为我国的国民经济建设服务。

植物学是种植类专业的基础课，也是进一步学好其他专业基础课和专业课的必要条件和基础。例如，在栽培、繁育各种农作物、林木、果树以及其他经济植物时，需要具备植物学的基本知识；改良土壤、防治病虫，最终以种植好作物、林木等为目的；家禽、家畜的饲养，以及农、林产品加工，均需要植物作为饲料或原料，也都直接或间接与植物发生关系。因此，加深对植物的认识，掌握植物学的基本知识和基本技能，对进一步学习有关专业基础课和专业课是十分必要的。

学习植物学，必须注意辩证思维，把握知识间的内在联系。如形态结构与生理功能的关系，形态结构与生态环境的关系，个体发育与系统发育的关系，共性与个性的关系，多样性保护与资源开发利用的关系等。只有掌握不同植物生长发育的规律，以及它们与环境间生态关系的规律，科学地加以控制、促进和调节，才能从植物获得更多的产品和产量。

学习植物学，要在学习植物学的基本理论和基本知识的基础上，注意了解新成就、新动向和新发展。要学会和经常查阅国内外比较重要的植物科学期刊和参考书，以了解植物科学的新信息。植物学和其他生物科学一样，都有相似的研究方法，通过认真观察、系统比较和实验，以了解植物生活现象、生长发育和形态结构，从而揭示植物生活、生长与发育和形态与结构变化的表现、规律和本质。植物有机体是一个完整的整体，个体成长时需要经过一系列生长发育的过程，因此，在学习植物内部结构时，要注意建立立体概念和动态发育的观点。植物种类繁多，类群复杂，它们是自然界中经过长期演化而来的，应以由低级到高级的系统进化观念去理解问题。学习过程中，特别要重视理论联系实际，认真进行实验观察，加强基本实验技能的训练，以求学得踏实、学得深入，为学习后续课程和从事今后工作打下良好的基础。

第一章　植物细胞与组织

学习目标

理论目标：掌握植物细胞的基本特征，包括细胞的基本概念，原生质的胶体性质；掌握植物细胞的主要结构和功能，包括细胞膜、主要细胞器和细胞壁的结构特点及生理功能；了解细胞的化学组成，植物细胞后含物；掌握植物细胞的增殖，包括有丝分裂和减数分裂的过程与特点，细胞的生长与分化。掌握组织的概念及各类组织的分布、功能。

　　技能目标：学会显微镜的操作、简易装片的制作、徒手切片、生物绘图；认识植物细胞的结构，识别各种质体及细胞后含物；掌握有丝分裂和减数分裂各期的主要特征；认识植物各种组织的特征和分布。

　　无论是高大的乔木、低矮的草本植物还是微小的藻类植物都是由细胞组成的。细胞具有非常精密的结构，是生命活动的基本单位。植物的一切生命代谢活动都发生在细胞中。

　　细胞的发现依赖于显微镜的发明和发展。1665 年，英国物理学家胡克（R. Hooke，1635—1703）创造了第一台有科学研究价值的显微镜，它的放大倍数为 40～140 倍，用它观察了软木（栎树皮）的切片，看到了许多紧密排列的、蜂窝状的小室，称之为"细胞"，实际上当时观察到的仅是植物死细胞的细胞壁。

　　真正观察到活细胞的是荷兰科学家列文虎克（A. van Leeuwenhoek，1632—1723），他在 1677 年用自制的显微镜观察到了池塘水中的原生动物、蛙肠内的原生动物、人类和哺乳类动物的精子等，这些都是生活细胞。

　　19 世纪 30 年代，显微镜制造技术明显改进，分辨率提高到 1μm 以内，同时由于切片机的制造成功，使显微解剖学取得了许多新进展。1831 年，布朗（R. Brown）在兰科植物和其他几种植物的表皮细胞中发现了细胞核。施莱登（M. J. Schleiden）把他看到的核内小结构称为核仁。1839 年蒲肯野（Purkinje）首先把细胞的内容物称为原生质，提出细胞原生质的概念。随后，莫尔（H. von. Mohl）等发现动物细胞中的"肉样质"和植物细胞中的原生质在性质上是一样的。至此，人们便确定了动物、植物细胞具有最基本的共性成分——原生质。于是形成了"细胞是有膜包围的原生质团"的基本概念（图 1-1）。此后，德国植物学家施莱登和德国动物学家施旺（Theodor. Schwann）在总结了前人工作的基础上，提出了细胞学说，即"一切生物，从单细胞到高等动物、植物都是由细胞组成的；细胞是生物形态结构和功能活动的基本单位。"德国病理学家 R. Vimhow(1855) 指出"细胞来自细胞"，使细胞学说更加完善。

　　20 世纪初，细胞的主要结构在光学显微镜下都已被发现，对细胞的研究工作主要集中在形态描述，包括对细胞有丝分裂、减数分裂、受精以及细胞的分化过程等广泛和深入的认识。20 世纪 50 年代以后，电子显微技术、同位素示踪技术、超速离心机等生物化学研究方法的应用，使人们逐渐认识了细胞各部分的结构和功能。近年来，从分子水平上深入认识细胞的生命活动及其调控，大大拓宽了细胞学的研究深度和广度。在细胞水平与分子水平上的研究成果有力地推动了植物科学的发展。

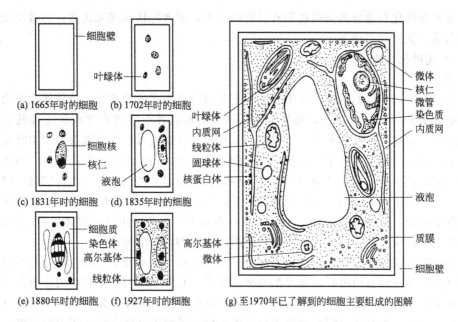

图 1-1　细胞结构研究历史图解（细胞内各部分不是按比例画制）
（引自贺学礼）

第一节　细胞的基本特征

一、细胞的基本概念

细胞是生物有机体最基本的形态结构单位。除病毒外，一切生物有机体都是由细胞组成的。单细胞生物只由一个细胞构成，而高等植物体则由无数个功能和形态结构不同的细胞组成。

细胞也是代谢功能的基本单位。它是一个高度有序的、能够进行自我调控的代谢功能体系，每一个生活细胞都具有一套完整的代谢机构以满足自身生命活动的需要。此外，生活细胞还能对环境变化做出反应，从而使其代谢活动有条不紊地协调进行。在多细胞生物体中，各种组织分别执行特定的功能，但都是以细胞为基本单位而完成的。

细胞还是有机体生长发育的基础。一切生物有机体的生长发育主要通过细胞分裂、细胞体积增长和细胞分化来实现。组成多细胞生物体的众多细胞尽管形态结构不同，功能各异，但它们都是由同一受精卵经过细胞分裂分化而来的。

细胞又是遗传的基本单位，具有遗传上的全能性。无论是低等生物或高等生物的细胞、单细胞生物，还是多细胞生物的细胞、结构简单或结构复杂的细胞、分化或未分化的细胞，它们都包含全套的遗传信息，即具有一套完整的基因组。植物的性细胞或体细胞在合适的外界条件下培养可诱导发育成完整的植物体，这说明从复杂有机体中分离出来的单个细胞是一个独立的单位，具有遗传上的全能性。

二、细胞的化学组成

植物细胞含有多种元素，主要有 C、H、N、O、P、S、Ca、K、Cl、Mg、Fe、Mn、Cu、Zn、Mo 等。其中，C、H、N、O 四种元素占 90% 以上，它们是构成各种有机化合物的主要成分。各种元素的原子或以各种不同的化学键互相结合而成各种化合物，或以离子形式存在于植物细胞内。

组成细胞的化合物分为无机物和有机物两大类，前者包括水和无机盐，后者主要包括核酸、蛋白质、脂质和多糖等。

（一）无机化合物

1. 水

水是细胞中最主要的成分，从细胞的含水量可以看出水的重要性：植物体中生命活动旺盛的细胞含水量高达85%以上，而处于休眠状态的植物种子细胞的含水量远远低于植物其他组织细胞，在吸取足够的水分，且温度、氧气等条件适宜时，种子就会表现出旺盛的生命活动现象。如果地球上没有水，也就不会有细胞的产生，当然也就不会有生命。由于水特有的理化性质，使其在生命起源和形成细胞有序结构方面起着关键作用。水在细胞中以两种方式存在：一种是游离水，约占细胞总水量的95%；另一种是结合水，通过氢键或其他化学键与蛋白质结合，这种水约占4%~5%。水在细胞中的主要作用是溶解无机物、调节温度、进行各种生化反应的介质、参与物质代谢和形成细胞的有序结构等。

水的重要功能与水的特有属性密不可分。化学结构上，水分子中的电荷分布不对称，一侧显正电性，另一侧显负电性，是典型的极性分子。它既可以与蛋白质中的正电荷结合，也可以与负电荷结合。由于水分子具有极性，产生静电作用，因而它是一些离子物质（如无机盐）的良好溶剂。水分子之间和水分子与其他极性分子间还可建立弱作用力的氢键。在水分子中每一个氧原子可与另两个氢原子形成两个氢键，因而水具有较强的内聚力和吸附力。生命活动中各种化学反应的反应物都必须溶解于水。极性的水分子可以和多种极性分子结合，水分子的吸附力使水分子附着在纤维素、淀粉和蛋白质等多种极性大分子上，使这些大分子能溶于水中。水分子另一个重要特性就是可解离为 OH^- 和 H^+。H^+ 的浓度变化直接对细胞的 pH 产生影响。

水分子中的氢键使水具有高的比热容。这使水可吸收较多热能而本身的温度上升不高，保证了细胞或植物体的温度相对稳定，也使得代谢速率相对稳定。氢键还使水的汽化热较高，在高温的夏季，植物体内大量水分散失到大气的过程需吸收大量热能，使得叶面温度低于环境。

2. 无机盐

在大多数细胞中无机盐含量很少，不到细胞总质量的1%。这些无机盐在细胞中常以离子状态存在，如 K^+、Na^+、Mg^{2+}、Cl^-、PO_4^{3-} 等。离子的浓度对细胞的影响也很重要。细胞中的各种离子有一定的缓冲能力，可在一定程度上使细胞内的 pH 保持恒定，这对于维持正常生命活动非常重要。植物细胞液泡中的各种无机离子对维持细胞的渗透平衡以及细胞对水分的吸收也有重要作用。

（二）有机化合物

1. 糖类

糖是一大类有机化合物。绿色植物光合作用的产物主要是糖类，植物体内有机物运输的形式也是糖。在细胞中，糖能被分解氧化释放出能量，是生命活动的主要能源；遗传物质核酸中也含有糖；糖与蛋白质结合形成糖蛋白，糖蛋白有多种重要的生理功能；糖是组成植物细胞壁的主要成分。

糖类分子含 C、H、O 三种元素，三者的比例一般为 1:2:1，即 $(CH_2O)_n$，因此糖被称为碳水化合物。

细胞中最简单的糖类是单糖。单糖在细胞中是以作为能源以及与糖有关的化合物的原料的形式存在的。重要的单糖有五碳糖（戊糖）和六碳糖（己糖），其中最主要的五碳糖为核糖，最重要的六碳糖为葡萄糖。葡萄糖不仅是能量代谢的关键单糖，而且是构成多糖的主要单体。

由少数（2~6个）单糖缩合而成的糖称为寡糖。最常见的寡糖是双糖，如麦芽糖、蔗糖、纤维二糖等。

多糖是由很多单糖分子（通常为葡萄糖分子）脱水缩合而成的分支或不分支的长链分子。如淀粉、纤维素、半纤维素、果胶等。多糖在细胞结构成分中占有主要地位。细胞中的多糖基本上分为营养贮备多糖和结构多糖两大类。

2. 脂类

细胞内的脂类化合物不构成大分子，这类化合物的重要属性是难溶于水，而易溶于非极性的有机溶剂（如乙醚、氯仿和苯）中。脂类的主要组成元素是 C、H、O，其中 C、H 含量很高，有的脂类还含有 P 和 N。脂类重要的功能是构成生物膜，这与脂类是非极性物质有关；脂类分子中贮藏大量的化学能，脂肪氧化时产生的能量是糖氧化时产生能量的 2 倍多，在很多植物种子中含有大量脂质物质，为贮藏物质；脂类物质还能构成植物体表面的保护层，防止植物体失水。

脂类包括中性脂肪、不饱和脂肪酸、磷脂、糖脂、类胡萝卜素、类固醇和萜类等。

3. 蛋白质

在植物生命活动中，蛋白质是一类极为重要的生物大分子。植物体新陈代谢的各种生物化学反应和生命活动过程如呼吸作用、光合作用、物质运输、生长发育和遗传与变异等都有蛋白质参与。蛋白质是细胞的主要结构成分，生物体内各种生物化学反应中起催化作用的酶也是蛋白质。

一个细胞中约含有 10^4 种蛋白质。蛋白质是由多个氨基酸组成的，氨基酸的碳原子上有一个羧基 "—COOH" 和一个氨基 "—NH$_2$"，故称为氨基酸。组成蛋白质的氨基酸共有 20 种，蛋白质的结构与组成蛋白质的氨基酸种类和性质有关，这也决定了蛋白质的性质和功能。蛋白质分子的生物学活性与细胞和整个植物个体的生命活动密切相关。

4. 核酸

核酸是载有遗传信息的一类生物大分子，所有生物均含有核酸。核酸分为脱氧核糖核酸和核糖核酸两大类。脱氧核糖核酸（DNA）主要存在于各种细胞的细胞核中，细胞质中也含有少量 DNA，主要存在于线粒体与叶绿体中。核糖核酸（RNA）在细胞质中的含量较高。组成 DNA 和 RNA 的基本单位是核苷酸。DNA 分子是基因的载体。它可以通过复制将遗传信息传递给下一代，也可将所携带的基因转录成 RNA，然后翻译成蛋白质，通过合成一定的蛋白质使遗传基因得以表达，使生物体表现出一定的性状。与 DNA 不同的是 RNA 分子中的戊糖是核糖而不是脱氧核糖。RNA 分为核糖体 RNA(rRNA)、转运 RNA(tRNA) 和信使 RNA(mRNA)。mRNA 可 "转录" DNA 分子中所携带的遗传信息。带有遗传信息的 mRNA，进入细胞质后在核糖体（含有 rRNA）和 tRNA 参与下指导合成蛋白质。这就是 DNA 分子将遗传信息 "转录" 到 RNA，RNA(mRNA) 再把遗传信息 "翻译" 为蛋白质的过程。

除上述 4 大类有机物质外，细胞中还含有其他一些生理作用很重要的必需物质，如激素、维生素等。

三、细胞生命活动的物质基础——原生质

原生质是一个生活细胞中有生命活动的全部物质的总称，由多种有机物和无机物组成，成分相当复杂，不同的细胞类型和细胞不同的代谢阶段，其物质组成有很大差异。

原生质具有重要的理化性质和生理特性，主要表现在如下几点。

① 原生质的胶体性质 原生质中，有机物大分子形成直径约 1～500nm 的小颗粒，均匀分散在以水为主且溶有简单的糖、氨基酸、无机盐的液体中，成为具有一定弹性与黏度，在光学显微镜下呈不均匀状态的半透明亲水胶体。当水分充足时，原生质中的大分子胶粒分散在水溶液介质中，此时原生质近于液态，称溶胶；条件改变，如水分很少时，胶粒连接成网状，而水溶液分散在胶粒网中，此时近于固态，称为凝胶。

② 原生质的黏性和弹性 黏性指流体物质抵抗流动的性质。也就是物质流动时它的一部分对另一部分所产生的阻力。温度、电解质种类、麻醉剂、机械刺激等因素均可影响原生质的黏性。原生质的黏性和生命活动强弱有关。当组织处于生长旺盛或代谢活跃状态时，原生质黏性相当低，休眠时则很高。黏性可能影响代谢活动，而代谢结果反过来也可改变原生质的黏性。弹性是指物体受到外力作用时形态改变，除去外力后能恢复原来形状的性质。细胞壁、原生质、细胞核均具有弹性。弹性和植物抗旱性有关，弹性大时抗旱性强，弹性大小可作为抗旱性的一项生理指标。

③ 原生质的液晶性质 液晶态是物质介于固态与液态之间的一种状态，它既有固性结构的规则性，又有液体的流动性；在光学性质上像晶体，在力学性质上像液体。从微观来看，液晶态是某些特定分子在溶剂中有序排列而成的聚集态。在植物细胞中，有不少分子如磷脂、蛋白质、核酸、叶绿素、类胡萝卜素与多糖等在一定温度范围内都可形成液晶态。一些较大的颗粒像核仁、染色体和核糖体也具有液晶结构。液晶态与生命活动密切相关，如膜的流动性是生物膜具有液晶特性的缘故。温度高时，膜会从液晶态转变为液态，其流动性增大，膜透性加大，导致细胞内葡萄糖和无机离子等大量流失。温度过低时生物膜由液晶态转变为凝胶态，膜收缩，出现裂缝或通道，而使膜透性增大。

④ 原生质的生理特性 原生质最重要的生理特性是具有生命现象，即具有新陈代谢的能力，也就是原生质能够从周围环境中吸取水分、空气和其他物质进行同化作用，把这些简单物质同化成为自己体内的物质。同时，又将体内的复杂物质进行异化作用，分解为简单物质，并释放出能量。原生质同化和异化的矛盾统一过程就是新陈代谢，是重要的生命特征之一。

四、植物细胞的基本特征

不同植物的细胞以及植物不同组织的细胞间有很大差异。高等植物体是由多细胞组成的，植物体的细胞高度分化。典型的高等植物细胞结构如图 1-2 所示。

与动物细胞相比，植物细胞具有许多显著不同的特征。

① 绝大多数的植物细胞都具有坚硬的外壁——细胞壁。植物的许多基本生理过程，如生长、发育、形态建成、物质运输以及信号传递等都与细胞壁有关。

② 植物的绿色细胞中具有叶绿体，能进行光合作用和具有细胞壁，可能是植物祖先最早产生的有别于其他生物的重要特征。

③ 在许多植物细胞中都有一个相当大的中央大液泡，这也是植物细胞的重要特征之一。中央大液泡在细胞的水分运输、细胞生长、细胞代谢等许多方面都具有至关重要的作用。

④ 在多细胞的高等植物组织中，相邻细胞之间还有胞间连丝相连，是细胞间独特的通讯连接结构，有利于细胞间的物质和信息传递。

⑤ 对于动物细胞而言，细胞通常有一定的"寿命"，细胞在若干代后会失去分裂能力。但是植物分生组织的细胞通常具有无限生长的能力，可以永久保持分裂能力。

⑥ 此外，植物细胞在有丝分裂后，普遍有一个体积增大与成熟的过程，这一点比动物细胞表现得更为明显。如细胞壁的初生壁与次生壁形成、液泡的形成与增大、质体发育等。

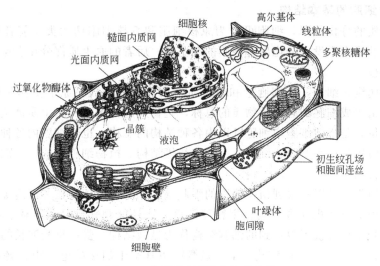

图 1-2 典型的高等植物细胞结构

（引自 Raven）

第二节 植物细胞的形状及基本结构

一、植物细胞的形状和大小

植物细胞的形状多种多样，有球状体、多面体、纺锤形和柱形等（图 1-3）。单细胞植物体如小球藻、衣藻等的细胞因处于游离状态，形状常近似球形。多细胞植物的细胞形状比较复杂，特别是高等的种子植物，细胞有不同的形状，并与其功能相适应。在均匀的组织中，细胞紧密地排列在一起，由于相互挤压，使大部分细胞变成多面体。细胞在系统演化中适应功能的变化而分化成不同的形状。例如，输送水分和养料的细胞（导管分子和筛管分子）呈长管状，并连接成相通的"管道"，以利于物质运输；起支持作用的细胞（纤维）一般呈长梭形，并聚集成束，以加强支持功能；幼根表面吸收水分的细胞，常向着土壤延伸出细管状突起（根毛），以扩大吸收表面积；覆盖植物体表面的表皮细胞是扁平的不规则形，相互嵌合，不易拉破。这些细胞形状的多样性，除与功能及遗传有关外，外界条件的变化也会引起它们形状的改变。

植物细胞的体积通常很小。在种子植物中，细胞直径一般介于 $10\sim100\mu m$ 之间。但亦有特殊细胞超出这个范围的，如棉花种子的表皮毛细胞有的长达 70mm，成熟的西瓜果实和番茄果实的果肉细胞，其直径约 1mm，苎麻属植物茎中的纤维细胞长达 550mm。

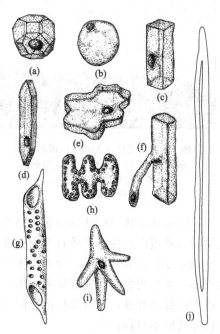

图 1-3 种子植物各种形状的细胞
(a) 十四面体状的细胞；(b) 球形果肉细胞；
(c) 长方形的木薄壁细胞；(d) 纺锤形细胞；
(e) 扁平的表皮细胞；(f) 根毛细胞；
(g) 管状的导管分子；(h) 小麦叶肉细胞；
(i) 星状细胞；(j) 细长的纤维
（引自周云龙）

二、植物细胞的基本结构

根据原生质的分化状况，细胞可分为原核细胞和真核细胞两大类。前者如细菌和蓝藻等，其细胞内的原生质没有分化出有核膜的细胞核；后者的原生质都分化有层次分明的核膜包裹着的细胞核。

植物细胞属真核细胞，由细胞壁和原生质体两大部分组成。原生质体一词来源于原生质。原生质是指组成细胞的有生命物质的总称，是物质的概念。而原生质体是组成细胞的一个形态结构单位，是指活细胞中细胞壁以内各种结构的总称，也是细胞内各种代谢活动进行的场所。原生质体包括细胞膜、细胞质、细胞核等结构。植物细胞中的一些贮藏物质和代谢产物统称为后含物。

光学显微镜下，可以观察到植物细胞的细胞壁、细胞质、细胞核和液泡等基本结构。此外，绿色细胞中的质体也能观察到。用特殊染色方法还能观察到高尔基体、线粒体等细胞器。这些可在光学显微镜下观察到的细胞结构称为显微结构。受可见光波长的限制，用光学显微镜无法观察小于 $0.2\mu m$ 的结构。电子显微镜用真空中加速的电子束代替可见光来"照明"，分辨率大大提高。在电子显微镜下观察到的细胞内的微细结构称为亚显微结构或超微结构。

三、原生质体

（一）质膜

质膜又称细胞膜，包围在原生质体表面。细胞内还有构成各种细胞器的膜，称为细胞内膜。相对于内膜，质膜也称外周膜。外周膜和细胞内膜统称为生物膜。

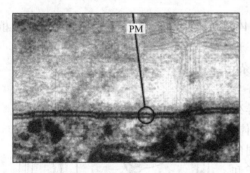

图1-4 满江红（*Azolla*）根内皮层
细胞质膜（PM）电子显微镜照片
（示膜的三层结构，120000×）
（引自杨世杰）

质膜厚约 $7\sim8nm$，在普通光学显微镜下观察不到，在电子显微镜下，可以看到质膜具有黑-白-黑三个层次，内层和外层为电子致密层，均厚约2nm，中间透明层厚约 $2.5\sim3.5nm$（图1-4）。

1. 质膜的化学组成

质膜主要是由脂质和蛋白质两大类物质组成的。蛋白质约占膜干重的 $20\%\sim70\%$，脂质约占 $30\%\sim70\%$。各种膜所含蛋白质与脂质的比例同膜的功能有关，因为膜的功能主要由蛋白质承担，因而功能活动较旺盛的膜，蛋白质含量就高。此外，质膜还含有10%的糖类，这些糖类均为糖蛋白和糖脂向质膜外表面伸出的寡糖链。

脂质分子为双性分子，分为亲水头端和疏水尾端，亲水头端朝向水相，疏水尾端埋藏在膜内部。疏水的脂肪酸链有屏障作用，使膜两侧的水溶性物质（包括离子与亲水的小分子）一般不能自由通过，这对维持细胞的正常结构和细胞内环境的稳定非常重要。脂质双分子层的内外两层不对称。

膜的另一种主要成分是蛋白质，蛋白质分子有的嵌插在脂质双分子层网架中，有的则黏在脂质双分子层的表面上。根据在膜上的存在部位不同，膜蛋白可分为两类。以不同深度嵌插在脂质双分子层中的，称为膜内在蛋白。膜内在蛋白分子均为双性分子，非极性区插在脂质双分子层分子之间，极性区则朝向膜表面，它们通过很强的疏水或亲水作用力同膜脂牢固结合，一般不易分离开来。另一类蛋白质附着于膜表层，称为膜周边蛋白或膜外在蛋白。膜周边蛋白与膜的结合比较疏松，易于将其分离下来。无论是膜内在蛋白还是膜周边蛋白，至少有一端露出膜表面，并没有完全埋在膜内部。

除了脂质和蛋白质外，质膜表面还有糖类分子，称膜糖。膜糖是由葡萄糖、半乳糖等数种单糖连成的寡糖链。膜糖大多和蛋白质分子结合成为糖蛋白，也可和脂质分子结合而成糖脂。糖蛋白与细胞识别有关。

2. 细胞膜的分子结构

对膜分子结构的研究曾提出了许多模型理论。具有代表性的是 1959 年 Robertson 提出的单位膜模型和目前得到广泛支持的流动镶嵌模型。

单位膜模型认为，膜的中央为脂质双分子层，在电镜下显示为明线；膜两侧为展开的蛋白质分子层，在电子显微镜下显示为暗线，展开的蛋白质分子层厚度恰为 2nm。

流动镶嵌模型是 1972 年由 Jon Singer 和 Garth Nicolson 提出的。该模型认为，细胞膜结构是由液态的脂质双分子层镶嵌在可移动的球形蛋白质中形成的。即膜的脂质分子成双分子层排列，构成了膜的网架，是膜的基质，一些蛋白质分子镶嵌在网孔之中。

流动镶嵌模型除了强调脂质分子与蛋白质分子的镶嵌关系外，还强调了膜的流动性。主张膜总是处于流动变化之中，脂质分子和蛋白质分子均可做侧向流动、旋转运动等（图 1-5）。

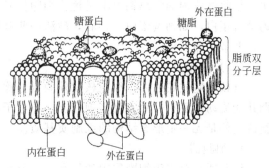

图 1-5　质膜的结构模型

3. 质膜的功能

质膜具有重要的生理作用。质膜位于细胞原生质体表面，具有选择透性，能控制细胞与外界环境之间的物质交换以维持细胞内环境的相对稳定。此外，许多质膜上还存在激素的受体、抗原结合点以及其他有关细胞识别的位点，所以，质膜在细胞识别、细胞间信号传导、新陈代谢的调控等过程中具有重要作用。质膜的主要功能简述如下。

（1）物质的跨膜运输　生活的植物细胞是一个开放性的结构体系，它要进行各种生命活动，就必然要同环境发生物质交换。质膜是细胞与环境相互作用的前沿结构，物质出入细胞时必须通过质膜。而质膜对物质的通透有高度选择性，以保证细胞内各种生物化学反应有序地进行。物质通过质膜的途径有简单扩散、促进扩散、主动运输、内吞作用和外排作用等。

（2）细胞识别　所谓细胞识别是细胞对同种或异种细胞的辨认。细胞具有区分自己和异己的识别能力，具有高度选择性。同种或不同种有机体的细胞之间可以通过释放的信号相互影响，也可通过细胞与细胞直接接触而相互作用。细胞通过表面的特殊受体与另一细胞的信号物质分子选择性地相互作用，导致细胞内一系列生理生化变化，最后产生整体的生物学效应。

无论单细胞生物还是高等植物和动物，许多重要的生命活动都与细胞识别有关。如单细胞的衣藻有性生殖过程中配子的接合，雌蕊柱头与花粉之间的相互识别，决定能否成功进行受精作用；豆科植物根与根瘤菌相互识别，决定能否形成根瘤等。

目前发现的参与细胞识别的大分子几乎都是糖复合物，主要是糖蛋白。糖复合物的糖链具有一定的排列顺序，编成了细胞表面的密码，可被细胞表面的专一性受体，如凝集素或其他某些蛋白质识别和结合，也可被细胞表面的糖代谢酶类（糖基转移酶及糖苷酶）识别。无论是凝集素与糖链的识别，还是酶与底物间的识别，都是特异性的，这种特异性识别与结合可能是细胞识别的一种重要的分子机制。

植物细胞与动物细胞不同，它的质膜外面有细胞壁，两个细胞的质膜不能直接接触。一些起识别作用的物质，可从细胞内分泌到细胞壁，因而植物细胞之间的识别除质膜外，细胞壁也起着重要作用。

(3) 信号转换　植物生活的环境不断变化，组成植物体的每一个细胞经常不断地感受、接收来自外界环境中的各种信号（如光照、温度、水分、病虫害以及机械刺激等），并做出一定反应。作为多细胞有机体内的一个细胞，胞外信号不仅包括来自外界环境的信号，还包括来自体内其他细胞的内源信号（如激素等）。从细胞外信号转换为细胞内信号并与相应的生理生化反应偶联的过程称为细胞信号转导。质膜位于细胞表面，在细胞信号转导过程中起着重要作用。

质膜上有接收各种信号的受体蛋白，如感受光的光敏素和激素受体等。当受体与外来信号结合后，受体的构象就发生改变，引发细胞内一系列反应，产生第二信使。许多研究证实，植物细胞内的游离钙离子是植物细胞信号转导过程中的一类重要的第二信使。钙离子与钙结合蛋白，如钙调蛋白结合后，激活一些基因的表达或酶活性，进而促进各种生理生化反应，调节生命活动。

(二) 细胞质

真核细胞质膜以内，细胞核以外的部分称为细胞质。在光学显微镜下，细胞质透明、黏稠并能流动，其中分散着许多细胞器。在电子显微镜下，细胞器具有一定的形态和结构，细胞器之外是无一定形态结构的细胞质基质。

1. 细胞器

细胞器是存在于细胞质中的具有一定形态、结构与生理功能的微小结构，大多数细胞器由膜所包被。细胞器包括的范围，不同学者有不同的认识。

(1) 质体　质体是植物细胞特有的细胞器。分为叶绿体、有色体和白色体3种。

① 叶绿体　是主要进行光合作用的质体，普遍存在于植物的绿色细胞中。叶绿体的形状、数目和大小随不同植物和不同细胞而异。高等植物细胞中叶绿体通常呈椭圆形或凸透镜形，数目较多，少者20个，多者可达100个，典型叶绿体其长轴 $4\sim10\mu m$，短轴 $2\sim4\mu m$。它们在细胞中的分布与光照有关：光照强时，叶绿体常分布在细胞外周；黑暗时，叶绿体常流向细胞内部。

叶绿体含有叶绿素、叶黄素和胡萝卜素3种色素，其中叶绿素是主要的光合色素，它能吸收和利用光能，直接参与光合作用。其他两类色素不能直接参与光合作用，只能将吸收的光能传递给叶绿素，有辅助光合作用的功能。植物叶片颜色与细胞叶绿体中这3种色素的比例有关。一般情况下，叶绿素占绝对优势，叶片呈绿色，但当营养条件不良、气温降低或叶片衰老时，叶绿素含量降低，叶片便出现黄色或橙黄色。某些植物叶秋天变成黄色或红色，就是叶片细胞中的叶绿素分解，叶黄素、胡萝卜素和花青素占优势的缘故。在农业上，常可根据叶色变化，判断农作物的生长状况，及时采取相应的施肥、灌水等栽培措施。

电子显微镜下叶绿体具有精致的结构：表面有两层膜包被，内部是电子密度较低的基质，其间悬浮着复杂的由膜所围成的扁圆状或片层状的囊，称为类囊体（图1-6）。其中一些扁圆状的类囊体有规律地叠置在一起，好像一摞硬币，称为基粒。形成基粒的类囊体也称基粒类囊体。基粒类囊体的直径约为 $0.25\sim0.8\mu m$，厚约 $0.01\mu m$。而连接于基粒之间，由基粒类囊体延伸出的非成摞存在的呈分枝网管状或片层状的类囊体称为基质类囊体或基质片层，其内腔与相邻基粒的类囊体腔相通。一般一个叶绿体中约含有 $40\sim80$ 个基粒，而一个基粒约由 5～50 个基粒类囊体组成，最多可达上百个。但因植物种类和细胞所处部位不同，其基粒中的基粒类囊体数量差异很大。光合作用色素和电子传递系统都位于类囊体膜上。

叶绿体基质中有环状的 DNA，能编码自身的部分蛋白质，其余的蛋白质为核基因编码；具有核糖体，能合成自身的蛋白质。叶绿体中的核糖体为 70S 型，比细胞质中的核糖体小，与原核细胞的核糖体相同。叶绿体中常含有淀粉粒。

② 有色体 有色体是仅含有类胡萝卜素与叶黄素等色素的质体。成熟的红色、黄色水果如番茄、辣椒，以及秋天叶色变黄，都是主要因细胞中含有这类质体。有色体中还能积累脂质。花果等因有色体而具有鲜艳的红色、橙色，吸引昆虫传粉，或吸引动物协助散布果实或种子。

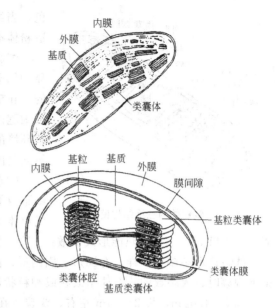

图 1-6 叶绿体的结构图解

③ 白色体 白色体是不含任何色素，普遍存在于植物贮藏细胞中的一类质体，根据其贮藏物质的不同分为 3 类：贮藏淀粉的称为造粉体或称淀粉体，贮藏蛋白质的称为蛋白质体，而贮藏脂质的称为油质体。

质体是从原质体发育形成的。原质体也是其他质体的前体，一般无色。前质体存在于茎顶端的分生组织细胞中，具双层膜，内部有少量小泡。当叶原基分化出来时，前质体内膜向内折叠伸出膜片层系统，在光下，这些片层系统继续发育，并合成叶绿素，发育成为叶绿体。如果把植株放在暗处，质体内部会形成一些管状的膜结构，不能合成叶绿素，成为黄化的质体。如给这些黄化的植株照光，叶绿素能够合成，叶色转绿，片层系统也充分发育，黄化的质体转变成为叶绿体（图 1-7）。

在某些情况下，一种质体可从另一种质体转化而来。例如，马铃薯块茎中的造粉体在光照条件下可以转变为叶绿体而呈绿色；果实成熟时叶绿体转变为有色体就由绿转为红色、黄色或橙黄色。有色体还可从造粉体通过淀粉消失、色素沉积而形成，如德国鸢尾的花瓣；而卷丹花瓣内的有色体是直接从前质体发育而来的。

质体的分化有时是可以逆转的。叶绿体可以形成有色体，有色体也可转变为叶绿体，如胡萝卜根经光照可由黄色转变为绿

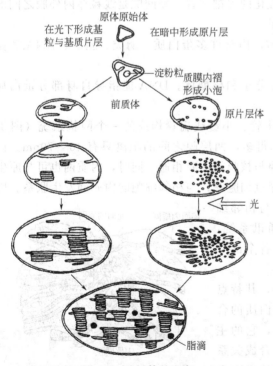

图 1-7 叶绿体的发育

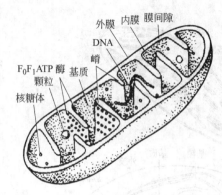

图 1-8 线粒体的三维结构模式图

色。当组织脱分化而成为分生组织状态时，叶绿体和造粉体都可转变为前质体。

细胞内质网的分化和转化与环境条件有关，最明显的例子是光照影响叶绿体的形成，但这不是绝对的，花瓣一直处于光照下，并不形成叶绿体。同样，根细胞内不形成叶绿体也并非简单地由于它生长在黑暗环境的缘故。质体的发育受它们所在细胞的控制，不同基因的表达决定着该细胞中质体的类型。

（2）线粒体　线粒体普遍存在于真核细胞内，是细胞内的"动力工厂"。贮藏在营养物质中的能量在线粒体中经氧化磷酸化作用转化为细胞可利用的化学能——ATP，一部分以热能形式消散。

线粒体形态多种多样，有圆形、椭圆形、圆柱形，有的呈不规则的分枝状。在光学显微镜下观察时，大多数的线粒体呈线状或颗粒状。线粒体的大小随细胞类型不同而异，一般直径为 $0.5\sim1.0\mu m$，长 $2\sim3\mu m$ 左右。线粒体在不同类型细胞中的数目差异很大，玉米根冠的一个细胞内有 $100\sim300$ 个线粒体，而单细胞的鞭毛藻只有一个线粒体。

电子显微镜下观察，线粒体是由双层膜围成的囊状细胞器，由外膜、内膜、膜间隙和基质组成（图 1-8）。

外膜包围在线粒体外围，平整、光滑。内膜向腔内突出形成嵴，使内膜面积增加。嵴有不同形状和排列方式，有简单的，也有分枝的，形成复杂的网。嵴的数目与细胞功能状态密切相关。一般而言，需要能量较多的细胞，不仅线粒体数目较多，嵴的数目也较多。

嵴表面有许多圆球形颗粒，称为基粒。它由头、柄和基部组成。研究证明，它是 ATP合成酶，是一个多组分的复合物，是氧化磷酸化的关键装置。膜间隙是线粒体内外膜之间的空隙，内含许多可溶性酶类、底物和辅助因子。

内膜内侧，即嵴之间的胶状物质称为基质，内含许多蛋白质、酶类、脂质、RNA 和氨基酸等。

此外，线粒体基质中也含有环状的 DNA 分子和核糖体。DNA 能指导自身部分蛋白质的合成。

（3）内质网　内质网是由一层膜围成的小管、小囊或扁囊构成的一个网状系统（图 1-9）。内质网的膜厚度约 $5\sim6nm$，比质膜要薄得多，两层膜之间的距离只有 $40\sim70nm$。内质网的膜与细胞核的外膜相连接，内质网内腔与核膜间的腔相通。同时，内质网也可与原生质体表面的质膜相连，有的还随同胞间连丝穿过细胞壁，与相邻细胞的内质网发生联系。因此内质网构成了一个从细胞核到质膜，以及与相邻细胞直接相通的膜系统。它不仅是细胞内的通讯系统，而且还有把蛋白质、脂质等物质运送到细胞各个部分的功能。

内质网主要有两种类型：①糙面内质网，其特点是膜的外表面附有核糖体，主要功能是与蛋白质的合成、修饰、加工和运输有关；②光面内质网，它的主要特点是膜上无核糖体，它与脂质和糖类的合成关系密切，在分泌脂质物质的细胞中，常有较多的光面内

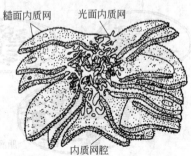

图 1-9　内质网的立体结构图解

质网。在细胞壁进行次生增厚的部位内方，也可见到内质网紧靠质膜，说明内质网可能与加到壁上去的多糖类物质的合成有关。

内质网的形态变异很大。不同的细胞，甚至同一细胞的不同区域往往不同。同一种细胞在不同发育时期，随着生理机制变化，内质网也不一样。在有些细胞内有呈同心圆状排列的内质网，其功能尚不清楚。

（4）高尔基体 高尔基体是与植物细胞分泌作用有关的细胞器。植物细胞的高尔基体遍布于整个细胞质中。每个高尔基体一般由 48 个扁囊平行排列在一起成摞存在，扁囊的直径约为 $1\mu m$。每个扁囊由一层膜围成，中间是腔，边缘分枝成许多小管，周围有很多囊泡。高尔基体常略呈弯曲状，一面凹，一面凸。凸面又称形成面，多与内质网膜相联系，接近凸面的扁囊形态及染色性质与内质网膜相似。凹面又称成熟面。扁囊膜的形态与化学组成很像质膜，中间的扁囊与凹凸两面的扁囊在所含的酶和功能上也有区别。

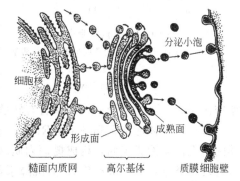

图 1-10 细胞内膜系统图解（示核膜内质网、高尔基体和质膜的相互关系）

高尔基体的主要功能是：参与植物细胞中多糖的合成和分泌；糖蛋白的合成、加工和分泌，如细胞壁内非纤维素多糖，多在高尔基体内合成；包装在囊泡内运往质膜，小泡膜与质膜融合，内含的多糖掺入到细胞壁中（图 1-10）。

（5）溶酶体和圆球体 溶酶体是由单层膜包围的、富含多种水解酶、具有囊泡状结构的细胞器。主要由高尔基体和内质网分离的小泡生成。溶酶体中含有酸性磷酸酶、核糖核酸酶、蛋白酶和脂酶等多种水解酶，它们可以分解所有的生物大分子。在平时由于溶酶体膜的限制，这些水解酶和细胞质的其他组分是隔开的。当溶酶体外膜破裂后，其中的水解酶释放出来，造成各种化合物水解。植物细胞分化成导管、筛管、纤维细胞的过程，都要有溶酶体的参与，以分解细胞的相应部分。溶酶体的主要功能如下。

① 正常的分解与消化 溶酶体可将细胞内吞进来的或细胞内贮存的大分子分解消化，供细胞利用。

② 自体吞噬 某些溶酶体能吞噬细胞内一些衰老的细胞器或需要废弃的物质，进行消化、降解。

③ 自溶作用 即溶解衰老与不需要的细胞。在植物发育进程中，有一些细胞会逐步正常死亡，这是在基因控制下，溶酶体膜破裂，将其中的水解酶释放到细胞内，引起细胞自身溶解死亡，以利于个体发育。

圆球体是膜包被的球状小体。在电子显微镜下，可以看出圆球体的膜只有一条电子不透明带，因此可能只是一层单位膜的一半；膜内含有水解酶，因此具有溶酶体的性质；还含有脂肪酶，能积累脂肪，起贮存细胞器的作用，在一定条件下，也可将脂肪水解成甘油和脂肪酸。

与圆球体相似的另一类贮存细胞器是糊粉粒，多存在于植物种子的子叶和胚乳中，具贮存蛋白质的功能，同时也具有溶酶体的性质。

（6）微体 微体是由单层膜包被的圆球形小体，有时含有蛋白质晶体。植物体内的微体有两种类型：一种是过氧化物酶体；另一种是乙醛酸循环体。过氧化物酶体含有多种氧化酶，存在于绿色细胞中，与叶绿体和线粒体合作共同完成光呼吸作用。乙醛酸循环体含有乙

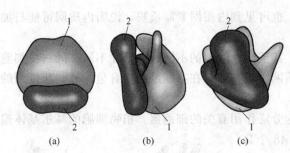

图 1-11　真核细胞中的核糖体
(a)～(c) 从不同角度观察核糖体构型
1—大亚基；2—小亚基
(引自 Raven)

醛酸循环酶系，存在于油料植物萌发的种子中，与圆球体和线粒体配合，通过乙醛酸循环的一系列反应把脂质转化成糖类，以满足种子萌发的需要。

（7）核糖核蛋白体　简称核糖体，是合成蛋白质的细胞器，它能将氨基酸装配成肽链。核糖体在代谢旺盛的细胞内大量存在，呈颗粒状结构，无膜包围，主要成分是 RNA 和蛋白质，其中 RNA 约占 40%，蛋白质约占 60%，由大小两个亚基组成（图 1-11）。小亚基识别 mRNA 的起始密码子，并与之结合；大亚基含有转肽酶，催化肽链合成。

多个核糖体能结合到一个 mRNA 分子上，形成多聚核糖体。在真核细胞内，很多核糖体附着在内质网膜表面，构成糙面内质网；还有不少核糖体游离在细胞质中。已发现的核糖体有两种类型：70S 和 80S（S 为沉降系数，S 值越大，说明颗粒沉降速度越快）。70S 核糖体广泛存在于各类原核细胞中及真核细胞的线粒体和叶绿体内。真核细胞的细胞质内均为 80S 核糖体。

附着在内质网膜表面的核糖体所合成的蛋白质主要是膜蛋白、分泌性蛋白，而游离在细胞质中的核糖体合成的蛋白质则主要是细胞的结构蛋白、基质蛋白与酶等。

（8）液泡　成熟的植物细胞具有一个大的中央液泡，是植物细胞区别于动物细胞的一个显著特征。分生组织中的幼小细胞，具有多个小而分散的液泡。细胞成长的过程中，这些小液泡吸水膨大，逐渐彼此合并发展成数个或一个很大的中央液泡，占据细胞中央 90% 以上的空间，而将细胞质和细胞核挤到细胞周边，从而使细胞质与环境间有了较大的接触面积，有利于细胞的新陈代谢（图 1-12）。

液泡由一层液泡膜包围，其内充满了称为细胞液的液体。细胞液是成分复杂的水溶液，其中溶有多种无机盐、氨基酸、有机酸、糖类、脂质、生物碱、酶、鞣酸和色素等复杂成分。细胞液的成分和浓度随植物种类和细胞类型的不同而异。如甜菜根的液泡中含有大量蔗糖，许多果实的液泡中含有大量有机酸，烟草的液泡中含有烟碱，咖啡的液泡中含有咖啡碱。有些细胞液泡中还含有多种色素，如花青素等，可使花或植物茎叶等具有红、蓝、紫等颜色。

植物细胞液泡的主要功能如下。

① 参与细胞内物质的转移与贮藏　液泡是细胞内许多物质的贮藏库，如 K^+、Ca^{2+}、Cl^-、磷酸盐、柠檬酸和多种氨基酸等。这些物质的输入和输出对细胞代谢起着调节和稳定作用。例如，三羧酸循环中的中间产物柠檬酸和苹果酸等常是过量的，这些过剩的中间产物若积累在细胞质中，就会使细胞质酸化，引起细胞质中

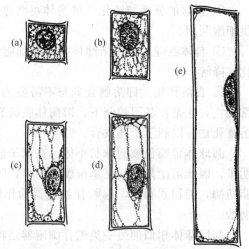

图 1-12　植物细胞的液泡及其发育
(a)～(e) 幼期细胞到成熟细胞，随细胞的生长，细胞中的小液泡变大、合并，最终形成一个大的中央液泡

的酶失活。液泡吸收和贮藏了这些过剩的中间产物，使细胞质的 pH 保持稳定。液泡还是贮藏蛋白质、脂肪和糖类的场所。

② 参与细胞内物质的生化循环　研究证明，液泡中还含有酸性磷酸酶等多种水解酶，通过冰冻蚀刻技术在电镜中观察，还可看到液泡中有残破的线粒体、质体和内质网等细胞器片断，可能是被吞噬进去，经过水解酶分解，作为组建新细胞器的原料。这表明液泡具有溶酶体的性质，在细胞器的更新中起作用。

③ 调节细胞的水势和膨压　液泡内细胞液保持着相当的浓度，对于维持细胞的水势和膨压有很大作用。液泡充水维持细胞膨压，是植物体保持挺立状态的根本因素；若细胞失水，植物就发生萎蔫，影响植物生长；而保卫细胞膨压的升高与降低也直接影响到气孔的开闭。

④ 与植物的抗旱、抗寒性有关　高浓度的细胞液，在低温时不易结冰，干旱时不易失水，提高了植物的抗寒、抗旱能力。

⑤ 隔离有害物质，避免细胞受害　细胞代谢过程中产生的废弃物，植物吸收的有害物质，都可能对细胞造成伤害。如草酸是新陈代谢过程中的副产品，对细胞有害，在液泡中形成草酸钙结晶，成为不溶于水的物质，减轻了对植物的毒害作用。

⑥ 防御作用　不少植物液泡中积累有大量苦味的酚类化合物、生氰糖苷及生物碱等，这些物质可阻止食草动物的吃食。许多植物液泡中还有几丁质酶，它能分解破坏真菌的细胞壁，当植物体遭真菌侵害时，几丁质酶合成增加，对病原体有一定的杀伤作用。

液泡的发生与内质网和高尔基体有关。茎尖和根尖分生组织细胞有许多小型的前液泡。它来源于内质网，这种内质网位于高尔基体附近，又由于它产生的前液泡具有溶酶体性质，因此称为高尔基体-内质网-溶酶体系统。随着细胞的生长和分化，前液泡通过相互融合、自体吞噬和水合作用，不断扩大形成液泡乃至中央大液泡。

2. 细胞质基质

细胞质中除细胞器以外均匀半透明的液态胶状物质称为细胞质基质。细胞骨架及各种细胞器分布于其中。

细胞质基质的主要成分有小分子物质，如水、无机离子、糖类、氨基酸、核苷酸及其衍生物和溶解其中的气体等，还有蛋白质、RNA 等大分子。细胞质基质中的蛋白质含量占 $20\%\sim30\%$，其中多是酶类。细胞中各种复杂的代谢活动是在细胞质基质中进行的，它为各个细胞器执行功能提供必需的物质和介质环境。细胞的代谢活动常导致酸碱度变化，细胞质基质作为一个缓冲系统可调节 pH，维持细胞正常的生命活动。

在生活细胞中，细胞质基质处于不断的运动状态，它能带动其中的细胞器，在细胞内做有规则的、持续的流动，这种运动称胞质运动。在具有单个大液泡的细胞中，细胞质基质常围绕着液泡朝一个方向做循环流动。而在具有多个液泡的细胞中，不同的细胞质基质可以有不同的流动方向。胞质运动是一种消耗能量的生命现象，它的速度与细胞的生理状态密切相关，一旦细胞死亡，流动也随着停止。胞质运动对于细胞内物质的转运具有重要作用，促进了细胞器之间生理上的相互联系。

3. 细胞骨架

在细胞基质中还分布着一个复杂的与细胞运动和保持细胞形状有关的蛋白质纤维网架系统，即细胞骨架。细胞骨架包含 3 种蛋白质纤维：微管、微丝和中间纤维。

(1) 微管　微管为中空的管状结构，由微管蛋白和微管结合蛋白组成。微管蛋白是构成微管的主要蛋白，约占微管总蛋白质含量的 $80\%\sim95\%$。它有两种，即 α-微管蛋白和 β-微

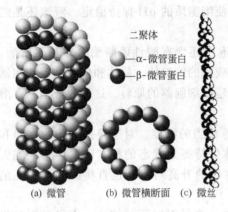

二聚体

○ α-微管蛋白
● β-微管蛋白

(a) 微管　　(b) 微管横断面　　(c) 微丝

图 1-13　微管和微丝

管蛋白，二者连接在一起形成二聚体，二聚体再组成线性聚合体，称为原纤维。13 条原纤维螺旋盘绕装配成中空的管状结构（图 1-13）。受细胞内低温、化学药剂等因素影响，细胞内的微管可以不断地装配和解聚。

微管的生理功能主要有如下几条。

① 微管相当于细胞内的骨骼，能维持细胞的形状，当用秋水仙素处理后，微管被破坏，呈纺锤状的植物精子变成球形。

② 微管参与细胞壁形成和生长。在细胞分裂时，由微管组成的成膜体，指示着高尔基体小泡，向新细胞壁的方向运动，最后形成细胞板；微管在原生质膜下的排列方向，决定着细胞壁上纤维素微纤丝的沉积方向。并且，在细胞壁进一步增厚时，微管集中的部位与细胞壁增厚的部位是相应的。

③ 微管与细胞运动及细胞器的运动有直接关系。植物细胞的纤毛与鞭毛是由微管组成的，细胞质环流、细胞器运动、细胞分裂及染色体的运动等都受微管或由微管构成的纺锤丝控制。

④ 微管为细胞内长距离物质的定向运输提供轨道并参与物质运动。

（2）微丝　微丝主要由肌动蛋白组成。肌动蛋白可以和肌球蛋白结合。肌球蛋白具有 ATP 酶活性，能水解 ATP，将化学能直接转换为机械能，引起运动。微丝的主要作用包括参与维持细胞形状、细胞质流动、染色体运动、胞质分裂、物质运输以及与膜有关的一些重要生命活动，如内吞作用和外排作用等。

（3）中间纤维　中间纤维是中空管状蛋白质丝。不同细胞中间纤维的生化组成差异很大，有角状蛋白、波状蛋白等。中间纤维的聚合是不可逆的。中间纤维在细胞质中形成精细发达的纤维网络，外与细胞质膜相连，中间与微管、微丝和细胞器相连，内与细胞核内的核纤层相连。因此，中间纤维在细胞形态的形成和维持、细胞内颗粒运动、细胞连接及细胞器和细胞核定位等方面有重要作用。

（三）细胞核

细胞核是细胞遗传与代谢的控制中心。真核细胞出现核被膜将细胞质和细胞核分开，这是生物进化过程中的一个重要标志。

1. 细胞核的形状及其在细胞中的分布

细胞核的形状在不同植物和不同细胞中有较大差异。典型的细胞核为球形、椭圆形、长圆形或不规则形，禾本科植物保卫细胞的核呈哑铃形，有些花粉的营养核形成不规则的瓣裂状。在伸长细胞中，细胞核也是伸长的。细胞核的大小在不同植物中也有差别。高等植物细胞核的直径多在 $10 \sim 20 \mu m$ 之间。在幼小细胞中，细胞核常居于中央。细胞生长扩大，细胞腔中央渐渐为液泡所占据，细胞核则随着细胞质转移到细胞边缘，被挤迫而靠近细胞壁。有些细胞的核也可借助于几条细胞质线四面牵引，保持在细胞中央。可见细胞核的大小、形状以及在细胞质内的位置同细胞年龄、功能和其生理状况有关，当然也受外界因素的影响。大多数细胞具一个细胞核，也有些细胞是多核的，如种子植物的绒毡层细胞常有 2 个核，部分种子植物胚乳发育的早期阶段有多个细胞核。

2. 细胞核的超微结构

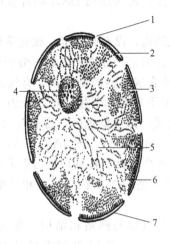
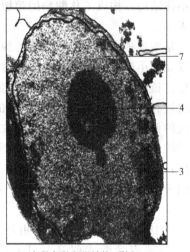

(a) 核式图（引自周云龙）　　(b) 细胞核的超微结构（引自 Taiz）

图 1-14　细胞核

1—核孔；2—核纤层；3—染色质；4—核仁；5—核基质；6—核周腔；7 核膜

细胞核由核被膜、染色质、核仁和核基质组成（图 1-14）。

（1）**核被膜**　包括核膜和核膜以内的核纤层两部分。

核被膜由内外两层膜组成。外膜表面附着核糖体，内质网常与外膜相通连。内膜和染色质紧密接触。两层膜之间的间隙称为膜间腔，与内质网腔连通。核被膜上有规则分布的核孔（图 1-15），是细胞核与细胞质间物质运输的通道。核孔的数量不等，植物细胞的核孔密度为 $40 \sim 140$ 个 $/\mu m^2$。核孔上有一些复杂结构，称核孔复合体。核膜对大分子的出入是有选择性的。大分子出入细胞核与核孔复合体上的受体蛋白有关。

核被膜的内膜内侧有一层蛋白质网络结构，称为核纤层，其厚薄随细胞的不同而异。它是由中间纤维网络组成的，与内膜紧密结合，构成核纤层的中间纤维蛋白是核纤层蛋白。核纤层为核膜和染色质提供了结构支架，并介导核膜与染色质之间的相互作用。核纤层还参与细胞有丝分裂过程中核膜的解体和重组。

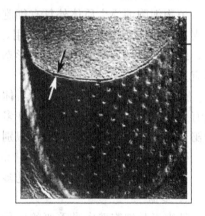

图 1-15　利用冰冻蚀刻技术制备的卷柏
细胞核（示核孔；两个箭头指示
核被膜）（引自杨世杰）

（2）**染色质**　染色质是间期细胞核内 DNA、组蛋白、非组蛋白和少量 RNA 组成的线性复合物，是间期细胞核遗传物质的存在形式，经固定和染色后，呈或粗或细的长丝交织成的网状。染色质按形态与染色性能分为常染色质和异染色质。用碱性染料染色时，前者染色较浅，后者染色较深。在间期中异染色质丝折叠、压缩程度高，呈卷曲凝缩状态，在电子显微镜下表现为电子密度高、色深，是遗传惰性区，只含有极少数不表达的基因。常染色质是伸展开的、未凝缩的、呈电子透亮状态的区段，是基因活跃表达的区域。

染色质基本结构单位为核小体，它呈串珠状，其直径约为 10nm。在染色质上某些特异性位点缺少核小体结构，构成了核酸酶的超敏感位点，可为序列 DNA 结合蛋白所识别，从而调控基因的表达。

（3）核仁　是细胞核中椭圆形或圆形的颗粒状结构，没有膜包围。在光学显微镜下核仁是折光性强、发亮的小球体。细胞有丝分裂时，核仁消失，分裂完成后，两个子细胞核中分别产生新的核仁。核仁富含蛋白质和 RNA。蛋白质合成旺盛的细胞，常有较大的或较多的核仁。一般细胞核有核仁 1~2 个，也有多个的。电子显微镜下核仁可区分为 3 个区域：一个或几个染色浅的低电子密度区域，称为核仁染色质，即浅染色区，含有转录 rRNA 基因；包围核仁染色质的电子密度最高的部分是纤维区，是活跃进行 rRNA 合成的区域，主要成分为核糖核蛋白；颗粒区位于核仁边缘，是由电子密度较高的核糖核蛋白组成的颗粒，这些颗粒代表着不同成熟阶段核糖体亚单位的前体。核仁是 rRNA 合成加工和装配核糖体亚单位的重要场所。

（4）核基质　核内充满着一个主要由纤维蛋白组成的网络状结构，称为核基质。因为它的基本形态与细胞骨架相似又与其有一定的联系，所以也称为核骨架。对于核骨架有两种概念。广义的概念认为，核骨架应包括核基质、核纤层、核孔复合体和残存的核仁。狭义的概念是指细胞核内除了核被膜、核纤层、染色质和核仁以外的网架结构体系。核基质为细胞核内的组分提供了结构支架，使核内的各项活动得以有序进行，可能在真核细胞的 DNA 复制、RNA 转录与加工、染色体构建等生命活动中起着重要作用。

四、细胞壁

植物细胞的原生质体外具有细胞壁，是植物细胞区别于动物细胞的显著特征。细胞壁具有支持和保护其内原生质体的作用，同时还能防止细胞由于吸涨而破裂。在多细胞植物体中，细胞壁能保持植物体的正常形态，影响植物的很多生理活动。因此细胞壁对于植物的生活有重要意义。

过去认为植物细胞壁是原生质体分泌的无生命的产物，现在则认识到细胞壁中含有许多具有生理活性的蛋白质，可参与许多生命活动过程，如植物细胞的生长，物质吸收、运输和分泌，机械支持，细胞间的相互识别，细胞分化、防御及信号传递等。

（一）细胞壁的化学成分

高等植物细胞壁的主要成分是多糖和蛋白质，多糖包括纤维素、半纤维素和果胶质。

1. 多糖

纤维素是细胞壁中最重要的成分，是由多个葡萄糖分子脱水缩合形成的长链。数条平行排列的纤维素链形成分子团，称为微团，多个微团长链再有序排列形成微纤丝。平行排列的纤维素分子链之间和链内均有大量氢键，使之具有晶体性质，有高度的稳定性和抗化学降解的能力。

半纤维素是存在于纤维素分子间的一类基质多糖，是由不同种类的糖聚合而成的一类多聚糖，其成分与含量随植物种类和细胞类型不同而异。其主要成分有木葡聚糖、阿拉伯木聚糖、半乳糖等（图 1-16）。

果胶是胞间层和双子叶植物初生壁的主要化学成分，单子叶植物细胞壁中含量较少。它是一类重要的基质多糖，也是一种可溶性线状长链多糖，包括果胶酸钙和果胶酸钙镁。果胶除了作为基质多糖，在维持细胞壁结构中有重要作用外，果胶多糖降解形成的片断可作为信号调控基因表达，使细胞内合成某些物质，以抵抗真菌和昆虫的危害。果胶多糖保水力较强，在调节细胞水势方面有重要作用。

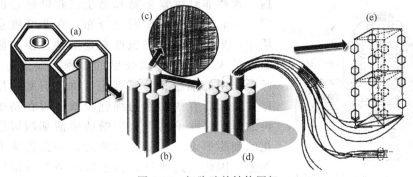

图 1-16 细胞壁的结构图解

(a) 细胞壁的一部分；(b) 大纤丝；(c) 扫描电镜下的微纤丝；

(d) 微纤丝的结构；(e) 纤维素分子构成的长链及其晶格

(引自 Raven 等)

胼胝质是 β-1,3-葡聚糖，广泛存在于植物的花粉管、筛板、柱头和胞间连丝等处。它是一些细胞壁中的正常成分，也是一种伤害反应的产物，如植物韧皮部受伤后，筛板上即形成胼胝质堵塞筛孔。花粉管中形成的胼胝质常是不亲和反应的产物。

2. 蛋白质

细胞壁内的蛋白质约占细胞壁干重的 10%。它们主要是结构蛋白和酶蛋白。细胞壁内有富含脯氨酸的糖蛋白，它是一种结构蛋白，其结构特征是富含脯氨酸，含量约占氨基酸的 30%～40%（摩尔分数）。所含的糖主要是阿拉伯糖和半乳糖。伸展蛋白可促进植物的抗病性和抗逆性。真菌感染、机械损伤能引起伸展蛋白增加。

细胞壁中的酶大多数是水解酶类，如蛋白酶、酸性磷酸酶、果胶酶等；另外还有过氧化物酶、过氧化氢酶、半乳糖醛酸酶等氧化还原酶。细胞壁中酶的种类、数量以及它们在细胞壁中存在时间的长短因植物种类、组织或年龄不同而变化。细胞壁酶的功能多种多样，如半乳糖醛酸酶水解细胞壁中的果胶物质使果实软化。花粉细胞壁中的酶对于花粉管顺利通过柱头和花柱至关重要。由此可见，细胞壁积极参与了细胞的新陈代谢活动。

凝集素是一类能与糖结合或使细胞凝集的蛋白质，几乎所有的高等植物都发现有凝集素，某些低等植物中也有。茎、叶中的凝集素大部分存在于细胞壁中。凝集素参与植物对细菌、真菌和病毒等的防御作用。最近发现细胞壁中存在执行信号传递功能的多肽。

另外，随细胞所执行功能的不同，细胞壁的化学组成也会发生相应变化。

（二）细胞壁的层次结构

植物细胞壁的厚度变化很大，这与各类细胞在植物体中的作用和细胞年龄有关。根据形成时间和化学成分的不同可将细胞壁分成胞间层、初生壁和次生壁 3 层（图 1-17）。

1. 胞间层

胞间层又称中层。位于细胞壁最外层，主要由果胶类物质组成，有很强的亲水性和可塑性，使相邻细胞彼此粘连。果胶易被酸或酶分解从而导致细胞分离。果实成熟时，细胞彼此分开，使果实变软。胞间层与初生壁的界限往往难以辨明，当细胞形成次生壁后尤其如此。细胞壁木质化时胞间层首先木质化，然后是初生壁，次生壁的木质化最后发生。

2. 初生壁

初生壁是细胞生长过程中或细胞停止生长前由原生质体分泌形成的细胞壁层。初生壁较薄，约 1～3 μm。除纤维素、半纤维素和果胶外，初生壁中还有多种酶类和糖蛋

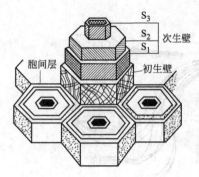

图 1-17　植物细胞胞间层、初生壁
和次生壁的组成与结构

白，这些非纤维素多糖和糖蛋白将纤维素的微纤丝交联在一起。微纤丝呈网状分布，在非纤维素多糖的基质中，果胶质使得细胞壁有延展性，使之能随细胞生长而扩大。分裂活动旺盛的细胞，如进行光合作用、呼吸作用的细胞和分泌细胞等都仅有初生壁。当细胞停止生长后有些细胞的细胞壁就停留在初生壁阶段不再加厚。这些不具有次生壁的生活细胞可以改变其特化的细胞形态，恢复分裂能力，并分化成不同类型的细胞。因此，这些只有初生壁的细胞与植物的愈伤组织形成、植株和器官再生有关。通常初生壁生长时并不是均匀增厚，其上常有初生纹孔场。

3. 次生壁

次生壁是在细胞停止生长、初生壁不再增加表面积后，由原生质体代谢产生的壁物质沉积在初生壁内侧而形成的壁层，与质膜相邻。次生壁较厚，约 $5\sim10\mu m$。植物体内一些具有支持作用的细胞和起输导作用的细胞会形成次生壁，以增强机械强度，这些细胞的原生质体往往死去，留下厚的细胞壁，以执行支持植物体的功能。次生壁中纤维素含量高，微纤丝排列比初生壁致密，有一定的方向性。果胶质极少，基质主要是半纤维素，也不含糖蛋白和各种酶。因此，次生壁比初生壁坚韧，延展性差。次生壁中还常添加了木质素等，大大增强了次生壁的硬度。

由于次生壁的微纤丝排列有一定的方向性，次生壁通常分 3 层，即内层（S_3）、中层（S_2）和外层（S_1），各层纤维素微纤丝的排列方向各不相同，这种成层叠加的结构使细胞壁的强度大大增加。

（三）细胞壁的生长和特化

纤维素的微纤丝形成细胞壁的骨架，组成细胞壁的其他物质（如果胶、半纤维素、胼胝质、蛋白质、水、栓质和木质等）填充入各级微纤丝的网架中。细胞壁的生长包括壁面积增长和厚度增长。初生壁形成阶段不断沉积增加了微纤丝和其他壁物质，使细胞壁面积扩大。壁的增厚生长常以内填和附着方式进行。内填方式是新的壁物质插入原有结构中，附着生长则是新的壁物质成层附着在内表面。

由于细胞在植物体内担负的功能不同，在形成次生壁时，原生质体常分泌不同性质的化学物质填充在细胞壁内，与纤维素密切结合，而使细胞壁的性质发生各种变化。常见的变化有如下几种。

1. 木质化

木质素填充到细胞壁中的变化称木质化。细胞壁木质化后硬度增加，加强了机械支持作用。同时，木质化细胞仍可透过水分，木本植物体内即由大量细胞壁木质化的细胞（如导管分子、管胞木纤维等）组成。

2. 角质化

即细胞壁上增加角质的变化。角质是一种脂质化合物。角质化细胞壁不易透水。这种变化大都发生在植物体表面的表皮细胞，角质常在表皮细胞外形成角质膜，以防止水分过分蒸腾，抵御机械损伤和微生物的侵袭。

3. 栓质化

细胞壁中增加栓质的变化称栓质化。栓质也是一种脂质化合物，栓质化后的细胞壁失去透水和透气能力。因此，栓质化细胞的原生质体大都解体而成为死细胞。栓质化的细胞壁富于弹性，日常用的软木塞就是栓质化细胞形成的。栓质化细胞一般分布在植物老茎、枝及老根外层，以防止水分蒸腾，保护植物免受恶劣条件的侵害。根凯氏带中的栓质是质外体运输的屏障。

4. 矿质化

细胞壁中增加矿质的变化称矿质化。最普通的有钙或二氧化硅，多见于茎叶的表层细胞。矿质化的细胞壁硬度增大，从而增加了植物的支持力，并保护植物不易受到动物的侵害。禾本科植物如玉米、稻、麦及竹子等的茎叶非常坚利，就是由于细胞壁内含有二氧化硅的缘故。

（四）细胞壁在细胞生命活动中的作用

细胞壁是植物细胞所特有的结构，它包围在原生质体外侧，几乎与植物细胞的所有生理活动有关。

① 维持细胞的形状　细胞壁的首要作用就是维持细胞的形状。植物细胞的形状主要由细胞壁决定，植物细胞通过控制细胞壁的组织，如微纤丝的合成部位和排列方向，从而控制细胞形状。

② 调控细胞的生长　在植物细胞的伸长生长中，细胞壁的弹性大小对细胞的生长速度起重要调节作用，同时细胞壁微纤丝的排列方向也控制着细胞的伸长方向。

③ 机械支持　细胞壁具有很高的硬度和机械强度，使细胞对外界机械伤害有较高的抵抗能力。细胞壁不仅提高了植物细胞的机械强度，而且为整个植物体提供了重要的机械支持力。高大的树木之所以能挺拔直立、枝叶伸展，实际上也是由每个细胞的细胞壁支撑的。

④ 维持细胞的水分平衡　细胞外坚硬细胞壁的存在，是细胞产生膨压的必要条件。因此与植物细胞水分平衡有关的生理活动也与细胞壁相关。

⑤ 参与细胞的识别　细胞壁中普遍存在的蛋白质参与细胞间的识别反应，如花粉与柱头间的识别反应是在花粉壁内的糖蛋白和柱头表面的糖蛋白参与下进行的。

⑥ 植物细胞的天然屏障　细胞壁在抵御病原菌的入侵上有积极作用。当病原菌侵染时，寄主植物细胞壁内产生了一系列抗性反应，如引起植物细胞壁中伸展蛋白的积累和木质化、栓质化程度的提高，从而可抵御病原微生物的侵入和扩散。

此外，细胞壁形成了植物体的质外体空间，植物体中的许多运输过程都是在其中进行的。特别是由特化的细胞壁所形成的导管在水分和矿质运输中起着不可替代的作用。某些特殊的细胞运动也和细胞壁有关，如植物气孔保卫细胞的变形运动就与保卫细胞的细胞壁不均匀加厚有关。

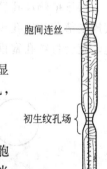

图 1-18　初生纹孔场及胞间连丝

（五）纹孔与胞间连丝

1. 初生纹孔场

细胞壁在生长时并不是均匀增厚的。在细胞的初生壁上有一些明显凹陷的较薄区域，称为初生纹孔场。初生纹孔场中集中分布有一些小孔，其上有胞间连丝穿过（图 1-18）。

2. 胞间连丝

穿过细胞壁上的小孔，连接相邻细胞的细胞质丝称为胞间连丝。胞间连丝多分布在初生纹孔场上，细胞壁的其他部位也有胞间连丝。在光学显微镜下能看到柿胚乳细胞的胞间连丝，一般细胞的胞间连丝在光学显微镜下不易观察到。在电子显微镜下胞间连丝是直径约 $40\sim50nm$ 的小

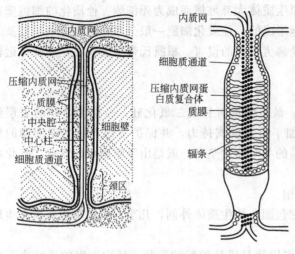

图 1-19 胞间连丝超微结构模型
[（a）引自 Olesen & Robards，1990；（b）引自 Ding，1992]

管状结构，目前人们普遍接受的胞间连丝超微结构模型见图 1-19。这个模型认为，胞间连丝是贯穿细胞壁的管状结构，周围衬有质膜，与两侧细胞的质膜相连。中央有压缩内质网通过，压缩内质网中间颜色深，称为中心柱，它是由内质网膜内侧磷脂分子的亲水头部合并形成的柱状结构。压缩内质网与质膜之间为细胞质通道，也称为中央腔。一般认为压缩内质网中间没有腔，物质通过胞间连丝主要经由细胞质通道。胞间连丝两端变窄，形成颈区。胞间连丝沟通了相邻细胞，一些物质和信息可以经胞间连丝传递。所以植物细胞虽有细胞壁，实际上它们彼此连成一个统一的整体。水分和小分子物质都可从这里穿行。一些植物病毒也是通过胞间连丝而扩大感染的。某些相邻细胞之间的胞间连丝，可发育成直径较大的胞质通道，它的形成有利于细胞间大分子物质，甚至是某些细胞器的交流。

3. 纹孔

次生壁形成时，往往在原有初生纹孔场处不形成次生壁，这种无次生壁的较薄区域称为纹孔（图 1-20）。纹孔也可在没有初生纹孔场的初生壁上出现，有些初生纹孔场可完全被次生壁覆盖。相邻细胞壁上的纹孔常成对形成，两个成对的纹孔合称纹孔对。若只有一侧的壁具有纹孔，这种纹孔就称为盲纹孔。

纹孔如在初生纹孔场上形成，一个初生纹孔场上可有几个纹孔。一个纹孔是由纹孔腔和纹孔膜组成的，纹孔腔是由次生壁围成的腔，它的开口朝向细胞腔，腔底的初生壁和胞间层部分就是纹孔膜。根据次生壁增厚情况的不同，纹孔分成单纹孔和具缘纹孔两种类型 [图 1-20（a）、（b）]。它们的区别是具缘纹孔周围的次生壁突出于纹孔腔上，形成一个穹形的边缘，从而使纹孔口明显变小，而单纹孔的次生壁没有这种突出的边缘（图 1-20）。纹孔是细胞壁较薄的区域，有利于细胞间的沟通和水分运输，胞间连丝较多地出现在纹孔内，有利于细胞间的物质交换。

裸子植物纹孔管胞上的具缘纹孔，在其纹孔膜中央，有一圆形增厚部分，称为纹孔塞。其周围部分的纹孔膜称为塞缘，质地较柔韧，水分通过塞缘空隙在管胞间流动，若水流过速，就会将纹孔塞推向一侧，使纹孔口部分或完全堵塞，以调节水流速度 [图 1-20（c）]。

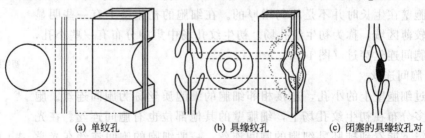

(a) 单纹孔　　　　　　　(b) 具缘纹孔　　　　　(c) 闭塞的具缘纹孔对

图 1-20 纹孔的类型

第三节 植物细胞后含物

后含物是植物细胞原生质体代谢过程中的产物，包括贮藏的营养物质、代谢废弃物和植物次生物质。它们可以在细胞生活的不同时期产生和消失。

后含物种类很多，有糖类、蛋白质、脂肪及与其有关的物质（角质、栓质、蜡质、磷脂等），还有成结晶的无机盐和其他有机物，如单宁、树脂、树胶、橡胶和植物碱等。这些物质有的存在于原生质体中，有的存在于细胞壁上。许多后含物对人类具有重要的经济价值。

一、贮藏的营养物质

（一）淀粉

淀粉是细胞中糖类最普遍的贮藏形式，在细胞中以颗粒状态存在，称为淀粉粒。所有的薄壁细胞中都有淀粉粒存在，尤其在各类贮藏器官中更为集中，如在种子的胚乳和子叶中，植物的块根、块茎、球茎和根状茎中都含有丰富的淀粉粒。

光合作用过程中产生的葡萄糖，可以在叶绿体中聚合成淀粉，暂时贮藏，以后又可分解成葡萄糖，转运到贮藏细胞中，由造粉体重新合成为淀粉粒。造粉体在形成淀粉粒时，由一个中心开始，从内层向外层沉积，充满整个造粉体。这一中心便形成了淀粉粒的脐点。一个造粉体可含一个或多个淀粉粒。许多植物的淀粉粒，在显微镜下可以看到围绕脐点有许多亮暗相间的轮纹，这是由于淀粉沉积时，直链淀粉和支链淀粉相互交替、分层沉积的缘故。直链淀粉较支链淀粉对水有更强的亲和性，二者遇水膨胀不一，从而显出了折光上的差异。

淀粉粒在形态上有 3 种类型：单粒淀粉粒，只有一个脐，无数轮纹围绕这个脐；复粒淀粉粒，具有两个以上的脐，各脐点分别有各自的轮纹环绕；半复粒淀粉粒，具有两个以上的脐，各脐除有本身的轮纹环绕外，外面还包围着共同的轮纹（图 1-21）。不同种类的植物，其贮藏淀粉粒在大小、形状、类型、脐的位置及形态方面各有其特点，可在显微镜下鉴别出来，在商品检验和生物药学上有实践意义。淀粉遇碘呈紫蓝色，可用碘-碘化钾溶液进行鉴定。

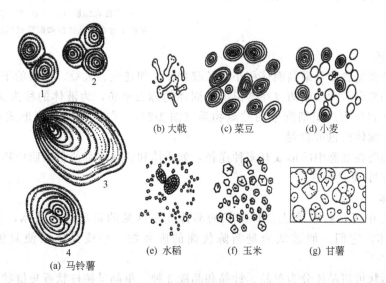

(a) 马铃薯   (b) 大戟   (c) 菜豆   (d) 小麦   (e) 水稻   (f) 玉米   (g) 甘薯

图 1-21 不同植物的淀粉粒

1，2—复粒；3—单粒；4—半复粒

（二）蛋白质

细胞内贮藏的蛋白质与构成细胞原生质的蛋白质不同，贮藏蛋白质是没有生命的，呈比较稳定的状态。蛋白质的一种贮藏形式是结晶状，结晶的蛋白质因具有晶体和胶体的二重性，因此称拟晶体。蛋白质拟晶体有不同的形状，但常呈方形，如在马铃薯块茎上近外围的薄壁细胞中，就有这种方形结晶的存在。贮藏蛋白质的另一种形式是糊粉粒，可在液泡中形成，是一团无定形蛋白质，常被一层膜包裹成圆球状的颗粒，称为糊粉粒。蛋白质遇碘呈黄色。

糊粉粒较多地分布于植物种子的胚乳或子叶中，有时它们集中分布在某些特殊的细胞层中。如谷类种子胚乳最外面的一层或几层细胞中，含有大量糊粉粒，特称为糊粉层（图 1-22）。在许多豆类种子（如大豆、落花生等）子叶的薄壁细胞中，普遍具有糊粉粒，这种糊粉粒以无定形蛋白质为基础，另外包含一个或几个拟晶体。蓖麻胚乳细胞中的糊粉粒，除拟晶体外，还含有磷酸盐球形体（图 1-23）。

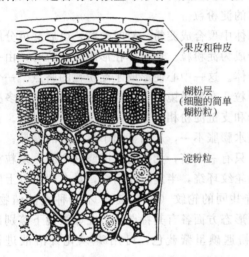

图 1-22　小麦籽粒横切面（示糊粉粒和淀粉粒）

果皮和种皮

糊粉层
（细胞的简单
糊粉粒）

淀粉粒

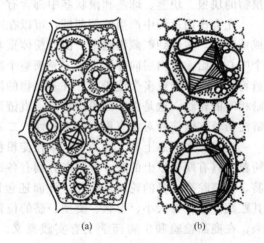

(a)　　　　　(b)

图 1-23　蓖麻种子的糊粉粒
(a) 一个胚乳细胞　(b) (a) 中一部分的放大，
示两个含有拟晶体的磷酸盐球形体的糊粉粒

（三）脂质

脂肪和油类是含能量最高而体积小的贮藏物质。如花生、大豆、油菜的子叶，蓖麻、油桐的胚乳，都贮藏了大量脂肪（在常温下为固体的称为脂肪，为液体的称为油类）。它们常成为种子、胚和分生组织细胞中的贮藏物质（图 1-24），以固体或油滴形式存在于细胞质中，有时在叶绿体内也可看到。

脂肪和油类在细胞中的形成有多种途径，如质体和圆球体都能积聚脂质物质，发育成油滴。脂肪遇苏丹-Ⅲ呈橙红色。

二、晶体

植物细胞中无机盐常形成各种形状的晶体。最常见的是草酸钙晶体，少数植物中也有碳酸钙晶体。它们一般被认为是新陈代谢的废弃物，形成晶体后便避免了对细胞的毒害。

根据其形状可将晶体分为单晶、针晶和晶簇 3 种。单晶呈棱柱状或角锥状。针晶是两端尖锐的针状，并常集聚成束。晶簇是由许多单晶联合成的复式结构，呈球状，每个单晶的尖端都突出于球表面（图 1-25）。

图 1-24　含有油滴的椰子胚乳细胞

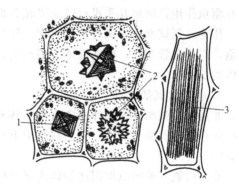

图 1-25　植物细胞中常见的晶体类型
1—单晶；2—晶簇；3—针晶

晶体在植物体内分布很普遍，是在液泡中形成的，在各类器官中都能看到。各种植物以及一个植物体不同部分的细胞中含有的晶体在大小和形状上有时有很大区别。

三、次生代谢产物

植物次生代谢物质是在植物体内合成的，在植物细胞的基础代谢活动中没有明显或直接作用的一类化合物。但这类物质对植物适应不良环境或抵御病原物侵害、吸引传粉媒介以及植物的代谢调控等方面具有重要意义。

1. 酚类化合物

植物中的酚类化合物包括酚、单宁、木质素等。单宁又称植物鞣质，是一种无毒、不含氮的水溶性酚类化合物，广泛存在于植物的根、茎、叶、树皮和果实中，如柿、石榴的果实中，柳和胡桃等的树皮中。它存在于细胞质、液泡或细胞壁中，在光镜下是一些黄、红或棕色的粒状物。具涩味，遇铁盐呈蓝色以至黑色。单宁在植物生活中有防腐和保护作用，能使蛋白质变性，当动物摄食含单宁的植物时，可将动物唾液中蛋白质沉淀，使动物感觉这种植物味道不好而拒食，单宁还可抑制细菌和真菌的侵染。工业上用于制革，药用上有抑菌和收敛止血的作用。酚类化合物还能强烈吸收紫外线，可使植物免受紫外线的伤害。

2. 类黄酮

类黄酮是一种十五碳化合物，是植物体内一类重要的次生代谢物质，目前已经鉴定的类黄酮超过 2000 种。常见的类黄酮有花色素苷和黄酮醇等。常见的花色素与植物颜色有密切关系。主要分布于花和果实细胞的液泡内，为水溶性色素。花色素是花色素苷与葡萄糖基解离后剩余的部分，为无氮的酚类化合物。花色素在不同 pH 条件下颜色不同，当细胞液酸性时呈橙红色，中性时呈紫色，碱性时则呈蓝色。

类黄酮除了在植物颜色方面有作用外，还有吸引动物以利传粉和受精、保护植物免受紫外线灼伤、防止病原微生物侵袭等功能。

3. 生物碱

生物碱是植物体中广泛存在的一类含氮的碱性有机化合物，多为白色晶体，具有水溶性。目前已发现的生物碱超过 3000 种，有人认为生物碱是代谢作用的最终产物，也有人认为是一种贮藏物质，它们可使植物免受其他生物的侵害，有重要的生态学功能。生物碱在植物界中分布很广，含生物碱较多的科有罂粟科、茄科、茜草科、毛茛科、小檗科、豆科、夹竹桃科和石蒜科等。亲缘关系相近的植物，常含化学结构相同或类似的生物碱，一种植物中所含的生物碱常不止一种。

生物碱有多方面的用途。金鸡纳树皮中所含的奎宁是治疗疟疾的特效药；烟草中的尼古丁有驱虫作用，因而几乎没有昆虫光顾含烟碱的植物；吗啡、小檗碱和阿托平等都有驱虫作用。作为外源试剂，烟碱可抗生长素，抑制叶绿素合成；秋水仙素处理正在进行有丝分裂的细胞，它与微管结合，使纺锤体不能形成，结果形成多倍体，育种工作者常用它作为产生多倍体的试剂。

4. 非蛋白氨基酸

非蛋白氨基酸是植物体内含有的一些不被结合到蛋白质内的氨基酸。非蛋白氨基酸以游离形式存在，起防御作用，它们在结构上与蛋白质氨基酸非常相似，如刀豆氨酸的结构就与精氨酸非常相近。

非蛋白氨基酸可以抑制动物体内蛋白质氨基酸的吸收或合成，或者被结合进正常的蛋白质中，从而导致动物体内某些蛋白质功能的丧失。如刀豆氨酸被草食动物摄入后，可以被精氨酸 tRNA 识别，在蛋白质合成过程中取代精氨酸被结合进蛋白质的肽链内，导致酶丧失与底物结合的能力或丧失催化生化反应的能力。但是合成刀豆氨酸的植物体内有完善的辨别机制，可以区别刀豆氨酸和精氨酸，从而避免刀豆氨酸被错误地结合进正常蛋白质。

第四节　植物细胞的增殖

单细胞植物生长到一定阶段，细胞分裂成两个，以此进行繁殖。对于细胞植物而言，细胞分裂与细胞扩大构成了植物生长的主要方式。因此，细胞分裂是生命有机体的主要特征，植物的生长发育、生殖繁衍与细胞分裂密切相关。

一、细胞周期

细胞周期是指从一次细胞分裂结束到下一次细胞分裂结束之间细胞所经历的全部过程。细胞周期又可划分为分裂间期和分裂期。

（一）间期

间期是从前一次分裂结束到下一次分裂开始的一段时间。间期细胞核结构完整，细胞进行着一系列复杂的生理代谢活动，特别是 DNA 的复制，为细胞分裂做好准备。根据在不同时期合成的物质不同，可以把分裂间期进一步分成复制前期（G_1期）、复制期（S 期）和复制后期（G_2 期）3 个时期（图 1-26）。

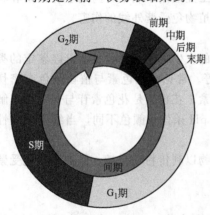

图 1-26　细胞周期图解

1. G_1 期

G_1 期出现在细胞分裂结束后，在此期，细胞要发生一系列生物化学变化，为进入 S 期创造了基本条件。其中最主要的是要合成一定数量的 RNA 和一些专一性的蛋白质（如组蛋白、非组蛋白及一些酶类）。这种蛋白质称为细胞周期蛋白，它的积累有助于细胞通过 G_1 期的限制点进入 S 期。

细胞周期蛋白积累到一定程度，即可进入 S 期，此外，还合成了微管蛋白等。G_1 期细胞体积增大，各种细胞器、内膜结构和其他细胞成分的数量迅速增加，以利于细胞过渡到 S 期。

2. S 期

S 期是细胞核 DNA 复制开始到 DNA 复制结束的时期。这个时期的主要特征是遗传物质的复制，包括 DNA 复制和组蛋白等染色体蛋白的合成。细胞核中 DNA 的复制是以半保留方式进行的，组蛋白是在细胞质中合成，然后转运进入细胞核，与 DNA 链结合形成染色质。

S 期 DNA 的复制过程受细胞质信号的控制，只有当 S 期激活因子出现后，DNA 合成开关才会打开，S 期除合成 DNA 和各种组蛋白外，还合成其他一些蛋白，如专一的细胞周期蛋白。

3. G_2 期

DNA 复制完成后，细胞就进入 G_2 期。细胞在此期主要合成某些蛋白质 RNA，为进入 M 期进行结构和功能上的准备，如合成纺锤体微管蛋白等。在 G_2 期末还合成了一种可溶性蛋白质，能引起细胞进入有丝分裂期。这种可溶性蛋白质为一种蛋白质激酶，在 G_2 期末被激活，从而使细胞由 G_2 期进入有丝分裂期。此种激酶可使核质蛋白质磷酸化，导致核膜在前期末破裂。在 G_2 期末，到进入 M 期前也存在着细胞周期监控点。

（二）分裂期

细胞经过间期后进入分裂期，细胞中已复制的 DNA 将以染色体形式平均分配到两个子细胞中去，每一个子细胞将得到与母细胞同样的一组遗传物质。细胞分裂期（M 期）由核分裂和胞质分裂两个阶段构成。

（三）细胞周期的时间

不同物种、不同组织的细胞周期所经历的时间不同。在恒定条件下，各种细胞的周期时间相对恒定。绝大多数真核生物的细胞周期从几个小时到几十个小时不等。如蚕豆根尖细胞的周期约为 24.3h，其中 G_1 期 4.0h，S 期 9.0h，G_2 期 3.5h，M 期 1.9h。

（四）周期细胞、 G_0 期细胞和终端分化细胞

从细胞增殖的角度看，细胞有 3 种状态：周期细胞、G_0 期细胞和终端分化细胞。周期细胞就是在细胞周期中运转的细胞，如分生组织细胞。G_0 期细胞为暂时脱离细胞周期的细胞，它们可在适当刺激下重新进入细胞周期，进行增殖。例如，有些细胞如茎的皮层细胞通常不再进行细胞分裂，视为 G_0 期，但再发育到一定阶段，其中一些细胞可恢复分裂活动，转变为形成层细胞，重新进入细胞周期。终端分化细胞是指那些不可逆的脱离细胞周期、丧失分裂能力而保持生理机制的细胞，如韧皮部中的筛管细胞。细胞处于何种状态，受有关基因及外界环境条件的调控。

二、有丝分裂

有丝分裂是一种最普通的分裂方式。在有丝分裂过程中，因细胞核中出现染色体与纺锤丝，故称为有丝分裂。主要发生在植物根尖、茎尖及生长快的幼嫩部位的细胞中。植物生长主要靠有丝分裂增加细胞的数量。有丝分裂包括两个过程，第一个过程是核分裂，根据染色体的变化过程，又人为地将其分为前期、中期、后期和末期。第二个过程是细胞质分裂，分裂的结果是形成两个新的子细胞。

（一）染色体和纺锤体

1. 染色体

染色体是真核细胞有丝分裂或减数分裂过程中，由染色质经多级盘绕、折叠、压缩和包装形成的棒状结构，是细胞有丝分裂时遗传物质存在的特定形式。

在 S 期，由于每个 DNA 分子复制成为两条，每个染色体实际上含有两条并列的染色单体，每一染色单体含一条 DNA 双链分子。两条染色单体在着丝粒部位结合。着丝粒位于染色体的一个缢缩部位，即主缢痕中。着丝粒是异染色质（主要为重复序列），不含遗传信息。在每一着丝粒的外侧还有一蛋白质复合体结构，称为动粒，也称着丝点，与纺锤丝相连。着丝粒和主缢痕在各染色体上的位置对于每种生物的每一条染色体来说是确定的，或是位于染色体中央而将染色体分成称为臂的两部分（图1-27），或是偏于染色体一侧，甚至近于染色体的一端。

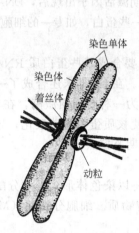

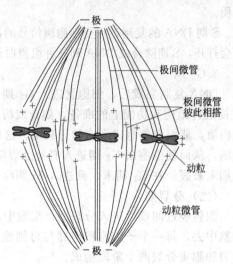

图1-27 染色体结构模式图   图1-28 纺锤体

染色质中的DNA长链经四级螺旋、盘绕，最终形成染色体，其长度被压缩了上万倍，这有利于细胞分裂中染色体的平均分配。

2. 纺锤体

有丝分裂时，细胞中出现了由大量微管组成的、形态为纺锤状的结构，称为纺锤体。这些微管呈细丝状，称纺锤丝。组成纺锤体中的纺锤丝有些是从纺锤体一极伸向另一极的，称连续纺锤丝或极间微管，它们不与着丝点相连（图1-28）；还有一些纺锤丝一端和纺锤体的极连接，另一端与染色体的着丝点相连，称为染色体牵丝，也称动粒微管。

（二）有丝分裂的过程

1. 细胞核分裂

（1）前期　前期是有丝分裂开始的时期，其主要特征是染色质逐渐凝聚成染色体。最初，染色质呈细长的丝状结构，以后逐渐缩短、变粗，成为一个个形态上可辨认的棒状结构，即染色体。每一个染色体由两条染色单体组成，它们通过着丝点连接在一起。染色体在核中凝缩的同时，核膜周围的细胞质中出现大量微管，最初的纺锤体开始形成。到前期的最后阶段，核仁变得模糊以至最终消失，与此同时，核膜也开始破碎成零散的小泡，最后全面瓦解（图1-29、图1-30）。

（2）中期　中期细胞的特征是染色体排列到细胞中央的赤道板上，纺锤体形成。当核膜破裂后，由纺锤丝构成的纺锤体结构清晰可见。染色体继续浓缩变短，在染色体牵丝的牵引下，向着细胞中央移动，最后都以各染色体的着丝点排列在处于两极当中的垂直于纺锤体纵轴的平面即赤道板上，而染色体的其余部分在两侧任意浮动。中期的染色体缩短到最粗短的程度，是观察研究染色体的最佳时期。

（3）后期　染色体分裂成两组子染色体，并分别朝相反的两极运动。当所有染色体排列在赤道板上后，构成每条染色体的两个染色单体从着丝点处裂开，分成两条独立的子染色体；紧接着子染色体分成两组，分别在染色体牵丝的牵引下，向相反的两极运动。这种染色体运动是动粒微管末端解聚和极间微管延长的结果。子染色体在向两极运动时，一般是着丝点在前，两臂在后。

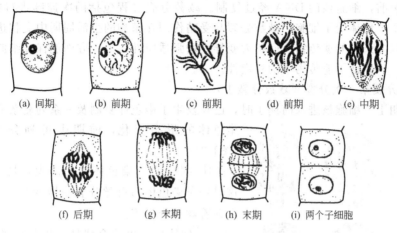

(a) 间期　　(b) 前期　　(c) 前期　　(d) 前期　　(e) 中期

(f) 后期　　(g) 末期　　(h) 末期　　(i) 两个子细胞

图 1-29　植物细胞有丝分裂过程图解

（4）末期　末期的主要特征是到达两极的染色体弥散成染色质，核膜、核仁重新出现。
染色体到达两极后，纺锤体开始解体，染色体成为密集的一团，并开始解螺旋，逐渐变成细长分散的染色质丝；与此同时，由糙面内质网分化出核膜，包围染色质，核仁重新出现，形成子细胞核。至此，细胞核分裂结束。

2. 细胞质分裂

细胞质分裂是在两个新的子核之间形成新细胞壁，把母细胞分隔成两个子细胞的过程。一般情况下，细胞质分裂通常在核分裂后期之末、染色体接近两极时开始，这时在分裂面两侧，密集的、短的微管相对呈圆盘状排列，构成一桶状结构，称为成膜体。此后一些高尔基体小泡和内质网小泡在成膜体上聚集破裂释放果胶类物质，小泡膜融合于成膜体两侧形成细胞板。细胞板在成膜体引导下向外生长直至与母细胞的侧壁相连。小泡的膜用来形成子细胞

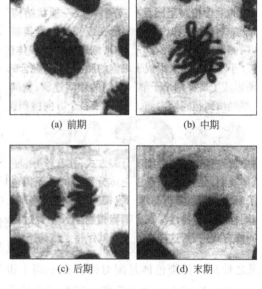

(a) 前期　　　　　　(b) 中期

(c) 后期　　　　　　(d) 末期

图 1-30　洋葱根尖细胞的有丝分裂过程

的质膜；小泡融合时，其间往往有一些管状内质网穿过，这样便形成了贯穿两个子细胞之间的胞间连丝；胞间层形成后，子细胞原生质体开始沉积初生壁物质到胞间层内侧，同时也沿各个方向沉积新的细胞壁物质，使整个外部的细胞壁连成一体。

有丝分裂是植物中普遍存在的一种细胞分裂方式，在有丝分裂过程中，由于每次核分裂前都进行一次染色体复制，分裂时，每条染色体分裂为两条子染色体，平均分配给两个子细胞，这样就保证了每个子细胞具有与母细胞相同数量和类型的染色体。因此，每一子细胞就有着和母细胞同样的遗传特性。在多细胞植物的生长发育过程中，可进行无数次的细胞分裂，每一次都按同样方式进行，这样有丝分裂就保持了细胞遗传上的稳定性。

三、减数分裂

在植物的有性生殖过程中会发生减数分裂，这是一种特殊的细胞分裂。

　　减数分裂前，细胞核的 DNA 经过复制。减数分裂过程包括两次连续进行的有丝分裂，最后形成 4 个单倍体的子细胞。减数分裂与受精作用在植物的生活周期中交替进行，使植物一方面接受双方亲本的遗传物质而扩大变异，增强适应性；另一方面能保证细胞中的染色体数目维持恒定，保证了遗传物质的稳定性。

　　1. 减数分裂第一次分裂（减数分裂Ⅰ）

　　(1) 前期Ⅰ　细胞核进入前期Ⅰ时，已经发生了染色体复制及一系列复杂的变化。根据染色体的形态变化，前期Ⅰ可划分为 5 个时期（图1-31）。

　　① 细线期　染色体开始出现，是很细的丝状。这时每条染色体与有丝分裂一样变为两条染色单体，也在着丝粒处相连。

　　② 偶线期　也称合线期。细胞中的同源染色体两两配对，称为联会。如玉米细胞中原有 20 条染色体，此时，组成了 10 对，每对中有 4 条染色单体构成一个单位，叫四价体或四联体。

　　③ 粗线期　染色体缩短变粗，在四价体上可以看到染色单体发生交叉，可在一条染色体上有若干个交叉点，这种现象的本质是同源染色体之间发生了染色体片段的交换。也就是说，交换后，染色体有了遗传物质的变化，含有同源染色体中另一染色体上的一部分基因。

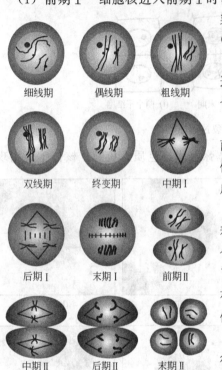

图 1-31　减数分裂过程图解

　　④ 双线期　染色体继续缩短变粗，此时的交叉很明显。

　　⑤ 终变期　染色体缩小到最小长度，细胞核中的核仁、核膜也都消失。

　　(2) 中期Ⅰ　该期与有丝分裂相同之处是染色体也排在细胞赤道板上，形成纺锤体；不同之处是同源染色体是配对的，在中期Ⅰ也不分开。

　　(3) 后期Ⅰ　进入后期，同源染色体分开，每对同源染色体分开后分别进入两极，在每极中，染色体的数目只有原来的一半。

　　(4) 末期Ⅰ　染色体渐渐变为染色质，核仁、核膜也出现了。此时染色体数目是母细胞的一半。

　　2. 减数分裂第二次分裂（减数分裂Ⅱ）

　　从减数分裂Ⅰ到减数分裂Ⅱ，细胞没有进行 DNA 复制，很快进入第二次分裂，这次分裂实际上是一次普通的有丝分裂。减数分裂二分体中每一染色体的两条染色单体分裂成两条子染色体，分别进入细胞两极，最终形成单倍体的子细胞。这样，经过一次染色体的复制和两次连续的细胞分裂，形成了 4 个单倍体的子细胞。

　　由于有同源染色体的配对，使同源染色体能准确地分配到 4 个子细胞中，保证了子细胞能得到一半的染色体，从而确保了遗传的稳定性。联会与交换以及同源染色体进入子细胞时的自由组合又提供了变异的机会，这使植物的后代有更强的生活力。

四、无丝分裂

相对于有丝分裂和减数分裂，无丝分裂的过程比较简单。细胞分裂开始时，细胞核伸长，中部凹陷，最后中间分开，形成两个细胞核，在两核中间产生新壁形成两个细胞。无丝分裂有各种方式，如横缢、出芽、碎裂、劈裂等。无丝分裂多见于低等植物中，在高等植物中也比较普遍，如在胚乳发育过程中和愈伤组织形成时均有无丝分裂发生（图 1-32）。

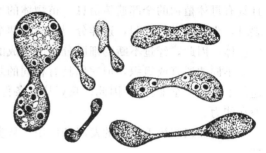

图 1-32　棉花胚乳游离时期细胞核的无丝分裂
（引自胡适宜，1983）

五、细胞生长和分化

1. 细胞生长

细胞生长是指在细胞分裂后形成的子细胞体积和质量的增加过程，其表现形式为细胞质量增加的同时，细胞体积亦增大。细胞生长是植物个体生长发育的基础，对单细胞植物而言，细胞生长就是个体生长，而多细胞植物体的生长则依赖于细胞生长和细胞数量的增加。

植物细胞的生长包括原生质体生长和细胞壁生长两个方面。原生质体生长过程中最为显著的变化是液泡化程度的增加，最后形成中央大液泡，细胞质其余部分则变成一薄层紧贴于细胞壁，细胞核移至侧面。此外，原生质体中的其他细胞器在数量和分布上也发生着各种复杂变化。细胞壁生长包括表面积增加和厚度增加，原生质体在细胞生长过程中不断分泌壁物质，使细胞壁随原生质体长大而延伸。同时，壁的厚度和化学组成也发生相应变化。

植物细胞的生长有一定限度，当体积达到一定大小后，便会停止生长。细胞最后的大小随植物细胞的类型而异，即受遗传因子控制。同时，细胞生长和细胞大小也受环境条件影响。

2. 细胞分化

多细胞植物体上的不同细胞执行着不同的功能，与之相适应，细胞在形态或结构上也表现出各种变化。例如，茎、叶表皮细胞执行保护功能，在细胞壁的表面形成明显的角质层，以加强保护作用；叶肉细胞中发育形成了大量的叶绿体，以适应光合作用的需要；输导水分的细胞发育成长管状、侧壁加厚、中空，以利于水分输导。然而，这些细胞最初都是由合子分裂、生长、发育而成的。这种在个体发育过程中，细胞在形态、结构和功能上的特化过程，称为细胞分化。植物的进化程度愈高，植物体结构愈复杂，细胞分工就愈细，细胞的分化程度也愈高。细胞分化使多细胞植物体中的细胞功能趋于专门化，这样有利于提高各种生理功能的效率。

细胞分化是一个非常复杂的过程。一般认为细胞分化可能有下列因素的调节和控制。①外界环境条件的诱导，如光照、温度和湿度等。②细胞在植物体中存在的位置，以及细胞间的相互作用。③细胞的极性化是细胞分化的首要条件，极性是指细胞（或器官或植株）的一端与另一端在结构与生理上的差异，常表现为细胞内两端细胞质浓度不同。极性的建立常引起细胞不均等分裂，即产生两个大小不同的细胞，这为它们以后的分化提供了前提。④激素或化学物质，已知生长素和细胞分裂素是启动细胞分化的关键激素。

生活的成熟细胞是有寿命的，也会衰老、死亡。死亡的细胞常被植物排出体外或留在体内，而这些细胞原来担负的功能将会由植物体产生新的细胞去承担。

六、细胞全能性

植物细胞全能性的概念是 1902 年由德国著名植物学家 Haberlandt 首先提出的。他认为高等植物的器官和组织可以不断分割直至单个细胞，每个细胞都具有进一步分裂和发育的能力。

植物细胞全能性是指体细胞可以像胚性细胞那样，经过诱导能分化发育成一株植物，并且具有母体植物的全部遗传信息。植物体的所有细胞都来源于一个受精卵。当受精卵均等分裂时，染色体进行复制，这样分裂形成的两个子细胞里均含有与受精卵同样的遗传物质——染色体。因此，经过不断的细胞分裂所形成的成千上万个子细胞，尽管它们在分化过程中会形成不同的器官或组织，但它们具有相同的基因组成，都携带着亲本的全套遗传特性，即在遗传上具有"全能性"。因此，只要培养条件适合，离体培养的细胞就有发育成一株植物的潜在能力。

细胞和组织培养技术的发展和应用，从实验基础上有力地验证了植物细胞"全能性"的理论。

七、细胞死亡

多细胞生物体的个体发育是从受精卵开始的，细胞作为有机体中的成员，其一切活动都受到整体的调节和控制。多细胞生物体中，细胞不断进行着分裂、生长和分化的同时，也不断发生着细胞的死亡。

细胞的死亡可分为编程性死亡和坏死两种形式。编程性死亡是指体内的健康细胞在特定的细胞外信号的诱导下，进入死亡途径，是在有关基因的调控下发生死亡的过程，这是一个正常的生理性死亡，是基因程序性表达的结果。细胞坏死是指细胞受到某些外界因素的激烈刺激，如机械损伤、毒性物质的毒害，导致细胞的死亡。

1. 细胞编程性死亡与细胞坏死的特征

细胞死亡程序启动后，细胞内发生了一系列结构变化，如细胞质凝缩、细胞萎缩、细胞骨架解体、核纤层分解、核被膜破裂以及内质网膨胀成泡状，细胞质和细胞器的自溶作用表现强烈。除了这些形态特征外，在进行 DNA 电泳分析时发现，核 DNA 分解成片段，出现梯形电泳条带。大量实验表明，核 DNA 分解成片段是编程性死亡的主要特征。

细胞坏死与细胞编程性死亡有明显不同的特征。细胞坏死时质膜和核膜破裂，膜通透性增高，细胞器肿胀，线粒体、溶酶体破裂，细胞内含物外泄。细胞坏死极少是单个细胞死亡，往往是某一区域内一群细胞或一块组织受损。细胞坏死过程中不出现 DNA 梯状条带等特征。

2. 细胞编程性死亡的生物学意义

植物生长发育过程中，普遍存在着细胞编程性死亡的现象。如管状细胞分化的结果导致细胞死亡，它们在植物体内以死细胞的形式执行输导水分和无机盐的功能；根冠边缘细胞的死亡和脱落；花药发育过程中绒毡层细胞的瓦解和死亡；大孢子形成过程中多余大孢子细胞的退化死亡；胚胎发育过程中胚柄的消失；种子萌发时糊粉层的退化消失；叶片、花瓣细胞的衰老死亡等均是细胞编程性死亡的过程。

细胞编程性死亡是植物有机体自我调节的主动的自然死亡过程，是一种主动调节细胞群体相对平衡的方式。在这一过程中，可主动清除多余的、与机体不相适应的、已经完成其生理功能并不再需要的或是其存在有潜在危险的细胞。

如前所述，植物根冠通过边缘细胞的不断死亡来保持细胞群体数量的恒定，植物胚胎发育过程中胚柄的消失也是通过细胞编程性死亡来清除已经完成功能的无用细胞。超敏性反应是植物体通过局部细胞编程性死亡来保证整个机体安全的保护性机制。由此可见，细胞编程性死亡是生物体内普遍发生的一种积极的生物学过程，对有机体的正常发育有着重要意义，是长期进化的结果。

第五节 植 物 组 织

一、组织与器官的概念

形态结构相似、生理功能相同、在个体发育中来源相同的细胞群组成的结构和功能单位称为组织。组织是植物进化过程中复杂化和完善化的产物。在个体发育中，组织的形成是植物体内细胞分裂、生长和分化的结果，其形成过程贯穿受精卵开始胚胎阶段，直至植株成熟的整个过程。

植物各个器官——根、茎、叶、花、果实和种子等，都是由某几种组织构成的，其中每一种组织具有一定的分布规律，并行使一种主要的生理功能。而这些组织的功能又是相互依赖和相互配合的，组成器官的不同组织分工合作，共同保证了器官功能的完成。

二、植物组织的类型

植物体的组织种类很多，按其发育程度和主要生理功能的不同以及形态结构的特点，把组织分为分生组织和成熟组织两大类。

（一）分生组织

在植物胚胎发育的早期，所有胚细胞均能分裂，而发育成植物体后，只有在特定部位的细胞保持这种胚性特点，继续进行分裂活动。由这种能继续分裂的细胞组成的细胞群，称为分生组织。

分生组织在植物一生中常持续地或周期性地保持强烈的分裂能力，一方面为植物体产生其他组织的细胞，另一方面本身继续"永存"下去。由于分生组织的存在，种子植物的个体总保持生长的能力或潜能。有些分生组织常处于潜伏状态，只有条件适宜时才活跃起来，如腋芽内的分生组织。

根据分生组织在植物体内的分布部位、起源、产生的组织以及它们的结构、发育阶段和功能等的不同，可将分生组织分为不同的类型。

1. 按分生组织在植物体中的位置分类

按照在植物体中的分布位置可把分生组织分为顶端分生组织、侧生分生组织和居间分生组织。

（1）顶端分生组织　顶端分生组织存在于根和茎的主轴及其分枝顶端部分，由胚性细胞构成。它们一般能较长期地保持分生能力，虽然也有休眠时期，但环境条件适宜时，又能继续进行分裂。分裂活动的结果使根和茎不断伸长，并在茎上形成侧枝，使植物体扩大营养面积。有花植物由营养生长进入生殖生长时，茎顶端分生组织发生质的变化，形成花或花序。

顶端分生组织细胞的特征是：细胞体积小，近于等径，具有薄壁，细胞核位于中央并占有较大体积，液泡小而分散，细胞质丰富，细胞内通常缺少后含物。

（2）侧生分生组织　侧生分生组织位于根和茎侧方的周围部分，靠近器官边缘，与所在器官的长轴平行排列。它包括维管形成层和木栓形成层，为裸子植物和双子叶植物所特有。维管形成层的细胞多为长纺锤形，少数是近等径，其细胞不同程度液泡化。维管形成层活动时期较长，分裂出来的细胞分化为次生韧皮部和次生木质部，使根和茎增粗。术栓形成层由薄壁细胞脱分化而来，为一层长轴状细胞，分裂活动时间较短，产生的细胞分化为木栓层和栓内层，在器官表面形成一种新的保护组织——周皮。

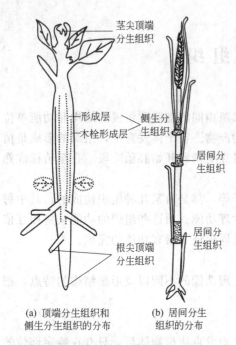

茎尖顶端
分生组织

形成层
木栓形成层

侧生分
生组织

居间分
生组织

居间分
生组织

根尖顶端
分生组织

(a) 顶端分生组织和
侧生分生组织的分布

(b) 居间分生
组织的分布

图 1-33　分生组织在植物体内的分布
(引自 Esau)

(3) 居间分生组织　居间分生组织是夹在已经有一定分化程度的组织区域之间的分生组织，它是顶端分生组织衍生而遗留在某些器官中局部区域的分生组织。居间分生组织在种子植物中并不是普遍存在的，且只能保持一定时期的分生能力，以后则完全转变为成熟组织（图 1-33）。

典型的居间分生组织存在于植物的茎、叶、子房柄、花梗以及花序等器官的成熟组织之中。例如，稻、麦等禾本科植物的节间基部具有居间分生组织，所以当顶端分化成幼穗后，稻、麦仍能借助于居间分生组织活动进行拔节和抽穗，使茎急剧长高，也能使茎秆倒伏后逐渐恢复直立。葱、蒜、韭菜的叶子割取上部后能继续伸长生长，也是由于叶基部的居间分生组织活动的结果。有一些植物的居间分生组织是由已分化的薄壁细胞恢复分裂能力而形成的，如落花生受精后，由于雌蕊柄基部居间分生组织的活动而能把开花后的子房推入土中。

居间分生组织与顶端分生组织和侧生分生组织相比，细胞核大，细胞质浓；主要进行横分裂，使器官沿纵轴方向细胞数目增加；细胞持续活动时间较短，分裂一段时间后，所有细胞完全分化为成熟组织。

2. 按分生组织的来源和性质分类

按照分生组织的来源和性质可将分生组织分为如下 3 种。

(1) 原生分生组织　来源于胚胎或成熟植物体中转化形成的胚性原始细胞。细胞较小，近于等直径，细胞核相对体积大，细胞质浓，细胞器丰富，有强的持续分裂能力，分布于根尖和茎尖生长点的最先端，是形成其他组织的最初来源。

(2) 初生分生组织　初生分生组织由原分生组织的细胞分裂衍生而来，位于原分生组织的后部，如根尖稍后部分的原表皮、原形成层和基本分生组织都属于初生分生组织。原表皮位于最外围，主要进行径向分裂；原表皮之内是基本分生组织，基本分生组织比例最大，它进行各个方向的分裂，以增加分生组织的体积；原形成层细胞呈扁平长形，分布在分生组织之中。初生分生组织是一种边分裂、边分化的组织，也是原分生组织向成熟组织过渡的类型。

(3) 次生分生组织　次生分生组织是由已经分化成熟的薄壁细胞重新恢复分裂能力转变而成的分生组织，它们与根、茎的增粗和重新形成保护层有关，木栓形成层和束间形成层是典型的例子。次生分生组织的细胞呈扁平长形或为近短轴的扁多角形，细胞明显液泡化，分布部位与器官长轴平行。次生分生组织不是所有植物都有。

如果把两种分类方法对应起来看，则广义的顶端分生组织包括原生分生组织和初生分生组织，而侧生分生组织一般是指次生分生组织，其中束间形成层和木栓形成层是典型的次生分生组织。

(二) 成熟组织

分生组织衍生的大部分细胞因逐渐丧失分裂能力而进一步生长分化形成的其他各种组

织，称为成熟组织，有时也称永久组织。成熟组织不是一成不变的，尤其是分化程度较浅的组织，有时能随植物发育进一步特化为另一类组织；成熟组织在一定条件下可以脱分化形成分生组织。成熟组织按功能可分为以下 5 种：保护组织、基本组织、机械组织、输导组织、分泌组织。

1. 保护组织

保护组织分布于植物体表面，由一层或数层细胞组成，其功能是减少水分过分蒸腾，抵抗风、雨、病虫害的侵袭以及机械损伤，以维护植物体内正常的生理活动。保护组织按其来源和形态结构的不同可分为表皮和周皮。

（1）表皮　为初生保护组织，由原表皮分化而来，通常为一层细胞。但也有少数植物的某些器官的外表，可形成由多层生活细胞组成的复表皮。

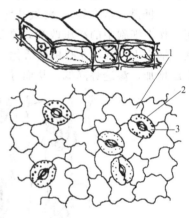

图 1-34　叶表皮
1—表皮细胞；2—气孔器；3—保卫组织

表皮分布于幼茎、叶、花和果实表面，由表皮细胞、组成气孔器的保卫细胞和副卫细胞、表皮毛或腺毛等附属物组成（图 1-34）。

表皮细胞是生活细胞，常呈扁平而不规则形状，侧壁波浪形凹凸镶嵌，无胞间隙。根、茎表皮细胞常为圆柱形。横切面观，表皮细胞多呈长方形或方形，液泡化明显，一般无叶绿体，但有时有白色体存在。细胞外壁较厚，并角质化形成角质层，角质层表面光滑或形成乳突、邹褶、颗粒等纹饰。角质层的形成使表皮具有高度的不透水性，有效减少了体内的水分蒸腾，坚硬的角质层对防止病菌侵入和增加机械支持有一定作用。有些植物（如甘蔗的茎，葡萄、苹果的果实）在角质层外还具有一层蜡质的"霜"（蜡被），它的作用是使表面不易浸湿，具有防止病菌孢子在体表萌发的作用。生产实践中，植物体表皮层的结构情况是选育抗病品种和使用农药或除草剂时必须考虑的因素。表皮的结构和角质层纹饰对于植物分类具有重要意义。

随着电子显微镜的应用，人们对角质层的结构有了进一步了解。它包括两层，位于外面的一层由角质和蜡质组成，里面的一层由角质和纤维素组成。有人提出将这两层合称为角质膜（相当于原来的角质层），而将外层称为角质层，内层称为角质化层。角质化层和初生壁之间明显有果胶层分界（图 1-35）。

气生表皮上有许多气孔器，它是由两个保卫细胞合围而成的（图 1-36），中间留有空

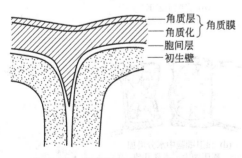

图 1-35　表皮细胞外壁上的角质膜

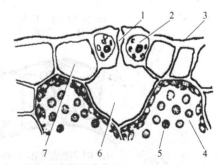

图 1-36　气孔器的剖面图
1—气孔；2—保卫细胞；3—角质层；4—叶肉细胞；
5—含叶绿体细胞；6—气孔下室；7—表皮细胞

隙，称为气孔。保卫细胞是含有叶绿体的生活细胞，有些植物的保卫细胞外侧，还有一至数个形状和内含物与一般表皮细胞不同的细胞，这些细胞特称为副卫细胞，由保卫细胞及其围成的孔隙或连同副卫细胞共同组成气孔器，如禾本科植物的气孔器。气孔器是调节水分蒸腾和进行气体交换的结构，与光合作用、呼吸作用和蒸腾作用密切相关。

保卫细胞的显著特点是细胞内含有叶绿体和细胞壁不均匀加厚。大多数植物的保卫细胞为肾形，其细胞壁靠近气孔的部分较厚，而与表皮细胞或副卫细胞毗接的部分较薄。禾本科和莎草科植物的保卫细胞呈哑铃形，其细胞壁在球状两端的部分是薄的，而中间窄的部分有很厚的壁（图 1-37）。这些特点使保卫细胞易因膨压改变而发生气孔开闭。当保卫细胞膨压变高时，保卫细胞壁的较薄处扩张较多，致使两个保卫细胞相对弯曲或保卫细胞的两端膨大而相互抵撑（禾本科），将气孔缝隙拉开，气孔开放。反之，保卫细胞膨压变低时，气孔关闭。保卫细胞中的膨压改变，取决于保卫细胞内 K^+ 浓度的变化。当保卫细胞中产生有机酸，输出 H^+ 时，在有机酸活化的 ATP 酶的控制下，引起 K^+ 进入细胞，钾的积累使细胞膨压增加，渗透势降低，从而导致气孔开放（图 1-38）。

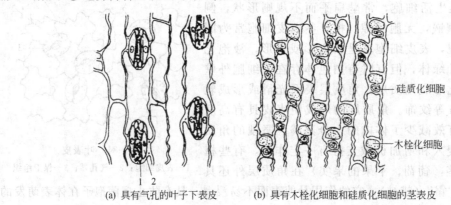

硅质化细胞

木栓化细胞

(a) 具有气孔的叶子下表皮   (b) 具有木栓化细胞和硅质化细胞的茎表皮

图 1-37　小麦叶表皮的表面观

1—保卫组织；2—副卫细胞

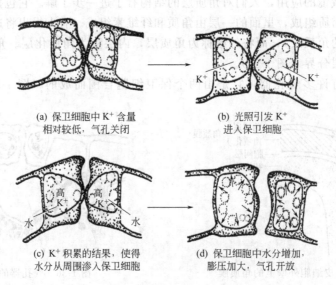

(a) 保卫细胞中 K^+ 含量
相对较低, 气孔关闭

(b) 光照引发 K^+
进入保卫细胞

(c) K^+ 积累的结果, 使得
水分从周围渗入保卫细胞

(d) 保卫细胞中水分增加,
膨压加大, 气孔开放

图 1-38　气孔器侧面观（示气孔开关）

（引自 Raven 等）

副卫细胞与表皮细胞形状不同，它们的数目、分布位置与气孔器的类型有关。在发育上，副卫细胞与保卫细胞有密切关系；在功能上，副卫细胞被认为在保卫细胞运动时，参与了渗透压的改变。

表皮上普遍存在表皮毛或腺毛等附属物（图 1-39），其形态结构多种多样：单细胞或多细胞的；具腺或非腺的；单条或分枝的；有些毛的壁是纤维素的，有的矿质化。表皮毛加强了表皮的保护作用。表皮毛密生的植物表皮，由于折射关系，常呈白色，可削弱强光的影响，减少水分蒸发，是植物抗旱的形态结构，这对于在干旱地区生活的植物有利。虽然在较大或较小的植物类群中，毛状体的结构变化很大，但它们有时十分一致。因而表皮毛状体可作为分类的特征。

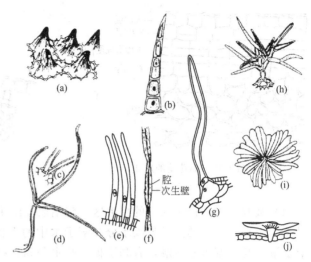

图 1-39 表皮毛状体

(a) 三色堇花瓣上的乳头状毛；(b) 南瓜的多细胞表皮毛；
(c)、(d) 棉属叶上的簇生毛；(e) 棉属种子上的表
皮毛（幼期）；(f) 棉属种子上的表皮毛（成熟期）；
(g) 大豆叶上的表皮毛；(h) 薰衣草属上的分枝毛；
(i) 橄榄的盾状毛（顶面观）；(j) 橄榄的盾状毛（侧面观）
（引自 Schenck，Esau，Fahn）

表皮在植物体上存在的时间，依所在器官是否具有加粗生长而异。在较少或没有次生生长的器官上，如叶、果实、大部分单子叶植物的根和茎上，表皮可长期存在。

（2）周皮 周皮是取代表皮的次生保护组织。有些植物的根、茎原来的表皮在加粗过程中损坏脱落，而在表皮下面形成新的保护组织，即周皮，如裸子植物和大多数双子叶植物的根和茎。周皮由侧生分生组织——木栓形成层分裂活动形成。木栓形成层平周分裂，向外产生的细胞分化成木栓层，向内分化成栓内层。木栓层、木栓形成层和栓内层共同构成周皮（图 1-40）。

周皮的木栓层具有多层细胞，细胞扁平，无胞间隙，细胞壁高度栓质化，最后细胞的内含物消失成为死细胞。木栓形成层具有抗压、隔热、绝缘等特性，起到很好的保护作用。许多植物栓内层是薄壁生活细胞，常有叶绿体。所以，真正对植物本身起控制水分散失、防止病虫侵害、抗御其他逆境等保护作用的是周皮中的木栓层。当根、茎继续增粗时，原有周皮破裂，其内侧还可产生新的木栓形成层，再形成新周皮。

在周皮的某些限定部位，其木栓形成层细胞比其他部分更为活跃，向外衍生出一种与木栓细胞不同，并具有发达细胞间隙的薄壁细胞，称为补充细胞。它们突破周皮，在树皮表面形成各种形状的小突起，称为皮孔。皮孔是周皮上的通气结构，位于周皮内的生活细胞，能通过它们与外界进行气体交换（图 1-41）。

2. 基本组织

基本组织虽有多种形态，但都是由薄壁细胞组成的，因此又称薄壁组织。基本组织广泛分布于植物体的各个器官中，是构成植物体的基础。它们担负吸收、同化、贮藏、通气和传递等功能。依次将基本组织分为吸收组织、同化组织、贮藏组织、通气组织和传递细胞等。

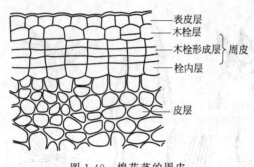

图 1-40　棉花茎的周皮

（引自李正理）

图 1-41　接骨木茎的皮孔

（引自 Surasburger）

（1）吸收组织　位于根尖的根毛区，包括表皮细胞和由表皮细胞外壁向外延伸形成的管状结构——根毛，其功能是吸收水分和溶于水中的无机盐。根毛数目很多，壁上角质层薄，常具黏液，与土壤紧密接触，有利于根吸收水分和养料。

（2）同化组织　同化组织细胞的原生质体含有大量叶绿体，能进行光合作用，所以又称为绿色组织。同化组织分布于植物体的一切绿色部分，如幼茎的皮层、发育中的果实和种子中，尤其是叶片的叶肉是由典型的同化组织构成的。同化组织在适当条件下较容易恢复分生作用。

（3）贮藏组织　常见于根和茎的皮层、髓部、果实、种子胚乳或子叶以及块根、块茎等贮藏器官中。细胞中常贮藏营养物质，如淀粉、糖类、蛋白质、脂质、单宁和草酸钙等。如水稻、小麦等禾本科植物种子的胚乳细胞，甘薯块根、马铃薯块茎的薄壁细胞贮藏淀粉粒或糊粉粒；花生种子的子叶细胞贮藏脂质。

某些贮藏组织可特化为贮水组织。这类薄壁组织细胞中贮藏有丰富的水分。它的细胞较大，壁薄，缺乏或仅含有很少的叶绿体，液泡大并含有大量的黏稠细胞液，这种黏稠物质明显增加了细胞的持水能力，使植物能适应干旱的环境生长。贮水组织一般存在于旱生的肉质植物中，如仙人掌、龙舌兰等。

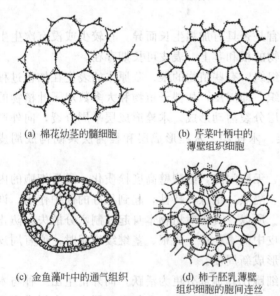

(a) 棉花幼茎的髓细胞

(b) 芹菜叶柄中的薄壁组织细胞

(c) 金鱼藻叶中的通气组织

(d) 柿子胚乳薄壁组织细胞的胞间连丝

图 1-42　不同植物的薄壁组织

（4）通气组织　有些薄壁组织中有发达的细胞间隙。这些间隙在发育过程中逐渐互相联结，最后形成网结状气腔和气道（图 1-42）。这种具有明显胞间隙的薄壁组织称为通气组织。气腔和气道内蓄积大量空气，有利于器官中细胞呼吸和气体的交换。同时，像蜂巢状系统的胞间隙可以有效抵抗植物在水生环境中所面临的机械压力。如在水稻根、茎、叶中通气组织发达，并与叶鞘的气道通连，这是对湿生条件的适应。

（5）传递细胞　传递细胞是近年来发现的一种特化的薄壁细胞。这种细胞的最显著特征是细胞壁内突生长，即向内突入细胞腔，形成许多指状或鹿角状的不规则突起，这种构造显著扩大了质膜表面积（约 20 倍以上）（图 1-43），有利于细胞对物质的吸收和传递，故称传递细胞，也称转输细胞或转移细胞。传递细胞具有较大的细胞核，浓厚的细胞质以及丰富的线粒体、内质网、高尔基体和核糖体等细胞器；与相邻细胞间有发达的胞间连丝。由于它们都出现在植物体内溶质集中的部位，与溶质局部转运有密切关系，故认为它们有短途运输的作用。例如，叶中小叶脉的一些木质薄壁细胞和韧皮薄壁细胞可形成壁的内突，同时还可由伴胞和维管束鞘发育成传递细胞，成为叶肉和输导组织之间的物质运输桥梁。另外，在植物茎或花序轴节的维管组织中，种子的子叶、胚乳或胚柄中，均有传递细胞。由此可见，传递细胞的分布相当广泛。

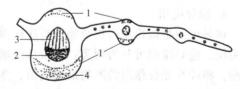

图 1-43　菜豆茎初生木质部中传递
细胞内凸壁示意
（仿 Esau）

3. 机械组织

细胞壁发生不同程度的加厚，具有抗压、抗张和抗曲挠性能，起巩固和支持作用的一类成熟组织，称为机械组织。其共同特点是细胞壁局部或全部加厚，有的还木质化。根据细胞的形态特征和细胞壁加厚方式的不同，机械组织可分为厚角组织和厚壁组织。

（1）厚角组织　为初生机械组织，细胞呈短柱状或长而渐尖的纤维状，彼此相互重叠连接成束（图 1-44）。厚角组织最明显的特征是细胞壁不均匀加厚，只在几个细胞邻接处的角隅部分加厚，且这种加厚是初生壁性质的，既有一定的坚韧性，又有可塑性和延伸性；既可支持器官直立，又可适应器官的迅速生长。因此厚角组织普遍存在于正在生长或摆动的器官中。厚角组织的细胞常含叶绿体，并有一定的分裂潜能，能参与木栓形成层的形成。它常见于双子叶植物的幼茎、叶柄、花梗等部位的表皮内侧。其分布往往连续成环状或分离成束状，在有棱部分特别发达，以增强支持力量，如芹菜、南瓜的茎和叶柄中；叶中的厚角组织成束位于较大叶脉的一侧或两侧，见图 1-45。

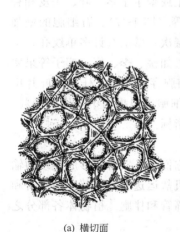

(a) 横切面　　　　(b) 纵切面

图 1-44　厚角组织
（引自 Greulach）

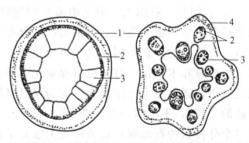

(a) 在椴属木本茎中的分布　(b) 在南瓜属草本茎中的分布

(c) 在叶中的分布

图 1-45　厚角组织的分布
1—厚角组织；2—韧皮部；3—木质部；4—脊
（引自贺学礼）

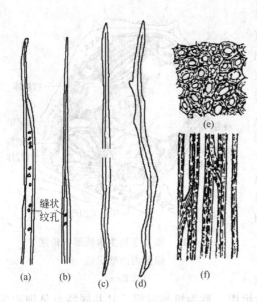

缝状纹孔

(a)　(b)　(c)　(d)　(f)

(e)

图 1-46　厚壁组织——纤维

(a) 苹果的木纤维；(b) 白桦的木纤维；
(c) 黑柳的韧皮纤维；(d) 苹果的韧皮纤维；
(e) 向日葵的韧皮纤维（横切面）；(f) 向日
葵的韧皮纤维（纵切面）

（引自 Eames 和 Haupt）

（2）厚壁组织　细胞具有均匀增厚的次生壁，常木质化。细胞成熟后，细胞腔小，通常没有生活的原生质体，成为只留有细胞壁的死细胞。厚壁组织细胞可单个或成群、成束分散于其他组织之间，加强组织和器官的坚实程度。厚壁组织依据其细胞形状的不同可分为纤维和石细胞。

① 纤维　是两端渐尖的细长细胞，其次生壁明显，但木质化程度不一致，壁上有少数纹孔，见图 1-46；成熟时原生质体一般都消失，细胞腔小且中空 [图 1-46(e)、(f)]，纤维在植物体内呈束状分布，增强植物器官的支持强度。根据在植物体内的分布和细胞壁特化程度的不同，纤维分为韧皮纤维和木纤维。

韧皮纤维分布于韧皮部内，但有时把出现在皮层和维管束鞘部分的纤维也称为韧皮纤维。韧皮纤维的细胞壁虽厚，但含纤维素丰富，木质化程度低，坚韧而有弹性，纹孔较少，常呈裂缝状 [图 1-46(c)、(d)]。各种植物韧皮纤维的长度不一，木质化程度各异。麻类作物的纤维较长，黄麻 8～40mm，大麻 10～100mm，苎麻 5～350mm，亚麻 9～70mm，尤其是后两者的纤维，不木质化、韧性强、质地好，是优质的纺织原料；黄麻的韧皮纤维较短，木质化程度较高，质硬而韧性低，只适于做麻袋和绳索。

木纤维分布于木质部，长约 1mm。其细胞壁木质化程度高，细胞腔小 [图 1-46(a)、(b)]，坚硬且无弹性，脆而易断，可用作建筑用材、造纸和人造纤维。

② 石细胞　石细胞一般是由薄壁细胞经过细胞壁强烈增厚分化而来的，也有从分生组织活动的衍生细胞产生的。石细胞广泛分布于植物体中，可单生或聚生于茎、叶、果皮和种皮内。石细胞的形状差别很大，有分枝的、星状的、长柱形的等（图 1-47）。石细胞的壁强烈次生增厚和木质化，有时也可栓质化或角质化，呈同心环状层次；壁上有许多单纹孔，细胞腔极小，通常原生质体消失，成为仅具坚硬细胞壁的死细胞。如桃、李、梅、椰子等果实坚硬的"核"，水稻的谷壳，花生的"果壳"等，都有大量石细胞存在；茶、桂花的叶片中有单个分枝状的石细胞；豆类种皮上常有呈栅栏状和骨状的石细胞；梨果肉中坚硬的颗粒，便是成簇的石细胞，它们数量的多少是梨品质优劣的一个重要指标。

4. 输导组织

输导组织是植物体内担负物质长途运输功能的管状结构，它们在各器官间形成连续的输导系统。输导组织可分为两类：将根从土壤中吸收的水分和无机盐运送到地上部分的导管和管胞；将叶片光合作用的产物运送到根、茎、花和果实中去的筛管和伴胞。植物体各部分之间经常进行物质的重新分配和转移，也要通过输导组织来完成。

（1）导管　导管普遍存在于被子植物的木质部中。它们是由许多长筒形的细胞"顶端对顶端"连接而成的。每一个细胞称为导管分子，导管直径大小不一。导管分子的侧壁呈不同程度的增厚和木质化，端壁溶解消失，形成不同程度的穿孔，有的成为大的单穿孔，有的成

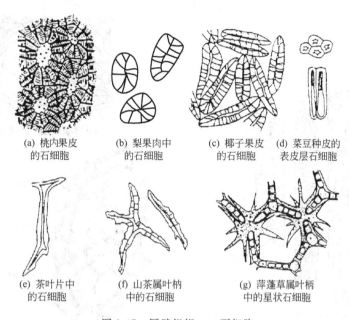

图 1-47 厚壁组织——石细胞

(a) 桃内果皮 中的石细胞　(b) 梨果肉中 的石细胞　(c) 椰子果皮 中的石细胞　(d) 菜豆种皮的 表皮层石细胞　(e) 茶叶片中 的石细胞　(f) 山茶属叶柄 中的石细胞　(g) 萍蓬草属叶柄 中的星状石细胞

(引自 Cronpuist，Dalitzsch，Eames，Esau，Haupt)

为由数个孔穴组成的复穿孔。具有穿孔的端壁称为穿孔板。导管分子因原生质体解体而成熟（图 1-48），整个导管为一长管状结构。在系统演化上，导管分子外形宽扁，端壁和侧壁近于垂直的导管比外形狭长而末端尖锐的导管进化，端壁单穿孔的导管较复穿孔的导管进化。

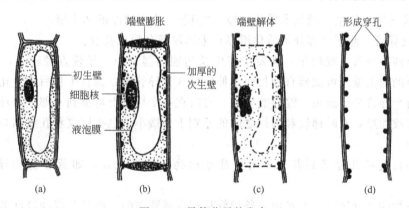

图 1-48 导管分子的发育

(a) 导管分子前身，无次生壁形成；

(b) 细胞体积增至最大程度，细胞核增大，次生壁物质开始沉积；

(c) 次生壁加厚完成，液泡膜破裂，细胞核形成，端壁处部分解体；

(d) 导管分子成熟，原生质体消失，次生加厚壁之间的初生壁已部分水解，两端形成穿孔

(引自 Esau)

根据导管发育先后及其侧壁次生增厚和木质化方式的不同，可将导管分为 5 种类型（图 1-49）。

① 环纹导管　每隔一定距离有一环状的木质化增厚次生壁。

② 螺纹导管　侧壁呈螺旋带状木质化增厚。

③ 梯纹导管　侧壁呈几乎平行的横条状木质化增厚，与未增厚的初生壁相间排列，呈梯形。

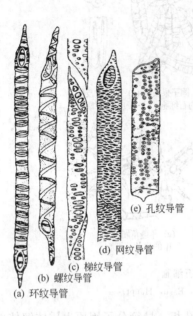

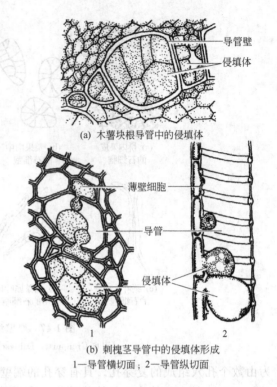

(a) 木薯块根导管中的侵填体

图 1-49 导管分子的类型
（引自 Greulach 和 Adams）

(e) 孔纹导管

(d) 网纹导管

(c) 梯纹导管

(b) 螺纹导管

(a) 环纹导管

(b) 刺槐茎导管中的侵填体形成
1—导管横切面；2—导管纵切面

图 1-50 导管内的侵填体
（引自贺学孔）

④ 网纹导管 侧壁呈网状木质化增厚，"网眼"为未增厚的初生壁。

⑤ 孔纹导管 侧壁大部分木质化增厚，未增厚部分形成孔纹。

其中前两种导管出现较早，常发生于生长初期的器官中，导管直径较小，输水能力较弱，未增厚的初生壁还可随器官伸长而延伸；后 3 种导管多在器官生长后期分化形成，导管直径大，每个导管分子较短，输导效率高。有时在一个导管上可见到一部分是环纹加厚，另一部分是螺纹加厚；有时梯纹和网纹之间的差别十分微小；也有网纹和孔纹结合而成网孔纹的过渡类型。

导管的长度从几厘米到几米不等。藤本植物的导管最长，如紫藤茎的导管可达 5m 多长。

一株植物的水分运输，不是由一条导管从根直通到顶的，而是分段经过许多条导管曲折连贯的向上运行的。导管是一种比较完善的输水结构，水流可顺利通过导管细胞腔及穿孔上升，也可通过侧壁上的纹孔横向运输。导管的输导功能并非永久保持，其有效期因植物种类而异。在多年生植物中有的可达数年，有的长达十余年。当新导管形成后，老的导管通常相继失去输导水分的能力。这是因为导管四周的薄壁细胞增大，通过导管侧壁上的纹孔，侵入导管腔内，形成大小不等的囊泡状突起，充满导管腔内。这种突出生长的囊泡状结构称为侵填体（图 1-50）。它包含有单宁、晶体、树脂和色素等物质，甚至薄壁细胞的细胞核和细胞质也可移入侵填体内。侵填体把导管堵塞起来，这在双子叶植物中，尤其是木本植物中更为普遍，如在栎属、洋槐属、葡萄属、桑属和梓属中大量发育；一些草本植物如南瓜、木薯、茄和甘蔗等也有存在。侵填体的形成能降低木材的透性，增强抗腐能力，防止病菌侵害，对增强木材的坚实度和耐水性具有一定作用。

（2）管胞　是绝大部分蕨类植物和裸子植物的唯一输水结构。大多数被子植物中，管胞和导管同时存在于木质部中。

管胞是一种狭长而两头斜尖的管状细胞，一般长约 $1\sim2mm$，直径较小，细胞壁次生增厚并木质化，最后原生质体消失，成为死细胞。它与导管的主要区别在于管胞端壁不形成穿孔。管胞的次生壁增厚并木质化时，同样形成环纹、螺纹、梯纹和孔纹等纹理（图1-51）。裸子植物管胞的管壁上多具有典型的具缘纹孔，而被子植物的双子叶植物通常不显现。管胞纵向排列时，各以先端斜尖面彼此贴合，水溶液主要通过侧壁上的纹孔进入另一个管胞，逐渐向上或横向运输，故输导效率低。管胞常成群分布，尤其在裸子植物中更是如此。此外，管胞细胞壁增厚，木质化，并以斜端相互穿插，结构坚固，故兼有较强的机械支持功能。

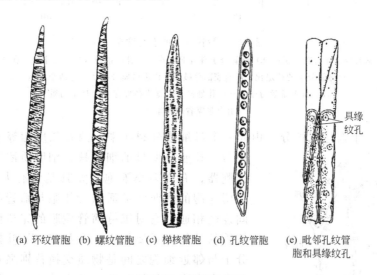

(a) 环纹管胞　(b) 螺纹管胞　(c) 梯核管胞　(d) 孔纹管胞　(e) 毗邻孔纹管胞和具缘纹孔

图1-51　管胞的类型

（引自 Greulach，Adams 和 Fahn）

（3）筛管　存在于被子植物的韧皮部中，由一些长管状活细胞连接而成，每一个细胞称为筛管分子。筛管分子的壁通常只有初生壁，主要由纤维素和果胶质组成。筛管端壁上有许多小孔，称为筛孔。筛孔常成群分布于细胞壁上，壁上具筛孔的区域称为筛域。分布一至多个筛域的端壁称为筛板。筛板上只有一个筛域的称单筛板，如南瓜的筛管；具有多个筛域的称复筛板，如葡萄的筛管。筛管分子是生活细胞，具有生活的原生质体，但在成熟过程中，其细胞核解体，液泡膜破裂，许多细胞器退化，最后仅有结构退化的质体、线粒体、"变形内质网"、含蛋白质的黏液体以及存留在筛管分子周缘的一薄层细胞质。黏液体中含有一种特殊的蛋白质，称为P-蛋白质。有人认为P-蛋白质是一种收缩蛋白，与有机物运输有关。相连两个筛管分子的原生质形成的联络索通过筛孔彼此相连，使纵接的筛管分子相互贯通，形成有机物质运输的通道。筛孔的周围衬有胼胝质，随着筛管的成熟老化，且胼胝质不断增多，以致成垫状沉积在整个筛板上，此时联络索相应变细，直至完全消失，筛管被堵塞。这种垫状物质称为胼胝体。单子叶植物筛管的输导功能在整个生活周期内不致丧失，而一些多年生双子叶植物在冬天来临之前，由于胼胝体的形成，筛管暂时丧失输导功能；到翌年春天，胼胝体溶解，筛管的功能又逐渐恢复。此外，当植物受到损伤等外界刺激时，筛管分子也能迅速形成胼胝质，封闭筛孔，阻止营养物的流失。筛管分子的发育过程见图1-52。

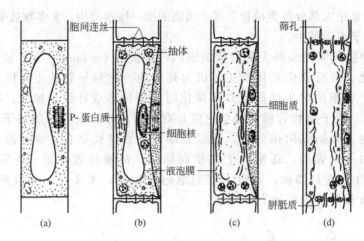

图 1-52　筛管分子的发育图解

(a) 筛管分子前身在分裂；(b) 筛管分子具有 P-蛋白质，伴胞前身（右侧长细胞）在分裂；

(c) 筛管分子的核退化，液泡膜部分破裂，P-蛋白质分散，旁有两个伴胞；

(d) 成熟筛管分子，在筛孔处衬有胼胝质和含有一些 P-蛋白质

（引自张宪省和贺学礼）

（4）伴胞　伴胞与筛管分子由同一个母细胞分裂而来，两者长度相等或伴胞较筛管稍短。伴胞有明显的细胞核，细胞质浓厚，具有多种细胞器，有许多小液泡，尤其是含有大量的线粒体，说明伴胞的代谢活动活跃。伴胞与筛管侧壁之间由胞间连丝相通，它对维持筛管质膜的完整性，进而维持筛管的功能有重要作用。在某些双子叶植物中，筛管分子与邻近细胞之间是物质交换特别强烈的部分，伴胞发育出内褶的细胞壁，具有传递细胞的特点，有效加强了短途运输，表明伴胞与筛管的关系是起装载和卸除的作用（图 1-53）。

（5）筛胞　裸子植物和蕨类植物的韧皮部中没有筛管，只有筛胞，它是单独的输导单位。筛胞是一种细长的细胞，两端渐尖而倾斜，侧壁上有不甚明显的筛域。它与筛管的主要区别是端壁不形成筛板，而以筛域与另一个筛胞相通，有机物质通过筛域输送。筛胞输导功能较差，是比较原始的输导结构。

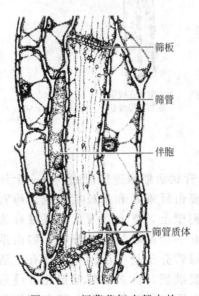

图 1-53　烟草茎韧皮部中的

筛管与伴胞纵切面

（引自贺学礼）

5. 分泌组织

某些植物在代谢过程中会产生蜜汁、挥发油、黏液、树脂、乳汁、单宁、生物碱和盐类等物质，积聚在细胞内、胞间隙或腔道中，或通过一定细胞组成的分泌组织排出体外，这种现象称为分泌现象。许多植物的分泌物，如橡胶、生漆、芳香油和蜜汁等，均具有重要的经济价值。

根据分泌物是否排出体外，可将分泌组织分为外分泌组织和内分泌组织。

（1）外分泌组织　将分泌物排到植物体外的分泌组织。大都分布在植物体表面，如腺毛、腺鳞、蜜腺和排水器等（图 1-54）。

① 腺毛　通常分头部和柄部。头部膨大，由一至数个细胞组成，分泌黏液。如烟草、

天竺葵等的幼茎或叶表面上有腺毛存在 [图 1-54(a)、(b)]。

②腺鳞 鳞片状的腺毛，头部大而扁平，柄部极短或无，排列成鳞片状。腺鳞普遍存在于植物中，尤其见于唇形科、菊科和桑科植物中 [图 1-54(f)、(g)]。

③蜜腺 能分泌糖液，它由细胞质浓厚的一至数层分泌细胞群组成，位于植物体表面的特定部位。蜜腺包括虫媒植物花部的花蜜腺和位于营养体上的花外蜜腺，如草莓上的花蜜腺 [图 1-54(d)、(e)] 和蚕豆托叶及棉叶中脉上的花外蜜腺 [图 1-54(c)]。蜜汁分泌量多的植物，是良好的蜜源植物，有较高的经济价值。

④排水器 是植物将体内过多的水分排出体外的结构，它的排水过程称为吐水。排水器常分布在叶尖和叶缘，由水孔和通水组织构成 [图 1-54(j)]。水孔和气孔相似，但它的保卫细胞分化不完全，无自动调节开闭

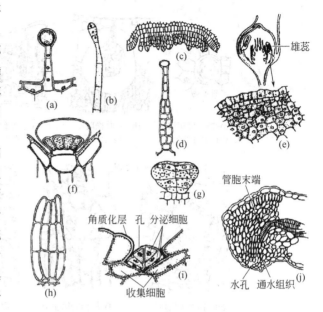

图 1-54　分泌组织

(a) 天竺葵茎上的腺毛；(b) 烟草具多细胞头部的腺毛；
(c) 棉叶主脉处的蜜腺；(d) 苘麻属花萼的蜜腺毛；
(e) 草莓的花蜜腺；(f) 百里香 (*Thymus vulgaris*) 叶表皮上
的球腺鳞；(g) 薄荷属的腺鳞；(h) 大酸模的黏液分泌毛；
(i) 怪柳属叶上的盐腺；(j) 番茄叶缘的排水器
(引自 Esau 等)

的作用，故始终开放着。通水组织是排列疏松而无叶绿体的叶肉组织，细胞较小，与脉梢的管胞相连。水从木质部的管胞经通水组织到水孔排出体外，这种现象可作为根系正常活动的一种标志。

(2) 内分泌组织 其分泌物积聚于植物体的细胞内、胞间隙、腔穴或管道内，常见的有分泌细胞、分泌腔或分泌道和乳汁管（图 1-55）。

①分泌细胞 以单个细胞存在，可以是生活细胞或非生活细胞，在细胞腔内积聚特殊的分泌物。分泌细胞常大于它周围的细胞，外形有囊状、管状或分枝状，甚至可扩展为巨大细胞，容易识别，因此称为异细胞。分泌细胞根据分泌物类型的不同可分为油细胞（樟科、木兰科）、黏液细胞（仙人掌科、锦葵科）、含晶细胞（桑科、蔷薇科、景天科）以及树脂细胞、芥子酶细胞等。

②分泌腔和分泌道 是一群最初有分泌能力的细胞，后来部分细胞溶去而形成囊状间隙（溶生的），或细胞分离而形成裂生间隙 [裂生的，图 1-55(c)]，或两种方式结合而成的间隙（裂溶生的）。分泌物贮存于腔穴中，如柑橘叶和果皮中透亮的小圆点，就是溶生分泌腔 [图 1-55(d)]，在这个腔周围可以看到有部分损坏的细胞。松柏类木质部中的树脂道和漆树韧皮部中的漆汁道是裂生型的分泌道 [图 1-55(e)、(f)]，它们是分泌细胞间的胞间层溶解而形成的纵向或横向的长形胞间隙，完整的分泌细胞衬在分泌道的周围，树脂或漆液由这些细胞排出，积累在管道中；芒果属的叶和茎中的分泌道是裂溶生起源的。分泌腔和分泌细胞所分泌的挥发性物质，很多是重要的药物或香料。

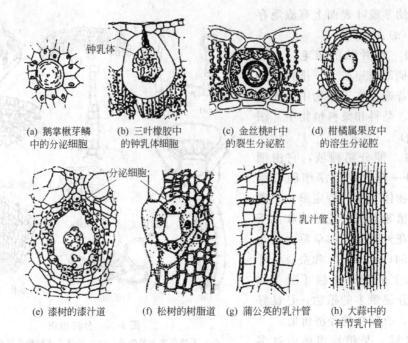

(a) 鹅掌楸芽鳞   (b) 三叶橡胶中   (c) 金丝桃叶中   (d) 柑橘属果皮中
中的分泌细胞   的钟乳体细胞   的裂生分泌腔   的溶生分泌腔

(e) 漆树的漆汁道   (f) 松树的树脂道   (g) 蒲公英的乳汁管   (h) 大蒜中的
                                                有节乳汁管

图 1-55　内分泌组织
(引自贺学礼)

③ **乳汁管**　是分泌乳汁的管状结构，它可分为无节乳汁管和有节乳汁管。无节乳汁管是由一个细胞发育而成的，随着植物体的生长不断伸长和分枝，贯穿于植物体内，长度可达几米以上，如桑科、夹竹桃科和大戟属植物的乳汁管。有节乳汁管由许多圆柱形的细胞连接而成，以后横壁消失，如菊科、罂粟科、番木瓜科、芭蕉科、旋花科以及橡胶树属等植物的乳汁管均属这种类型 [图 1-55(g)、(h)]。乳汁通常为白色或乳白色，少数植物为黄色、橙色甚至红色。乳汁的成分很复杂，有蛋白质、淀粉、糖类、酶、植物碱、有机酸、盐类、脂质和单宁等物质，其中许多有一定的经济价值。

三、维管束

木质部和韧皮部在植物体内紧密地结合在一起，呈束状存在。它们共同组成的束状结构称为维管束。维管束是由原形成层分化而来的。在不同种类植物或不同器官内，原形成层分化成木质部和韧皮部的情况不同，也就形成了不同类型的维管束。根据维管束中有无形成层和维管束能否继续发展扩大，可将维管束分为有限维管束和无限维管束两大类。

(1) **有限维管束**　有些植物的原形成层完全分化为木质部和韧皮部，没有留存能继续分裂出新细胞的形成层。这类维管束不能再发展扩大，称为有限维管束。大多数单子叶植物中的维管束属有限维管束。

(2) **无限维管束**　有些植物的原形成层除大部分分化成木质部和韧皮部外，在两者之间还保留一层分生组织——束中形成层。这类维管束以后通过束中形成层的分裂活动，能产生次生韧皮部和次生木质部，维管束可以继续发展扩大，称为无限维管束。如很多双子叶植物和裸子植物的维管束即为此类维管束。

另外，也可根据木质部和韧皮部的位置和排列情况，将维管束分为下列几种（图 1-56）。

(1) **外韧维管束**　木质部排列在内，韧皮部排列在外，两者内外并生成束。一般种子植

物具有这种维管束。如果联系形成层
的有无一并考虑，则可分为无限外韧
维管束和有限外韧维管束。前者束内
有形成层，如双子叶植物的维管束；
后者束内无形成层，如单子叶植物的
维管束。

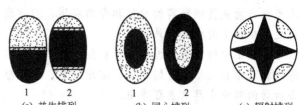

图 1-56　维管组织的排列类型图解
缀点部分表示韧皮部，黑色部分
表示木质部，斜线部分表示形成层

（2）双韧维管束　木质部内外都
有韧皮部的维管束。如瓜类、茄类、
马铃薯和甘薯等茎中的维管束。

（3）周木维管束　木质部围绕着韧皮部呈同心排列的维管束称周木维管束。如芹菜、胡
椒科的一些植物茎中和少数单子叶植物（如香蒲、鸢尾）的根状茎中有周木维管束。

（4）周韧维管束　韧皮部围绕着木质部的维管束称周韧维管束。如被子植物的花丝、秋
海棠的茎中，以及蕨类植物的根状茎中为周韧维管束。

根的初生结构中，木质部有若干辐射角，韧皮部生于辐射角之间，两者交互呈辐射排
列，不互相连接，并不形成维管束。

木质部和韧皮部的主要组成分子是管状结构，因此也称维管组织。维管组织的形成对于
植物适应陆生生活有重要意义。一株植物或一个器官的全部维管组织总称为维管系统。

本 章 小 结

细胞是生物有机体的基本结构单位。除病毒外，一切有机体都是由细胞组成的。细胞也
是生物有机体代谢和功能的基本单位。细胞还是有机体生长发育的基础。同时又是遗传的基
本单位，具有遗传上的全能性。

生活细胞中有生命活动的物质总称为原生质，由多种无机物和有机物组成，主要包括
水、无机盐、核酸、蛋白质、脂质、多糖等。原生质具有重要的理化性质，表现为原生质的
胶体性质、原生质的黏性和弹性、原生质的液晶性质；原生质最重要的生理特性是具有生命
现象，即具有新陈代谢的能力。

植物细胞的体积通常很小。在种子植物中，细胞直径一般介于 $10\sim100\mu m$ 之间。植物
细胞的形状是多种多样的，有球状体、多面体、纺锤形和柱状体等。植物细胞以细胞壁、液
泡、质体等一些特有的细胞结构区别于动物细胞。

真核植物细胞由细胞壁和原生质体两大部分组成。原生质体是指生活细胞中细胞壁以内
各种结构的总称，是细胞内各种代谢活动进行的场所，包括细胞膜、细胞质、细胞核等
结构。

质膜包围在原生质体表面，主要由脂质、蛋白质分子组成。目前，质膜结构的流体镶嵌
模型得到广泛的支持，即磷脂质的双分子层组成质膜的骨架，蛋白质分布在膜的内外表面，
或不同程度地嵌入脂质双分子层的内部，两类分子在膜内可以进行各种形式的运动。质膜能
控制细胞与外界环境之间的物质交换，同时在细胞识别、细胞间的信号传导、新陈代谢的调
控等过程中具有重要作用。

细胞质由细胞器和细胞质基质两部分组成。细胞器包括质体（叶绿体、有色体、白色
体）、线粒体、内质网、高尔基体、液泡、溶酶体、圆球体、微体和核糖体等。各种细胞器
在结构和功能上密切相关。细胞质基质是细胞中各种复杂代谢活动进行的场所；它为各个细

胞器执行功能提供必需的物质和介质环境；胞质运动有利于细胞内物质的转运，促进了细胞器之间生理上的相互联系。

真核细胞的细胞质内普遍存在细胞骨架，包括微管、微丝和中间纤维。它们在细胞形状的维持、细胞及细胞器的运动、细胞分裂、细胞壁形成、信号转导以及细胞核对整个细胞生命活动的调节中具有重要作用。

细胞壁包在细胞最外围，具有支持和保护其内原生质体的作用，其主要成分是多糖和蛋白质。多糖包括纤维素、半纤维素和果胶质，纤维素是其主要的构成物质。有时细胞壁中会加入木质素、脂质化合物（角质、木栓质和蜡质等）和矿物质（碳酸钙、硅的氧化物等）。细胞壁可分成3层，即胞间层、初生壁和次生壁，其上常有纹孔和胞间连丝。

细胞核是细胞遗传与代谢的控制中心，由核被膜、染色质、核仁和核基质组成。后含物是植物细胞中的一些贮藏物质或代谢产物。种类很多，有糖类、蛋白质、脂质、角质、栓质、蜡质、无机盐结晶、单宁、树脂和植物碱等。

细胞分裂是植物个体生长发育的基础，植物细胞分裂的方式分为有丝分裂、减数分裂和无丝分裂3种。植物细胞从一次细胞分裂结束开始到下一次细胞分裂结束之间所经历的全部过程称细胞周期，可划分为分裂间期和分裂期，分裂间期进一步分成 G_1 期、S 期和 G_2 期 3 个时期。

细胞生长是指在细胞分裂后形成的子细胞体积和质量的增加，是植物个体生长发育的基础，包括原生质体生长和细胞壁生长两个方面。细胞分化则是指在植物个体发育过程中，细胞在形态、结构和功能上的特化过程。它为植物个体发育过程中组织和器官的形成奠定了基础。

多细胞生物体中，细胞在不断进行着细胞分裂、生长和分化的同时，也不断发生着细胞的死亡。细胞的死亡分为编程性死亡和坏死性死亡两种形式。

形态结构相似、生理功能相同、在个体发育中来源相同（即由同一个或同一群分生细胞生长、分化而来）的细胞群组成的结构和功能单位称为组织。由一种类型细胞构成的组织称为简单组织；由多种类型细胞构成的组织称为复合组织。植物体的组织类型很多，按其发育程度和主要生理功能的不同以及形态结构的特点，把组织分为分生组织和成熟组织。

分生组织是存在于植物体的特定部位、分化程度较低或不分化、保持胚性细胞特点，并能继续进行分裂活动的细胞组合。按来源分为原分生组织、初生分生组织和次生分生组织。原分生组织来源于胚胎或其他胚性细胞，存在于根尖和茎尖。初生分生组织由原分生组织细胞衍生而来，位于原分生组织的后方。这些细胞一方面继续分裂，但分裂速度较慢；另一方面细胞已开始分化为原表皮、原形成层和基本分生组织。次生分生组织来源于成熟组织，是由某些成熟组织经过脱分化重新恢复分裂能力而来的，束间形成层和木栓形成层是典型的次生分生组织。根据在植物体中的分布位置，可将分生组织分为顶端分生组织、侧生分生组织和居间分生组织。顶端分生组织位于根和茎主轴的顶端和各级侧枝、侧根的顶端，主要包括原分生组织和初生分生组织。侧生分生组织分布于植物体内的周围，平行排列于所在器官的近边缘。居间分生组织存在于茎、叶、子房柄和花梗等器官中的成熟组织之间。

成熟组织是由分生组织衍生的大部分细胞，不再进行分裂，而经过生长分化逐渐形成的各种组织。根据形态特征和主要生理功能的不同，成熟组织可分为薄壁组织、机械组织、输导组织和分泌组织。

薄壁组织是植物体中最基本、分化程度相对较低、分布最广的一类组织。薄壁组织细胞具有潜在的分裂能力，在一定条件下可通过脱分化转化为分生组织，进一步分化为其他组织。依据主要生理功能，薄壁组织又可分为同化组织、吸收组织、贮藏组织、通气组织和传递细胞。

保护组织分布于植物体各个器官的表面，起保护作用。根据来源和形态特征分为表皮和周皮。表皮是初生保护组织，通常由一层生活细胞组成。周皮是次生保护组织，由木栓层、木栓形成层和栓内层共同组成。

机械组织在植物体内主要起机械支持作用，根据细胞形态和加厚程度的不同可分为厚角组织和厚壁组织。厚角组织细胞壁的增厚发生在几个细胞毗接的角隅处，既有支持作用，又不影响所在器官的生长。厚壁组织的细胞壁为均匀的次生加厚，根据细胞形状分为纤维和石细胞。

输导组织包括输送水分和无机盐的导管和管胞，以及输送有机同化物质的筛管和筛胞。导管普遍存在于被子植物的木质部中，输送水分和无机盐的效率高。管胞是绝大多数蕨类植物和裸子植物中输送水分和无机盐的结构，效率较低。筛管存在于被子植物的韧皮部，运输有机物质的效率较高，筛管旁边有细长、小的伴胞，它与筛管的关系密切。筛胞是蕨类植物和裸子植物内输送有机物质的结构。

分泌组织是植物体中能产生分泌物质的细胞和细胞组合。根据发生部位和分泌物的排泌情况，可将分泌组织分为外分泌组织和内分泌组织。外分泌组织分布于植物器官的外表，其分泌物排到植物体外，如腺毛、蜜腺等。内分泌组织分布于基本组织中，分泌物贮存于植物体内，如分泌腔、乳汁管等。

维管束是复合组织，根据有无形成层可分为有限维管束和无限维管束。也可根据木质部和韧皮部的位置和排列情况分为外韧维管束、双韧维管束、周木维管束和周韧维管束。

思 考 题

一、名词解释

细胞　染色体　细胞骨架　胼胝质　原生质　原生质体　矿质化　胞间连丝　纹孔　筛板　维管束　生物膜　流动镶嵌模型　质体　细胞后含物　细胞周期　有丝分裂　减数分裂　细胞分化　细胞编程性死亡　植物组织　分生组织　成熟组织　基本组织　皮系统　维管系统

二、填空题

1. 植物细胞由＿＿＿＿和＿＿＿＿两大部分组成。
2. 简单地说，植物学是研究植物＿＿＿＿＿＿＿的科学。
3. 贮藏在＿＿＿＿＿＿＿中的各种代谢产物及废物叫细胞后含物。
4. 一个母细胞经减数分裂后形成＿＿＿＿个子细胞，每个子细胞中染色体数目是原来母细胞的＿＿＿＿。
5. 有限维管束由＿＿＿＿＿组成，＿＿＿＿＿＿植物的维管束属于有限维管束。
6. 细胞内具有生命活力的物质叫＿＿＿＿。
7. 筛管在植物体内输导＿＿＿＿，而导管和管胞在植物体内则输导＿＿＿＿。
8. 以植物体内是否含有叶绿素可将植物分为＿＿＿＿＿＿＿两大类。

三、单项选择题

1. 用低倍接物镜（10×）与高倍接物镜（40×）观察洋葱表皮细胞时，后者是＿＿＿＿。
   A. 物像小，视野暗　　　　　　　　B. 物像小，视野亮
   C. 物像大，视野暗　　　　　　　　D. 物像大，视野亮
2. 根的表皮属于＿＿＿＿。
   A. 输导组织　　　　B. 薄壁组织　　　　C. 机械组织　　　　D. 分生组织

3. 筛管具有输导_____的功能。

A. 水   B. 无机盐   C. 水和无机盐   D. 有机物

4. 下列有关减数分裂的叙述不正确的是_____。

A. 减数分裂是植物在有性生殖过程中形成性细胞前所进行的细胞分裂方式

B. 减数分裂过程中，染色体复制一次细胞连续分裂两次，其结果在所形成的子细胞中染色体数目只有原来母细胞的一半

C. 减数分裂过程中，发生了同源染色体的配对、联会及染色体片段的交换

D. 减数分裂过程中，染色体数目的减半，实际上是在第二次分裂过程中完成的

5. 导管和筛管属于植物的_____。

A. 保护组织   B. 输导组织   C. 机械组织   D. 基本组织

6. 用显微镜观察洋葱鳞叶表皮细胞时，视野中能看到表皮细胞数目最多的显微镜放大倍数组合是_____。

A. 16×10   B. 16×40   C. 10×10   D. 5×10

7. 下列有关有丝分裂的叙述不正确的是_____。

A. 有丝分裂过程中，着丝点分裂是在细胞分裂的中期发生的

B. 有丝分裂是植物体增加体细胞数目的主要分裂方式

C. 有丝分裂的前期，每一条染色体都包含两条染色单体

D. 通过有丝分裂所形成的每一个子细胞中，其染色体形态和数目与原来母细胞完全一样

8. 植物根尖吸收水和无机盐的主要区域是_____。

A. 根毛区   B. 伸长区   C. 分生区   D. 根冠

9. 同化组织属于_____。

A. 基本组织   B. 分生组织   C. 输导组织   D. 机械组织

10. 木质部中没有_____。

A. 导管   B. 纤维   C. 筛管   D. 薄壁细胞

四、判断题

1. 有丝分裂过程中，着丝点分裂发生于细胞分裂的中期。   （   ）
2. 植物细胞壁都是由胞间层、初生壁和次生壁构成的。   （   ）
3. 叶绿体、线粒体均属细胞的显微结构。   （   ）
4. 染色体和染色质是同一物质在细胞不同时期的两种表现方式。   （   ）
5. 减数分裂包括两次连续分裂过程，其染色体数目减半在第一次分裂结束后就已经完成。   （   ）
6. 角质化的细胞壁不透水，因此角质化后的细胞为死细胞。   （   ）
7. 厚角组织为次生分生组织。   （   ）

五、绘图题

1. 绘出洋葱鳞叶表皮细胞图，并注明各部名称。
2. 绘出植物细胞的显微结构图，并注明各部分名称。

六、简答题

1. 简要说明有丝分裂各期的主要特点。
2. 列表说明有丝分裂与减数分裂的主要异同点。
3. 简要说明各类组织的主要特征。
4. 列表说明细胞的结构。

七、问答题

1. 细胞是怎样被发现的？细胞学说的主要内容是什么？有何意义？
2. 细胞的主要化学成分有哪些？为什么说原生质在细胞的生命活动中具有重要作用？
3. 植物细胞中哪些结构保证了多细胞植物体中细胞之间进行有效的物质和信息传递？
4. 细胞膜的分子结构和化学组成是怎样的？有何功能？

5. 何谓细胞骨架？它们在细胞中的作用是什么？

6. 简述细胞壁的化学成分、分层、结构特点和功能。

7. 何谓后含物？细胞后含物对植物有何重要意义？

8. 怎样理解细胞生长和细胞分化？细胞分化在植物个体发育和系统发育中有什么意义？

9. 怎样理解高等植物细胞形态、结构与功能之间的相互适应？

10. 试从结构和功能上区别：厚角组织和厚壁组织；木质部和韧皮部；表皮和周皮；导管和筛管；导管和管胞；筛管和筛胞。

11. 传递细胞的特征和功能是什么？

12. 从输导组织的结构和组成分析，为什么说被子植物比裸子植物更高级？

13. 什么是脱分化，这对植物体的生长发育有何重要意义？

14. 什么是植物细胞的全能性？

第二章　植物种子和幼苗

第一节　种子的结构和类型

一、种子的结构

　　种子是种子植物所特有的繁育器官。不同种子植物所产生的种子在形态、大小、颜色等方面各不相同，但其基本结构是一致的。一般种子都是由胚、胚乳和种皮三部分组成的。

　　1. 胚

　　胚是种子最重要的部分，在种子离开母体植物的时候，胚已发育成一幼小植物体的雏形。胚一般由胚芽、胚根、胚轴和子叶四部分组成。胚轴一般又分为上胚轴和下胚轴，由子叶到第一片真叶之间的部分叫上胚轴，子叶和根之间的部分叫下胚轴。种子胚上的子叶数目依植物种类而不同。裸子植物种子的子叶数很不一致，有的是两枚，如扁柏；有的是 2～3 枚，如银杏；有的是多枚，如松树。在被子植物中分为两类：一类具有两片子叶，如瓜类、豆类、棉花、桃、杏、苹果等植物，称为双子叶植物；另一类只有一片子叶，如小麦、玉米、水稻、甘蔗、高粱、百合、葱、蒜、姜等，称为单子叶植物。

　　胚的各部分是由胚性细胞所组成的，这些细胞的特点是体积小，细胞质浓厚，核相对较大，细胞质中没有或有小的液泡，并且这些细胞还具有很强的分裂能力。当种子萌发时，胚芽、胚轴和胚根的细胞就不断进行分裂、生长，胚根向下生长，形成根，胚芽向上生长，形成茎和叶，使胚迅速成长为幼苗。因此说种子植物的生长发育是从种子开始的。

　　2. 胚乳

　　胚乳中含有大量的营养物质，主要有淀粉、脂肪和蛋白质，是种子内贮藏营养物质的组织。在种子萌发时，其营养物质被胚吸收、利用。但有些植物的胚乳在种子形成过程中，其营养物质被胚吸收，转入子叶中贮存，当种子成熟时，看不到胚乳（或只有一层膜状遗迹），而具有肥厚的子叶，这类种子叫无胚乳种子，如花生、豆类以及瓜类种子。

　　3. 种皮

　　种皮是种子外面的保护层。成熟的种子在种皮上通常可见种脐和种孔。种脐是种子从果实上脱落后留下的痕迹。种孔则由胚珠时期的珠孔发育而成。

　　种皮的厚薄、色泽和层数，因植物种类的不同而有所差异。有的种子种皮厚而坚硬，像松柏类和瓜类；有的种子种皮和果皮愈合在一起共同起着保护作用，像小麦、玉米和水稻；也有的植物种皮很薄，而是由果皮起着保护作用，像花生的种子。组成种皮的细胞在成熟时都已死亡，但大多数具有加厚的细胞壁，并有的木质化和角质化，以增强种皮的硬度和不透水性并防止病虫害的侵入，同时也使得种子在萌发时产生吸水困难，因此有些种子在播种前必须加以处理。

有些种子在种皮的一些细胞中含有色素，因此使成熟的种子具有不同颜色，如豆类作物的种子就有红、黑、绿、黄、白各种颜色的种皮，小麦也可依种子颜色分为红皮和白皮。

二、种子的类型

根据成熟种子内胚乳的有无，将种子分为有胚乳种子和无胚乳种子两类。

（一）有胚乳种子

有胚乳种子由种皮、胚和胚乳3部分组成。双子叶植物中的蓖麻、番茄、烟草等植物的种子和单子叶植物中的水稻、小麦、玉米、洋葱等植物的种子，都属于此类。

1. 双子叶植物有胚乳种子

取一已浸过水的蓖麻种子，首先认真观察其外部形态（图2-1）。种子呈椭圆形，腹面扁平，背面扁圆，种皮坚硬光滑，并具有斑纹。在种子下端的海绵质突起叫种阜，由外种皮基部延生形成，能吸收水分输入种子内，供萌发之用。种孔被种阜遮盖，种脐不明显。在沿种子腹面的中央部位，有一隆起的纵向条纹叫种脊。接着小心剥去两层种皮，一层厚硬，外具斑点，叫外种皮；一层软薄，叫内种皮。可以看到种皮里面有大量白色物，此并非子叶，而是营养组织，叫胚乳，主要成分为脂肪。将胚乳从中央纵切为两半，又可以看到埋藏在胚乳之间的两片很薄的白色叶片，具明显的脉纹，这就是子叶。在两片子叶之间的部分，从上到下依次是胚芽、胚轴及胚根，胚被包在胚乳中间。

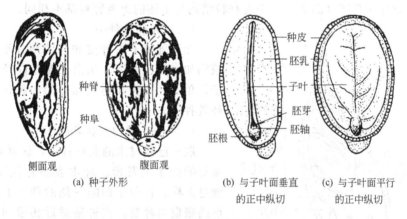

图2-1 蓖麻种子的结构

再剥开油桐种子和胚乳，将胚取出进行观察，区别胚的各个部分。

2. 单子叶植物有胚乳种子

取一粒浸过水的玉米籽粒，首先观察其外形，并纵切玉米籽粒，用放大镜仔细观察，可看到玉米籽粒是由外皮、胚和胚乳组成的（图2-2）。外皮位于表面，较光滑，它是由果皮与种皮愈合在一起而构成的，不易分开，通常称为果皮，因此玉米籽粒实际上是颖果，在农业上常称为种子。胚乳位于种皮之内，而胚位于籽粒基部。然后取玉米颖果纵切片于显微镜下仔细观察以下各部。

（1）果皮与种皮　二者是否紧密相连，试区别果皮与种皮。

（2）胚乳　在胚的上方，最外一层细胞颇大，长方形，含蛋白质。蛋白质呈糊粉粒状态，是一层很薄的糊粉层；其余为含淀粉粒的胚乳细胞，在胚乳与胚相连接处有一层排列整齐的细胞（叫上皮组织，又叫吸收层）。在胚生长过程中，上皮细胞分泌酶类物质到胚乳，将胚乳中的贮藏物质分解，然后通过该层细胞可吸收、运转到胚生长部位，供胚生长需要。

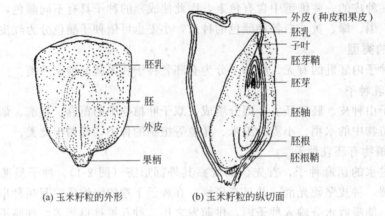

(a) 玉米籽粒的外形　　(b) 玉米籽粒的纵切面

图 2-2　玉米籽粒的结构

（3）胚　位于胚乳的下面，结构较复杂，胚芽和胚根由极短的胚轴上下相连。胚芽位于胚轴上方，由顶端生长点和幼叶组成，幼叶被胚芽鞘所包。胚根在胚轴下方，由顶端生长点、根冠和包在外面的胚根鞘所组成。胚轴的一侧与一片盾状的子叶相连，子叶又称为盾片。

另取小麦籽粒观察（图 2-3），小麦籽粒结构与上述的玉米籽粒基本相同。

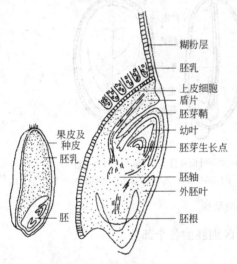

图 2-3　小麦籽粒及胚的纵切面

（二）无胚乳种子

无胚乳种子由种皮和胚两部分组成。双子叶植物如豆类、瓜类、花生、棉花以及柑橘类的种子，单子叶植物如慈姑和泽泻的种子，都属于无胚乳种子。

1. 双子叶植物无胚乳种子

取一已浸过水的菜豆种子，认真观察其外形。菜豆的种子呈肾形。种皮表面有花纹或无花纹，颜色多样。在种子凹陷一侧的种皮上具有一长圆形的瘢痕叫种脐。在种脐靠近胚根侧的一端有一小圆孔，叫种孔，然后用手指轻轻挤压种子可以看到有水和气泡从小孔中冒出来（但在种子干燥时种孔很难看到）。种子吸水时水分从此孔进入。当种子萌发时，胚根通过此孔伸出种皮之外，所以种孔又称萌发孔。从种脐另一端到种子的顶端，具较长隆起的棱脊，即为种脊。

剥掉种皮，观察菜豆胚的结构，是由胚芽、胚根、胚轴和子叶所组成的。子叶俗称蚕豆瓣，共两片，肥厚，贮存养料。胚轴极短，子叶着生其两侧。胚轴下方为胚根，由顶端生长点和根冠所组成。胚轴上方为胚芽，由顶端生长点和胚胎式叶所组成（图 2-4）。

另取棉花种子观察，棉花种子具有坚厚的种皮和发达的胚、种子腹面的一条纵沟为脐条，种子尖端部分为脐的突起，种皮上有棉纤维。棉纤维有长短之分，长纤维在轧花时轧下，供纺织之用，留在种皮上的棉绒为短纤维。剥开种皮，有一层白膜状的胚乳遗迹紧贴在种皮内，其内为胚，胚的组成和蚕豆相同，子叶十分发达，呈折叠状，包围在胚芽、胚根、胚轴的外围，子叶上面有黑色的小点称油腺。

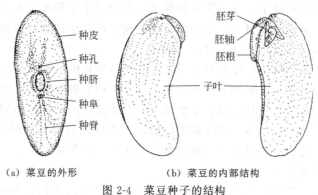

（a）菜豆的外形　　　　（b）菜豆的内部结构

图 2-4　菜豆种子的结构

2. 单子叶植物无胚乳种子

单子叶植物无胚乳种子除慈姑、泽泻外，农作物中比较少见。慈姑种子很小，由种皮和胚两部分组成，种皮薄，胚弯曲，子叶一片，长柱形。

第二节　种子的萌发和幼苗的类型

一、种子的萌发

种子能否萌发决定于其自身的内在条件和它所具备的外界条件。内在的生理条件指的是种子的生活力和休眠状态，是内因。外界条件主要是水分、温度和氧气，是外因。外因必须通过内因才能起作用。

（一）种子萌发的条件

1. 种子萌发的内在条件

（1）种子的生活力　首先种子必须具有活的健全的胚，胚已死亡或破碎和受伤的种子是不能正常萌发的。其次种子的生活力往往与种子的寿命有关，种子的寿命是指种子在一定环境下保持生活力的期限，超过一定的期限，种子的生活力就会丧失，因此失去萌发的能力。种子的寿命是一个相对的概念，其长短因植物种类不同而异，如水稻、小麦、玉米种子，一般能活 2~3 年；蚕豆、绿豆、南瓜、白菜的种子，一般能活 4~6 年；种皮厚的刺槐、皂荚种子寿命较长；种皮薄的杨、柳种子寿命较短。种子的寿命除了决定于植物本身的遗传特性外，还与种子贮藏条件有密切的关系。在温度高和湿度大的贮藏条件下，种子的寿命就短。一般来说，种子贮存越久，生活力越衰退，以至完全失去生活力。

另外，种子的寿命还与种子的成熟度、种子的内含物质有关。一般含脂肪、蛋白质多的种子寿命长，如豆科植物及松属植物；含淀粉多的种子寿命较短，如壳斗科的植物。同一植物种子中，成熟种子的寿命比未成熟种子寿命长。原因是未成熟种子的含糖量、含水量高，酶的活性强，呼吸作用加大，消耗大量营养物质，缩短了种子的寿命。如杨树种子的含水量在 10% 以上时，会很快失去生活力；当含水量降到 8% 时，经 10 个月的贮藏，发芽率只降低 10.2%。

（2）种子的休眠　有些种子虽然具有生活力，外界条件也适宜，但仍不能萌发，必须经过一段时间才能萌发，种子的这种特性称为休眠。如红松、人参的种子采收后需经过 1.5~2 年的休眠时间才会萌发。造成种子休眠的原因有多方面。一类植物的种子在离开母体时，种子形态上是成熟的，但胚尚未发育完全，或者胚生理上仍没有成熟（胚的代谢活动低），一定要经过休眠期的某些变化才能成熟，这种现象称为种子的后熟作用，如银杏、冬青、白蜡、雪松、人参等植物的种子。另一类植物种子，有的是由于种皮过厚不易透气透水而限制种子萌发，如合欢、刺槐、樟树等；有的则是种子或果皮产生抑制萌发的物质（有机酸、植物碱或某些激素等），如番茄、黄瓜、桃、野蔷薇等。

种子休眠是植物系统演化过程中对环境条件和季节变化的一种适应，是一种有益的生物学特性，可以避免种子在不良的季节萌发，如小麦、水稻的种子没有休眠特性，当种子成熟还未收割而遇到阴雨高温气候时，就会在植株上萌发而使生产受损。但同时种子休眠也给种子检验和繁殖带来不利影响，如一些珍稀濒危植物因不能及时得到种子而影响繁殖和推广，在农业生产上常利用适当浓度的赤霉素解除种子的休眠，以促进发芽。

2. 种子萌发的外界条件

（1）**充足的水分**　种子萌发首先需要足够的水分。种子浸水后，坚硬的种皮吸水软化，透气性提高，氧气透过种皮进入种子，二氧化碳透过种皮，排出种子之外。另外，种皮软化为胚根、胚芽突破种皮向外生长创造了条件。更重要的是，种子吸足水后，呼吸作用和新陈代谢作用得以加强，细胞内各种酶开始活动，通过水解或氧化等方式，将胚乳或子叶内贮藏的营养物质从不溶解状态转变为溶解状态，运输到胚，供胚利用，从而改变了种子的休眠状态，细胞也随之恢复了分裂能力，并且开始伸长和分化。

各种植物种子萌发时的吸水量高低不一，一般种子需要的吸水量超过种子干重的25%～50%，有的甚至更多。如水稻为40%，油菜为48.3%，花生为40%～60%，大豆为120%，豌豆为186%。以上数字说明，含蛋白质多的种子，萌发时吸水量较大，含脂肪多的种子吸水量较少。

足够的水分供应是种子萌发的必要条件，吸水不足的种子是不能萌发的。例如，水稻进行旱播时（种子未经浸种催芽），土壤含水量在70%～100%时，不但发芽率高，发芽势强，发芽日程也短。如果土壤含水量减少至40%～60%，水稻种子吸涨慢，发芽也不良好。但是，如果水分过多，则引起氧气缺乏，种子进行无氧呼吸，产生二氧化碳和酒精，会使种子中毒，并出现烂种、烂根和烂芽的现象。

（2）**适宜的温度**　温度不但是种子开始萌动的主要因素，也是决定种子萌发速度的首要条件。种子萌发时内部进行物质和能量的转化，都是极其复杂的生物化学反应，需要多种酶作为催化剂。而酶的催化活动必须在一定的温度范围内进行，因此各种植物种子萌发都有一定的最适温度范围。超过最适温度到一定限度时，只有一小部分种子能萌发，这一时期的温度叫做最高温度；低于最适温度种子萌发缓慢，到一定限度只有一小部分勉强萌发，这一时期的温度叫做最低温度。

多数植物种子萌发所需的最适温度为25～30℃；最低温度为0～5℃，低于最低温度不能萌发；最高温度为35～40℃，高于最高温度也不能萌发。一般来说，原产南方的植物种类，如水稻的籽粒萌发所需温度稍高一些；原产北方的植物种类，如小麦的籽粒所需温度稍低一些。这是因为植物长期适应环境，产生的酶系统有所不同的缘故。表2-1列出了几种常见作物种子萌发时对温度的要求。

表 2-1　几种常见作物种子萌发时的温度要求　℃

作物种类	最低温度	最适温度	最高温度	作物种类	最低温度	最适温度	最高温度
小麦	0～4	20～28	30～38	水稻	8～12	30～35	38～42
向日葵	5～10	30～31	37～40	棉花	11～12	22～30	40～45
玉米	5～10	32～35	40～45	大豆	8～10	25～30	35～40

（3）**足够的氧气**　种子开始萌发时，呼吸作用的强度显著增强，需要大量氧气供应，把

细胞内贮藏的营养物质逐渐氧化分解，释放出能量和中间产物，满足胚的生长需要。如果氧气不足，大多数种子将因缺氧而死亡，即便是萌发了，幼苗也发育不良。所以，播种前的浸种催芽，需要加强人工管理；在农业栽培技术上，对苗床的土壤要保持疏松，不积水，就是要保证有充分的氧气供种子萌发利用。

种子萌发所需的水分、温度和氧气3个因素是相互关联、相互制约的，缺少任何一种因素，都不能使种子萌发。

一般种子萌发与光照关系不大，但有少数植物种子，如胡萝卜、芹菜、烟草等需要在有光的条件下，才能萌发良好。相反，也有少数植物种子，如苋菜、菟丝子等，只有在黑暗条件下才能萌发。

（二）种子萌发的过程

种子萌发是指胚恢复了生长，胚根、胚芽穿破种皮，并向外伸展的现象。其大致过程可以分为3个阶段。

1. 吸涨

种子萌发过程中首先是种子吸水后的膨胀（吸涨）。干燥种子，除少数硬实种子外，都能很快吸水膨胀，直到细胞内部的水分达到饱和状态，种子才停止吸水。种子吸水膨胀的现象完全是一种物理现象，因为已死亡的种子仍是亲水胶体，其吸涨的能力并没有减弱，也常能使种皮胀破。而少数硬实种子虽然是活的，因其种皮不透水，即使浸入水中也没有吸涨现象，所以吸涨只是种子萌发所必须经过的最初阶段，而不能作为开始发芽的标志。

种子吸涨后，种皮变软，胚和胚乳（子叶）因膨胀而把种皮胀破。细胞内胶体微粒间的黏滞性降低，种子内含物由凝胶状态转变为溶胶状态，有利于许多复杂的生物化学变化的进行。另外，种子吸涨后种皮变软，从而增强了氧气和二氧化碳的透性。

2. 萌动

种子在吸涨过程中，细胞内的各种酶在一定温度条件下活动逐渐加强，将贮存在胚乳或子叶内的营养物质由不溶性的大分子化合物分解为可溶性的简单化合物，运往胚的各部分。胚细胞获得营养物质后，迅速分裂和生长，胚的体积逐渐增大，增至一定限度，就突破种皮而伸出，这就是种皮的萌动，在生产上一般称为"露白"。

在通常情况下，首先突破种皮生长的是胚根，然后胚芽生长。因为胚根的先端直接对着萌发孔，比其他部分优先吸水，是最早开始生长的部位。这一现象具有一定的生物学意义，可以使早期幼苗固定于土壤中，并及时从土壤中吸取水分和养料，使幼小植物体能够很快地独立生长。

3. 发芽

种子萌动后，胚部的细胞继续分裂，生长速度加快，当胚根、胚芽伸出种皮达到一定长度时（不同种子有不同标准），就可认为种子已经萌发。如禾谷类作物种子，当胚芽长度达到种子长度的一半，胚根与种子等长时，就认为达到发芽标准。但在田间，只有当发芽的种子成为独立生活的幼苗时，整个发芽过程才算结束。

二、幼苗的类型

种子发芽时，胚根入土后形成幼根，以后长出侧根形成根系，胚芽出土后长出茎、叶。此时即成长为具有一般成长植物体所具有的根、茎、叶的幼小植物体，即幼苗。幼苗的形态由于上下胚轴的伸长情况不同，形成了不同类型。根据子叶是否留在土内，可将幼苗类型分为子叶出土和子叶留土两种。

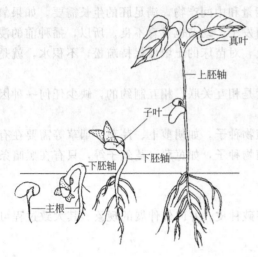

图 2-5　菜豆种子的萌发过程

1. 子叶出土幼苗

菜豆种子在萌发时，胚根先突破种皮，向土壤深处生长，形成幼苗主根，不久主根的四周产生侧根，组成菜豆幼苗的根系。在根不断向下伸长的同时，下胚轴加速伸长，初期弯曲成弧形，拱出地面后，就逐渐伸直将子叶和胚芽拖出地面，所以幼苗的子叶是出土的。幼苗出土后，胚轴停止生长，两片子叶脱出种皮而展开，两子叶间的胚芽开始生长，逐渐生长成茎和叶，组成幼苗的茎叶系统。菜豆种子最初生出的第一片真叶，是一对心脏形单叶。见图2-5。

在真叶没有长出前，幼苗所需要的养料全部来自子叶，是异养。当子叶出土后见了阳光，产生叶绿体，由黄色变成绿色，可以进行光合作用。当真叶长出后，子叶中的养料耗尽，渐渐萎缩，由绿色转变为黄色而脱落，此时，幼苗所需养料完全靠真叶光合作用供给，是自养。

许多双子叶植物如大豆、棉花、油菜、瓜类、蓖麻、番茄等的幼苗出土时情况和菜豆一样，都是在种子萌发时，上胚轴不伸长或伸长慢，子叶由下胚轴伸长带出地面，这种萌发方式称为出土萌发。

2. 子叶留土幼苗

玉米种子萌发时，也是胚根先生长，突破胚根鞘、种皮和果皮，伸展成主根，但主根不久就停止生长，从下胚轴的基部生出几条幼根。在幼根形成的同时，胚轴上部的胚芽鞘和胚芽也在伸长，胚芽在胚芽鞘的保护下，突破种皮，一起钻出地面。因胚芽鞘是透明的，胚芽一出土就见到阳光，不久叶绿体形成，长出第一片真叶，真叶从已经停止生长的胚芽鞘中伸出来。接着又长出第二片和第三片真叶。在整个萌发期间，子叶始终保持在原来的位置上（图2-6），留在种子内而不出地面，所起作用仅仅是吸收并转运胚乳中的养料供给胚，并不像菜豆子叶那样，出土后还有光合作用。当养料耗尽后，随种皮一起枯烂。

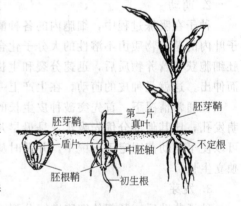

图 2-6　玉米种子的留土萌发

小麦、水稻、高粱等单子叶植物和蚕豆、豌豆、柑橘、核桃等双子叶植物的幼苗出土情况和玉米相似，种子萌发时下胚轴并不伸长，而是上胚轴伸长，所以子叶并不随胚芽伸出地面，而是留在土中，这种萌发方式称为留土萌发。

以上两种类型幼苗的萌发特点，在农业生产上对种子的播种有一定指导意义。一般来说，子叶出土幼苗的种子播种要浅一些，子叶留土幼苗的种子播种宜深一些，但同时也要根据种子在萌发时的顶土能力、种子大小、土壤湿度等条件综合考虑播种的实际深度。

本 章 小 结

　　本章内容关于种子主要讲述了种子的结构和类型，以及种子萌发的条件和过程；关于幼苗主要讲述了幼苗的类型。根据子叶数目可将植物分为单子叶植物和双子叶植物，根据胚乳的有无可将种子分为有胚乳种子和无胚乳种子，但单子叶植物不一定都有胚乳，双子叶植物不一定都无胚乳。不同种类植物的种子结构有一定区别，但其基本结构是相似的。一般种子都是由胚、胚乳和种皮 3 部分组成的，种皮是保护结构；胚由胚芽、胚轴、子叶、胚根组成，是种子的主要部分；胚乳是贮藏营养物质的结构，无胚乳种子在种子成熟前将营养转移到子叶。种子的萌发不仅需要有健全且有活力的胚，同时还必须有充足的水、适宜的温度和足够的氧气，缺少任何一个条件都会影响其萌发。种子萌发时首先吸水膨胀，酶活性加强，呼吸作用旺盛，将胚乳（或子叶）中的营养和能量供给胚芽、胚根，使其迅速生长。一般胚根先长出根，然后胚芽生长出茎和叶，形成具有根、茎、叶的幼小植物体，植物体的营养方式也由异养转为自养。由于萌发过程中上下胚轴的伸长情况不同，而把种子萌发分为出土萌发和留土萌发，可将幼苗类型分为子叶出土和子叶留土两种。

思 考 题

一、名词解释

　　种子　　幼苗　　种子的寿命　　种子的休眠　　双子叶植物　　种脐　　上胚轴　　下胚轴　　种子萌发　　种子的后熟作用

二、填空

　　1. 种子植物的营养器官是 _____ 、 _____ 、 _____ ，繁殖器官是 _____ 、 _____ 和 _____ 。

　　2. 从种子萌发为幼苗，长成根、茎、叶，这个过程为 _____ ，植物开花结果，产生种子，繁殖后代，这个过程称 _____ 。

　　3. 植物种子是种子植物特有的繁殖器官，是由 _____ 、 _____ 和 _____ 三部分构成的，其中 _____ 是新生植物的雏体。有些种子却只有 _____ 和 _____ 两部分，前者称 _____ 种子，后者称 _____ 种子。

　　4. 小麦的胚乳由 _____ 和含 _____ 的胚乳细胞组成。

　　5. 大豆种子胚是由 _____ 、 _____ 、 _____ 和 _____ 四部分组成的。

　　6. 蓖麻种子是由 _____ 、 _____ 和 _____ 组成的。

　　7. 种子萌发的主要方式有两种，一种是 _____ ，另一种是 _____ ，它们的主要区别在于 _____ 。

　　8. 种子萌发的内部条件是 _____ 、 _____ 和 _____ 。

　　9. 种子萌发时， _____ 首先突破种皮，接着 _____ 细胞相应生长和伸长，把胚芽或连同 _____ 一起推出土面。

　　10. 种子休眠的原因： _____ 。

　　11. 种子生活力减退的原因是 _____ 、 _____ 和 _____ 。

　　12. 出土萌发的种子一般宜 _____ 播，留土萌发的种子可适当 _____ 播。

三、单项选择题

　　1. _____ 在植物学上称为种子。

　　A. 玉米籽粒　　　　　　B. 高粱籽粒　　　　C. 向日葵籽粒　　　　D. 花生仁

　　2. 双子叶植物种子的胚包括 _____ 。

A. 胚根、胚芽、子叶、胚乳　　　　　　　B. 胚根、胚轴、子叶、胚乳

C. 胚根、胚芽、胚轴　　　　　　　　　　D. 胚根、胚轴、胚芽、子叶

3. 种子中最主要的部分是_____。

A. 胚　　　　　　　B. 胚乳　　　　　　　C. 种皮　　　　　　　D. 子叶

4. 所有植物的种子均具有_____。

A. 相同的子叶数　　B. 胚乳　　　　　　　C. 胚　　　　　　　　D. 外胚乳

5. 成熟蚕豆种子的种皮上一条黑色眉状物是_____。

A. 种脊　　　　　　B. 种脐　　　　　　　C. 种阜　　　　　　　D. 种柄

6. 下列哪种植物的种子属于有胚乳种子_____。

A. 大豆　　　　　　B. 蚕豆　　　　　　　C. 花生　　　　　　　D. 蓖麻

7. 小麦的子叶又称_____。

A. 外胚叶　　　　　B. 盾片　　　　　　　C. 胚芽鞘　　　　　　D. 糊粉层

8. 人们吃绿豆芽，主要吃的是_____。

A. 根　　　　　　　B. 芽　　　　　　　　C. 下胚轴　　　　　　D. 上胚轴

9. 小麦幼苗的第一片真叶是_____。

A. 子叶　　　　　　B. 外胚叶　　　　　　C. 胚芽鞘　　　　　　D. 由顶端分生组织产生

10. 因后熟作用而休眠的种子，用_____处理可打破休眠。

A. 水冲洗　　　　　B. 赤霉素　　　　　　C. 机械方法　　　　　D. 浓硫酸

11. 贮藏种子的最适条件是_____。

A. 低温　　　　　　B. 干燥　　　　　　　C. 低温和干燥　　　　D. 低温和避光

12. 用浓硫酸处理苋属植物种子可打破休眠，是因为该种子休眠的原因是_____。

A. 种子内的胚尚未成热　B. 种子的后熟作用　C. 存在抑制性物质　D. 种皮过于坚硬

13. 瓜类种子不可能在果实内萌发，是因为种子_____。

A. 受抑制性物质影响　B. 缺乏氧气　　　　C. 具后熟作用　　　　D. 胚尚未成热

14. _____萌发的必要条件之一是光。

A. 烟草　　　　　　B. 苋菜　　　　　　　C. 苋菜和菟丝子　　　D. 烟草和菟鹃

15. 小麦种子萌发时，对胚乳内贮藏的物质加以分解和转运的结构是_____。

A. 糊粉层　　　　　B. 盾片　　　　　　　C. 上皮细胞　　　　　D. 外胚叶

16. 胚乳种子在形成过程中，胚乳为_____所吸收。

A. 胚　　　　　　　B. 胚芽　　　　　　　C. 子叶　　　　　　　D. 外胚乳

17. 种子内贮藏营养的结构是_____。

A. 胚　　　　　　　B. 胚乳　　　　　　　C. 子叶　　　　　　　D. 胚乳或子叶

四、判断题

1. 一粒稻谷就是一粒种子。（　　）

2. 种子的基本构造包括胚芽、胚轴、胚和子叶 4 部分。（　　）

3. 所有的种子都具有种皮、胚和胚乳这三部分。（　　）

4. 蚕豆是双子叶植物有胚乳种子。（　　）

5. 胚是由胚芽、胚根和胚轴三部分组成的。（　　）

6. 双子叶植物的种子都没有胚乳，单子叶植物的种子都有胚乳。（　　）

7. 无胚乳种子的养料贮存在子叶中。（　　）

8. 面粉主要是由小麦种子的子叶加工而成的。（　　）

9. 休眠种子内的代谢活动完全停止。（　　）

10. 种子萌发时，所谓"出芽"就是指种子露出了胚芽。（　　）

11. 种子贮藏时，其含水量越低，代谢活动越弱，越利于贮藏。（　　）

12. 种子萌发所不可缺少的外界条件是水分、温度和氧气。（　　）

13. 子叶留土的幼苗是由于上胚轴伸长生长的结果。 （　）
14. 多数裸子植物的种子具两枚以上的子叶。 （　）

五、简答题

1. 说明种子的胚、胚乳和种皮在形成种子过程中的作用。

2. 根据胚乳的有无，种子可分为哪些类型？

3. 以玉米种子为例，简述单子叶植物有胚乳种子结构的特点。

4. 以菜豆种子为例，简述双子叶植物无胚乳种子结构的特点。

5. 种子萌发必须具备哪些条件？

6. 将蚕豆、玉米、小麦、向日葵、油菜种子浸水吸涨，在 25～28℃条件下观察其萌发过程。注意种子每天的变化情况并记载之。

7. 子叶出土幼苗和子叶留土幼苗的主要区别在哪里？了解幼苗类型对农业生产有什么指导意义？

第三章 植物的营养器官

学习目标

使学生掌握营养器官（根、茎、叶）的内部解剖结构特点、生理功能以及它们之间的关系，双子叶植物营养器官与单子叶植物营养器官在内部结构上的异同点，各营养器官的生长发育特点，各营养器官形态结构和生理功能与生态环境之间的关系。

植物的形态结构是在长期的进化过程中逐渐形成的。组成植物体结构单位的细胞，在不同的环境条件下，行使特定的生理功能，进而分化出各种组织。再由多种不同的组织构成具有一定生理功能和形态结构的器官。这些器官在形态结构上差异明显，但它们在构造上和生理功能上相互影响，相互联系，体现出植物的整体性和形态结构与生理功能的统一性。

对大多数被子植物而言，根、茎、叶3个部分担负着植物的营养生长活动，将这些器官称为营养器官。本章主要讲述根、茎、叶这3种营养器官的形态结构、生理功能和变态类型。

第一节　根的形态和构造

一、根的生理功能

根是植物在长期适应陆生生活的过程中发展起来的器官，它的主要生理功能表现在以下几个方面。

(1) 吸收作用　根从土壤中吸收水分和溶解于水中的矿质盐以及氮素，供植物利用。

(2) 固着作用　依靠庞大的根系和机械组织来固定植株，支持着庞大的地上部分，既固定了植物，也固定了土壤。

(3) 输导作用　由根毛、表皮吸收的水分和无机盐，通过根的维管组织输送到枝叶，而叶所制造的有机养料，经过茎输送到根，再经根维管组织输送到根的各部。

(4) 合成作用　至少有十余种氨基酸以及植物碱、有机氮和某些激素等有机物是在根中合成的。

(5) 贮藏和繁殖作用　根内的薄壁组织较发达，可贮藏大量的营养物质。有些植物的根可以产生不定芽而萌发为新枝，可进行植物的营养繁殖。

二、根和根系的种类

根据发生的部位不同，可将根分为定根和不定根两大类。种子萌发时，胚根突破种皮直接向下垂直生长的根，称为主根或初生根。主根生长到一定长度，在一定部位上侧向地从内部生出许多各级大小的支根，称为侧根。主根和侧根统称为定根。如果不是从胚根发生而且发生位置不一定的根，即由茎、叶、老根和胚轴上发生的根，称为不定根。

一株植物地下部分所有根的总和，称为根系。它包括主根和它的各级侧根，或不定根和它分枝的各级侧根。根系有直根系和须根系两种基本类型。直根系有明显的主根和侧根之分，主根明显、粗大、较长，侧根的长短粗细明显小于主根（图3-1），如双子叶植物中的

图 3-1　直根系（黄麻）

图 3-2　须根系（玉米）

棉花、花生、油菜、大豆等和裸子植物中的松、柏等，都属于这种根系。须根系无明显的主根和侧根之分，主要由不定根组成，粗细相差不多，无主次之分，且呈丛生状态（图 3-2），如单子叶植物中的小麦、水稻、玉米等。

三、根尖分区及生长动态

从根的顶端到着生根毛的这一段，称为根尖。这一段虽然只有数厘米长，但却是根部生命活动最活跃的部位，根对水分和无机盐的吸收，根的生长以及根部各种组织的形成，主要都是依靠这部分来完成的。从根尖的纵切面自下而上可分为根冠、分生区、伸长区和根毛区（成熟区）。各区细胞的形态结构有各自不同的特点，表现出不同的生理功能（图 3-3）。

1. 根冠

根冠位于根尖的顶端，是由许多薄壁细胞组成的帽状结构，包围着根尖分生区，有保护根尖幼嫩分生组织的功能。根冠外层的细胞，排列疏松，细胞内含有高尔基体，能分泌黏液，使根冠表面光滑，减少了根向土壤中生长时所发生的摩擦。当根在土壤中生长时，根冠外面的细胞不断地受到破坏和脱落，但由于不断得到分生区产生的新细胞来补充，使得根冠经常处于更新状态，并保持一定的形状。实验证实，根冠除具有保护功能以外，还可能控制分生组织中有关向地性的生长调节物质的产生或移动，从而控制根的向地生长。

2. 分生区

分生区位于根冠的内侧，全长约 1～2mm。此区是分裂产生新细胞的主要地方，故称为生长点。分生区是根端的顶端分生组织，细胞具有顶端分生组织的特点。其细胞形状为多面体，排列紧密，胞间隙不明显，细胞壁很薄，细胞核约占整个细胞体积的 2/3，细胞质浓，液泡小，故其表面不透明。

种子植物根尖分生区的最前端为原分生组织的原始细胞。它们的分裂活动具有分层特性，分别形成原形成

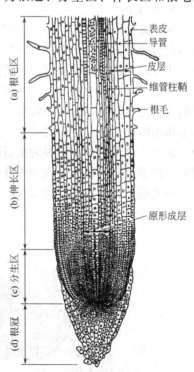

图 3-3　大麦根尖纵切面
（示各区细胞结构）
（a）根毛区；（b）伸长区；
（c）分生区；（d）根冠

表皮
导管
皮层
维管柱鞘
根毛
原形成层

（a）根毛区
（b）伸长区
（c）分生区
（d）根冠

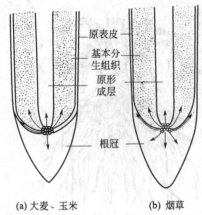

(a) 大麦、玉米　　　(b) 烟草

图 3-4　根尖分生区的结构及其衍生区域

层、基本分生组织和原表皮 3 种初生分生组织，再进一步分化成为初生的成熟组织（图 3-4）。

原表皮是最外一层细胞，细胞为扁平的长方形，将来分化为根的表皮；基本分生组织细胞较大，呈圆筒形，将来进一步分化成根的基本组织；原形成层位于中央，细胞为长梭形，直径较小，密集成束，将来分化成根的维管组织。初生分生组织的细胞与原分生组织比较，一般稍为伸长，液泡化逐渐明显，初生壁上出现了初生纹孔场。初生分生组织可视为原分生组织分化为成熟组织的过渡类型。

3. 伸长区

伸长区位于分生区的上方，长约几毫米，外观较为透明洁白，可与分生区相区别。伸长区最显著的特点是细胞分裂逐渐停止，体积增大，细胞沿根的纵轴方向显著延伸，呈圆筒形，细胞质呈一薄层位于细胞的边缘部分，液泡明显。根的生长是分生区细胞的分裂、增大和伸长区细胞的延伸共同活动的结果，使根显著地伸长，有利于根不断转移到新的区域，吸取更多的矿质营养。

随着细胞分裂次数的减少和体积的逐渐增大，一部分靠近外围的原形成层细胞开始分化。最早分化出来的是原生韧皮部的筛管，它在伸长区的前段就已经成熟。随着分化出来的是原生木质部的导管，它通常在伸长区的后段开始成熟。

4. 根毛区

根毛区位于伸长区之上，长度从几毫米到几厘米不等。这个区的特点是细胞停止伸长，并多已分化成熟而成为各种成熟组织，表皮产生根毛，因此，又称为成熟区。根毛区是根部吸收水分和无机盐的主要部分，所以又称为吸收区。

根毛是根的特有结构，由表皮细胞外壁突出，形成顶端封闭的管状结构（图 3-5）。根毛的生长速度较快，但寿命较短，一般只有几天，多的 10～20d 左右，即行死亡。随着伸长区细胞不断向后延伸，新的根毛产生替代枯死的根毛，新的根毛区随着根的生长向前推移。根毛的产生增大了根和土壤的接触面积，同时根毛细胞壁柔软、胶黏，具可塑性，易与土粒紧贴，这都有利于根的吸收和固着作用。

根毛的生长和更新对吸收水、肥非常重要。在移栽时，根毛和幼根会受到损伤，则会降

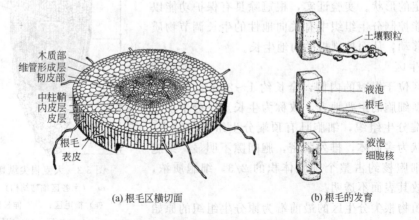

(a) 根毛区横切面　　　　　(b) 根毛的发育

图 3-5　双子叶植物根的立体结构图

低吸收功能。所以，移栽后的幼苗往往出现萎蔫现象。故在幼苗移栽时，必须剪去一些次要的枝叶，减少植株体内水分的散失，以有利于保持水分平衡，则幼苗较易成活。

为了便于以后对有关结构中细胞分裂的方向和组织中细胞的壁面与排列的理解，现就常用的名词简述如下。一个立体的细胞可以有两两相对的 6 个壁，即横向壁、径向壁和切向壁各两个。横向壁与生长点的横切面相平行，径向壁与该细胞所在部位的半径相平行，切向壁与该细胞所在部位的同侧外周切线相平行。细胞分裂时，新壁与母细胞横向壁平行的，称为横分裂；与径向壁平行的称为切向分裂。横分裂与径向分裂的新壁都与该细胞所在部位的同侧外周切线垂直，因此，又把它们称为垂周分裂。切向分裂的新壁则与外周切线平行，所以又称为平周分裂（图 3-6）。垂

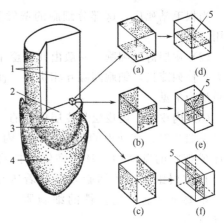

图 3-6 根尖立体模式图
(a) 横向壁；(b) 径向壁；(c) 切向壁；(d) 横向分裂（垂周分裂）；(e) 径向分裂（垂周分裂）；
(f) 切向分裂（平周分裂）
1—纵切面；2—横切面；3—生长点；
4—根冠；5—新壁

周分裂可增加器官外层及内部各层细胞数量，成为扩大圆周面积和伸长生长的重要因素；平周分裂则可增加器官半径方向的细胞数量，成为器官加粗的重要因素。

四、根的结构

（一）双子叶植物根的初生结构

根毛区内的各种成熟组织，是由原表皮、基本分生组织和原形成层 3 种初生分生组织细胞分裂、分化而来，属于初生组织。它们共同组成的结构称为初生结构。根毛区横切面的初生结构，由外至内可分为表皮、皮层和维管柱三部分（图 3-7）。

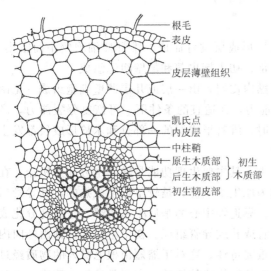

图 3-7 棉花根横切面（示初生结构）

1. 表皮

表皮包在根的根毛区的最外面，是由原表皮发育而成的，一般由一层表皮细胞组成，表皮细胞形状略呈长方体，其长轴与根的纵轴平行，在横切面上它们近于方形。根的表皮细胞壁薄，是由纤维素和果胶质构成的角层薄，不具气孔，许多表皮细胞外壁向外突出成根毛，扩大了根的吸收面积。所以，幼根根毛区表皮的吸收作用显然较其保护作用更为重要。

2. 皮层

皮层由基本分生组织发育而成，位于表皮和维管柱之间，由多层薄壁细胞组成，占幼根横切面的很大比例，是水分和溶质从根毛到维管柱的输导途径，也是幼根贮藏营养物质的场所，并有一定的通气作用。

皮层一般分为外皮层、皮层薄壁细胞和内皮层 3 层。

（1）外皮层 外皮层是紧靠表皮的一层或几层细胞。这部分细胞形状较小，排列较紧

密。当根毛枯死后,这部分细胞的壁发生木栓质化,变为褐色,不透水,起着临时的保护作用。

(2) 皮层薄壁细胞 一般由几层至十几层基本组织和细胞组成,占皮层的绝大部分,细胞大,排列疏松,细胞间隙互相贯通,使根内通气。常有各种后含物贮藏于细胞内,其中以淀粉最为常见。

(3) 内皮层 内皮层是皮层内侧的一层细胞,排列比较紧密整齐,成一环,把维管柱隔开(见图3-7)。在幼根的吸收部位,内皮层细胞的部分初生壁上,常有栓质化和木质化增厚成带状的壁结构,环绕在细胞的径向壁和横向壁上,成一整圈,称凯氏带(图3-8)。内皮层细胞内的细胞质紧贴着细胞壁的凯氏带部分,所以土壤溶质由皮层进入维管柱都要全部通过选择性的细胞质,这样可以减少溶质的散失,使水分与溶质源源进入导管内。

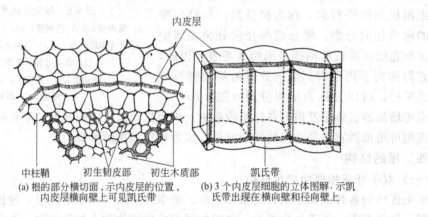

(a) 根的部分横切面,示内皮层的位置,内皮层横向壁上可见凯氏带

(b) 3个内皮层细胞的立体图解,示凯氏带出现在横向壁和径向壁上

图 3-8 内皮层的结构

3. 维管柱

根的维管柱是内皮层以内的中轴部分,由原形成层发育而成。维管柱细胞较小而密集,易与皮层相区别。维管柱由中柱鞘、初生木质部、初生韧皮部和薄壁组织组成。

(1) 中柱鞘 中柱鞘位于维管柱外围,紧贴内皮层,由一层或几层薄壁细胞组成(见图3-7)。细胞壁薄,排列紧密,有潜在性的分裂能力,在适宜的条件下,可恢复分裂能力,产生侧根、不定芽和乳汁管。当根进行增粗生长时,维管形成层的一部分和木栓形成层都发生于中柱鞘。

(2) 初生木质部 初生木质部位于根的中央,其主要生理功能是输导水分和无机盐,在横切面上呈星芒状。初生木质部的辐射角尖端是原生木质部,是较早分化成熟的,其导管口径较小而壁较厚,由环纹导管和螺纹导管组成。靠近轴中心的是后生木质部,是较晚分化成熟的,其导管口径较大,由梯纹导管、网纹导管或孔纹导管组成。初生木质部这种由外向内分化成熟的方式为外始式,是根初生木质部的重要特性。这对于缩短由根毛吸入的物质经过皮层而输入导管的途径有重要意义。初生木质部的结构比较简单,主要是导管、管胞,也具有木纤维和木薄壁细胞。

原生木质部的束数是相对稳定的,如油菜、烟草、马铃薯、萝卜、番茄的主根有2束,称为二原型;豌豆、柑橘的主根为三原型;棉花、向日葵、南瓜的主根为四原型;梨、苹果为五原型等。初生木质部束也常发生变化,同种植物的不同品种中,如茶树有5束、6束、8束,甚至12束等,同一株植物的不同根上可能出现不同束数。

（3）初生韧皮部　初生韧皮部是植物体内专门运输同化产物的组织。叶所制造的有机营养物质，通过韧皮部输送到根、茎、花、果等部分而被利用。初生韧皮部位于维管柱内，形成若干束，分布于初生木质部辐射角之间，它们与原生木质部相间排列。这是幼根维管系统最突出的特征。初生韧皮部同样可分为原生韧皮部和次生韧皮部，前者在外方，后者在内方。后生韧皮部主要由筛管和伴胞组成。原生韧皮部通常缺少伴胞。

（4）薄壁细胞　在初生韧皮部和初生木质部之间，常有几列薄壁细胞，在次生生长开始时，其中的一层由原形成层保留的薄壁细胞恢复分裂能力，形成维管形成层的一部分。有些植物根的中央不分化为木质部，由薄壁细胞组成，形成髓，如蚕豆等双子叶植物的根中具有髓。

（二）双子叶植物根的次生结构

一年生双子叶植物和大多数单子叶植物的根，都由初生生长完成它们的一生。可是，大多数双子叶植物和裸子植物的根，在初生生长结束后，维管形成层发生并开始分裂、生长、分化而使根的维管组织数量增加。由于根的加粗，使表皮撑破。因此，另外一种侧生分生组织，即木栓形成层发生，形成新的保护组织周皮。由于维管形成层和木栓形成层的共同作用，使根不断加粗的过程，称为次生生长。次生生长过程中产生的次生维管组织和周皮，共同组成根的次生结构。

1. 维管形成层的发生及其活动

在双子叶植物根的根毛区内，当次生生长开始时，位于初生木质部与初生韧皮部之间的薄壁细胞恢复分裂能力，成为维管形成层的主要部分。初期，在根横切面上，它是一行长方形的、排列整齐的细胞，其整个轮廓略呈弧形。不久，每个形成层弧继续扩展，并向外推移，直到初生木质部脊处，与该处的中柱鞘细胞相接。这时在这些部位的中柱鞘细胞恢复分裂能力，成为维管形成层的一部分。至此，维管形成层连成一个完整的环（图3-9）。这时维管形成层在横切面上的整个轮廓，二原型的根中略呈卵形；三原型的根中呈三角形；四原型的根中呈"十"字形；多原型根中呈波纹状，环绕在初生木质部的外围。

波纹状维管形成层形成后，主要进行平周分裂，向内向外产生次生维管组织。由于凹陷部位形成层弧较早形成，平周分裂活动开始较早，向内产生的次生木质部也较多，把形成层弧向外推移，结果整个形成层环在横切面上，由原来的波纹状逐渐转变为圆形，成为圆筒状形成层。圆筒状形成层形成后，有规律地形成新的次生维管组织，并把初生韧皮部推向外方。

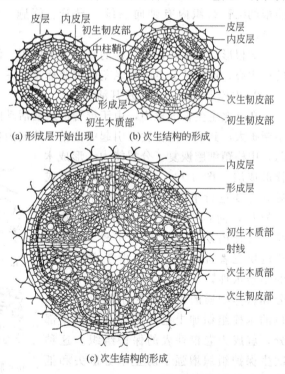

(a) 形成层开始出现　　(b) 次生结构的形成

(c) 次生结构的形成

图 3-9　根次生结构的形成

维管形成层向内分裂产生的细胞形成新的木质部，添加在初生木质部的外方，叫做次生木质部；向外分裂产生的细胞形成新的韧皮部，添加在初生韧皮部的内方，叫做次生韧皮部。由于不断地形成次生维管组织，使根的直径逐渐加粗，维管形成层的位置逐渐向外推移。与此同时，维管形成层细胞进行垂周分裂，扩大其周径，以适应次生木质部增加的变化，见图3-10。

一般植物的根中，维管形成层向内分裂所形成的次生木质部细胞的数量，较向外形成的次生韧皮部的为多。所以，次生结构中，次生木质部所占的体积比例很大，而韧皮部所占的比例较小。因此，在粗大的树根中，几乎大部分是次生木质部。在根增粗的过程中，由于初生韧皮部比较柔弱，它们常被挤压于次生韧皮部之外。有时只剩下压碎后的残余部分，其输导同化产物的功能则转由次生韧皮部来担负。

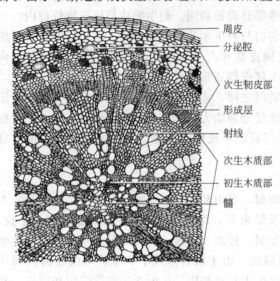

图3-10 棉花老根横切面（示次生结构）

维管形成层除了产生次生木质部和次生皮韧部之外，还能产生一些径向排列的薄壁细胞群，在横切面上呈辐射状，贯穿于次生木质部和次生韧皮部之中。位于木质部的称为木射线；位于韧皮部的称为韧皮射线；二者合称为维管射线。维管射线是次生韧皮部和次生木质部之间的横向运输结构。维管射线的形成，使根的维管组织内有轴向系统（导管、管胞、筛管、伴胞等）和径向系统（维管射线）之分。

老根形成次生结构后，根的直径显著增粗。但呈辐射状态的初生木质部则仍然保留于根的最中心。这是区分老根与老茎的重要标志之一。

2. 木栓形成层的发生及其活动

在有次生生长的根中，由于维管形成层活动的结果，使次生结构不断增加，整个维管柱不断扩大，到了一定程度，引起中柱鞘以外的表皮、皮层等组织破裂。在这些外层组织破坏前，中柱鞘细胞恢复了分裂能力，形成木栓形成层（图3-11）。木栓形成层形成后，主要进行平周分裂，向外分裂产生木栓层，向内分裂产生少量的薄壁组织，即栓内层。木栓层、木栓形成层、栓内层三者合称为周皮。由于木栓组织的不透水性，表皮和皮层因为得不到水分和营养物质的供应而终于脱落。黄褐色的木栓组织加上已死的周皮的积累部分，就成为老根外表的保护组织。这种次生保护组织增强了防止水分散失和抵抗病虫害侵袭的作用。

最早的木栓形成层产生于中柱鞘，但

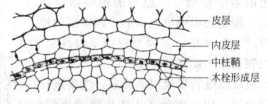

(a) 葡萄根中的木栓形成层由中柱鞘内发生

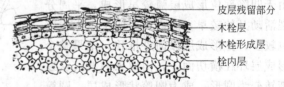

(b) 橡胶树根中木栓形成层活动的结果形成周皮

图3-11 根木栓形成层的产生及周皮形成

它的作用到一定时期就终止了。以后木栓形成层的发生位置逐年向根内移，最后可深入到由次生韧皮部薄壁组织或韧皮射线薄壁细胞发生。多年生植物的根部，由于周皮的逐年产生和死后的积累，以致形成较厚的树皮。

（三）禾本科植物根的解剖结构特点

禾本科植物属于单子叶植物，其根的结构也可分为表皮、皮层和维管柱 3 部分。各部分的结构都有其特点，特别是没有维管形成层和木栓形成层，不能进行次生生长，不能形成次生结构，所以根不能继续增粗。现以水稻为例，说明禾本科植物根的结构特点，见图 3-12。

1. 表皮

表皮即根最外的一层细胞，寿命较短，当根毛枯死后，往往解体脱落。

2. 皮层

皮层可分为 3 层。

（1）外皮层 外皮层由靠近表皮的 1～

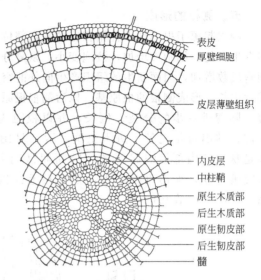

图 3-12 水稻幼根横切面的一部分

3 层，或多于 3 层细胞组成。在根发育后期，其细胞转变为厚壁的机械组织，起着支持和保护作用。

（2）皮层薄壁组织 外皮层以内则为数量较多的皮层薄壁组织。水稻幼根中的皮层薄壁组织细胞呈明显的同心辐射状排列，细胞间隙在横切面近于方形，是适应淹水条件的一种有利结构。水稻老根的皮层有明显的气腔，它是由几列皮层的薄壁细胞互相分离，然后解体而成的腔道。在横切面上，这些气腔之间为离解了的皮层薄壁细胞及其残余细胞壁所构成的薄片隔开，见图 3-13。根、茎、叶的气腔互相贯通，形成良好的通气组织。

（3）内皮层 禾本科植物的内皮层在发育后期，其细胞壁常五面增厚，只有外切向壁仍是薄的。在横切面上，次生增厚的部分如马蹄铁形。

3. 维管柱

水稻的中柱鞘细胞均为一层，小麦、玉米亦如此，最初是薄壁细胞，后期细胞壁增厚并木质化而成为厚壁组织，产生侧根的功能减弱。初生木质部一般为多原型，如水稻不定根的原生木质部 6～8 束（小麦原生木质部

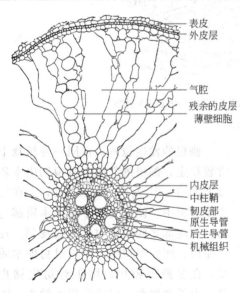

图 3-13 水稻老根横切面的一部分

7～8 束或 10 束以上，玉米为 12 束）。每束原生木质部由几个小型导管组成，每束的内侧有一个大型的后生木质部导管与其相连；或者在 2 束原生木质部的内侧部分共有一个后生木质部导管。

单子叶植物根中，初生木质部和初生韧皮部间的薄壁细胞不能转变为维管形成层，所以不能形成次生结构，这些薄壁细胞后期壁通常增厚木质化，变成厚壁组织，增强了根的支持能力。

五、侧根的形成

侧根起源于根毛区中柱鞘相应的一定部位，侧根开始发生时，中柱鞘相应部位的几个细胞发生变化：细胞质增加，液泡变小，恢复分裂活动。最初的几次分裂为平周分裂，结果使细胞层数增加，因而新生的组织产生向外的突起。以后的分裂是多方向性的，使原有的突起继续生长，形成侧根的根原基。以后侧根根原基的细胞继续分裂生长，分化出生长点和根冠。随着进一步的分裂、生长，并以根冠为先导向前推进，依次穿过内皮层、皮层和表皮，伸出母根之外，进入土壤，示意见图 3-14。由于侧根起源于母根的中柱鞘，也就是从根的内部组织起源的，因而叫做内起源。侧根的发生，在根毛区就已经开始，但突破表皮，伸出母根之外，是在根毛区以后的部位，这样侧根的发生就不会破坏根毛而影响其吸收功能。

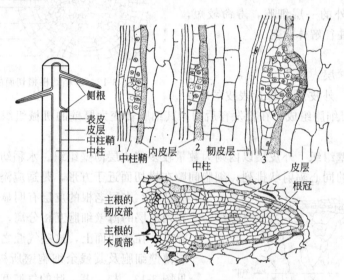

(a) 侧根发生的图解　　　(b) 胡萝卜侧根发生的顺序(1～4指侧根发生顺序)

图 3-14　侧根的发生

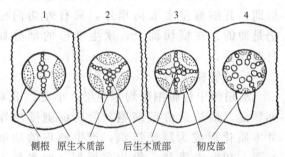

侧根　原生木质部　后生木质部　韧皮部

图 3-15　不同原型的根中侧根发生位置的图解

1—二原型；2—三原型；3—四原型；4—多原型

侧根的发生位置，在同一种植物上常较稳定，侧根的发生与母根初生木质部类型有一定关系（见图 3-15）。在二原型的根中，侧根发生于初生木质部与初生韧皮部之间或正对初生韧皮部。在三原型、四原型根中，则正对初生木质部。在多原型根中，则正对初生韧皮部。由于侧根在一定的位置上发生，因而在母根表面上，侧根常较规则地纵列成行。如胡萝卜、萝卜为二原型，具有二列侧根；棉花、蚕豆为四原型，则具四列侧根。

主根和侧根有着密切的联系，当主根切断时，能促进侧根的产生和生长。侧根产生的多少和快慢与作物吸收水肥的效率有关。因此，中耕、施肥、假植等措施能促进侧根的发生，保证植株根系的旺盛发育。

现以双子叶植物为例，将根中组织分化的发育顺序列出如下。

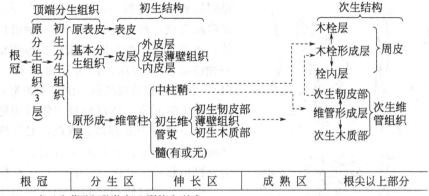

根　冠	分　生　区	伸　长　区	成　熟　区	根尖以上部分

--→ 表示由薄壁细胞恢复分裂能力形成

——→ 表示由分生组织直接分裂形成

六、根瘤及菌根

植物根系生长在土壤中，与土壤中的微生物关系极为密切。有些微生物能侵入到根的内部，和植物发生共生关系。这种共生关系使微生物能从植物根中获得营养物质，植物也能从微生物的活动中得到它所需的营养物质，二者生活在一起，互相有利。根瘤和菌根是高等植物的根系和土壤微生物之间密切结合所形成的共生类型。

（一）根瘤

在豆科植物的根上，常有各种形状和颜色的瘤状突起，称为根瘤（图 3-16）。根瘤是土壤微生物和植物根系共生所形成的。

根瘤的产生是由于土壤内的根瘤菌被根毛分泌的有机质所吸引而积聚在根毛周围，在根瘤菌分泌的纤维酶的作用下，使根毛细胞壁溶解，根瘤菌进入根毛。然后自根毛向内侵入，最后到达根的皮层细胞内，并迅速分裂繁殖。皮层细胞受到根瘤菌侵入的刺激也迅速分裂，产生大量新细胞，致使皮层局部膨大，结果形成一个瘤状突起物，即根瘤（图 3-17）。

根瘤菌从豆科植物的根中获得生活所需要的水分和养料，它本身则能固定空气中的游离氮，合成植物所能利用的含氮化合物，这种作用称为固氮作用。这些含氮化合物除满足根瘤菌本身的需要外，还可为宿主植物提供生长发育所需的含氮化合物。因此，二者建立了共生关系，对根瘤菌和豆科植物相

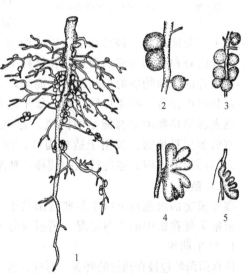

图 3-16　几种豆科植物的根瘤

1—具有根瘤的大豆根系；2—大豆的根瘤；
3—蚕豆的根瘤；4—豌豆的根瘤；5—紫云英的根瘤

互间都有利。但在某种情况下，也会发生矛盾。例如，当豆科植物体内缺乏糖分时，根瘤菌的固氮作用就会减弱或停止，细胞只摄取植物体的营养物质而不供给可利用的含氮化合物，因而对豆科植物不利。故豆科植物在幼苗期，往往表现出生长缓慢、叶色较浅等缺氮症状。因此，施用基肥或早期追施适量的氮肥，对豆科植物的栽培还是必要的。

根瘤菌有固氮能力，是由于它的体内存在着生物固氮所必需的基本条件，其中最主要的

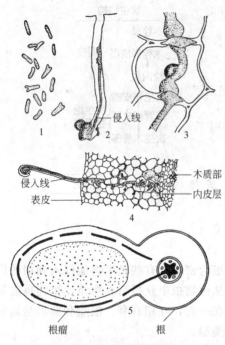

图 3-17　根瘤的形成

1—根瘤菌；2—根瘤菌侵入根毛；3—根瘤菌穿过皮层细胞；4—根横切面的一部分，示根瘤菌进入根内；5—蚕豆根通过根瘤的切面

是固氮酶。固氮酶一般由两种蛋白质组成。一种蛋白质含铁，称为铁蛋白；另一种蛋白质除含铁外，还含有钼，称为钼-铁蛋白。根瘤细胞中还有一种特征性的物质，称为豆血红素（豆血红蛋白），它使根瘤呈现红色。由于钼是形成固氮酶所不可缺少的元素，所以豆科植物对钼肥的需要量比其他植物高 100 多倍。因此，必须满足豆科植物对钼肥的需要。农业上应用 1％～2％ 的钼酸铵给豆科植物喷雾拌种，可增产 10％ 左右。

根瘤菌不仅使和它共生的豆科植物得到氮素而获得高产，同时由于根瘤的脱落，具有根瘤的根系或残株遗留在土壤内，也能提高土壤的肥力。利用豆科植物作为绿肥或将豆科植物与农作物间作、轮作和套种，可增加土壤肥力和提高作物产量。

根瘤菌种类很多，每一类群的根瘤菌常与一定种类的豆科植物共生。如豌豆根瘤菌只能在豌豆、蚕豆等植物根上形成根菌瘤，而不能在大豆、苜蓿等植物根上形成根瘤；大豆根瘤菌只能在大豆根上形成根瘤，却不能使豌豆、苜蓿根形成根瘤。这种专一性现象的产生，主要是由于豆科植物的根毛所分泌出的一种特殊蛋白质，能与根瘤菌细胞表面的多糖化合物发生选择性的结合。不同的豆科植物分泌的蛋白质在结构上存在一定差异，只有在细胞表面存在能与这种蛋白质相结合的多糖物质的根瘤菌，才能与之共生。

植物界中还有一些非豆科植物，如早熟禾属、看麦娘属、胡颓子属、木麻黄属、猫尾草属、燕麦属等植物的根都能结瘤固氮。近年来，对非豆科植物固氮的研究引起了人们的重视，有的非豆科植物已被用于造林固沙，改良土壤。除了不断强化非豆科植物的固氮能力外，人们还想通过固氮遗传特性的转移，使某些无瘤作物也能长出根瘤，进行固氮。

（二）菌根

很多植物的根能与土壤中某些真菌共生，这种根称为菌根。

根据菌丝在根中的分布情况，菌根可分为外生菌根和内生菌根两种。

1. 外生菌根

即真菌菌丝包被在幼根的外表，形成白色丝状物覆盖层，只有少数菌丝侵入根表皮、皮层的细胞间隙中，但不侵入细胞内。在这种情况下，根毛不发达，甚至完全缺失，菌丝代替了根毛。具有外生菌根的根尖，通常略变粗。如栎、松的根上都有外生菌根，见图 3-18(a) 和 (b)。

2. 内生菌根

即菌丝穿过细胞壁侵入到细胞内，和细胞的原生质混生在一起，根上仍有根毛，外形上形成增厚肥大的瘤状突起。胡桃、李、葡萄、桑、柑橘、银杏、小麦等植物，都可形成这种菌根 [图形 3-18(c)]。

在菌根的共生体中，真菌的菌丝从根细胞内吸收生活所需要的有机营养物质，同时对植物有下列的益处。

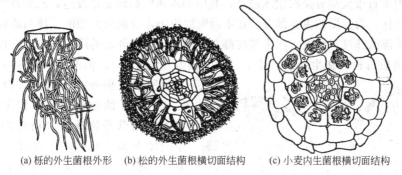

(a) 栎的外生菌根外形　(b) 松的外生菌根横切面结构　(c) 小麦内生菌根横切面结构

图 3-18　菌根

① 菌丝起着根毛一样的吸收作用。

② 菌丝呼吸释放大量的 CO_2，溶解后形成碳酸（H_2CO_3），可提高土壤酸性，促进难溶性盐类的溶解，使其易于吸收。

③ 有些菌丝产生了一些生长活跃性的物质，如维生素 B_1、维生素 B_6 等，促进了根系的良好发育。

七、根的变态（课堂实训）

就多数情况而言，在不同的植物中，同一器官的形态、结构大同小异。然而在自然界中，由于环境的变化，植物器官因适应某一特殊环境而改变了它原有的功能，因而也改变了其形态和结构，经过长期的自然选择，成为该种植物的特征。这种由于功能的改变所引起的植物器官的一般形态和结构上的变化称为变态。这种变态与病理的或偶然的变化不同，而是健康的、正常的遗传。

根的变态有贮藏根、气生根和寄生根 3 种主要类型。

（一）贮藏根

贮藏根可存贮养料，一般肥厚多汁，形状多样，常见于两年生或多年生的草本双子叶植物。贮藏根是越冬植物的一种适应，所贮藏的养料可供来年生长发育时的需要，使根上能抽出枝来，并开花结果。根据来源，可分为肉质直根和块根两大类。

1. 肉质直根

如萝卜、胡萝卜、甜菜（见图 3-19）。从形态学来说，肉质直根的上部由下胚轴发育而成，这部分没有侧根发生；下部为主根部分，具有两纵列或四纵列侧根。这两部分经过强烈的次生生长，形成一个统一体。

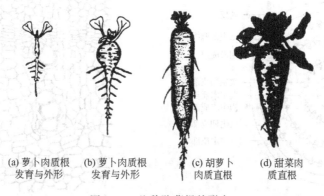

(a) 萝卜肉质根　(b) 萝卜肉质根　(c) 胡萝卜　(d) 甜菜肉
发育与外形　　发育与外形　　肉质直根　　质直根

图 3-19　几种贮藏根的形态

萝卜的肉质直根大部分是次生木质部，其中的木薄壁组织非常发达，贮藏着大量的营养物质，且不木质化，为食用的主要部分。在木薄壁组织中，分散有大型的、排列成辐射行列的网纹导管，木质部内部没有纤维。次生韧皮部发育很弱，它与外面的周皮构成肉质直根的皮部。

胡萝卜肉质直根的初生结构大体上与萝卜相似（图3-20）。但胡萝卜肉质根中的次生木质部所占比例较少，大部分由次生韧皮部组成，其中的韧皮薄壁组织非常发达，贮藏大量的营养物质，含糖量很高，并有大量胡萝卜素。此外，还含有一定量的维生素和无机盐类。因此，胡萝卜的根具有很高的营养价值。

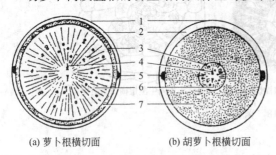

(a) 萝卜根横切面　　(b) 胡萝卜根横切面

图 3-20　萝卜与胡萝卜的贮藏根结构

1—周皮；2—皮层；3—形成层；4—初生木质部；
5—初生韧皮部；6—次生木质部；7—次生韧皮部

甜菜根的结构比较复杂，除次生结构之外，还可形成很发达的由副形成层所产生的三生结构（图3-21）。这种三生结构的发生，主要先从中柱鞘产出额外形成层。以后通过额外形成层的分裂活动，在若干部位分别向外分裂分化出三生韧皮部，向内分裂分化出三生木质部，由此构成三生维管束。这些三生维管束成圈排列，它们之间为三生的束间薄壁组织所充满。以后再由三生韧皮部的外层薄壁组织产生新的额外形成层，继续形成第三圈三生维管束。如此重复，可以达到8～12层，甚至更多层次的三生维管束。三生维管束轮数的增加，特别是维管束间薄壁细胞的发达，与含糖量的提高有着密切关系。

2. 块根

块根是由不定根或侧根经过增粗生长而成的肉质贮藏根。外形上不如肥大的直根规则。块根所贮藏的物质主要是淀粉，也有贮藏其他物质的，如大丽花的块根中主要贮藏菊糖，有些旱生植物则以贮水为主。农业生产上的甘薯和木薯，它们的块根中含有丰富的淀粉，是很重要的杂粮作物。

木薯块根是由不定根经过次生增粗生长而成的肉质贮藏根。其形成过程与一般双子叶植物根的次生生长相似。在木薯块根的横切面中（图3-22），可以看出通常所称的"肉"和

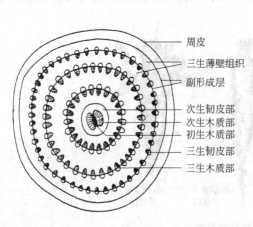

图 3-21　甜菜肉质根横剖面图解

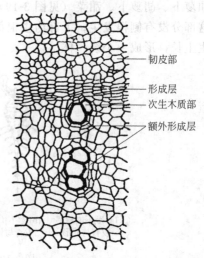

图 3-22　甘薯块根部分横切面（示额外形成层）

"皮"两部分，二者之间容易剥离。因为这是柔软的维管形成层所在的部位。维管形成层以内的部分就是次生木质部，主要由木薄壁组织构成，其细胞含有丰富的淀粉粒，还有一些导管单独或几个一组分散于贮藏薄壁组织中。初生木质部位于中央，占很少比例。维管形成层以外的部分，主要是次生韧皮部和周皮。块根表面黄褐色的薄层是木栓组织。块根各部都有乳汁管，以次生韧皮部中为最多。乳汁中含木薯糖苷，水解后释放氰酸，对人、畜有一定的毒害作用。

甘薯的块根通常是在营养繁殖时，由蔓茎上发出的不定根所发育形成的。根中初生木质部有四原型、五原型或多原型，随品种和不同部位而有差异。一般约在插植后 20～30d 左右，有些不定根开始膨大，形成块根。其过程可分为两个阶段：第一阶段是正常的次生生长，所产生的次生木质部是由木薄壁组织和分散排列的导管组成的；第二阶段是甘薯特有的异常生长，出现副形成层的活动。副形成层可以由许多分散的导管周围的薄壁细胞恢复分裂而形成，也可以在距离导管较远的薄壁组织中出现。副形成层分裂活动的结果，向外方分裂产生富含薄壁组织的三生韧皮部和乳汁管，向内产生三生木质部成分。块根的维管形成层不断地产生次生木质部，为副形成层的发生创造条件；而许多副形成层的同时发生与活动，就能产生更为多量的贮藏薄壁组织（也有一些其他组织），从而导致块根迅速地增粗膨大。可见，甘薯块根的增粗过程是维管形成和许多副形成层互相配合活动的结果。

栽培甘薯时，如果温度适宜，日光充足，土壤湿润，通气良好，以及钾肥供应也较充裕，可使形成层活动增强，细胞木质化程度减低，这对于块根的增粗生长和提高品质有重要的意义。

（二）气生根

气生根就是生长在地面以上空气中的根。常见的有 3 种。

1. 支柱根

如玉米茎节上生出的一些不定根（见图 3-23）。这些在较近地面茎节上的不定根不断地延长后，根先端伸入土中，并继续产生侧根，成为增强植物整体支持力量的辅助根系，因此，称为支柱根。玉米支柱根的表皮往往角质化，厚壁组织发达。在土壤肥力高、空气湿度大的条件下，支柱根可大量发生。培土也能促进支柱根的产生。榕树从枝上产生多数下垂的气生根，也进入土壤，由于以后的次生生长，成为木质的支柱根，榕树的支柱根在热带和亚热带造成"一树成林"的现象。支柱根深入土中后，可再产生侧根，具支持和吸收作用。

2. 攀缘根

常春藤、络石、凌霄等的茎细长柔弱，不能直立，其上生不定根，以固着在树干、山石或墙壁等表面而攀缘上升，称为攀缘根。

3. 呼吸根

图 3-23　玉米的气生支柱根

生在海岸腐泥中的红树、木榄，河岸、池边的水松，它们都有许多支根，从腐泥中向上生长，挺立在泥外的空气中。呼吸根外有呼吸孔，内有发达的通气组织，有利于通气和贮藏气体，以适应土壤中缺氧的状况，维持植物的正常生长。

（三）寄生根

寄生植物如菟丝子，以茎紧密地回旋缠绕在寄主茎上，叶退化成鳞片状，营养全部依靠寄主，并以突起状的根伸入寄主的组织内，彼此的维管组织相通，吸取寄主体内的养料和水分，这种根称为寄生根，也称为吸器，图 3-24。槲寄生虽也有寄生根，并伸入寄主组织内，但它本身具有叶绿体，能制造养料，它只是吸取寄主的水分和盐类，因此是半寄生植物。

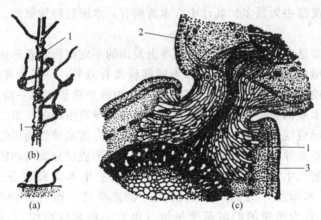

图 3-24　菟丝子的寄生根

（a）菟丝子幼苗；（b）菟丝子寄生在柳枝上；（c）菟丝子根伸入寄主茎内的横切面

1—寄生根；2—菟丝子茎横切面；3—寄主茎横切面

第二节　茎的形态和构造

种子萌发后，随着根系的发育，上胚轴和胚芽向上发展为地上部分的茎和叶。茎端和叶腋处着生的芽活动生长，形成分枝。继而新芽不断出现与开放，最后形成了繁荣的植物地上系统。

一、茎的生理功能

茎的主要生理功能是输导作用和支持作用，其次是贮藏作用和繁殖作用。

1. 输导作用

茎位于根和叶之间，对于物质的运输起着重要的作用。根部吸收的水分和无机盐类，通过茎木质部中的导管和管胞向上输送到植物体各部分，供植物生长发育需要。茎中韧皮部的筛管或筛胞把叶制造的有机物质输送到体内各部分被利用或贮藏。

2. 支持作用

茎连接根和叶，直立于地面，支持着枝叶展布于空间，接受阳光，进行光合作用。茎承受着枝叶的全部重量和压力，还要抵御风、雨、雪等自然变化引起的损伤致残，起着巨大的支持作用。

3. 贮藏作用

茎的皮层、髓部和射线都由薄壁细胞组成，是植物体内重要的贮藏场所，可以贮藏各种物质，如甘蔗等。有些植物可以形成根状茎、块茎、球茎、鳞茎等变态茎，贮藏的营养物质更为丰富。

4. 繁殖作用

人们利用某些植物的茎、枝容易产生不定根和不定芽的特性，采用枝条扦插、压条、嫁接等方法来繁殖植物。

此外，绿色幼茎还能进行光合作用。

二、茎的基本形态

由于茎所担负的主要生理功能和所处的环境都与根不同，在长期的历史发展过程中，茎在形态结构上就形成了许多与根不同的特点。

茎是植物地上部分的骨干，其上着生叶、花和果实。茎上着生叶的部位称为节；相邻两个节之间的部分称为节间；叶和茎之间形成的夹角称为叶腋；在茎的顶端和节上叶腋处都生有芽。茎上生叶、具芽，有节和节间之分，这就是茎的形态学特征。着生有叶和芽的茎叫做枝条（图 3-25）。因此茎是枝条除去叶和芽后所留下的轴状部分。

节的明显程度依植物种类而不同。如玉米、甘蔗、水稻、毛竹等禾木科植物和蓼科植物，节部膨大，节非常明显（见图 3-26）；少数植物，如莲，节间肥大，节很明显但不膨大；一般植物的节只是在叶柄着生处略为突起，表面没有特殊的结构。

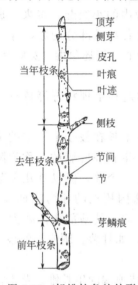

图 3-25 胡桃枝条的外形

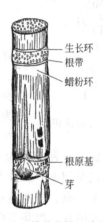

图 3-26 甘蔗茎的一小段节

植物节间的长短往往随植物的种类、位置、生育期和生长条件而不同。如玉米、甘蔗等植株中部的节间较长，茎端的节间较短；水稻、小麦、萝卜、甜菜、油菜等在幼苗期，各节密集于基部，节间很短，抽穗或抽薹后，节间增长。同一植株上由于部位不同，节间的长短常有很大差异。有些果树，如苹果、梨、银杏等，它们的植株上生有长枝和短枝。长枝的节间较长，短枝的节间较短，短枝是开花结果的枝，所以又称为果枝。

一般种子植物的茎外形多为圆柱形，这种形状最适宜于担负支持、输导和贮藏的功能。在适应于机械支持的情况下，有些植物茎的厚角组织比较集中，向外突出成棱形，使茎的外形发生变化。如马铃薯和莎草科植物的茎为三棱形；薄荷、益母草等唇形科植物的茎为四棱形；芹菜的茎为多棱形。

木本植物的枝条，其叶片脱落后留下的疤痕，称为叶痕。叶痕中的点状突起是枝条与叶柄间的维管束断离后留下的痕迹，称为维管束迹或叶迹。枝条外表往往可以看见一些小形的皮孔，这是枝条与外界气体交换的通道。

有的枝条上还有芽鳞痕存在，这是由于顶芽开放时，其芽鳞片脱落后，在枝条上留下的密集痕迹。顶芽开放后所抽出的新枝段，其顶端又生有顶芽。在一般情况下，顶芽每年春季开放一次，这样，便在枝条上又留下新的芽鳞痕。因此，根据芽鳞痕的数目和相邻芽鳞痕的距离，可以判断枝条的生长年龄和生长速度。这在果树栽培上，对于选择枝条、进行扦插或嫁接是有实践意义的。

三、芽与分枝

（一）芽和芽的类型

植物体上所有的枝条和花都是由芽发育来的，所以芽是未发育的枝或花和花序的原始体。以后发育成枝叶的，称为叶芽；发育成花或花序的，称为花芽。

1. 芽的基本结构

如果把一个叶芽做纵切面，从上向下可以看到它是由生长锥、叶原基、腋芽原基、幼叶组成的（见图 3-27）。生长锥是叶芽中央顶端的分生组织。叶原基是生长锥下部周围的小突起，是叶的原始体，由于芽的逐渐生长和分化，叶原基愈向下愈长，较下的已长成幼叶，把茎尖包围起来。腋芽原基是幼叶腋内的小突起，将来形成腋芽。如是花芽则在生长锥周围产生花各组成部分的原始体或花序的原始体。有些植物的芽，在幼叶的外面还包围着芽鳞片。

2. 芽的类型

根据芽的位置、性质、构造和生理状态等特点，芽可分为许多种类型。

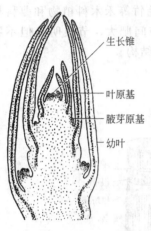

图 3-27　叶芽的纵切面

（生长锥　叶原基　腋芽原基　幼叶）

（1）**定芽和不定芽**　定芽生长在枝条上一定的位置。生长在茎或枝顶端的，称为顶芽，生长在叶腋的，称为腋芽，也称为侧芽。通常每一叶腋处只生一个芽，但也有几个芽生在一个叶腋内的，如桃树的腋芽。法国梧桐的芽为叶柄基部所覆盖，叶落后芽才显露，这种芽称为叶柄下芽。具叶柄下芽的叶柄，其基部往往膨大。有些植物根、茎（老茎或节间上）或叶上也能产生芽，称为不定芽，如甘薯、刺槐等的根，落地生根和秋海棠的叶上，桑、柳老茎或创伤切口上能产生不定芽。

（2）**裸芽和鳞芽**　裸芽实际上是被幼叶包围着的茎、枝顶端的生长锥。草本植物和生长在热带潮湿气候的木本植物，常形成裸芽。有芽鳞保护的，如榆、杨、甘蔗等植物的芽，称为鳞芽或被芽。芽鳞是叶的变态，其外层细胞壁角质化或栓质化，呈棕褐色，坚硬，有时着生茸毛，有时还分泌黏液或树脂，因而可有效地降低芽内水分的散失，以免受到冬季干旱的影响，减少机械损伤。如油桐、梨等在冬季形成的休眠芽，多属鳞芽，特别是生长在冬寒地带的树木最为普遍。

（3）**活动芽和休眠芽**　通常将能在当年生长季节中萌发的芽，称为活动芽。一年生草本植物的植株上，多数芽都是活动芽。温带的多年生木本植物，其枝条上近下部的许多腋芽在生长季中往往不活动，暂时保持休眠状态，这种芽称为休眠芽。在不同的条件下，活动芽和休眠芽可以互相转变。当植物受到创伤或虫害的刺激时，往往可以打破休眠状态，开始萌发。农业生产上果树修剪，就可以促使下部的休眠芽转变为活动芽。

（4）**叶芽、花芽和混合芽**　叶芽发育为营养枝；花芽发育为花或花序。混合芽同时发育为枝、叶和花（或花序），如梨和苹果的顶芽便是混合芽。花芽和混合芽通常比较肥大，易与叶芽相区别。

一个具体的芽，分类的根据不同，可以有不同的名称。如水稻、小麦的顶芽，除按位置分为顶芽外，它在生长季节是活跃地生长着的，可称为活动芽；外面没有芽鳞保护，可称为裸芽；它将来发育成穗，又可称为花芽。

（二）茎的分枝

植物的顶芽和侧芽存在着一定的生长相关性。当顶芽活跃生长时，侧芽的生长则受到一定的抑制。如果顶芽因某些原因而停止生长时，一些侧芽就会迅速生长。由于上述的关系，以及植物的遗传特性，每种植物都有一定的分枝方式（图3-28）。

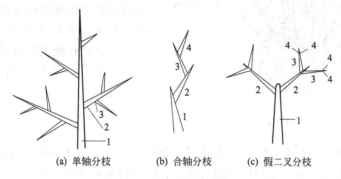

(a) 单轴分枝　　(b) 合轴分枝　　(c) 假二叉分枝

图 3-28　分枝类型图解

（同级分枝以相同数字表示）

1. 单轴分枝

单轴分枝又称为总状分枝。从幼苗开始，主茎的顶芽活动始终占优势，形成一个直立的主轴，而侧枝则较不发达，这种分枝方式主轴生长迅速而明显，称为单轴分枝。红麻、黄麻等的分枝是单轴分枝，杨、松、杉等植物也是单轴分枝。

2. 合轴分枝

主轴顶芽活动到一定时候，生长缓慢，最后停止生长甚至死亡，或形成花芽，由顶芽下面的腋芽代替顶芽继续生长，形成侧枝，不久，侧枝的顶芽下面的腋芽伸展成新的分枝，如此不断重复。这种分枝方式所形成的轴，主要由各级侧枝分段联合而成，所以称为合轴分枝 [图3-28（b）]。合轴分枝产生的各级分枝也是如此。这种分枝方式产生的枝是弯曲的，整个树冠是开展的，开花及结果均较多。合轴分枝在作物和果树中比较普遍，如棉花、番茄、马铃薯、苹果、梨、葡萄、李、枣等。

3. 假二叉分枝

这种分枝方式存在于具对生叶的植物茎上，顶芽停止生长或顶芽转为花芽后，由顶芽下方两侧的一对对生腋芽，发育而成两个相同外形的分枝，呈二叉状。这种分枝方式称为假二叉分枝（见图3-28）。真二叉分枝多见于低等植物和低级高等植物中，如地钱、石松、卷柏等，它们的分枝是由顶端分生组织一分为二形成的。假二叉分枝，实际上是合轴分枝的一种特殊形式。具假二叉分枝的植物有丁香、茉莉、接骨木、石竹、繁缕等。

单轴分枝在裸子植物中占优势，合轴分枝（包括假二叉分枝）是被子植物的主要分枝方式。说明合轴分枝是较进化的。合轴分枝使树枝有更大的开展性，枝叶繁茂，光合面积扩大。

（三）禾本科植物的分蘖

禾本科植物如水稻、小麦等的分枝方式与双子叶植物不同。在幼苗期，茎的节间很短，几个节密集于基部，栽培学上称为分蘖节。分蘖节上产生腋芽和不定根。由腋芽迅速生长形成分枝。禾本科植物由分蘖节上腋芽形成分枝称为分蘖。分蘖上又可形成新的分蘖，依次可形成很多分蘖。从主茎发生的分蘖叫做第一次分蘖，由第一次分蘖上发生的分蘖叫做第二次分蘖，依此类推（图3-29）。

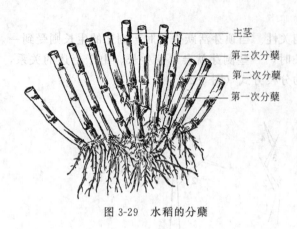

图 3-29　水稻的分蘖

四、茎尖分区及生长动态

茎的尖端叫做茎尖。茎和根的顶端生长分化过程基本相似。茎尖也可以分为分生区、伸长区和成熟区 3 个部分。但是，茎尖和根尖所处的环境以及所担负的生理功能不同，所以茎尖没有类似根冠的结构。茎尖具有侧生器官的原基——叶原基和腋芽原基，因此茎尖各区有不同的特点，使茎尖结构更为复杂。茎的基本结构见图 3-30。

1. 分生区

分生区位于茎尖的顶端，它的最顶端部分是原分生组织。茎尖顶端有原套和原体的分层结构。原套位于表面，由一至数层细胞组成。它们进行垂周分裂，扩大表面的面积而不增加细胞层数。原体位于原套内，即被原套包围着的部分，细胞排列不规则，它们进行垂周、平周各个方向的分裂，因而增加体积。但原套和原体的分裂活动是互相配合的，故茎类顶端保持着原套、原体的结构（图 3-31）。大多数双子叶植物的原套通常是 2 层细胞，而单子叶植物则有 1～2 层细胞。

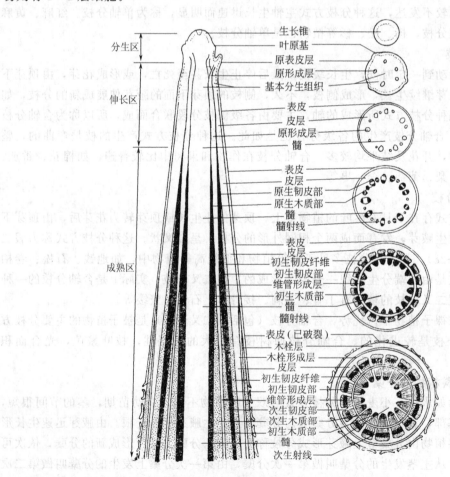

图 3-30　茎的基本结构及其发育过程图解

原套和原体的细胞不断分裂，向下产生新细胞，新细胞一边继续分裂，一边开始长大分化，形成周围分生组织和髓分生组织，进而形成原表皮、原形成层和基本分生组织 3 种初生分生组织。原表皮是最外的一层细胞，排列比较整齐，将来分化成表皮。原表皮以内大部分为基本分生组织，将来分化形成皮层、髓和髓射线。原形成层散布于基本分生组织中。细胞分化还不很明显，纵向伸长较甚，常进行纵分裂，而且常集成许多束，横切面上，其细胞比基本分生组织的细胞小，排列紧密，因此较易识别。

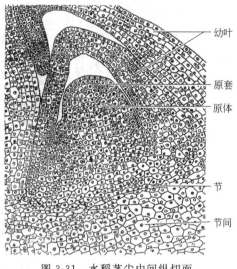

图 3-31　水稻茎尖中间纵切面
（示原套、原体结构）

在分生区的后部周围，生有若干小的突起物，称为叶原基，它将来发育成叶。通常在第二或第三个叶原基腋部生了一些小突起物，称为腋芽原基，它将来发育成腋芽。

2. 伸长区

伸长区位于分生区的下方，长度一般约 2～10cm，包括几个节和节间，比根的伸长区长得多。草本植物具有明显的伸长区。木本植物只有在植物茎尖生长的时期，伸长区才明显。伸长区的长度随生长季节不同而有很大差异。

伸长区内部，细胞除了迅速伸长外，还开始组织分化。初生分生组织逐渐分化形成成熟组织；原表皮分化形成排列整齐的表皮；基本分生组织分化成皮层、髓和髓射线；原形成层分化形成维管束。所以，伸长区可视为顶端分生组织发展为成熟组织的过渡区域。

3. 成熟区

成熟区的外观表现为节间的长度趋于固定。内部的解剖特点是细胞的有丝分裂和伸长生长都趋于停止，各种成熟组织的分化基本完成，具备了幼茎的初生结构。

茎的初生生长是茎的顶端分生组织活动的结果，茎尖顶端分生组织细胞不断地进行分裂（分生区内）、伸长生长（伸长区内）和组织分化（成熟区内），结果使茎的节数增加，节间伸长，同时不断地产生新的叶原基和腋芽原基，形成庞大的分枝系统。

五、茎的构造

茎所处的环境条件（如光照、水分、重力等）和所担负的生理功能与根不同，在结构上反映出一定的特点。下面分别介绍双子叶植物茎和禾本科植物茎的结构。

（一）双子叶植物茎的初生结构

双子叶植物的种类很多，但其茎的结构有共同的规律。在横切面上，可以看到表皮、皮层、中柱 3 部分（图 3-32、图 3-33）。

1. 表皮

表皮由原表皮分化而成，是茎的初生保护组织，由一层细胞组成，细胞形状规则，长柱形，长径与茎的长轴平行，排列整齐紧密，外壁角质化，形成角质层，有的还有蜡质，如蓖麻茎。表皮上有气孔和表皮毛。气孔是气体出入植物体的通道。表皮毛的形状结构在不同的植物中差异较大，具有加强保护的功能。这种结构上的特点，既能防止茎内水分的过度散失，又能透光和通气，这是植物对环境的适应。

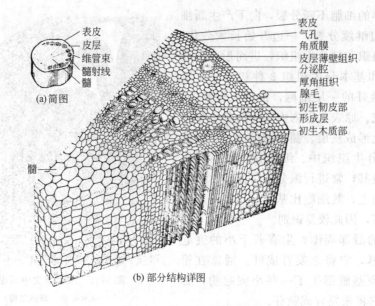

表皮
皮层
维管束
髓射线
髓

(a) 简图

表皮
气孔
角质膜
皮层薄壁组织
分泌腔
厚角组织
腺毛
初生韧皮部
形成层
初生木质部

髓

(b) 部分结构详图

图 3-32　棉花茎立体结构图

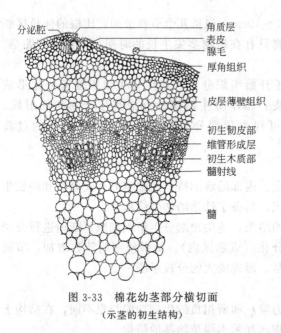

分泌腔
角质层
表皮
腺毛
厚角组织
皮层薄壁组织
初生韧皮部
维管形成层
初生木质部
髓射线
髓

图 3-33　棉花幼茎部分横切面
（示茎的初生结构）

2. 皮层

皮层由基本分生组织分化而成，位于表皮与中柱之间，绝大部分是由薄壁组织组成的，但近表皮的数层皮层细胞常为厚角组织。皮层在一定程度上加强了幼茎的支持作用。有的植物，如落花生、南瓜、向日葵等的茎中，厚角组织则在表皮以内连成筒状；也有的成束状，如蚕豆的茎和芹菜的多棱茎中，厚角组织呈束位于棱角部。幼茎中的厚角组织和薄壁组织含有叶绿体，能进行光合作用，故幼茎常呈绿色。水生植物的茎，一般缺乏机械组织，但皮层薄壁组织的细胞间隙却很发达，常形成通气组织。

有些植物幼茎的皮层有分泌道（如棉花、向日葵）、乳汁管（如甘薯）或其他分泌组织（如柑橘），也有含有各种晶体和单宁的细胞（如花生）。木本植物的皮层往往有石细胞群。

3. 中柱

中柱是皮层内的部分，包括维管束、髓和髓射线 3 部分。维管束由初生分生组织的原形成层分化而来，而髓和髓射线则由基本分生组织分化而来。大多数植物的幼茎内没有中柱鞘，或不明显。

（1）维管束　维管束是维管柱中最重要的部分，茎的输导和支持作用主要由这部分结构完成。茎内维管束的排列有两种情况，一种是部分草本植物，维管束始终成束状，各束分离，且距离较大，在茎的横切面上排列成一环，如南瓜、向日葵等；另一种是木本植物和部分草本植物，维管束各束之间距离很小，几乎连成完整的筒状。

在双子叶植物茎中，每个维管束包括初生木质部、初生韧皮部和束中形成层 3 部分。在维管束的内方是初生木质部，外方是初生韧皮部，两者之间为束中形成层，茎的次生生长则由此开始。

初生木质部是由原形成层的内侧部分分化而成的，包括原生木质部和后生木质部。原生木质部位于后生木质部的内方。原形成层分化成初生木质部时，开始先形成原生木质部，然后向外逐渐分化形成后生木质部。这种分化成熟的顺序称为内始式，与根的外始式完全不同。初生韧皮部是由原形成层的外侧部分分化而来的，常位于初生木质部的外方，其分化成熟顺序与根相同，也是外始式，即先分化成外面的原生韧皮部，再向内分化形成后生韧皮部。束中形成层是原形成层在分化形成初生韧皮部和初生木质部的过程中，保留下来的 1～2 层具分裂能力的细胞，它对以后茎的生长，特别是木本植物茎的增粗，起着重要作用。

（2）髓　髓位于茎的中心，是由原形成层以内的基本分生组织分化而来的。髓主要由体积较大、常含淀粉粒的薄壁细胞组成，有时髓中也可发现含有晶体和含单宁的异细胞。髓的主要功能是贮藏养分。有些植物的髓部，细胞成熟较早，很早死亡，被那些仍在生长着的细胞扯破，因而形成髓腔，成为中空的茎，如伞形科和葫芦科等植物。

（3）髓射线　各个维管束之间由髓部通达皮层的这部分薄壁细胞，称为髓射线，它是由原形成层之间的基本分生组织分化而来的。髓射线主要起横向运输养料的作用，兼有贮藏作用。髓射线的一部分薄壁细胞，在一定条件下，可恢复分裂能力变为束间形成层。

（二）双子叶植物茎的次生结构

大多数双子叶植物茎除进行初生生长，形成初生结构外，还要进行次生生长，产生次生结构。但一般草本双子叶植物茎的次生生长时间较短，产生的次生结构较少，而木本双子叶植物中的乔木和灌木，茎的次生生长可持续数十年，甚至数百年，茎能年年增粗，所以次生结构很发达。茎的次生生长的进行和次生结构的产生，是维管形成层和木栓形成层活动的结果。

1．维管形成层的发生和活动

（1）维管形成层的来源　在初生生长时，初生木质部和初生韧皮部之间，保留 1～2 层具有分裂能力的细胞，即束中形成层。在次生生长开始时，这层形成层细胞开始活动。与此同时，连接束中形成层那部分的髓射线细胞，恢复分裂能力，变为束间形成层（图 3-34）。束中形成层与束间形成层互相连接起来，共同构成维管形成层，在横切面上看，形成完整的一环（图 3-35）。

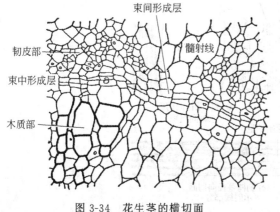

图 3-34　花生茎的横切面
（示束间形成层的发生）

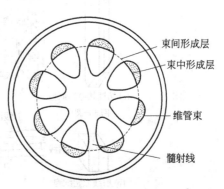

图 3-35　维管形成层示意图

（2）维管形成层的细胞类型 维管形成层由纺锤状原始细胞和射线原始细胞组成（图3-36）。纺锤状原始细胞为两端尖斜的长梭形细胞，细胞长而扁，长比宽大许多倍，切向面比径向面宽，和茎的长轴平行排列，它们互相连接成片，是维管形成层的主要组成细胞。射线原始细胞较小，近乎等径，和茎的长轴垂直排列，分散在纺锤状原始细胞之间。在横切面上，这两种原始细胞呈扁平状，平周排列成整齐的一环。

（3）维管形成层的活动 维管形成层活动时，主要进行平周分裂，向内向外增加细胞层数。纺锤状原始细胞，向外产生的新细胞分化为次生韧皮部，添加在初生韧皮部内方，向内产生的新细胞分化为次生木质部，添加在初生木质部外方。一般形成木质部的量比较多。射

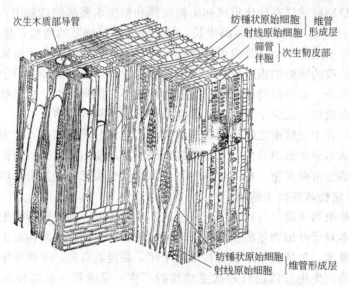

图 3-36 苹果茎立体结构（示维管形成层及其活动产物）

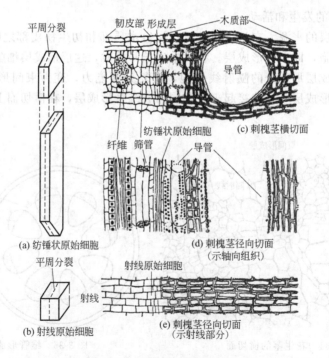

图 3-37 维管形成层及其衍生物

线原始细胞向内外分裂产生薄壁细胞，向外形成韧皮射线，向内形成木射线，二者合称维管射线，横走于次生木质部和次生韧皮部之间（图 3-37）。

维管形成层细胞不断向内产生次生木质部，使茎的直径不断增粗。位于次生木质部外围的维管形成层本身也必然扩大其周径，才能适应内部体积的增加。维管形成层中纺锤状原始细胞除进行切向分裂外，还进行垂周的径向分裂，产生的新细胞进行切向增大。纺锤状原始细胞还可进行倾斜的垂周分裂，产生的新细胞以侵入生长的方式，顶端伸长，插入相邻的细胞之间，添加到维管形成层环中，使其周径扩大。另外，纺锤状原始细胞还能产生新的射线原始细胞加入维管形成层环中，最后，射线原始本身也能进行径向分裂。上述种种情况都能使维管形成层环径扩大。维管形成层环径扩大的同时，又因其内部次生木质部不断增加，所以维管形成层的位置也就不断向外推移（见图 3-38）。

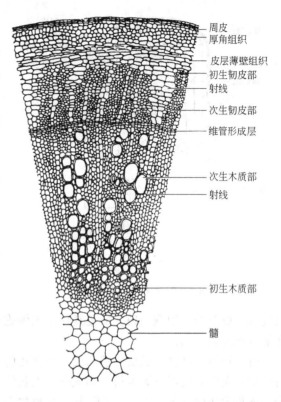

图 3-38 棉花老茎横切面（示次生结构）

现将维管形成层的活动与其衍生的次生组织的关系表解如下。

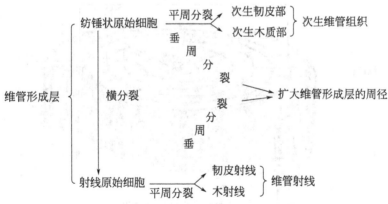

2. 次生木质部

次生木质部是茎次生结构的主要部分，量的多少随植物种类而不同，木本植物的茎中，绝大部分是次生木质部，而且树木愈粗，次生木质部所占的比例也愈大。伐木时，去皮后的茎几乎都是次生木质部，初生木质部和髓仅占中心极小的一部分，被挤压得不易识别。次生木质部的组成成分和初生木质部相似，包括导管、管胞、木薄壁组织和木纤维。这些组成成分都是由维管形成层纺锤状原始细胞分裂、生长和分化而成的。次生木质部中的导管以孔纹导管最为普遍。木纤维比初生木质部多。导管和木纤维是次生木质部的主要组成成分。就植物本身而言，次生木质部是植物主要的输导水分和支持的结构。

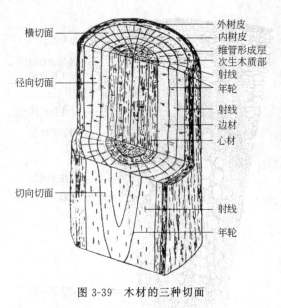

横切面 —
径向切面 —
切向切面 —

— 外树皮
— 内树皮
— 维管形成层
— 次生木质部
— 射线
— 年轮
— 射线
— 边材
— 心材
— 射线
— 年轮

图 3-39　木材的三种切面

在木本茎中，次生木质部占的比例很大，成为木材。为了充分了解茎次生木质部的构造，常从 3 种切面上进行观察。即横切面、径向切面和切向切面（图 3-39）。

横切面是与茎的纵轴垂直的切面。其他两种切面都是纵切面。径向切面是通过茎的中心所切的纵切面，又称贯心切面。切向切面是垂直于茎的半径任意弦切的纵切面，所以又称弦切。在横切面上所见的射线，是从中心向外方射出的线条，是射线细胞的纵切面观，细胞常是长形的，可显示射线的长度和宽度；所见的导管、管胞、木薄壁细胞和木纤维，都是它们的横切面观；在切向切面上所见射线是它的横切面轮廓，呈纺锤状，显示出射线的高度、宽度和组成射线的细胞列数。所见其他组织细胞都是它们的纵切面。可见细胞的长度、宽度和细胞两端的形状。

（1）年轮　维管形成层的活动受气候变化的影响而常有周期性。因此，在一个生长期中所产生的次生木质部（即木材）构成一个生长轮。如果有明显的季节性，一年只有一个生长轮，就称为年轮（图 3-40）。在许多木本植物茎的横切面上可以看到年轮是不同颜色的同心环。

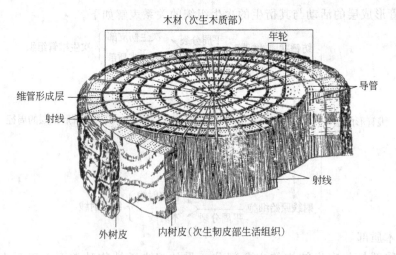

木材（次生木质部）
年轮
维管形成层
射线
导管
射线
外树皮　内树皮（次生韧皮部生活组织）

图 3-40　木本植物茎图解

年轮是怎样形成的呢？在温带地区，四季分明，春季和初夏温度适宜，雨水充沛，适宜树木生长。这时的维管形成层活动旺盛，所产生的木材一般较快、较多，其中的导管和管胞直径较大而壁较薄，因此，这部分木材质地较疏松，颜色较浅，称为早材或春材。到了盛夏（往往进入高温干旱季节）至秋季（气温渐冷，雨水稀少），维管形成层的活动逐渐减弱，所产生的木材较少，其中的导管和管胞直径较小而壁较厚，因此，这部分木材质地较坚实而颜色较深，称为晚材或秋材。同一年内所产生的早材和晚材就构成一个年轮。两者之间的细胞结构差别是逐渐变化的，没有明显的界限；但前一年的晚材与后一年的早材之间的界限就非常明显。

在热带地区，树木只有生长在旱季与雨季交替的地区，才形成年轮，在这种情况下，雨季所产生的木材在结构上相当于早材，旱季初期所产生的木材在结构上相当于晚材。生长在四季气候差不多的地方的树木，一般没有年轮。

在温带地区，树木茎内的次生木质部通常每年形成一轮，因此，根据年轮的数目，可以推算树木的年龄。同时，在植物生活的不同年代中，由于每年所经受的气候条件的影响不同，各年所形成的年轮的宽窄也有差异。根据年轮的宽窄可以了解到一个地区历年气候变化的情况和规律。如果季节性的生长受到反常气候条件或严重病虫害等因素的影响，一年可产生2个以上的生长轮（即假年轮）或不产生年轮。有些植物，一年有几次季节性生长，如柑橘属果树，一年一般可产生3个以上的生长轮。

（2）边材和心材　在多年生老茎的次生木质部中，其横切面上可区分颜色不同的内外两部分，即边材和心材。边材是次生木质部的外围部分，贴近树皮，是近几年产生的次生木质部，颜色较浅，有活的木薄壁细胞和木射线细胞担负输导和贮藏功能。心材是次生木质部的内层，近中心部分，是较老的次生木质部，颜色较深，其中导管常被侵填体堵塞，如被单宁、树脂、色素等物质积累堵塞，完全失去输导功能。由于氧气和养料进入困难，引起生活细胞衰老和死亡。因此，有些植物的心材，木材坚硬耐磨，呈现不同的颜色，使心材变得特别明显，如乌木心材呈黑色，桃花心材呈红色，胡桃心材呈褐色。

维管形成层每年产生新的边材，靠近心材的一部分边材逐渐转变为心材。因此边材的量比较稳定，而心材则逐年增加。

3. 次生韧皮部

维管形成层向外分裂的细胞，经过生长和一次分裂、二次分裂后，不久就分化成次生韧皮部。次生韧皮部的组成成分包括筛管、伴胞、韧皮纤维，有的还有石细胞。在横切面上，次生韧皮部远不及次生木质部宽厚。这是由于维管形成层向外分裂的次数没有向内分裂的次数多，因而外方新细胞数量就少。另外，次生韧皮部有作用的时期较短，筛管运输作用不过一两年。当木栓形成层在次生韧皮部发生后，木栓层以外的次生韧皮部就被破坏，转变成硬树皮的一部分，逐年剥落。次生韧皮部形成后，初生韧皮部被推向外方，随着茎的不断加粗，由于挤压，有时只剩片断细胞残余。许多植物在次生韧皮部内有汁液管道组织，能产生特殊的汁液，经加工后成为各种生漆涂料。乳汁管和漆汁道都分布在次生韧皮部。此外，有些植物茎的次生韧皮部内有发达的纤维，可作纺织、制绳、造纸等原料，如黄麻、构树等。

4. 维管射线

维管射线是射线原始细胞产生的一种次生组织，包括韧皮射线和木射线，横向贯穿在次生韧皮部和次生木质部内。位于次生韧皮部的称韧皮射线，位于次生木质部的称木射线。导管和管胞中的水分与无机盐，通过维管射线横向运输到维管形成层和次生韧皮部，筛管中的有机养料也可通过维管射线横向运输到维管形成层和次生木质部。维管射线既是输导组织，又是贮藏组织。

维管射线和髓射线均为横向输导组织，但在起源、性质、分布等各方面均不相同，前者为次生射线，后者为初生射线。髓射线与维管射线特征比较如表3-1所示。

表 3-1 髓射线与维管射线特征比较

项目	髓 射 线	维 管 射 线
位置	位于维管束之间,由髓通达至皮层	位于维管束内,横走于次生木质部和次生韧皮部内,包括木射线和韧皮射线
来源	初生部分由基本分生组织形成,次生部分由束间形成层形成	纯属次生构造,由射线原始细胞产生
数目	数目一定,随着茎的生长只增加射线的长度,一般不增加射线的数目	数目不固定,随着茎的生长射线依年递增;长短不一,越老的射线越长,新生的射线最短

5. 木栓形成层的产生及其活动

由于维管形成层不断分裂,产生次生维管组织,特别是次生木质部的增加,使茎不断增粗,原有的初生保护组织——表皮不能适应内部组织的增加而扩大,不久便失去了保护作用。这时,外围的表皮或皮层细胞恢复分裂功能,形成木栓形成层,产生新的保护组织(周皮),以适应内部的生长(图 3-41)。

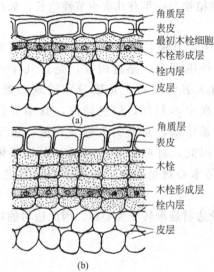

图 3-41 茎木栓形成层的产生及其活动

双子叶植物茎中最初的木栓形成层,有的起源于表皮(柳、苹果、夹竹桃),多数起源于皮层(桃、白杨、木兰、胡桃、榆)。有些植物第一次形成的木栓形成层作用期很长,甚至终生继续起作用,但多数植物木栓形成层的作用期比较短,当茎继续加粗,使原有的周皮失去作用前,在茎的内部又产生新的木栓形成层;依次向内形成,最后则在次生韧皮部内产生。

木栓形成层为次生分生组织,向外分裂形成木栓层,为次生保护组织,替代表皮行使保护作用:向内分裂,形成栓内层,为次生的薄壁组织;木栓层、木栓形成层和栓内层三者共同组成周皮。

木栓层的细胞排列整齐,壁栓质化,成熟后死亡,细胞腔内充满空气,因此木栓层不透水、不透气且具弹性,对植物保护效能很强。木栓层形成后,木栓外方的组织由于断绝水分和养料而死亡。

木栓层形成之前,幼茎表皮上具有气孔,为气体出入植物体的门户。当木栓层形成时,位于表皮气孔下方的木栓形成层不产生木栓细胞,而产生薄壁细胞,排列疏松,具较发达的胞间隙,称为补充细胞。随着补充细胞的增多,结果将表皮或木栓形成层外方的组织胀破,裂成唇状突起,显出圆形、椭圆形以至线形的轮廓,称为皮孔,为次生保护组织中气体出入植物体的门户(图 3-42)。

木栓层形成后,由于水分和营养物质的供应终止,它外方的所有活组织,即相继死亡。结果在茎的外方形成较硬的组织层,也就是通常在树干或树枝外面看到的,或者一块块从树枝上落下来的部分,常称为树皮。这种树皮包括木栓层和木栓层以外的枯死部分。伐木时从树干剥下来的,也称为树皮。这种树皮是从树干的维管形成层区和木质部分离的,由内至外包含的组织较多,有韧皮部、皮层、周皮以及周皮外方的枯死部分。其中从新生的木栓形成层以外的部分,包括木栓层到木栓层外方的枯死部分,这一段全是死细胞,质硬而干,称为硬树皮或干树皮。从韧皮部到木栓形成层这一段,包含有生活组织,质地较软,含水较多,

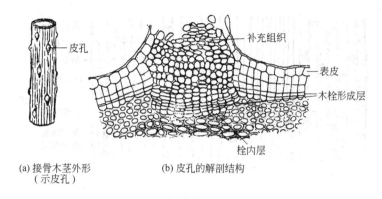

(a) 接骨木茎外形　　　　(b) 皮孔的解剖结构
（示皮孔）

图 3-42　接骨木属植物皮孔的结构

称为软树皮或内树皮。所以伐木时称的"树皮"包含硬树皮和软树皮，而人们常称的"树皮"，一般是指的硬树皮。

现将双子叶植物茎的组织分化发育顺序表解如下。

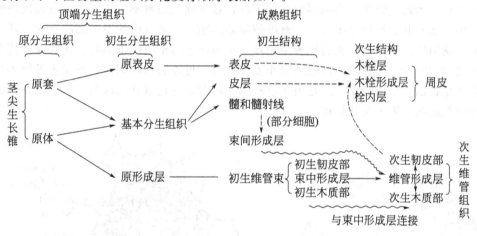

（三）禾本科植物茎的解剖结构特点

小麦、玉米、水稻、甘蔗等禾本科植物的茎、节和节间明显，多数种类为中空的秆，少数为实心。

禾本科植物茎解剖结构上的主要特点是维管束内无束中形成层，为有限维管束，所以茎不能进行次生生长，不能形成次生结构；其次，维管束是散生的，有些植物茎中，维管束虽然排列为内外两轮，但与一般双子叶植物茎中维管束规则地排列为一轮仍不相同；再其次，由于维管束是散生的，所以禾本科植物茎中没有明显的皮层和髓的界限。最外部为表皮，表皮以内为数层机械组织，机械组织以内为基本组织，基本组织之中分布着维管束。

1. 禾本科植物茎节间的结构

禾本科植物的茎一般分为表皮、基本组织和维管束 3 个基本的组织系统。

（1）表皮　禾本科植物的茎，由于没有木栓形成层的产生，缺乏次生保护组织周皮，所以表皮是终生有效的，它由长细胞、短细胞和气孔器组成（图 3-43）。长细胞是构成表皮的主要成分，其纵壁常呈波状，细胞壁角质化及硅质化。短细胞中一种是具栓质化细胞壁的栓细胞，另一种是含大量二氧化硅的硅细胞，二者常成对分布于长细胞之间，并与长细胞排列成纵行。禾本科植物茎表皮细胞壁硅化程度的高低和对病虫害抵抗力的强弱成正相关。禾本科植物表皮上的气孔结构特殊，由一对哑铃形的保卫细胞构成，保卫细胞的旁侧还各有一个副卫细胞。

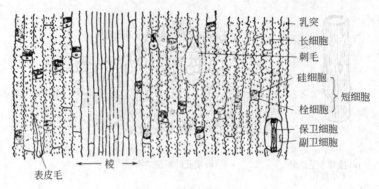

图 3-43　水稻茎的表皮

（2）基本组织　其本组织主要由薄壁细胞组成。玉米、高粱、甘蔗等的茎内为基本组织所充满（图 3-44、图 3-45）；而水稻、小麦、竹等茎内的中央薄壁细胞解体，形成中空的髓腔（图 3-46、图 3-47）。水稻茎部节间，在两环维管束之间的基本组织中有大型的裂生通气道，形成良好的通气组织。离地面越远的节间，这种通气道越不发达。紧连着表皮内侧的基本组织中，常有几层厚壁细胞存在。有的植物如水稻、玉米茎中的厚壁细胞连成一环，形成坚强的机械组织。小麦茎内也有机械组织环，但被绿色薄壁组织带隔开。这些绿色薄壁组织的细胞内含有叶绿体，因而用肉眼观察小麦茎秆时，可以看到相间排列的无色条纹和绿色条纹。有些品种的茎呈紫红色，这是由于这些细胞内含有花色素苷的缘故。位于机械组织以内的基本组织细胞，则不含叶绿体。

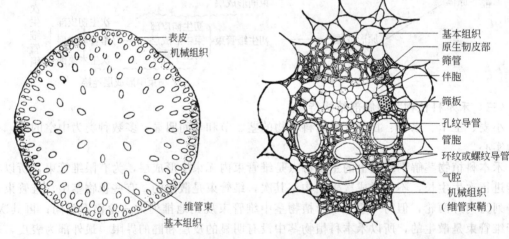

图 3-44　玉米茎横切面　　　　图 3-45　玉米茎内一个维管组织放大图

（3）维管束　禾本科植物茎中维管束的分布可分两种类型：一类在玉米、高粱、甘蔗等作物的实心茎中，维管束散生于整个基本组织中，靠中央的维管束较大，分布稀疏，靠近边缘的维管束较小，分布稠密；另一类是在小麦、水稻等作物的空心茎中，维管束大体上排列为内外两轮，内轮维管束较大，分布在基本组织中，外轮维管束较小，埋藏于机械组织环中。

每个维管束由维管束鞘、初生木质部和初生韧皮部组成。维管束的外周为厚壁机械组织组成的维管束鞘所包围。维管束鞘的里面为初生韧皮部和初生木质部，没有束中形成层，这种维管束称为有限维管束，是单子叶植物的主要特征之一。初生木质部位于维管束的近轴部

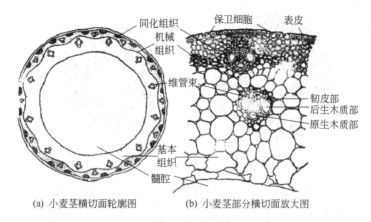

(a) 小麦茎横切面轮廓图　　(b) 小麦茎部分横切面放大图

图 3-46　小麦茎横切面

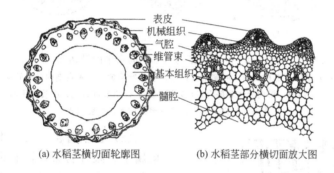

(a) 水稻茎横切面轮廓图　　(b) 水稻茎部分横切面放大图

图 3-47　小稻茎横切面

分，整个横切面的轮廓呈"V"形。"V"形的基部为原生木质部，包括一至几个环纹和螺纹导管及少量木薄壁组织。在分化成熟的过程中，这些导管常遭破坏，其四周的薄壁细胞互相分离，形成了一个气腔或称原生木质部腔隙。在"V"形的两臂上，各有一个后生的大型孔纹导管。在这两个导管之间充满薄壁细胞，有时也有小型的管胞。初生韧皮部位于初生木质部的外方，其中的原生韧皮部已被挤压破坏。后生韧皮部是由筛管和伴胞组成的。筛管较大，呈多边形。每个筛管旁边有三角形或长方形的小细胞，称为伴胞。

2. 禾本科植物茎节的结构

禾本科植物的茎和叶鞘相连，形成了节部。在外形上，节部比较粗大，易于识别。但在内部结构上，由于上端的节间维管束以及从叶鞘延伸进入的维管束（叶迹）在此交织汇合，因而出现了比较复杂的结构。将小麦的茎由上至下（从上部节间经节部，再到下部节间）做连续切片观察，可以看到这种维管系统汇合排列的演变过程，见图 3-48。

3. 禾本科植物的居间生长和初生增粗生长

（1）居间生长　禾本科植物在幼苗阶段时，顶端生长非常缓慢，各节都密集于茎的基部，以后，除顶端生长加快外，还进行居间生长。禾本科植物茎的每个节间基部都保持着幼嫩的生长环，即居间分生组织，它们的细胞进行分裂、生长和分化，使每个节间伸长，称为居间生长。当基部节间进行居间生长，开始伸长时，农业上称为拔节。抽穗时，茎的伸长生长特别迅速，这是因为几个节间同时进行居间生长的结果。居间生长不是无限制的，当生长到一定的时候，居间分生组织本身就完全分化为成熟组织，这时居间生长也就停止。

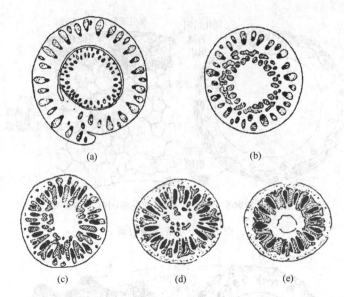

图 3-48　小麦属茎的节部不同水平的横切面

(a) 节间下部横切面，叶鞘增厚；(b) 茎与叶鞘愈合，来自茎内的维管束
发生斜向、横向分枝和联合；(c) 同 (b)；(d) 节部解剖，维管束重新
逐渐开始排列；(e) 节下部横切面，髓腔出现

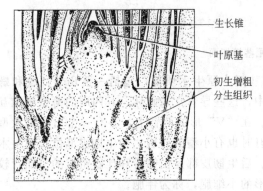

图 3-49　玉米茎尖中间纵切面轮廓图
（示初生增粗分生组织的位置）

（2）初生增粗生长　禾本科植物的维管束属于有限维管束，没有束中形成层，不能进行次生生长。但是，玉米、甘蔗、高粱等的茎实际上比棉花、花生的茎还粗壮，它们是怎样生长的呢？

在玉米、甘蔗等茎尖的正中纵切面上，可以看到在叶原基的下面靠近茎轴外围部位的一些扁平细胞，它们有规律地排列成行，具有分裂能力，称为初生增粗组织（图 3-49）。它们进行平周分裂，产生许多薄壁细胞，以增大茎尖的直径。这些薄壁细胞还可以增大和分裂，使茎节间伸长后进一步增粗。通常这种初生增粗生长可以在几个节间同时进行。

六、茎的变态

茎的变态可以分为地上茎和地下茎两种类型。

1. 地上茎的变态类型

地上茎由于和叶有密切的关系，因此有时也称为地上枝。几种变态的地上茎见图 3-50。

（1）茎刺　茎转变为刺，称为茎刺或枝刺，如山楂、酸橙的单刺，皂荚分枝的刺。茎刺有时分枝生叶，它的位置又常在叶腋，这些都是与叶刺有区别的特点。蔷薇茎上的皮刺是由表皮形成的，与维管组织无联系，与茎刺有显著区别。

（2）茎卷须　许多攀缘植物的茎细长，不能直立，变成卷须，称为茎卷须或枝卷须。茎卷须的位置与花枝的位置相当（如葡萄），或生于叶腋（如南瓜、黄瓜），与叶卷须不同。

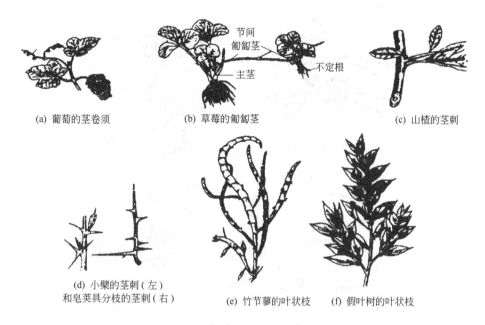

(a) 葡萄的茎卷须　　　　　　　(b) 草莓的葡匐茎　　　　　　　(c) 山楂的茎刺

(d) 小檗的茎刺（左）
和皂荚具分枝的茎刺（右）　　(e) 竹节蓼的叶状枝　　(f) 假叶树的叶状枝

图 3-50　几种变态的地上茎

（3）叶状茎（也称叶状枝）　茎转变为叶状，扁平，呈绿色，能进行光合作用，称为叶状茎或叶状枝。假叶树的侧枝变为叶状枝，叶退化为鳞片状，叶腋内可生小花，由于鳞片过小，不易辨识，故人们常误认为"叶"（实际上是叶状枝）上开花。天门冬的叶腋内也产生叶状枝。竹节蓼的叶状枝极显著，叶小或全缺。

（4）小鳞茎　蒜的花间常生有小球体，具肥厚的小鳞片，称为小鳞茎，也称珠芽。小鳞茎长大后脱落，在适合条件下发育成新植株。百合地上枝的叶腋内，也常形成紫色的小鳞茎。

（5）小块茎　薯蓣（山药）、秋海棠的腋芽常成肉质小球，但不具鳞片，类似块茎。

2. 地下茎的变态类型

茎一般生长在地上，生长在地下的茎与根相似，但由于仍具茎的特征（有叶、节和节间，叶一般退化成鳞片，脱落后留有叶痕，叶腋内有腋芽）。因此，容易和根加以区别。常见的地下茎有四种，见图 3-51。

（1）根状茎　简称根茎，即横卧地下，形较长，似根的变态茎。竹、莲、芦苇以及许多杂草，如狗牙根、马兰、白茅等都有根状茎。根状茎贮藏有丰富的养料，春季，腋芽可以发育成新的地上枝。竹鞭就是竹的根状茎，有明显节和节间。笋就是竹鞭的叶腋内伸出地面的腋芽，可发育成竹的地上枝。竹、芦苇和一些杂草，由于有根状茎，可蔓生成丛。杂草的根状茎，翻耕割断后，每一小段都能独立发育成新植株。

(a) 根状茎（莲）　　　(b) 鳞茎（洋葱）

(c) 球茎（荸荠）　　　(d) 块茎（菊芋）

图 3-51　几种变态的地下茎

（2）块茎　块茎中最常见的是马铃薯，见图 3-52。马铃薯的块茎是由根状茎的先端膨大，积累养料所形成的，块茎上有许多凹陷，称为芽眼，幼时具退化的鳞叶，后脱落。整个

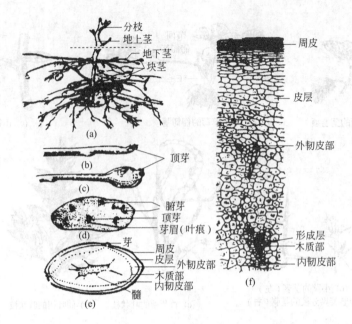

图 3-52　马铃薯的块茎

（a）植株外形；（b）～（d）地下茎前端积累养料膨大成块茎；
（e）块茎横剖面图；（f）块茎横剖面的放大

块茎上的芽眼呈螺旋状排列。芽眼内（相当于叶腋）有芽，3～20 个不等，通常具 3 芽，但仅有 1 芽发育，同时，先端亦具顶芽。块茎的内部结构与地上茎相同，但各组织的量却不同。马铃薯块茎的结构由外至内为周皮、皮层、外韧皮部、形成层、木质部、内韧皮部和髓。其中，内韧皮部较发达，组成块茎的主要部分。韧皮部或木质部内都以薄壁组织最为发达。因为整个块茎除木栓外主要的是薄壁组织，而薄壁组织的细胞内贮存着大量淀粉。菊芋也具块茎，可制糖或糖浆。甘露子的串珠状块茎可供食用，即酱菜中的"螺丝菜"，也称宝塔菜。

（3）鳞茎　由许多肥厚的肉质鳞叶包围的扁平或圆盘状的地下茎称为鳞茎。常见的鳞茎有百合、洋葱、蒜等。

百合的鳞茎本身呈圆盘状，称鳞茎盘（或鳞茎座），四周具瓣状的肥厚鳞叶，鳞叶间具腋芽，鳞叶每瓣分明，富含淀粉，为食用部分。

洋葱的鳞茎也呈圆盘状，四周也具鳞叶，但鳞叶不成显著的瓣，而是整片地将茎紧紧围裹。

蒜和洋葱相似，幼时食用鳞茎的整个部分、幼嫩的鳞叶和地上叶部分。成熟的蒜抽薹（蒜薹）开花，地下茎本身因木质增加而硬化，鳞叶干枯呈膜状，已失去食用价值。而鳞叶间的肥大腋芽，俗称"蒜瓣"成为主要食用部分。此外，葱、水仙、石蒜等都具有鳞茎。

（4）球茎　球茎如荸荠、慈姑、芋等，它们都是根状茎先端膨大而成的。球茎有明显的节和节间，节上具褐色膜状物，即鳞叶为退化变形的叶。球茎具顶芽，荸荠具有较多的侧芽，簇生在顶芽的四周。

第三节　叶的形态和构造

叶是种子植物制造有机养料的重要器官，是光合作用的主要场所。光合作用的进行与叶绿体的存在以及整个叶的结构有着紧密的联系。

一、叶的生理功能

1. 光合作用

绿色植物（主要是在叶内）吸收日光能量，利用二氧化碳和水，合成有机物质，并释放氧气的过程，称为光合作用。光合作用合成的有机物是碳水化合物，贮藏的能量则存在于所形成的有机物中。光合作用的产物不仅供植物自身生命活动的需要，还是其他生物（包括人类）的食物来源、某些工业的原料。

2. 蒸腾作用

水分以气体状态从体内通过生活的植物体表，散失到大气中的过程，称为蒸腾作用。植物的主要蒸腾器官是叶，所以蒸腾作用也是叶的一个重要的生理功能。

蒸腾作用对植物的生命活动有着重大意义。蒸腾作用是根系吸水的动力之一；根系吸收的矿物质主要是随蒸腾液流上升的，所以蒸腾作用对矿质元素在植物体内的运转有利；蒸腾作用可以降低叶的表面温度，使叶在强烈的日光下不致因温度过分升高而受损害。

叶除了具有光合作用和蒸腾作用外，还有吸收能力。如根外施肥、喷施农药主要通过叶表面吸收进入植物体内。有少数植物的叶还具有繁殖能力，如落地生根，在叶边缘上生有许多不定芽或小植株，脱落后掉在土壤上，就可以长成新个体。

二、叶的基本形态

（一）叶的组成

植物的叶一般由叶片、叶柄和托叶三部分组成。叶片是叶的主要部分，多数为绿色扁平体。叶柄是叶的细长柄状部分，上端（即远端）与叶片相接，下端（即近端）与茎相连。托叶是柄基两侧所生的小叶状物。不同植物上的叶片、叶柄和托叶的形状是多种多样的。

具叶片、叶柄和托叶三部分的叶称为完全叶，如梨、桃、豌豆、月季等植物的叶。有些叶只具一个或两个部分，称为不完全叶。其中无托叶的最为普遍，如茶、白菜、丁香等植物的叶。有些植物的叶具托叶，但早脱落应加注意。不完全叶中同时无托叶和叶柄，如莴苣、苦苣菜、荠菜等植物的叶，也称无柄叶。

叶片是叶的主要组成部分，植物中缺叶片的叶较少见，如我国的台湾相思树，除幼苗时期外，全树的叶不具叶片，都由叶柄扩展而成。这种扩展成扁平片状的叶柄，称为叶状柄。

（二）叶片的形态

各种植物叶片的形态多种多样，大小不同，形状各异。但就一种植物来讲，叶片的形态还是比较稳定的，可作为识别植物和分类的依据。

1. 叶片的形状

就叶片的形状来讲，一般指整个单叶叶片的形状。叶片的形状变化很大（图3-53），常见的形状有以下几种。

（1）针形　叶细长，先端尖锐，称为针叶，如松、云杉的叶。

（2）线形　叶片狭长，全部的宽度约略相等，两侧叶缘近平行，称为线形叶，也称带形叶或条形叶，如稻、麦、韭、水仙和冷杉的叶。

（3）披针形　叶片较线形为宽，由下部至先端渐次狭尖，称为披针形叶，如柳、桃的叶。

（4）椭圆形　叶片中部宽而两端较狭，两侧叶缘成弧形，称为椭圆叶，如芫花、樟的叶。

（5）卵形　叶片下部圆阔，上部稍狭，称为卵形叶，如向日葵、苎麻的叶。

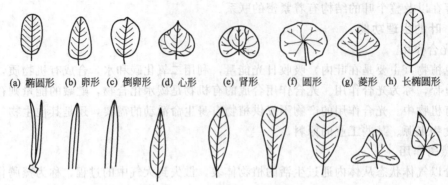

图 3-53　叶形（全形）的类型

(6) 菱形　叶片成等边斜方形，称菱形叶，如菱、乌桕的叶。

(7) 心形　与卵形相似，但叶片下部更为广阔，基部凹入成尖形，似心形，称为心形叶，如紫荆的叶。

(8) 肾形　叶片基部凹入钝形，先端钝圆，横向较宽，似肾形，称为肾形叶，如积雪草、冬葵的叶。

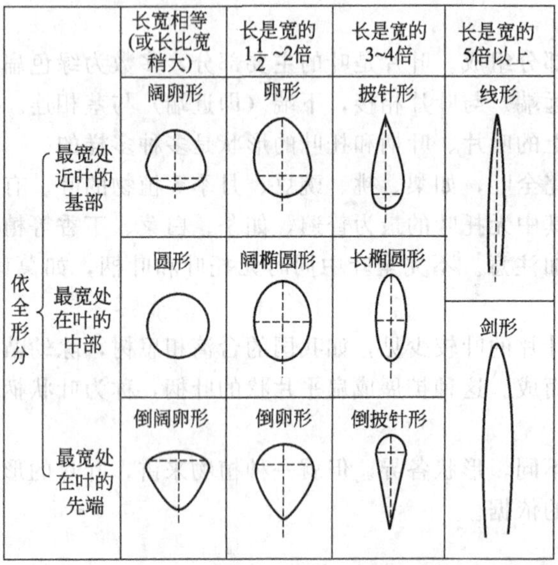

上面是叶片的几种基本形状。在叙述叶形时，根据叶片的长阔比也常用"长"、"广"、"倒"等字眼冠在叶形的前面（图 3-54）。譬如，椭圆形叶而较长的，称长椭圆形叶；卵形叶而较宽的，称为广卵形叶；卵形叶而先端圆阔与基部稍狭，仿佛卵形倒置的，称为倒卵形叶；同样地，有倒披针形叶、倒心形叶、长卵形叶、倒长卵形叶、广椭圆形叶、广披针形叶等。除上面几种基本形状外，其他的形状还有圆形叶（莲）、扇形叶（银叶）、三角形叶（扛板归）、剑形叶（鸢尾）等。凡叶柄着生在叶片背面的中央或边缘内，不论叶形如何，均称为盾形叶，如莲、蓖麻的叶。

	长宽相等（或长比宽稍大）	长是宽的 $1\frac{1}{2}$~2倍	长是宽的 3~4倍	长是宽的 5倍以上
最宽处近叶的基部	阔卵形	卵形	披针形	线形
最宽处在叶的中部	圆形	阔椭圆形	长椭圆形	剑形
最宽处在叶的先端	倒阔卵形	倒卵形	倒披针形	

（左侧纵向文字：依全形分）

图 3-54　几种常见单叶叶片的长阔比和最阔处的位置

2. 叶尖的形状

就叶尖而言，主要有以下一些形状（图 3-55）。

(1) 渐尖　叶尖较长，或逐渐尖锐，如菩提树的叶。

(2) 锐尖　叶尖较短而尖锐，如荞麦的叶。

(3) 钝形　叶尖钝而不尖，或近圆弧，如厚朴的叶。

(4) 截形　叶尖如横切成平边状，如鹅掌楸的叶。

(5) 尾尖　叶尖具有突然生出的小尖，如树锦鸡儿、锥花小檗的叶。

(6) 尖凹　叶尖具浅凹缺，如苋、苜蓿的叶。

(7) 倒心形　叶尖具较深的尖形凹缺，而叶两侧稍内缩，如酢浆草的叶。

图 3-55　叶尖的类形

3. 叶基的形状

就叶基而言，主要的形状有渐尖、锐尖、钝形、截形等，与叶尖的形状相似，只是在叶基部分出现。此外，还有心形、耳垂形、箭形、楔形、戟形、圆形、偏形等（图 3-56）。

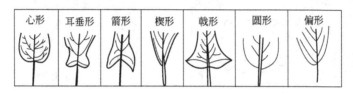

图 3-56　叶基的形状

（1）耳垂形　叶基两侧的裂片钝圆，下垂如耳，如白英、狗舌草的叶。

（2）箭形　二裂片尖锐下指，如慈姑的叶。

（3）戟形　二裂片向两侧外指，如菠菜、旋花的叶。

（4）偏形　叶基两侧不对称，如秋海棠、朴树的叶。

4. 叶缘的形状

就叶缘来说，有下面一些情况（图 3-57）。

（1）全缘　叶缘平整，如女贞、玉兰、樟、紫荆、海桐等植物的叶。

（2）波状　叶缘稍显凸凹而呈波纹状，如胡颓子的叶。

（3）齿状　叶片边缘凹凸不齐，裂成细齿状，称为齿状缘，其中又有

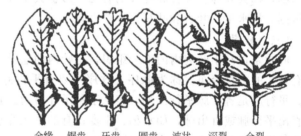

全缘　锯齿　牙齿　圆齿　波状　深裂　全裂
（齿端向外）

图 3-57　叶缘的类型

锯齿、牙齿、重锯齿、圆齿各种情况。所谓锯齿是齿尖锐而齿尖朝向叶先端，如月季的叶；细锯齿是指锯齿较细小，如猕猴桃的叶；牙齿是齿尖直向外方，如茨藻的叶；重锯齿是锯齿上又出现小锯齿，如樱草的叶；圆齿是齿不尖锐而呈钝圆，如山毛榉的叶。

（4）缺刻　叶片边缘凹凸不齐，凹入和凸出的程度较齿状缘大而深的，称为缺刻，见图 3-58。缺刻的形式和深浅又有多种。依缺刻的形式讲有两种情况：一种是裂片呈羽状排列的，称为羽状缺刻，如马铃薯、蒲公英、油菜、莴萝等植物的叶；另一种是裂片呈掌状排列的，称为掌状缺刻，如木薯、棉花、梧桐、悬铃木、蓖麻等植物的叶。依裂入的深浅讲，又有浅裂、深裂、全裂 3 种情况。浅裂也称半裂，缺刻很浅，最深达到叶片的 1/2，如棉花叶；深裂是缺刻超过叶片的 1/2，缺刻较深，如蒲公英的叶；全裂，也称全缺，缺刻极深，可深达中脉或叶片基部，如木薯、马铃薯、莴萝、草白蔹、铁树。

禾本科植物叶的单叶分叶片和叶鞘两部分，见图 3-59。叶片扁平狭长呈线形或狭带形，具纵列的平行脉序。叶的基部扩大成叶鞘，包裹着茎秆，起保护幼芽、居间生长以及加强茎的支持作用。叶片和叶鞘相接处的外侧有色泽稍淡的带状结构，称为叶环，栽培学上也称叶

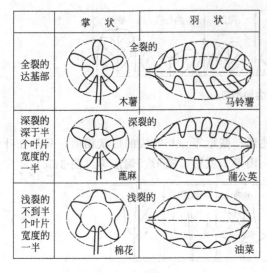

图 3-58　叶的缺刻类型

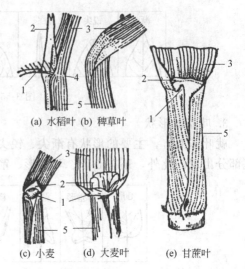

图 3-59　禾本科植物叶片与叶鞘交界处的结构
1—叶耳；2—叶舌；3—叶片；4—叶环；5—叶鞘

枕，叶环具弹性和延伸性，借以调节叶片的位置。叶片和叶鞘相接处的腹面，即叶环内方有一膜质向上突出的叶状结构，称为叶舌，可以防止害虫、水分、病菌孢子等进入叶鞘处，也能使叶片向外伸展，充分接受光照。叶舌两侧，即叶环两端外侧有片状、爪状或毛状伸出的突出物，称为叶耳。叶舌和叶耳的有无、形状大小等，可以作为鉴定禾本科植物种类或品种的依据。如水稻有叶舌和叶耳，稗草没有。

（三）脉序

叶脉是贯穿于叶肉内的维管组织，是叶内的输导和支持结构对。叶脉在叶片上呈现出各种有规律的脉纹分布，称为脉序。脉序主要有平行脉、网状脉和叉状脉 3 种类型，见图 3-60。平行脉是各叶脉平行排列，多见于单子叶植物。其中有的各脉由基部平行直达叶尖，称为直出平行脉或直出脉，如水稻、小麦；有的中央主脉显著，侧脉垂直于主脉，彼此平行，直达叶缘，称侧出平行脉或侧出脉，如香蕉、芭蕉、美人蕉；有的各叶脉自基部以辐射状态分出，称辐射平行脉或射出脉，如蒲葵、棕榈；有的各脉自基部平行出发，但彼此逐渐远离，稍作弧状，最后集中在叶尖汇合，称为弧状平行脉或弧形脉，如车前。网状脉则具有明显的主脉，并向两侧发出许多侧脉，各侧脉之间又多次分出细脉，组成网状，是多数双子叶植物的脉序。其中有的有一条明显的主脉，两侧分出许多侧脉，侧脉间又多次分出细脉，称羽状网脉，如女贞、桃、李等大多数双子叶植物的叶；有的由叶基分出多条主脉，主脉又再分枝，形成细脉，称掌状网脉，如蓖麻、向日葵、棉花等。叉状脉是各脉做二叉分枝，为

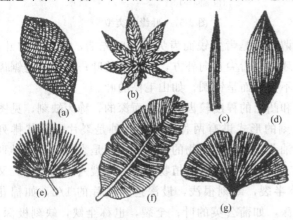

图 3-60　脉序的类型
网状脉：(a) 羽状网脉；(b) 掌状网脉；
平行脉：(c) 直出脉；(d) 弧形脉；(e) 射出脉；
(f) 侧出脉；(g) 叉状脉

较原始的脉序，如银杏。

（四）单叶和复叶

一个叶柄上所生叶片的数目随植物的种类而异，一般有两种情况：一种是一个叶柄上只着生一张叶片，称为单叶；另一种是一个叶柄上着生许多小叶，称为复叶（图 3-61）。复叶的叶柄称为叶轴或总叶柄，叶轴上着生的叶称为小叶，小叶的叶柄称为小叶柄。

复叶依小叶排列的状态不同分为羽状复叶、掌状复叶和三出复叶。羽状复叶是指小叶排列在叶轴的左右两侧，类似羽毛状，如紫藤、月季、槐等。掌状复叶是指小叶都着生在叶轴的顶端，排列如掌状，如牡荆、七叶树等。三出复叶是指每个叶轴上着生三片小叶，如果三片小叶柄是等长的，称为三出掌状复叶，如橡胶树；如果顶端小叶柄较长，称为三出羽状复叶，如苜蓿。

羽状复叶依小叶数目的不同，又有奇数羽状复叶和偶数羽状复叶之分。奇数羽状复叶是一个复叶上的小叶总数为奇数，如月季、蚕豆、刺槐；偶数羽状复叶是一个复叶上的小叶总数为偶数，如落花生、皂荚等。羽状复叶又因叶轴分枝与否及分枝情况，分为一

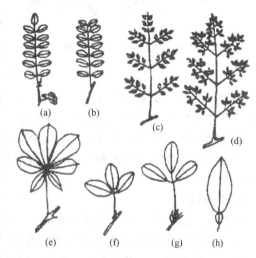

图 3-61　复叶的类型

（a）一回奇数羽状复叶；（b）一回偶数羽状复叶；
（c）二回羽状复叶；（d）三回羽状复叶；（e）掌状复叶；
（f）三出掌状复叶；（g）三出羽状复叶；（h）单身复叶

回羽状复叶、二回羽状复叶、三回羽状复叶和数回（或多回）羽状复叶。一回羽状复叶，即叶轴不分枝，小叶直接着生在叶轴左右两侧，如刺槐、落花生；二回羽状复叶，即叶轴分枝一次，再生小叶，如合欢、云实；三回羽状复叶，即叶轴分枝两次，再生小叶，如南天竹；数回羽状复叶，即叶轴多次分枝，再生小叶。

复叶中也有一个叶轴只具一个叶片的，称为单身复叶，如橙、香橼的叶。单身复叶可能是由三出复叶退化而来的，叶轴具叶节，表明原先是三小叶同生在叶节处，后来两小叶退化消失，仅存先端的一个小叶所致。

复叶和单叶有时易混淆，这是由于对叶轴和小枝未加仔细区分的结果。叶轴和小枝实际上有显著差异。①叶轴的顶端没有顶芽，而小枝常有顶芽；②小叶的叶腋一般没有腋芽，芽只出现在叶轴的腋内，而小枝的叶腋都有腋芽；③复叶脱落时，先是小叶脱落，最后叶轴脱落，小枝上只有叶脱落；④叶轴上的小叶与叶轴成一平面，小枝上的叶与小枝成一定角度。

具缺刻全裂的叶，裂口深时可达叶柄，但各裂片的叶脉仍彼此相连，一般和复叶中具小叶柄的小叶容易区分。

（五）叶序和叶镶嵌

1. 叶序

叶在茎上都具有一定规律的排列方式，称为叶序。叶序有 4 种基本类型，即互生、对生、轮生和簇生（图 3-62）。

① 互生叶序　是指每节上只着生一叶，交互而生，称为互生。互生叶序的叶呈螺旋状着生在茎上。如樟、白杨、悬铃木等。

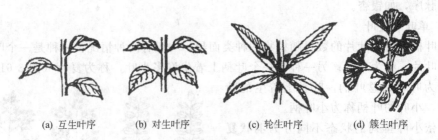

| (a) 互生叶序 | (b) 对生叶序 | (c) 轮生叶序 | (d) 簇生叶序 |

图 3-62　叶序

② 对生叶序　是指每节上着生两叶，相对排列。对生叶序中，一节上的两叶，与上下相邻一节的两叶交叉成十字形排列，称为交互对生。如丁香、薄荷、女贞、石竹等。

③ 轮生叶序　是指每节上着生三叶或三叶以上，做辐射排列。如夹竹桃、百合、梓等。

④ 此外，有的枝节间短缩密集，叶在短枝上成簇着生，称为簇生叶序。如银杏、枸杞、落叶松等。

2. 叶镶嵌

叶在茎上的排列，不论是哪一种叶序，相邻两节的叶总是不相重叠而成镶嵌状态，这种同一枝上的叶以镶嵌状态排列不重叠的现象，称为叶镶嵌。爬山虎、常春藤、木香花的叶片，均匀地展布在墙壁或竹篱上，是垂直绿化的极好材料。

叶镶嵌使茎上的叶片不相遮蔽，有利于光合作用的进行，此外，叶的均匀排列使茎上各侧的负载量得到平衡。

三、叶的解剖结构

一般被子植物的叶片有上下面之分，上面（即腹面或近轴面）深绿色，下面（即背面或远轴面）淡绿色，这种叶是由于叶片两面的受光情况不同，因而两面的内部结构也不同，即组成叶肉的组织有较大的分化，形成栅栏组织和海绵组织，这种叶称为异面叶。有些植物的叶近乎直立，叶片两面的受光情况差异不大，因而叶片两面的内部结构也就相似，即组成叶肉的组织分化不大，这种叶称为等面叶。无论异面叶还是等面叶，就叶片来讲，有 3 种基本结构，即表皮、叶肉和叶脉。表皮包在叶的最外层，有保护作用；叶肉在表皮的内方，有制造和贮藏养料的作用；叶脉是埋在叶肉中的维管组织，有输导和支持的作用。叶片结构见图 3-63。

（一）双子叶植物叶的结构

1. 表皮

表皮包被着整个叶片，有上、下表皮之分。表皮通常由一层生活的细胞组成，但也有由多层细胞组成的，称为复表皮，如夹竹桃和印度橡胶树叶的表皮（图 3-64）。叶的表皮细胞为形状规则或不规则的扁平细胞。不少双子叶植物叶表皮细胞的径向壁往往凹凸不平，犬牙交错地彼此镶嵌着，成为一层紧密而结合牢固的组织。在横切面上，表皮细胞的外形较规则，呈长方形或方形，外壁较厚，常具角质层。

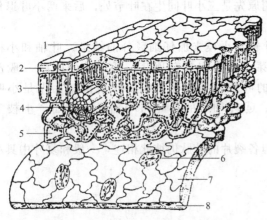

图 3-63　叶片结构的立体图解

1—上表皮（表面观）；2—上表皮（横切面）；

3—叶肉栅栏组织；4—叶脉；5—叶肉海绵组织；

6—气孔；7—下表皮（表面观）；8—下表皮（横切面）

角质层的厚度因植物种类和所处环境而异。角质层是由表皮细胞内原生质体分泌所形成的，通过质膜沉淀在表皮细胞的外壁上。多数植物叶的角质层外，往往还有一层不同厚度的蜡质层。角质的存在起着保护作用，可以控制水分蒸腾，加固机械性能，防止病菌侵入，对药液也有着不同程度的吸收能力。因此，角质的厚壁可作为作物优良品种选育的根据之一。一般植物叶的表皮细胞不具叶绿体。表皮毛的有无和类型也因植物的种类而异。

叶的表皮具有较多的气孔。这是和叶的功能有密切联系的一种结构，它是与外界进行气体交换的门户，又是水分蒸腾的通道，根外施肥和喷洒农药可由此进入。各植物的气孔见图3-65。

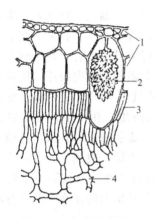

图 3-64 印度橡胶树叶
横切面的一部分
1—复表皮；2—钟乳体；
3—栅栏组织；4—海绵组织

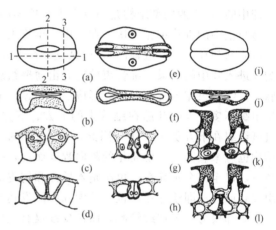

图 3-65 各植物的气孔
(a)、(e)、(i) 表示气孔的表面观；其他图示气孔的各种切面 [在图 (a) 上说明]：(b)、(f)、(j) 沿 1—1 面，(c)、(g)、(k) 沿 2—2 面，(d)、(h)、(l) 沿 3—3 面；(e) 保卫细胞在高焦平面，因此不见细胞狭窄部分的细胞腔；(a)、(b)、(c)、(d) 梅属；(e)、(f)、(g)、(h) 稻属；(i)、(j)、(k)、(l) 松属

双子叶植物的气孔是由保卫细胞和它们之间的孔口共同组成的。如果副卫细胞存在，副卫细胞及气孔共同组成气孔器（或称气孔复合体）。

气孔的数目和分布情况随植物种类和位置而异，植物体上部叶的气孔较下部的多，叶尖端和中脉部分的气孔较叶基部和叶缘的多。有些植物如向日葵、蓖麻等叶的上、下表皮都有气孔，而下表皮一般较多。但也有些植物，气孔却只限于下表皮（如旱金莲、苹果）或限于上表皮（如莲、睡莲），还有些植物的气孔却只限于下表皮的局部区域，如夹竹桃叶的气孔在凹陷的气孔窝部分。在不同的外界环境中，同一种植物叶的气孔数目也有差异，一般阳光充足处较多，阴湿处较少。沉水的叶一般没有气孔（如眼子菜）。

在叶尖或叶缘的表皮上，还有一种类似气孔的结构，保卫细胞长期张开，称为水孔，是气孔的变形，见图3-66。

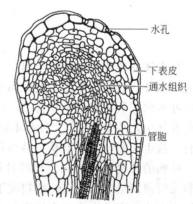

图 3-66 叶尖的纵切面（示水孔）

水孔

下表皮

通水组织

管胞

2. 叶肉

叶肉是上、下表皮之间绿色组织的总称，是叶的主

要部分。通常由薄壁细胞组成，内含丰富的叶绿体。一般异面叶中，近上表皮部位的绿色组织排列整齐，细胞呈长柱形，细胞长轴和叶表面相垂直，呈栅栏状，称为栅栏组织，其层数因植物种类而异。栅栏组织的下方，即近下表皮部分的绿色组织，细胞形状不规则，海绵状，排列不整齐、疏松，具较多间隙，称为海绵组织，细胞内含叶绿体较少。叶片上面绿色较深，下面较浅，就是由于两种组织内叶绿体的含量不同所致。光合作用主要是在叶肉中进行的。

3. 叶脉

叶脉（图 3-67）也就是叶内的维管束，它的内部结构因叶脉的大小而不同。如粗大的中脉（即中肋），它的内部结构是由维管束和伴随的机械组织组合而成的。叶片中的维管束通过叶脉与茎中的维管束相连接。在茎中，维管束的木质部在内方，韧皮部在外方，进入叶片后，木质部却在上方（近轴面），而韧皮部在下方（远轴面），这是由于维管束从茎中向外方，侧向进入叶中的结果。维管束外还有由薄壁组织组成的维管束鞘包裹着。在中脉和较大的叶脉中，维管束相当发达，并有形成层，不过形成层的活动有限和活动期较短，因而产生的次生组织不多。大的叶脉在维管束的上方、下方有相当量的机械组织，直接和表皮相连接，机械组织在下方更为发达，因此，叶片的下面常有显著的凸出。在叶中，叶脉越分越细，结构也愈来愈简化。就简化的趋向程度而言，一般首先是形成层消失；其次是机械组织逐渐减少，以至完全不存在；再次是木质部和韧皮部结构简化。中脉一般纯为初生结构，机械组织或有或无（即使存在，也不及大脉中的发达）。叶片中最后的叶脉分枝终止于叶肉组织内，木质部仅为一个螺纹管胞，而韧皮部仅有短狭的筛管分子和增大的伴胞，甚至有时只有木质部分子存在。

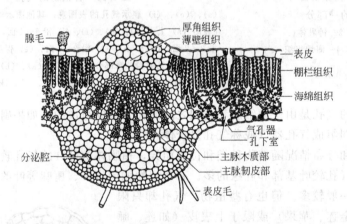

图 3-67　棉花叶径主脉的部分横剖面图

从上述的叶片结构可以看出，叶肉是叶的主要结构，是叶生理功能进行的主要场所。表皮包被在外，起保护作用，使叶肉得以顺利地进行工作。叶脉分布于内，一方面源源不断地供应叶肉组织所需的水分和盐类，同时运输出光合产物；另一方面又支撑着叶面，使叶片舒张在大气中，承受光照。3 种基本结构的合理组合和有机联系，保证了叶片生理功能的顺利进行，这也表明叶片的形状、结构是完全适应其生理功能的。

叶柄的结构（图 3-68）比叶片结构简单，它和茎的结构有些相似，是由表皮、基本组织和维管组织组成的。在一般情况下，叶柄在横切面上通常呈半月形、圆形、三角形等。最外层为表皮；表皮内为基本组织，基本组织中近外方的部分往往有多层厚角组织，内方为薄壁组织；基本组织以内为维管束，数目和大小不定，排列成弧形、环行、平列形。维管束的

图 3-68　3 种类型的叶柄横剖面（黑色为木质部）

结构和幼茎中的维管束相似，但木质部在内侧（近轴面），韧皮部在外侧（远轴面）。每一维管束外，常由厚壁的细胞包围。双子叶植物的叶柄中，木质部与韧皮部之间往往有一层形成层，但形成层只有短期的活动。

（二）单子叶植物叶的结构特点

禾本科植物的叶片和一般叶一样，具有表皮、叶肉和叶脉 3 种基本结构，但每个部分具有与双子叶植物叶不同的结构特点。

1. 表皮

表皮细胞的形状比较规则（图 3-69），排列成行，常包括长、短两种类型的细胞。长细胞为长柱形，长径与叶的纵长方向一致，横切面近乎方形，细胞壁不仅角质化，并且充满硅质，这是禾本科植物叶的特征。短细胞又分为硅细胞和栓细胞两种。硅细胞常为单个的硅质体所充满，禾本科植物的叶往往质地坚硬，易戳破手指就是由于含有硅质；栓质细胞是一种细胞壁栓质化的细胞，常含有有机物。在表皮上，往往是一个长细胞和两个短细胞（即一个硅细胞和一个栓细胞）交互排列，有时也可见多个短细胞聚集在一起。长细胞与短细胞的形状、数

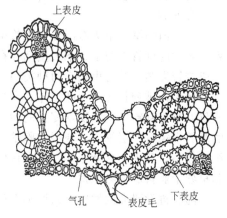

图 3-69　水稻叶的横切面

目和相对位置，因植物种类的不同而异。禾本科植物的上、下表皮上都有气孔，呈纵行排列，与一般植物不同，见图 3-70。保卫细胞呈哑铃形，中部狭窄，具厚壁，两端膨胀成球状，具薄壁。气孔的开闭是两端球状部分胀缩变化的结果。当两端球状部分膨胀时气孔开放，反之，收缩时气孔关闭。保卫细胞的外侧各有一个副卫细胞。

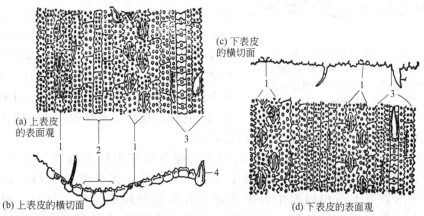

(a) 上表皮的表面观
(b) 上表皮的横切面
(c) 下表皮的横切面
(d) 下表皮的表面观

图 3-70　水稻叶的表皮结构

1—气孔列；2—泡状细胞；3—叶脉上方的表皮部分；4—表皮毛

气孔的数目和分布也因植物种类而异。同一植物的不同叶上，或同一叶上的不同部位，气孔的数目也有差别。上、下表皮上气孔的数目近乎相等。在上表皮的不少地方，还有一些特殊的大型含水细胞，有较大的液泡，无叶绿素，或有少量的叶绿素。径向细胞壁薄，外壁较厚，称为泡状细胞。泡状细胞通常位于维管束之间的部位，在叶上排列成若干纵列，列数因植物的种类而不同。在横切面上，泡状细胞的排列略成扇形。过去一般认为泡状细胞和叶片的伸展卷曲有关，即水分不足时，泡状细胞失水较快，细胞壁向外缩，引起整个叶片向上卷缩成筒，以减少蒸腾；水分充足时，泡状细胞膨胀，叶片伸展。因此，泡状细胞也称为运动细胞。但是有些实验表明，叶片的伸展、蜷缩，最重要的是与泡状细胞以外的其他组织如表皮细胞、叶肉细胞等的收缩有关。

2. 叶肉

叶肉组织比较均匀，不分化成栅栏组织和海绵组织，所以，禾本科植物的叶为等面叶，叶肉内的胞间隙较小，在气孔的内方有较大的胞间隙，即孔下室。

3. 叶脉

叶脉内的维管束为有限外韧维管束，与茎内的结构基本相似。叶内的维管束一般平行排列，较大的维管束与上、下表皮间存在着厚壁组织。维管束外往往由一层或两层细胞包围，组成维管束鞘。维管束鞘有两种类型。①玉米、甘蔗、高粱等的维管束鞘为单层薄壁细胞，细胞较大，排列整齐，含叶绿体，在显微结构上，这些叶绿体比叶肉细胞的叶绿体大，没有或仅有少量基粒，但它积累淀粉的能力却超过叶肉细胞中的叶绿体。②水稻、小麦、大麦等的维管束鞘有两层细胞，外层细胞壁薄，较大，含叶绿体较叶肉细胞中少；内层细胞壁厚，细胞较小，几乎不含叶绿体。禾本科植物叶中的维管束鞘类型不同，一般可作为区分黍亚科和早熟禾亚科的参考依据。

随着科学研究的发展，人们不仅认识到维管束鞘的解剖结构与禾本科植物的分类有关，

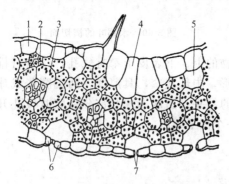

图 3-71　玉米叶横切面的一部分
1—表皮；2—机械组织；3—维管束鞘；
4—泡状细胞；5—胞间隙；6—副卫细胞；
7—保卫细胞

同时，也进一步注意到维管束鞘及其周围叶肉细胞的排列和结构与光合作用的关系。玉米等植物叶片的维管束鞘（图 3-71）较发达，内含多数较大的叶绿体，外侧紧密毗连着一圈叶肉细胞，组成"花环"形结构。根据近代光合作用途径的研究，这种"花环"解剖结构是碳四（C_4）植物的特征。水稻、小麦等植物的叶片中没有这种"花环"结构出现，并且维管束鞘细胞中的叶绿体也很少，这是碳三（C_3）植物在叶片结构上的反映。具有"花环"结构的碳四（C_4）植物的叶片中，其维管束鞘细胞在进行光合作用时，可以将叶细胞由四碳化合物所释放出的二氧化碳再行固定还原，这样就提高了光合效能。一般认为，C_4 植物可称为高光效植物，而 C_3 植物为低光效植物。

禾本科植物叶脉的上下方，通常由成片的厚壁组织把叶肉隔开，而与表皮相接。水稻的中脉向叶片的背面突起，结构比较复杂，它是由多个维管束与一定的薄壁组织组成的。维管束大小相间而生，中央部分有大而分隔的气腔，与茎、根的通气组织相通。光合作用所释放的氧，可以由这些通气组织输送到根部，以供给根部细胞呼吸时所需。

（三）松针的结构

裸子植物中松属植物是常绿的，叶为针叶，又称为松针，因而松属植物有针叶植物之称，是造林业很重要的树种。针叶植物常呈旱生的形态，叶针形，缩小了蒸腾面积。松针发生在短枝上，有的是单根的，多数是两根或多根一束。松叶一束的针叶数目不同，横切面的形态也不同。如马尾松和黄山松的针叶是两根一束，横切面为半圆形；而云南松是3根一束，华山松是5根一束，它们的横切面都为近三角形，见图3-72。现以马尾松为例，说明针叶的内部结构。马尾松的表皮细胞壁较厚，角质层发达，表皮下有多层厚壁细胞，称为下皮，气孔内陷（图3-73），这些都是旱生形态特征。此外，叶肉细胞的细胞壁向内凹陷（图3-74），形成无数褶皱，叶绿体沿褶皱而分布，使细胞扩大了光合面积。叶内具若干树脂道，在叶肉内方有明显的内皮层，维管组织两束，居叶的中央。

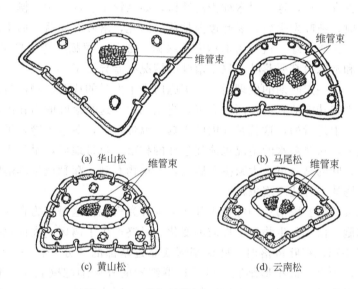

(a) 华山松　　(b) 马尾松

(c) 黄山松　　(d) 云南松

图 3-72　几种松针横切面的图解

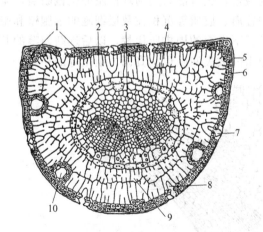

图 3-73　马尾松叶的横切面

1—下皮层；2—内皮层；3—薄壁组织；4—维管束；
5—角质层；6—表皮；7—下陷的气孔；8—孔下室；
9—叶肉细胞；10—树脂道

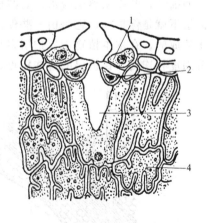

图 3-74　马尾松叶的气孔器

1—副卫细胞；2—保卫细胞；3—孔下室；
4—叶肉细胞（绿色折叠薄壁细胞）

松针叶小，表皮壁厚，叶肉细胞壁内向褶皱，具树脂道，内皮层显著，维管束排列在叶的中心部分，这些均是松属针叶的典型特征，表明松属植物具有适应低温和干旱的形态结构。

四、叶的寿命及落叶

植物的叶并不能永久存在，而是有一定的寿命，也就是在一定的生活期终结时，叶就枯死。叶生活期的长短因植物种类的不同而异。一般植物的叶，生活期不过几个月而已，但也有生活期在一年以上或多年的。一年生植物的叶常随植物的死亡而死亡。常绿植物的叶生活期一般较长，例如，女贞叶可活 1～3 年，松叶可活 3～5 年，罗汉松叶可活 2～8 年，冷杉叶可活 3～10 年，紫杉叶可活 6～10 年。

叶枯死后，或残留在植株上，如稻、蚕豆、豌豆等草本植物；或随即脱落，称为落叶，如多数树木的叶。树木的落叶有两种情况：一种是每当寒冷或干旱季节来临时，全树的叶同时枯死脱落，仅存秃枝，这种树木称为落叶树，如悬铃木、栎、桃、柳、水杉等；另一种是在春季、夏季时，新叶发生后，老叶逐渐枯落，因此，落叶有先后，而不是集中在一个时期内，就全树看，终年常绿，这种树木称为常绿树，如茶、黄杨、樟、广玉兰、枇杷、松等。可见，落叶树和常绿树都要落叶，只是落叶的情况有差异罢了。

植物的叶经过一定时期的生理活动，细胞内产生大量的代谢产物，特别是一些矿物质的积累，引起叶细胞功能的衰退，渐次衰老，终至死亡，这是落叶的内在因素。落叶树的落叶总是在不良季节中进行的，这就是外因的影响。温带地区，冬季干冷，根的吸收困难，而蒸腾强度并不减低，这时缺水的情况也能促进叶的枯落。热带地区，旱季到来，环境缺水，也同样促进落叶。叶的枯落可大大减少蒸腾面，对植物有利，深秋或旱季落叶，可以看做是植物避免过度蒸腾的一种适应现象。

叶为什么会脱落？脱落后的叶痕为什么会那样光滑呢？这是因为在叶柄基部或靠近叶柄基部的某些细胞，由于其生物化学性质的变化，最终产生了离区。离区包括离层和保护层两个部分，见图 3-75。在叶将落时，叶柄基部或靠近基部的部分，有一个区域内的薄壁组织细胞开始分裂，产生一群小形细胞，以后这群细胞的外层细胞壁胶化，细胞成为游离的状态，支持力量变得异常薄弱，这个区域就称为离层。因为支持力弱，由于叶的重力作用，再加上风的摇动，叶就从离层脱落。有些植物叶的脱落，也可能只是物理性质的机械断裂。紧接在离层下就是保护层，它是由一些保护物质如栓质、胶质等沉积在数层细胞的细胞壁和胞间隙中形成的。在木本植物中保护层迟早为保护层下发育的周皮所代替，以后逐渐与茎的其他部分周皮相连接。保护层的这些特点，能避免水的散失和昆虫、真菌、细菌等的伤害。

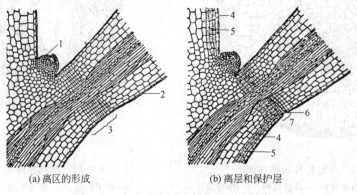

(a) 离区的形成　　　　(b) 离层和保护层

图 3-75　离区的离层和保护层结构示意图

1—腋芽；2—叶柄；3—离区；4—表皮；5—周皮；6—保护层；7—离层

科学研究已经发现，在植物体内存在一种内生植物激素，即脱落酸（ABA）。它是一种生长抑制剂，能刺激离层的形成，使叶、果、花产生脱落现象，它也能影响植物的休眠和生长发育。随着对脱落过程的深入研究，已经可以用化学物质控制落叶、落果等，这在农业生产上有着极大的实践意义，如机械采棉时，为避免叶片妨碍操作，用 3% 的硫氰化铵（NH_4SCN）或马来酰肼（MH）喷洒，能使叶脱落，以利采收。

五、叶的变态

1. 苞片和总苞

生在花下面的变态叶，称为苞叶。苞叶一般较小，绿色，但也有大的，呈各种颜色。苞片数多而聚生在花序外围，称为总苞。苞片和总苞有保护花芽或果实的作用。此外，总苞还有其他作用，如菊科植物的总苞在花序外围，它的形状和轮数可作为种属区别的根据；鱼腥草、珙桐具白色花瓣状总苞，有吸引昆虫进行传粉的作用；苍耳的总苞作束状，包住果实，上生细刺，易附着于动物体上，有利于果实的散布。

2. 鳞叶

叶的功能特化或退化成鳞片状，称为鳞片。鳞叶的存在有两种情况：一种是木本植物鳞芽外的鳞叶，常呈褐色，具茸毛或有黏液，有保护芽的作用，也称芽鳞；另一种是地下茎上的鳞叶，有肉质和膜质两类。肉质鳞叶出现在鳞茎上，鳞叶肥厚多汁，含有丰富的贮藏养料，有的可作食用，如洋葱、百合的鳞叶。洋葱除肉质鳞叶外，尚有膜质鳞叶包被。膜质鳞叶，如球茎（荸荠、慈姑）、根茎（藕、竹鞭）上的鳞叶，呈褐色干膜状，是退化的叶。

3. 叶卷须

由叶的一部分变成卷须状，称为叶卷须。豌豆的羽状复叶其先端的一些叶片变成卷须[图 3-76(a)]，菝葜的托叶变成卷须，这些都是叶卷须，有攀缘作用。

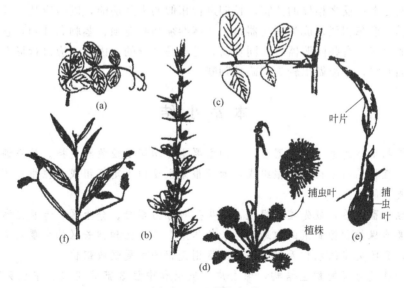

图 3-76 几种变态叶

(a) 豌豆的叶卷须；(b) 小檗的叶刺；(c) 刺槐的托叶刺；(d) 茅膏菜的植株及捕虫叶；
(e) 猪笼草的捕虫叶（叶柄的变态）；(f) 叶状柄（金合欢属）

4. 捕虫叶

有些植物具有捕食小虫的变态叶，称为捕虫叶。具捕虫叶的植物，称为食虫植物或肉食植物。捕虫叶有囊状（如狸藻）、盘状（如茅膏菜）、瓶状（如猪笼草）。

狸藻是多年生水生植物，生活于池沟中，叶细裂，和一般沉水叶相似。它的捕虫叶却膨大成囊状，每囊有一开口，并有一活瓣保护。活瓣只能向内开启，外表面具硬毛。小虫触及硬毛时，活瓣开启，小虫随水流入，活瓣又关闭。小虫等在囊内经壁上的腺体分泌消化液消化后，再由囊壁吸收。

茅膏菜的捕虫叶呈半月形或盘状［图 3-76(d)］，上表面有许多顶端膨大并能分泌黏液的触毛，能粘住昆虫，同时触毛能自动弯曲，包围虫体并分泌消化液，将虫体消化吸收。

猪笼草的捕虫叶呈瓶状［图 3-76(e)］，结构复杂，瓶顶端有盖，盖的腹面光滑而具蜜腺。通常瓶盖敞开，当昆虫爬到瓶口时，极易滑入瓶内，为消化液消化并被吸收。

食虫植物一般具叶绿体，能进行光合作用，在未获得动物性食料时仍能生存，但有适当动物性食料时，能结出更多的果实和种子。

5. 叶状柄

有些植物的叶片不发达，而叶柄转变为扁平的片状，并具有叶的功能，称为叶状柄［图 3-76(f)］。我国广东、台湾的台湾相思树，只在幼苗时出现几片正常的羽状复叶，以后产生的叶，其小叶完全退化，仅存叶状柄。

6. 叶刺

叶或叶的部分结构（如托叶）变成刺状，称为叶刺。叶刺腋（即叶腋）中有芽，以后发展成短枝，枝上具正常的叶。如小檗长枝上的叶变成刺，刺槐的托叶变成刺［图 3-76(b)、(c)］。

以上所述的植物营养器官的变态，就来源和功能而言，可分为同源器官和同功器官，它们都是植物长期适应环境的结果。同类的器官，长期进行不同的生理功能，以适应不同的外界环境，就可导致功能不同、形态各异，成为同源器官，如叶刺、鳞叶、捕虫叶、叶卷须等，都是叶的变态；反之相异的器官，长期进行相似的生理功能，以适应某一外界环境，就导致功能相同，形态相似，成为同功器官，如茎卷须和叶卷须、茎刺和叶刺，它们分别是茎的变态和叶的变态。有些同源器官和同功器官是不易区分的，因此，应进行形态、结构和发育过程的全面研究，才能做出较为精确的判断。

本 章 小 结

根系是植物重要的地下营养器官，它的主要生理功能是吸收和支持。根系通常分为直根系和须根系。直根系由主根和侧根组成，而须根系主要由不定根组成，侧根和不定根增强了根的吸收和支持能力。

从根的纵切面上看，最先端是根尖，根尖又可分为根冠、分生区、伸长区和成熟区 4 部分。根冠主要有保护和控制根的向地性生长的作用；分生区和伸长区的主要功能是促使根进入新的环境，吸收更多的水和无机盐；成熟区则是根的主要吸收部位。

成熟区的构造为根的初生结构，由表皮、皮层和中柱 3 部分组成。中柱又可分为中柱鞘、初生韧皮部、初生木质部和薄壁细胞等部分。水和溶解在水中的无机盐，被根表皮和根毛吸收后，通过皮层，经内皮层的选择，进入初生木质部的导管，最后运到植物体各部分。

根的次生结构是维管形成层和木栓形成层活动的结果。维管形成层由初生木质与韧皮部间的薄壁细胞以及中柱鞘细胞形成，它产生的次生韧皮部和次生木质部行使次生根的运输和支持功能，而木栓形成层由中柱鞘等形成，进一步产生周皮。侧根也起源于中柱鞘。

植物的主茎由种子的胚芽发育而来，侧枝则由腋芽产生。带有叶、芽的茎称为枝条。枝条上有节与节间、顶芽与侧芽以及皮孔等结构。芽根据位置、性质、结构和生理状态可分为各种类型。

　　茎依生长方式的不同，可分为缠绕茎、攀缘茎、匍匐茎和直立茎。茎也按一定方式进行分枝，常见的分枝有：单轴分枝、合轴分枝、假二叉分枝。茎产生分枝有利于在其上形成更大的光合面积，茎的不同生长习性有利于将叶分布到不同的空间，接受更多的阳光。

　　茎的前端为茎尖，茎尖分为分生区、伸长区和成熟区，其中成熟区的结构为茎的初生结构。双子叶植物茎的初生结构由表皮、皮层和维管柱组成。而维管柱又可分为维管束、髓射线和髓3部分。维管束由初生木质部、初生韧皮部和束内形成层构成。以后，束内形成层和部分髓射线细胞形成维管形成层，进而产生次生韧皮部和次生木质部，以行使茎的输导和支持功能。与此同时，表皮或皮层等细胞转变为木栓形成层，进而形成周皮，代替表皮行使保护功能。禾本科植物的茎由表皮、机械组织、基本组织和维管束组成。维管束内无形成层，不产生次生组织。

　　完全叶由叶片、叶柄和托叶组成。它的主要功能是光合作用和蒸腾作用。叶由茎尖的叶原基经顶端生长、边缘生长和居间生长发育而来。

　　叶在茎上的着生有一定次序，常见的叶序有互生、对生和轮生。叶有单叶和复叶两大类。复叶又有羽状复叶、掌状复叶、三出复叶和单身复叶之分。

　　从横切面上看，双子叶植物的叶片由表皮、叶肉和叶脉组成。表皮由表皮细胞和气孔器构成。叶肉是叶进行光合作用的部位，背腹型叶有栅栏组织和海绵组织之分。叶脉通过叶柄与茎的维管束相连，是叶运输水分和养料的结构。叶脉的结构与叶脉的大小有关。

　　禾本科植物叶由表皮、叶肉和叶脉组成，但表皮结构复杂，由长细胞、短细胞（硅细胞、栓细胞）、气孔器（保卫细胞和副卫细胞）以及泡状细胞等多种细胞构成。叶肉无海绵组织和栅栏组织之分，为等面叶。

　　叶的寿命因植物种类不同而异。从解剖角度看，落叶是叶柄基部产生离层，在离层形成后脱落，伤口被栓质化细胞所保护。

　　有些植物的根可行使不同的特殊功能，产生相应的变态，还有一些植物的根与细菌或真菌共生，形成根瘤或菌根。

　　茎有各种变态，按部位可分为地上茎变态和地下茎变态两大类，它们仍保留了茎的基本特点。

　　叶暴露于大气中，受环境的影响很大，它的结构因环境不同而发生变化，同时还形成了不同种类的变态叶。

思　考　题

一、名词解释

　　根系　须根系　平周分裂　凯氏带　初生生长　不定根　菌根　树皮　年轮　不定芽　髓射线　芽鳞痕　单轴分枝　合轴分枝　次生生长　顶端优势　无限维管束　有限维管束　束间形成层　等面叶　叶序　不完全叶　叶镶嵌　复叶　变态　苞片和总苞　同源器官　同功器官

二、填空题

　　1. 维管植物根尖的先端自下而上可分为_____、_____、_____和_____几个区域，其中_____区起到将根尖向土层深处推进的作用。

　　2. 主根是由_____发育而来，侧根起源于_____。

　　3. 根的初生韧皮部发育的结果是_____在外，_____在内，这种发育方式为_____式。

4. 根的维管柱由维管柱鞘、_____ 和 _____ 几大部分组成。

5. 茎和根在外形上的主要区别是茎上具有 _____，而根上却无 _____。

6. 着生叶的茎称为 _____。着生在枝条上一定位置的芽叫 _____。在老的茎、根或叶片等部位长出的芽称为 _____。

7. 农林业生产实践中常利用植物能形成 _____ 特性来进行营养繁殖。

8. 髓射线是 _____ 间的 _____ 组织，由 _____ 发育而来，又称为 _____ 射线，具有 _____ 和 _____ 作用。

9. 植物的 _____ 发育占优势，从而抑制 _____ 发育的现象叫顶端优势。

10. 黄麻是纺织工业的重要原料，它取自黄麻植物茎中的 _____。

11. 温带地区的树木其维管形成层细胞的分裂受气温变化影响很明显。秋季气温降低，营养物质 _____，维管形成层细胞 _____ 减慢，所产生的木质部细胞 _____、_____ 厚，因此，木材质地 _____，颜色 _____，这样的木材叫做秋材。

12. 木材横断面一个个同心圆环叫做 _____，愈接近圆心部分的木材其年龄 _____。

13. 茎的主要分枝方式有 _____ 和 _____ 两种，禾本科植物的分枝方式称 _____。

14. 叶序的类型一般有 _____、_____ 和 _____ 3种。

15. 落叶的原因是由于在 _____ 的部位形成了 _____。

16. 在野外识别双子叶和单子叶植物时可依据：前者的叶常具 _____ 脉序，而后者的叶常具 _____ 脉序。

17. 叶柄的结构与幼茎的结构大致相似，由 _____、_____ 和 _____ 3部分组成。

18. 三回羽状复叶，即叶轴分枝 _____ 次，再生小叶。

19. 叶的变态主要有6种：_____、_____、_____、_____、_____ 和 _____。

20. 一株萝卜只产生一个肉质直根，一株甘薯可产生好几个块根，这是因为后者由 _____ 发育而成。

21. 马铃薯的薯块是 _____ 的变态，而甘薯（红薯）的地下膨大部分是 _____ 的变态。

三、不定项选择题

1. 侧根产生于主根的 _____。

A. 形成层　　　　　　　　　　　B. 内皮层
C. 维管柱鞘　　　　　　　　　　D. 木质部与韧皮部之间的薄壁细胞

2. 玉米近地面的节上产生的根为 _____。

A. 主根　　　　B. 不定根　　　　C. 侧根　　　　D. 气生根

3. 根的吸收作用主要在 _____。

A. 根冠　　　　B. 分生区　　　　C. 根毛区　　　　D. 伸长区

4. 细胞分裂产生的子细胞新壁与该细胞所在部位的半径相平行，此细胞分裂称 _____。

A. 平周分裂　　B. 切向分裂　　　C. 横向分裂　　　D. 径向分裂

5. 根部的维管形成层产生之初为 _____。

A. 波状　　　　B. 环状　　　　　C. 条状　　　　D. 圆形

6. 卷心菜、大白菜、椰菜等植株之所以呈座状是因为 _____。

A. 具地下茎　　B. 茎仅具一个节　　C. 无茎　　　D. 节间极短

7. 根据原套原体学说，组成原套的细胞 _____。

A. 只进行平周分裂　　　　　　　B. 只进行垂周分裂
C. 只进行横向分裂　　　　　　　D. 既进行垂周分裂又进行平周分裂

8. 茎中初生射线是指 _____。

A. 韧皮射线　　B. 木射线　　　　C. 维管射线　　　D. 髓射线

9. 树皮剥去后，树就会死亡，这是因为树皮中不仅包括周皮，还包括有 _____。

A. 次生木质部　　　　　　　　　　B. 次生韧皮部

C. 木栓形成层　　　　　　　　　　D. 栓内层　　　　E. 射线原始细胞

10. 木本植物的茎由外向内的结构依次是_____。

A. 髓、维管形成层、木质部、树皮　　B. 维管形成层、木质部、树皮、髓

C. 树皮、维管形成层、木质部、髓　　D. 树皮、木质部、维管形成层、髓

11. 暴风雨中的树木不易折断，主要原因是_____。

A. 木质部有大量木纤维　　　　　　B. 韧皮部有大量韧皮纤维

C. 具有分裂能力的形成层　　　　　D. 木质部中有大量导管

12. 将树木主干的树皮环割一圈后，最终会使用树木死亡，其原因是_____。

A. 根无法吸收水分、无机盐　　　　B. 水分、无机盐无法向上运输

C. 根得不到叶制造的有机物　　　　D. 叶不能制造有机物

13. 啃干甘蔗后剩下了蔗渣，其中的细丝是_____。

A. 维管束　　　B. 韧皮纤维　　　C. 木纤维　　　　D. 导管

14. 下列哪种植物的食用部分是茎_____。

A. 胡萝卜　　　B. 萝卜　　　　C. 荸荠　　　　D. 甘薯

15. 有限外韧维管束存在于_____。

A. 蕨类植物茎　B. 双子叶植物茎　C. 裸子植物茎　　D. 单子叶植物茎

16. 异面叶与等面叶最大的差别在于_____。

A. 表皮有无气孔　　　　　　　　　B. 叶肉有无栅栏组织与海绵组织的分化

C. 有无角质层　　　　　　　　　　D. 上、下表皮毛状物的有无及多少不同

17. 当气候干燥炎热时，许多禾本科作物叶片常内卷成筒状，但到晚上即恢复，这主要是_____活动的结果。

A. 上表皮的长细胞　　　　　　　　B. 下表皮的气孔器

C. 叶肉细胞　　　　　　　　　　　D. 上表皮的泡状细胞

18. 禾本科植物的叶片和叶鞘相接处的腹面有一膜质向上突出的环状物，称_____。

A. 叶舌　　　　B. 叶枕　　　　C. 叶耳　　　　D. 叶环

19. 肉质植物属于_____。

A. 水生植物　　B. 旱生植物　　　C. 阴地植物　　　D. 耐阴植物

20. 食用的红薯是_____。

A. 块根　　　　B. 块茎　　　　C. 肉质根　　　　D. 根状茎

21. 马铃薯的食用部分是_____发育而来的。

A. 顶芽　　　　B. 腋芽　　　　C. 不定芽

22. 葡萄是合轴分枝，它的卷须是由_____变态的。

A. 顶芽　　　　B. 腋芽　　　　C. 不定芽

23. 生姜属于_____变态。

A. 根　　　　　B. 茎　　　　　C. 叶　　　　　D. 果

24. 马铃薯的块茎上凹陷处具有_____。

A. 定芽　　　　B. 不定芽　　　C. 叶状茎　　　　D. 不定根

25. 下列一组属于同源器官的是_____。

A. 马铃薯和红薯　　　　　　　　　B. 葡萄和豌豆的卷须

C. 月季和仙人掌上的刺　　　　　　D. 莲藕和荸荠

26. 仙人掌上的刺是_____。

A. 茎刺　　　　B. 皮刺　　　　C. 叶刺

四、判断题（对的打"√"，错的打"×"）

1. 初生木质部的成熟方式在根中为外始式。　　　　　　　　　　　　（　　）

2. 从老根上长出的根叫定根。 （ ）

3. 菌根是细菌与种子植物共生的根。 （ ）

4. 侧枝与侧根的发育方式不同，前者为内起源，后者为外起源。 （ ）

5. 叶原基将来发育为叶，腋芽原基将来发育成枝。 （ ）

6. 茎的次生生长中，心材直径逐渐加大，而边材却相对保持一定的宽度。 （ ）

7. 植物幼茎之所以呈现绿色，是其表皮细胞含有叶绿体的缘故。 （ ）

8. 芽是枝条的原始体。 （ ）

9. 束间形成层和木栓形成层属于次生分生组织。 （ ）

10. 树皮是由木栓层、木栓形成和栓内层 3 种不同组织构成的。 （ ）

11. 一株植物只有一个顶芽，但可以有很多腋芽。 （ ）

12. 一些叶片也具有繁殖的功能。 （ ）

13. 落叶的树叫落叶树，不落叶的树叫常绿树。 （ ）

14. 盐肤木因五倍子蚜虫的寄生而在叶上产生五倍子是一种变态现象。 （ ）

15. 菟丝子的寄生根属不定根。 （ ）

16. 南瓜和葡萄的卷须都是茎卷须。 （ ）

17. 成熟的大蒜主要食用部分是肥大的腋芽。 （ ）

18. 食虫植物捕虫的结构是变态的叶。 （ ）

五、问答题

1. 根有哪些功能？根是怎样吸收水分和无机盐的？

2. 根有多种用途可供人类利用，就食用、药用、工业原料等方面举例说明。

3. 主根和侧根为什么称为定根？不定根是怎样形成的？它对植物本身起何作用？

4. 根系有哪些类型？环境条件如何影响根系的分布？

5. 根尖分为哪几个区？各区的特点如何？

6. 当根尖在生长时，根冠的细胞由于和粗的土粒接触而剥落，解释为什么根冠在生长多年后却仍然存在。

7. 尽管根毛细胞和根的其他细胞比较，并没有更大的吸收水分的能力，说明为什么根毛在吸收水分方面却比根的其他表皮细胞更重要？

8. 为什么雨水通常不能为植物的气生部分直接吸收，而必须进入土壤中由根毛来吸收？

9. 为什么水生植物一般不具根毛？

10. 平周分裂和垂周分裂有何区别？它们在形成的新壁面和排列上区别如何？不同的分裂对植物的加厚、增粗和伸长的影响如何？

11. 由外至内说明根成熟区横切面的初生结构。

12. 内皮层的结构有何特点？对皮层与维管柱间的物质交流有何作用？

13. 根内初生木质部与初生韧皮部的排列如何？什么是木质部脊？它的数目有什么变化？

14. 侧根是怎样形成的？简要说明它的形成过程和发生的位置？

15. 根内形成层原来为波状的环，以后怎样会变为圆形的环？说明根次生结构的形成过程。

16. 切有花生幼根幼芽的两张未贴标签的玻片标本弄混了，你有办法区分它们吗？

17. 根内木栓形成层从何发生？

18. 何谓共生现象？豆科植物的根瘤形成在农业生产实践上有何重要意义？

19. 什么是菌根？它和植物的关系如何？举例说明几种主要的类型。

20. 茎有哪些主要功能？

21. 什么是芽？芽与主干和分枝的发生有什么关系？

22. 根据芽的各种特征，列出有关芽的分类简表。

23. 茎的生长方式有几种？其各自特点如何？

24. 什么是枝条？通常有哪些分枝的形式？了解分枝的形式对农业或园艺整枝修剪工作有什么意义？

举例说明。

25. 从杨树上切下一枝条，它生长已超过 3 年，说明怎样证明切下时它的年龄。

26. 什么是分蘖节？分蘖对于农业生产有什么意义？

27. 试比较茎端和根端的分化过程在结构上的异同。

28. 叶和芽是怎样起源的？

29. 什么是维管束、维管柱、维管组织和维管系统？各有什么特点？

30. 初生木质部和初生韧皮部在结构上各有何特点？

31. 百年古树的茎中空了，还能存活吗，为什么？

32. 用植物学观点解释下列现象：在树干上钉一标记，十年后树长高了，标记位置没有改变。

33. 单子叶植物的茎在结构上有何特征？和双子叶植物的茎有何不同？

34. 为什么竹材可作建筑材料？在结构上竹茎有哪些特点？

35. 详述茎中形成层活动和产生次生结构的过程。

36. 什么是原始细胞？纺锤状原始细胞和射线状原始细胞在形态和分裂性质上有何不同？

37. 形成层的周径怎样扩大？有什么意义？

38. 年轮是怎样形成的？它如何反映季节的变化？

39. 解释早材、晚材、心材、边材等名词。

40. 当树木生长逐渐老了，在厚度上增加较快的是心材还是边材？

41. 在一张木材切片上，从解剖特点上如何分辨它们的 3 种切面？

42. 软木塞是植物茎上什么部分制成的？它有哪些特点适合作为瓶塞、隔音板等材料？

43. 一棵树的茎干开裂，为了挽救它，是放一个金属栓穿过茎干，还是用一根金属带围绕着茎干，解说应该用哪种方法较好？

44. 一棵"空心"树为什么仍能活着和生长着？

45. 蒸腾作用的意义是什么？植物本身有哪些减低蒸腾的适应方式？

46. 典型的叶通常包括哪些部分？禾本科植物叶的外形特征如何？

47. 叶片、叶尖、叶缘和叶基有哪些形态和类别？

48. 平行脉和网状脉有何不同？举例说明。

49. 怎样区别单叶和复叶？

50. 解释叶序、叶镶嵌、叶枕、叶环等名词。

51. 叶在茎上的排列有哪些方式？

52. 叶的表皮细胞一般透明，细胞液无色，这对叶的生理功能有何意义？

53. 等面叶和异面叶有何不同？

54. 气孔可分为哪些主要类型，各有什么特点？

55. 一般植物叶下表面上气孔多于上表面，这有何优点？沉水植物的叶上为什么往往不存在气孔？

56. C_3 植物和 C_4 植物在叶的结构上有何区别？

57. 松针的结构有哪些特点？

58. 什么是离层和保护层？离层与落叶有何关系？落叶对植物本身有何意义？

59. 为什么说"根深叶茂"？举例说明其间的相互关系。

60. 解释枝迹、枝隙、叶迹、叶隙等名词。

61. 为什么根和茎之间存在着过渡区？

62. 什么是"顶端优势"？在农业生产上如何利用？举例说明。

63. 什么是营养器官的变态？变态和病态有何区别？

64. 变态的营养器官主要具有贮藏的作用？它们在实用上的价值如何？试举例说明。

65. 胡萝卜和萝卜的根在次生结构上各有何特点？

66. 甜菜的额外形成层是怎样发生的？

67. 肥大的直根和块根在发生上有何不同？

68. 如何从形态特征来辨别根状茎是茎而不是根？

六、填图题

按图上的标号，写出相应的结构。

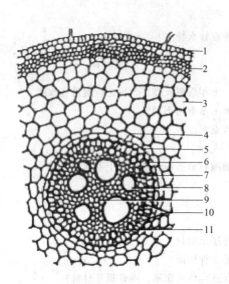

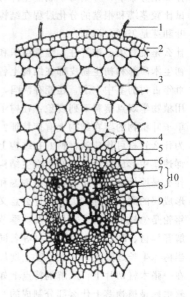

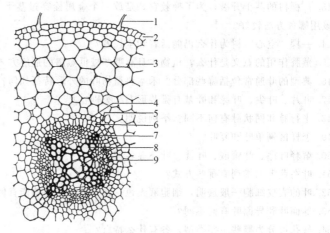

第四章 植物的生殖器官

学习目标

掌握被子植物花器官的发生和形成，花器官的结构，开花、传粉和受精作用及受精作用后花各部分的变化，以及果实和种子的形成、结构及类型。重点掌握雄蕊和雌蕊的发育与构造。

被子植物从发芽出苗开始，首先进行根、茎、叶等营养器官的生长，经过一段时间的营养生长后，当营养体长到一定大小，内部达到一定生理状态时，感受一些特殊的外界条件形成花芽，以后经过开花、传粉、受精作用，产生果实和种子，繁衍后代。花、果实和种子与植物的生殖有关，所以称为生殖器官，同时果实和种子又是很多农作物的主要收获对象。因此，了解被子植物生殖器官的形态、结构和发育过程，对提高作物产量、发展农业生产具有重要意义。

第一节 花的发生及组成部分

在自然界中，除种子植物之外，其他植物是不开花的，所以，种子植物又称为显花植物或有花植物。花是由花芽发育而成的。

一、花芽的分化

花和花序由花芽发育而来。植物在营养生长阶段，茎尖分生组织（生长锥）主要形成叶原基和腋芽原基，构成地上部的枝叶系统。当植物体长到一定大小或一定的年龄时，在光照、温度、营养条件等因素的调节刺激下，芽的分化发生质的变化，茎尖的分生组织不再分化成叶原基和腋芽原基，而分化成花原基或花序原基。将植物从花原基或花序原基的发生到花或花序的分化过程叫做花芽分化。

花芽分化时，顶端分生组织在形态上、组织结构上、生理上都发生很大变化。一般在形态学上的变化是表面积明显增大、生长锥稍有伸长、基部加宽呈圆锥形。如果花芽将来发育成一朵花，茎尖将变得宽而扁平；如果花芽将来形成花序，茎尖则成半球形或形成圆锥状。

棉花花芽分化过程（图4-1）是：首先在生长锥外围分化出3个副萼原基，副萼原基增大迅速，将花的其他部分包被在内，形成一个三角形花蕾；在副萼增大的过程中，其内轮出现5个小突起为花萼原基，以后在花萼原基内部依次分化出花瓣原基和雄蕊原基，花的最中央分化成雌蕊原基。以后各原基继续分化发育形成花的各部分，从外到内依次为花萼、花

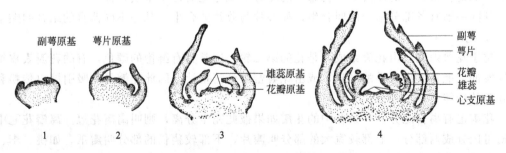

图4-1 棉花花芽分化过程

1—苞片原基的分化；2—花萼原基的分化；3—花瓣原基、雄蕊原基的分化；4—心皮原基的分化

冠、雄蕊群和雌蕊群。

禾本科植物如稻、麦茎尖生长锥分化成花及花序的过程叫做穗分化。

二、花的组成部分

被子植物的花通常由花梗（柄）、花托、花被、雄蕊群和雌蕊群等几个部分组成（图4-2）。花梗是枝条的一部分，花托是花梗顶端膨大的部分，有极短的节间，花萼、花冠、雄蕊、雌蕊都是叶的变态，所以花是适应有性生殖的变态短枝。

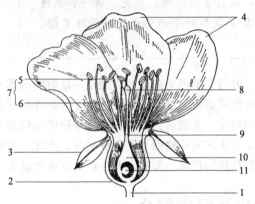

图4-2　花的组成部分示意

1—花梗；2—花托；3—花萼；4—花瓣；
5—花药；6—花丝；7—雄蕊；8—柱头；
9—花柱；10—子房；11—胚珠

（一）花梗与花托

1. 花梗

花梗又名花柄，是着生花的小枝，支持花朵并使其处于一定的方向，也是茎中营养向花输送的通道，当果实成熟时成为果柄。花梗长短因植物种类不同而有一定的差异，有的植物甚至没有花梗。

2. 花托

花托是花梗顶端膨大的部分，是花萼、花冠、雄蕊和雌蕊着生的部位。花托形状一般成平顶状或圆顶状，但因植物种类不同而有较大差异，如玉米的花托呈圆柱状，草莓的花托呈圆锥状，莲的花托呈倒圆锥状，蔷薇的呈壶状，柑橘的扩展呈盘形。

（二）花被

一朵花中的花萼和花冠合称花被。当花萼和花冠形态相似不易区分时，也可统称为花被，如百合、葱等植物的花。花被具有保护花蕊的作用。

1. 花萼

花萼位于花的最外轮，由萼片组成，通常绿色，当花未开放时有保护作用，同时可进行光合作用。但有些植物的花萼有鲜艳的颜色，叫瓣状萼，如白头翁的为淡紫色。

萼片彼此完全分开的叫离萼，如油菜，茶等；萼片部分或全部联合的叫合萼，如棉花、烟草等，在合萼中，合生的部分叫萼筒，分离的部分叫萼齿或萼裂片。有些植物有两轮花萼，外轮叫副萼，也可看做为苞片，如棉花；一般植物开花后形成果实时，萼片即脱落，这种现象叫早落；但有些植物的花萼可保留到果实成熟，称宿存，如茄、辣椒等；有一些植物萼筒下端向一侧延伸成管状叫距（也适用于花冠），如凤仙花、飞燕草等；花萼变成毛状叫冠毛，如菊科植物中的蒲公英、鸦葱等的花萼变成冠毛有助于果实传播。

凡同一器官各部分结合的叫合生，如萼片与萼片的合生；凡是不同器官的结合叫贴生。

2. 花冠

位于花萼内侧，由花瓣组成，是花的第二轮，通常具有鲜艳的颜色，有的花瓣表皮细胞含挥发油，能释放出芳香的气味，或由花瓣蜜腺分泌蜜汁，因此花瓣具有吸引昆虫传粉和保护花蕊的功能。

花瓣也有离合之分，一朵花中的花瓣如果彼此完全分离，则叫离瓣花冠。离瓣花冠中的花瓣可区分成两部分，上部较宽大的部分叫瓣片，下部较狭长的部分叫瓣爪，如桃、李、油菜、白菜、萎陵菜等植物的花均为离瓣花。

花瓣部分或全部联合的叫合瓣花冠。合瓣花冠也可分为两部分，下部合生的部分叫冠筒

（冠管），上部分离的部分叫花冠裂片，如牵牛、桔梗、南瓜、西红柿等植物的花为合瓣花冠。花冠的种类很多，根据花瓣数目、形状、离合状态以及花冠筒长短等特点，通常将花冠分为下列主要类型（图4-3）。

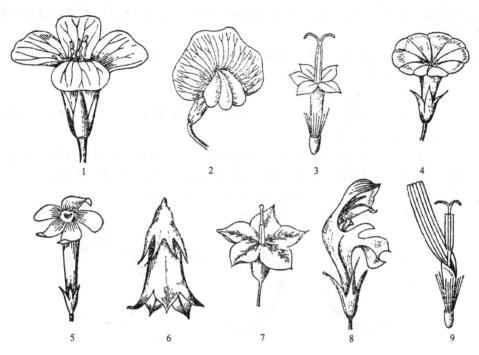

图 4-3　花冠的类型
1—十字形；2—蝶形；3—管状；4—漏斗状；5—蔷薇形；
6—钟状；7—辐状；8—唇形；9—舌状

（1）蔷薇形　花瓣5个（或5的倍数），分离，排成五角星形，如桃、李、杏、樱桃、苹果等蔷薇科植物的花冠。

（2）十字形　花瓣4个，分离，排成十字形，如油菜、白菜、萝卜、甘蓝等十字花科植物的花冠。

（3）蝶形　花瓣5片，离生，外形似蝶。上面一瓣最大，位于外方，称旗瓣；侧面两瓣较旗瓣小，叫翼瓣；下面的两瓣形较小而下缘稍联合，形似龙骨，叫龙骨瓣。如大豆、豌豆等蝶形花亚科植物的花冠。

（4）漏斗状　花冠筒较细，成筒状，向上扩展成漏斗状，如牵牛、甘薯、田旋花等植物的花冠。

（5）钟状　花冠筒短而阔，上部扩大成钟形，如南瓜、党参、桔梗等植物的花冠。

（6）唇形　花瓣5片合生，略成两唇形，基部合生成花冠筒，上面两片合生成上唇，下部三片合生成下唇，如益母草、黄芩、紫苏等植物的花冠。

（7）筒（管）状　花冠大部分合生成筒状，花冠裂片向上伸展，如向日葵盘花、刺菜、菊花等菊科植物的花冠。

（8）舌状　花冠基部合生成一短筒，上部联合成扁平的舌状，如向日葵缘花、蒲公英、菊花等植物的花冠。

（9）轮（辐）状　花冠筒短，花冠裂片向四周扩展，形如车轮，如枸杞、茄、龙葵等植物的花冠。

3. 依花被情况对花分类

(1) 按花中花被的有无及其多少分

① 两被花　有花萼和花冠，如桃、油菜、花生。

② 单被花　缺少花萼或花冠，单被花中有的全作花萼状，如藜、甜菜；有的全作花冠状，如荞麦、百合。

③ 无被花　既无花萼又无花冠，如杨、柳、桦木等，又称为裸花。

④ 重瓣花　指花瓣层（轮）数增多的花，如月季。

(2) 按花被片大小、形状的对称情况分

① 辐射对称花　一朵花被片大小、形状相似，通过它的中心可切成 2 个以上的对称面，如桃、李、杏、油菜，这类花又叫整齐花。

② 两侧对称（左右对称）花　一朵花的花被片大小、形状不同，通过它的中心只能按照一定的方向切成 1 个对称面，如唇形花、蝶形花、舌状花等，又叫不整齐花。

③ 不对称花　通过它的中心 1 个对称面也切不出来，如美人蕉。

(3) 按花被片在花芽内的排列方式分（图 4-4）

图 4-4　花被排列方式

1—镊合状；2—旋转状；3—覆瓦状

① 镊合状　指各片边缘接触，但不覆盖，如西红柿、茄、铁线莲。

② 旋转状　花被各片以一边覆盖另一边而成回旋状，如棉、夹竹桃、栀子。

③ 覆瓦状　与旋转状相似，但在各片中，有 1 片或 2 片完全在外，另有 1 片或 2 片完全在内，其他为旋转排列。1 片在外的如樱草、山茶的花萼，紫草的花冠；两片在外的，如野蔷薇和油菜的花冠。

（三）雄蕊群

雄蕊群位于花冠内方，是一朵花中全部雄蕊的总体。每个雄蕊包括花丝和花药两部分。花丝通常是丝状，生于花托上，一方面支持花药，另一方面为花药输送营养；花药生于花丝顶端，有 2 个或 4 个花粉囊，内含大量花粉粒。

同一种植物雄蕊群的数目及类型是固定的，因此，雄蕊群是鉴别植物种类的重要依据。根据雄蕊的离合情况，可将雄蕊群分为离生雄蕊与合生雄蕊两大类型（图 4-5）。

1. 离生雄蕊

花中雄蕊各自分离的叫离生雄蕊。离生雄蕊中，雄蕊数目的多少常随植物种类的不同而有很大差异。有些植物雄蕊很多而无定数，如莲、桃、苹果等；有些植物雄蕊少而有定数，如垂柳 2 枚、小麦 3 枚、黄芩 4 枚、亚麻 5 枚、水稻 6 枚、石竹 10 枚。在植物分类学中，如果雄蕊数目在 10 枚以上，用∞表示，如果雄蕊数目在 10 枚以下，应写出具体数目。离生雄蕊中一朵花中的雄蕊长度大多相等，但有些植物中也存在雄蕊不等长而数目固定的特殊情况。

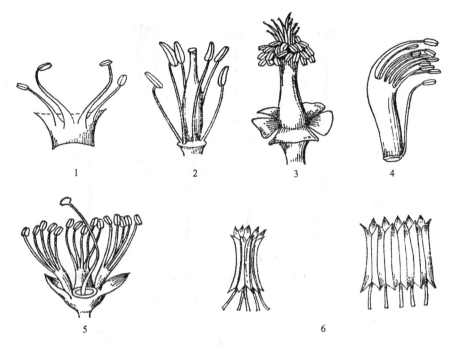

图 4-5　雄蕊的类型

1,2—离生雄蕊；3～6—合生雄蕊

1—二强雄蕊；2—四强雄蕊；3—单体雄蕊；4—二体雄蕊；5—多体雄蕊；6—聚药雄蕊

（1）二强雄蕊　一朵花中雄蕊 4 枚，其中 2 长 2 短，如益母草、芝麻等唇形科植物以及地黄等玄参科植物。

（2）四强雄蕊　一朵花中雄蕊 6 枚，其中 4 长 2 短，如白菜、甘蓝、萝卜等十字花科植物。

2. 合生雄蕊

花中的雄蕊部分或全部合生，常见的有如下几种。

（1）单体雄蕊　一朵花中的雄蕊多数，花丝下部合生成花丝筒，花丝上部及花药分离，如锦葵、棉、木槿等锦葵科植物。

（2）二体雄蕊　一朵花中雄蕊 10 枚，其中 9 枚合生成一束，另 1 枚单独成二体雄蕊，如大豆、花生、豌豆等蝶形花亚科的植物。

（3）多体雄蕊　一朵花中雄蕊多数，分成多束，如蓖麻、金丝桃等植物。

（4）聚药雄蕊　一朵花中花药合生，花丝分离，如向日葵、南瓜、红花等植物。

花药在花丝的着生方式可分为全着药、基着药、背着药、丁字药、个字药、广着药等；花药的开裂方式有多种，如纵裂、孔裂、瓣裂等（图 4-6）。

有些植物的雄蕊生于花冠上，称冠生雄蕊；有些植物的雄蕊花丝全部合生成一球状或圆柱形的管，称雄蕊筒（管）；有的植物雄蕊中无花药，或稍有花药而不具花粉粒，或仅具雄蕊残迹，称退化雄蕊（不育雄蕊），如鸭跖草；还有少数植物雄蕊发生变态，无花丝花药的区别，而呈花瓣状，如姜科、美人蕉科的一些植物。

（四）雌蕊群

一朵花中全部雌蕊的总称为雌蕊群，位于花的中央。雌蕊是由一个或数个变态叶组成的，构成雌蕊的变态叶叫心皮。每个雌蕊是由一个心皮的两缘向内卷合或数个心皮边缘联合而形成的，心皮边缘联合处叫腹缝线，心皮中央相当于叶片中脉的部位叫背缝线，胚珠着生

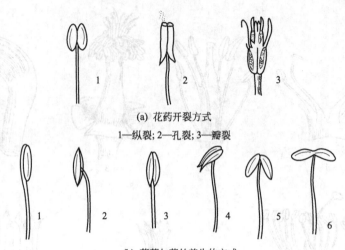

(a) 花药开裂方式

1—纵裂；2—孔裂；3—瓣裂

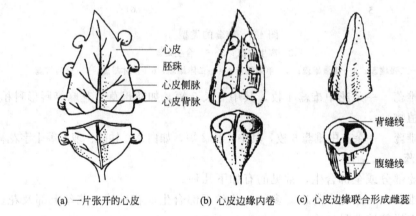

(b) 花药与花丝着生的方式

1—全着药；2—背着药；3—基着药；4—丁字药；5—个字药；6—广着药

图 4-6　花药的开裂及着生方式

心皮
胚珠
心皮侧脉
心皮背脉

背缝线

腹缝线

(a) 一片张开的心皮　　(b) 心皮边缘内卷　　(c) 心皮边缘联合形成雌蕊

图 4-7　心皮发育为雌蕊的示意图

（引自 Muller）

在心皮的腹缝线上，见图 4-7。

1. 雌蕊的组成

一个典型的雌蕊由柱头、花柱和子房三部分组成。

（1）柱头　位于雌蕊的顶部，是接受花粉的地方。常有各种形状，如圆盘状、乳头状、星状、羽毛状等。

（2）花柱　是柱头到子房的狭长部分，通常为圆柱形，是花粉管进入子房的通道。花柱长短变化很大，如玉米的花柱细长如丝；莲的花柱极短；罂粟、木通常不具备花柱，柱头直接生于子房的顶端。

（3）子房　是雌蕊基部膨大的部分，子房的外壁为子房壁，内腔叫子房室，有1室或多室，每室有1个或多个胚珠。完成受精作用后，整个子房发育成果实，子房壁发育成果皮，胚珠发育为种子。

2. 雌蕊的类型

根据雌蕊中心皮的数目及离合情况，将其分为下列几种类型（图 4-8）。

（1）**单雌蕊**［图4-8(a)］　一朵花中1个雌蕊，由1个心皮组成，子房1室，胚珠1至多枚，如桃、杏仅1个胚珠，蚕豆、菜豆、刺槐有多个胚珠。

（2）**离生单雌蕊**［图4-8(b)］　一朵花中有2枚以上彼此分离的雌蕊，每1个心皮形成1个雌蕊，所以一朵花结多个果实，每个子房室有胚珠1至多个，如铁线莲、萎陵菜、八角茴香、玉兰等。

（3）**合生心皮雌蕊（复雌蕊）**［图4-8(c)］　一朵花中有2至多个心皮相互联合而成1个雌蕊。合生心皮雌蕊中各心皮的合生程度不同，有的仅子房合生，花柱及柱头分离，如梨；有的子房和花柱处合生，柱头分离，如南瓜、向日葵；有的全部合生，如油菜、茄。

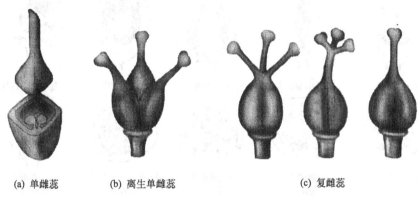

(a) 单雌蕊　　　　(b) 离生单雌蕊　　　　　　(c) 复雌蕊

图 4-8　雌蕊的类型

3. 子房的位置

子房着生于花托上，与花其他部分（花萼、花冠、雄蕊群）的相对着生位置以及和花托的合生情况常因植物种类不同而异，常见的有上位子房、中位子房（半下位子房）和下位子房3种类型（图4-9）。

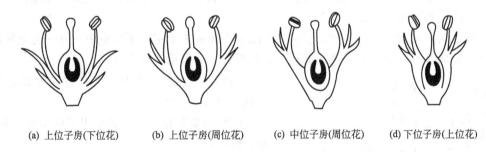

(a) 上位子房(下位花)　(b) 上位子房(周位花)　(c) 中位子房(周位花)　(d) 下位子房(上位花)

图 4-9　子房位置的类型

（1）**上位子房**　子房仅以底部着生在花托顶端，花的其他部位在花托上的着生方式有两种情况。

① 花托扁平，花萼、花冠、雄蕊群着生位置低于子房，这种花称上位子房下位花，如油菜、玉兰、棉、大豆。

② 花托向上扩展成杯状花筒，但不与子房愈合，花萼、花冠和雄蕊群着生在杯状花托边缘，环绕于子房周围，这种花称上位子房周位花，如桃、李、梅。

（2）**中位（半下位）子房**　子房下半部陷生于花托中并与之愈合，花萼、花冠和雄蕊区群生于子房周围，这种花叫中位子房周位花，如马齿苋、甜菜、桔梗。

（3）**下位子房**　子房全部陷于花托中并与之愈合，花萼、花冠和雄蕊群生于子房以上的花托周围，这种花叫下位子房上位花，如黄瓜、苹果、栝楼。

4. 胎座

胚珠在子房中着生的位置叫胎座，通常着生于心皮的腹缝线上。由于构成子房的心皮数目和心皮的连接情况以及胚珠着生的部位不同，形成了不同类型的胎座，现介绍如下（图4-10）。

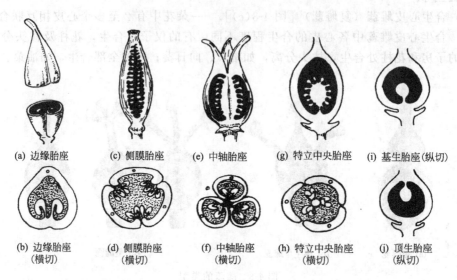

(a) 边缘胎座   (c) 侧膜胎座   (e) 中轴胎座   (g) 特立中央胎座   (i) 基生胎座(纵切)

(b) 边缘胎座
（横切）   (d) 侧膜胎座
（横切）   (f) 中轴胎座
（横切）   (h) 特立中央胎座
（横切）   (j) 顶生胎座
（纵切）

图 4-10 胎座的类型

（1）边缘胎座 单雌蕊，子房 1 室，胚珠着生于腹缝线上，如豆类。

（2）侧膜胎座 复雌蕊，子房 1 室或假数室，胚珠着生于心皮边缘，如油菜（假 2 室）、西瓜、黄瓜。

（3）中轴胎座 数个心皮边缘内卷集于中央形成中轴，将子房分成数室，胚珠着生于中轴上，如棉、西红柿、苹果、百合。

（4）特立中央胎座 复雌蕊，子房的分隔消失而成为 1 室，子房室中央有一向上伸出但未达到子房顶部的短轴，胚珠着生于其上，如石竹、马齿苋、报春花。

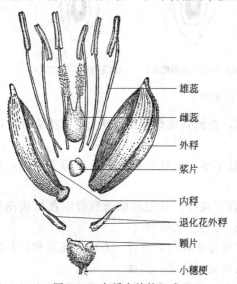

雄蕊

雌蕊

外稃

浆片

内稃

退化花外稃

颖片

小穗梗

图 4-11 水稻小穗的组成

（5）基生胎座 胚珠着生于子房基部，如紫茉莉、向日葵、大黄。

（6）顶生胎座 胚珠着生于子房顶部，如桃、桑、榆、梅。

三、花的结构特点

禾本科植物在人类生活中具有极其重要的经济价值，但是花的结构比较特殊，不具有美丽的色彩及具有香气的花被，而是退化成膜片状或鳞片状。

水稻、小麦、玉米、高粱、粟等禾本科植物的花，与一般双子叶植物的花组成不同，花的最外面有外稃和内稃。外稃中脉明显并延伸成芒，外稃内部有两枚膜质浆片（鳞片），外稃相当于花基部的苞片；内稃和浆片由花被退化而成。开花时浆片吸水膨胀，使内外稃撑开，花药和柱头露出稃外，有利于借风力传粉。每一小花中有雄蕊 3 枚或 6 枚，雌蕊 1 枚，柱头常二裂成羽毛状，便于接受花粉粒。

禾本科植物小穗由 1 对颖片（相当于花序下面的总苞片）和 1 至数朵小花组成，小花着生在颖片内侧，许多小穗集生成各种花序。

水稻的小穗有 3 朵小花，只有上部 1 朵小花能结实，下部 2 朵小花各退化成 1 枚外稃，颖片极为退化，仅保留两个小突起。结实小花有内外稃各 1 枚、雄蕊 6 枚、浆片 2 枚和雌蕊 1 枚，见图 4-11。

小麦的小穗常含 2～5 朵或更多的小花，小穗基部 2 枚颖片明显，每 1 小花有内外稃各 1 枚、浆片 2 枚、雄蕊 3 枚和雌蕊 1 枚，见图 4-12。

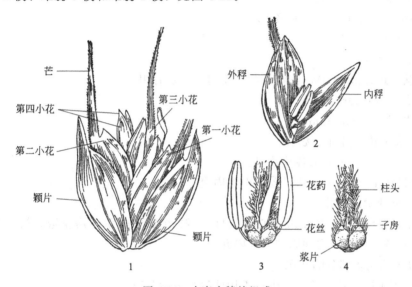

图 4-12 小麦小穗的组成

1—小穗；2—小花；3—雄蕊；4—雌蕊

四、植株性别及在生产中的意义

植株的性别是由生长在植株上的花的性别决定的。

1. 花的性别

根据花中雄蕊群和雌蕊群的状况将花的性别分为以下几种。

（1）两性花　一朵花中无论花被存在与否，雄蕊群和雌蕊群都存在而且充分发育的叫两性花，如油菜、小麦、白菜。

（2）单性花　一朵花中只有雄蕊或只有雌蕊存在而且充分发育的花叫单性花。只有雄蕊的叫雄花，只有雌蕊的叫雌花。如玉米、南瓜、桑、杨、柳。

（3）中性花（无性花）　一朵花中既无雌蕊又无雄蕊或两者发育均不完全的花叫中性花，如向日葵边缘的舌状花。

2. 植株性别

（1）雌雄同株　同一植株上既有雄蕊又有雌蕊的叫雌雄同株。雌雄同株的植物中，均为两性花的叫雌雄同株同花，如油菜、大豆、小麦等；雌蕊和雄蕊分别生于不同花中的叫雌雄同株异花，如玉米、南瓜、黄瓜。

（2）雌雄异株　雌花和雄花分别生于不同植株上的叫雌雄异株。其中仅具雄花的叫雄株，仅具雌花的叫雌株，如大麻、番木瓜、杨、柳、桑。

（3）杂性同株　一株植物上既有两性花，又有单性花的植物叫杂性同株，如芒果、荔枝。

了解花和植株的性别意义重大，如可进行植物有性杂交，发挥杂种优势；人工辅助授粉，提高结实率；作物及果树栽培中合理安排父母本的比例，提高产量，改善品质等。

五、花程式与花图式

（一）花程式

把花的形态结构用符号及数字列成类似数学方程式的形式来表示的叫花程式，花程式可以表明花各部分的组成、数目、排列、位置、花对称与否以及彼此间的关系。

1. 花的各部分简写字母

一般用花各部分拉丁文的前缀表示。

Ca　花萼（Calyx）。

Co　花冠（Corolla）。

P　花被（Perigonium），花萼与花冠无明显区别时用。

A　雄蕊群（Androecium）。

G　雌蕊群（Gynoecium）。

2. 数字表示花的各部分数目

1，2，3，4，5……表示各轮数目。

∞　数目在 10 个以上或数目较多而不固定。

0　该部分缺少或退化。

"G"右下角的第一个数字表示心皮数目，第二个数字表示子房室数，第三个数字表示每子房的胚珠数，各数字之间以"："隔开。

3. 符号表示花各部分的状况

（　）　表示同一花部彼此合生；不用此符号表示分离。

＋　表示同一花部的轮数或有显著区别。

－　表示子房位置，如 G 表示上位子房，$\overline{G}$ 表示子房下位，$\overline{\overline{G}}$ 表示子房中位（半下位）。

♂/♀　表示两性花。

♂　表示雄花。

♀　表示雌花。

↑　表示两侧（左右）对称（不整齐花）。

＊　表示辐射对称（整齐花）。

4. 花各部分的书写顺序

按照如下顺序书写：花的性别、对称情况、花各部分从外部到内部依次写 Ca、Co、A、G，并在字母右下角写明数字以及合生与否。

5. 花程式举例

梨花：♂/♀ ＊ $Ca_5 Co_5 A_\infty \overline{G}_{(5:5:2)}$

表示梨花为两性花；辐射对称；萼片和花瓣均 5 枚，分离；雄蕊多枚，分离；雌蕊为下位子房，5 心皮合生，5 个子房室，每室 2 枚胚珠。

大豆：♂/♀ ↑ $Ca_{(5)} Co_5 A_{(9)+1} \underline{G}_{(1:1:\infty)}$

表示大豆为两性花；两侧对称；花萼 5 枚，合生；花瓣 5 枚，分离；雄蕊 10 枚，9 个合生，1 枚分离成二体雄蕊；雌蕊为上位子房，1心皮构成 1 室子房，胚珠多枚。

（二）花图式

花图式是花的横切面简图，用以表示花各部分的轮数、数目、排列、离合情况。用圆圈表示花轴，通常在图的上方；用空心弧线图表示苞片，绘在图的下方；带有线条的弧线图表示花萼，位于图的最外层，由于花萼片的中脉明显，所以弧线的中部向外隆起突出；实心弧线表示花冠，位于图的第二层；雄蕊以花药横切图来表示，位于图的第三轮；雌蕊以子房横切图来表示，位于花的中央。注意各部分的位置、轮数、联合或分离情况，若联合则以虚线将其连接起来，见图 4-13。

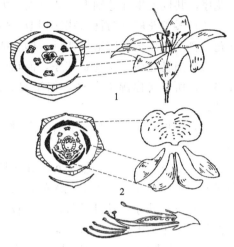

图 4-13 花图式和花图解
1—百合科的花；2—豆科的花和雄蕊

六、花序

花如单生于叶腋或枝顶端的叫单生花，如桃、杏、厚朴、芍药、莲等，但是大多数植物的花着生在分枝或不分枝的轴上，花在花序轴上有规律的排列方式叫花序。

花序中，支持每朵花的柄叫花梗（柄）；支持数朵花的花序轴分枝叫花序梗（柄）；整个花序的轴叫花序轴（总花轴）。如果花序轴自地表附近及地下茎伸出，不分枝，不具叶，叫花葶。如果花序轴上具多数花，除顶生小花外，每一小花下都有一个变态叶，叫苞片，集生于花序下的苞片叫总苞。

根据花在花轴上的排列方式和开放的先后顺序，将花序分为无限花序和有限花序两大类。

1. 无限花序

无限花序也叫向心花序。花序轴可以继续伸长，开花顺序从下向上或花序轴较短，开花顺序从外到内，这种花序叫无限花序，常见的有以下几种（图 4-14）。

（1）总状花序 花序轴较长，不分枝，其上着生花柄长短近相等的小花，如油菜、萝卜、地黄、荠菜。

（2）圆锥花序（复总状花序） 花轴分枝，每个分枝上分布总状排列的小花，整个花序呈圆锥状，如女贞、槐、高粱、玉米雄花。

（3）穗状花序 花序轴较长，不分枝，其上着生花柄短或无柄小花，如车前、牛膝、马鞭草。

（4）复穗状花序 花轴每一分枝分成穗

图 4-14 无限花序的类型
1—总状花序（洋地黄）；2—穗状花序（车前）；
3—伞房花序（梨）；4—柔荑花序（杨）；
5—肉穗花序（天南星）；6—伞形花序（人参）；
7—头状花序（向日葵）；8—隐头花序（无花果）；
9—圆锥花序（女贞）；10—复伞形花序（茴香）；
11—复穗状花序（小麦）

状花序，共同着生在总轴上，如小麦、大麦、香附。

（5）柔荑花序　与穗状花序相似，但花序轴较软，不能直立，其上着生的全为单性花，开花后整个花序全部脱落，如杨、柳、胡桃。

（6）肉穗花序　似穗状花序，但花序轴肉质肥大，成棒状，花序外常包一大型苞片，称佛焰苞，所以又称佛焰花序，如半夏、天南星、马蹄莲。玉米的肉穗状花序由多数总苞包被。

（7）伞形花序　花序轴顶端生许多花柄近等长的小花，状如张开的雨伞，如人参、五加、葱等。

（8）复伞形花序　花轴上每个花序梗再生出伞形花序叫复伞形花序，第二回生出的伞形花序叫小伞形花序，小伞形花序的花梗叫伞梗或伞辐，如茴香、白芷、胡萝卜。

（9）伞房花序　花轴较长而不分枝，花轴下部花柄长，上部花柄短，使所有的小花排在近似的一个平面上，如苹果、梨。

（10）复伞房花序　伞房花序轴上的每个花梗再形成一个伞房花序，如花楸、华北绣线菊。

（11）头状花序　花轴短而膨大成盘状或头状，其上着生很多无柄小花，如合欢、含羞草、向日葵。

（12）隐头花序　花序轴顶端膨大，中间凹陷，许多无柄或短柄小花全被花序轴包成囊状，如无花果、薜荔、榕树。

2. 有限花序

有限花序也叫离心花序、远心花序或聚伞花序，形态上属于合轴分枝方式，花序顶端不能继续生长，很快分化成花，花从花序轴顶端（上部）依次向下开放或从中心向四周开放，有下列几种类型（图4-15）。

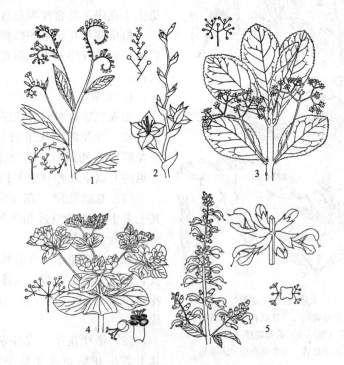

图 4-15　有限花序的类型

1—单歧聚伞花序（琉璃草）；2—蝎尾状聚伞花序（唐菖蒲）；3—二歧聚伞花序（大叶黄杨）；

4—多歧聚伞花序（泽漆）；5—轮伞花序（留兰香）

（1）单歧聚伞花序 主轴顶端先生一花，其下一个侧芽萌发后顶生一花，侧轴上再产生一个侧轴，也生一花，如此方式连续形成单歧聚伞花序。如果侧轴依次一左一右交互出现，叫蝎尾状聚伞花序，如鸢尾、姜、唐菖蒲；如果侧轴只向一侧生长，形成卷曲状，叫镰状聚伞花序或螺旋状聚伞花序，如琉璃草、紫草、附地菜、聚合草。

（2）二歧聚伞花序 花序轴顶生 1 花后，在花下面的一对侧芽同时萌发成两个侧轴，每一侧枝也形成 1 花，如此连续反复形成分枝，如大叶黄杨、石竹、卫茅、王不留行。

（3）多歧聚伞花序 花序轴顶端生 1 花后，其下同时生出数个侧轴，侧轴顶生 1 花，花梗长短不一，节间极短，外形上似伞形花序，但中心花先开，如大戟、泽漆、甘遂、猫眼。

（4）轮伞花序 聚伞花序生于茎枝对生叶的叶腋中，花序轴及花梗极短，呈轮状排列，如益母草、薄荷、留兰香。

第二节 花药和花粉粒的发育和构造

花药是雄蕊的主要组成部分，在花芽分化过程中，雄蕊原基经过分裂、生长和分化，体积逐渐增大，以后顶端发育成花药，基部伸长形成花丝。花丝的结构较简单，外为一层表皮细胞，内为薄壁细胞，中央有一维管束自花托经花丝通入花药的药隔，花丝在开花前一般不伸长，开花时以居间生长的方式迅速伸长，将花药送出花外，以利散粉。花药通常有 4 个花粉囊（棉花为 2 个），花粉囊是产生花粉粒的地方，内含大量花粉粒。花药的中部为药隔，除表皮外，有很多薄壁细胞，中央有一维管束自花丝通入，药隔支持并连接着花粉囊，并供应花药发育所需要的营养。当花粉粒成熟后，花粉囊壁破裂，散出花粉粒。

一、花药的发育与构造

1. 花药的发育过程

花药由雄蕊原基顶端发育而成，早期是一团具有分裂能力的细胞。花药发育初期结构较简单，外为原表皮，以后发育成花药的表皮；内侧为基本分生组织，将来参与药隔和花粉囊的形成；近中央处逐渐分化出原形成层，它是药隔维管束的前身。以后这团组织的 4 个对称方位处的细胞分裂较快，使花药的横切面由原来的圆形逐渐变成具有 4 个棱角的花药雏体。花药雏体中央部分的细胞逐渐分裂、分化形成维管束和大量薄壁细胞，构成药隔。花药雏体4 个棱角处的表皮细胞内侧，分化出一个或几个纵列的孢原细胞，其细胞较大，细胞核也较大，细胞质浓厚，有较强的分裂能力（图 4-16）。

孢原细胞通过一次平周分裂形成内外两层细胞，外层为周缘细胞（壁细胞），内层为造孢细胞。

周缘细胞经过平周分裂和垂周分裂，产生呈同心排列的数层细胞，自外向内依次为药室内壁、中层和绒毡层，这 3 层细胞和表皮一起构成花粉囊壁。在花粉囊壁分化形成的同时，造孢细胞也进行分裂或直接发育为花粉母细胞，再进一步经减数分裂形成许多花粉粒。

药室内壁位于表皮内方，通常为一层细胞，初期含大量营养，在花药接近成熟时，细胞径向扩大，贮藏物消失，同时细胞壁除了和表皮接触的一面外，都发生斜纵向条纹状次生加厚，并木质化或栓质化，所以药室内壁在发育后期又称为纤维层，与花药的开裂有关。

中层位于药室内壁里面，通常由 1～3 层细胞组成，初期含各种营养，以后在花粉粒发育过程中逐渐消失。

绒毡层位于中层内侧，通常只有一层，与花粉囊内的造孢细胞直接毗邻。绒毡层细胞较大，初期为单核，以后核分裂完毕，常不伴随壁的形成，所以为双核或多核。其细胞质浓，

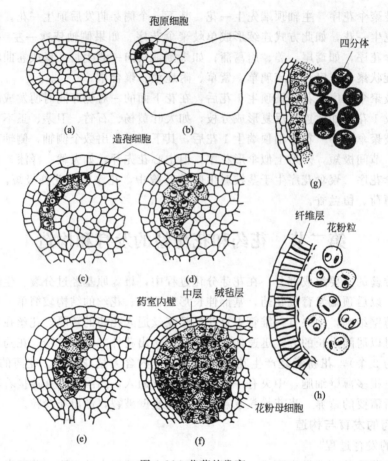

图 4-16 花药的发育

（a）未分化的幼小花药横切面；（b）幼期花药中，孢原细胞分化；（c）花药一角横切面，周缘细胞和造孢细胞分化；
（d）、（e）周缘细胞平周分裂形成多层花粉囊壁细胞，造孢细胞增殖；（f）花药内壁、中层、绒毡层分化，
花粉母细胞形成；（g）花粉四分体形成；（h）中层、绒毡层解体，花粉成熟
（引自 Shivanna 和 Johri）

含较多的 RNA、蛋白质和酶，并有油脂、类胡萝卜素等物质。绒毡层可为花分粒的发育提供营养物质和结构物质。一般认为，绒毡层细胞对花粉粒的发育和形成起重要的营养和诸多调节作用，所以绒毡层的功能失常，会导致花粉败育。花粉粒发育成熟时，绒毡层细胞解体消失。

2. 花药的构造

一个成熟的花药中央为药隔，包括药隔维管束和药隔薄壁细胞，两边各有 2 个（或 1个）花粉囊，横切面呈蝶形。每个花粉囊由花粉囊壁和花药室两部分组成，花粉囊壁包括表皮和纤维层，（有些植物在纤维层内有残存的中层或绒毡层。花粉囊内的空腔叫药室，在药室内有单核花粉粒、二核花粉粒或三核花粉粒（图 4-17）。

二、花粉粒的发育与构造

（一）花粉粒的发育

孢原细胞经过一次平周分裂产生的造孢细胞，经过多次分裂可形成许多花粉母细胞（小孢子母细胞），也有些植物如锦葵科植物的花粉母细胞是由造孢细胞直接发育而成的。花粉母细胞体积较大，细胞核也较大，细胞质浓厚，液泡不明显。花粉母细胞之间以及与绒毡层

之间有胞间连丝存在，彼此保持结构和功能上的联系。在中层和绒毡层逐渐解体消失的同时，花粉母细胞发育到一定的时期，便进入减数分裂阶段，经过减数分裂产生 4 个子细胞，每个子细胞的染色体数是母细胞的一半。最初这 4 个子细胞是连在一起的，叫四分体，见图 4-18，以后这 4 个子细胞相互分离，发育成单核花粉粒。

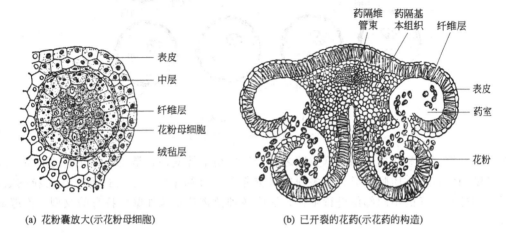

(a) 花粉囊放大(示花粉母细胞)   (b) 已开裂的花药(示花药的构造)

图 4-17　花药的构造

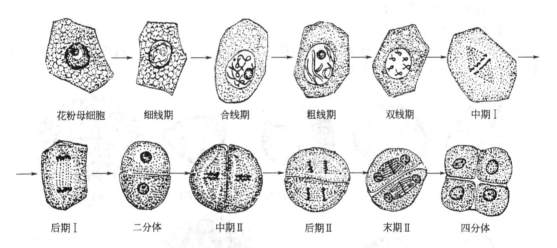

图 4-18　水稻花粉母细胞的减数分裂

　　最初，单核花粉粒体积小、壁薄，细胞质浓厚，核大位于中央（单核居中期），以后单核花粉粒吸收绒毡层的营养而长大，细胞质明显液泡化，逐渐形成大液泡，细胞核移向一侧（单核靠边期）。接着进行一次有丝分裂，先形成 2 个核，以后再进行一次不均等的细胞质分裂，在 2 个核之间形成弧形细胞壁，从而出现 2 个特殊细胞，其中靠近花粉粒壁一侧的细胞较小，叫生殖细胞，另一侧特大叫营养细胞，此期为二核花粉粒时期。被子植物中的绝大多数（约有 70%）植物发育到二核花粉粒时期，花粉囊壁破裂，释放花粉粒，进行散粉，在花粉管萌发的过程中，生殖细胞再进行一次分裂，产生 2 个精子。少数植物发育到二核期后，生殖细胞要再进行一次有丝分裂，形成 2 个精子，此时期称为三核花粉粒时期。二核花粉粒和三核花粉粒通常又称为雄配子体，精子则称为雄配子。见图 4-19。

　　花粉粒壁的发育开始于减数分裂结束后不久。减数分裂中，四分体和每一单核花粉粒的周围都要形成胼胝质（β-1,3-葡聚糖）壁。四分体形成以后，在每个单核花粉粒胼胝质壁的

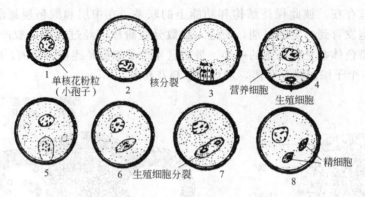

图 4-19　花粉粒的发育

1~8—显示花粉粒的发育顺序

内侧，有纤维素积累在质膜和胼胝质壁之间，形成初生外壁，它是花粉粒外壁的前身。随着初生外壁的发育，在质膜上形成许多圆柱状突起，穿过初生壁，垂直排列于花粉粒的表面。以后，圆柱状突起的不同部位进行生长，形成各种植物花粉粒外壁所特有的纹型、沟缝或萌发孔。

花粉粒外壁的内侧为内壁，它的发育先在萌发孔处开始，然后遍及外壁内侧。

（二）花粉粒的形态与构造

1. 花粉粒的形态

花粉粒的形状多种多样，有椭圆形、圆球形、三角形、四方形、五边形等各种形状。不同植物花粉粒的形态列举如图 4-20。

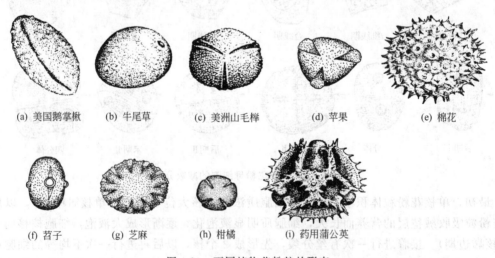

图 4-20　不同植物花粉粒的形态

[(a)、(b)、(c)、(i) 引自 Wodehouse；(d)、(e)、(f)、(g)、(h) 转引自曹慧娟]

2. 花粉粒的构造

成熟的花粉粒具有两层壁，外壁较厚而硬，其上有花纹及萌发孔，内壁较薄，膜质。壁内侧含 2~3 个细胞，即 1 个营养细胞和 1 个生殖细胞或 2 个精细胞。花粉粒的形状、大小、颜色、外壁的纹形特征、萌发孔的数目，随植物种类不同而有较大差异，一般同种植物该部位特征是固定的，因此可将花粉粒的形状、大小、颜色、外壁花纹、萌发孔等作为鉴别植物种类的依据。

三、花粉粒的寿命

花粉粒的寿命是指花粉粒的存活时间（也叫花粉粒的生活力）。花粉粒的存活时间和植物育种及栽培关系密切，所以花粉粒的寿命既取决于其自身的遗传性，又受环境影响。

在自然条件下，大多数植物的花粉粒能存活几天或几个星期。禾本科植物花粉粒的寿命更短，如水稻花粉粒在大田条件下仅 3min 已有 50％失去生活力，5min 后几乎全部丧失生活力。小麦花粉粒在田间条件下放置 5h 后，传粉结实率降低到 6.4％。棉花花粉粒的生活力在开花当天下午就显著下降，第二天上午基本都失去活力。

一般三核花粉粒如小麦、水稻花粉粒的生活力，低于二核花粉粒，表现出寿命短、不耐贮藏、对不良环境的适应性差等特点。

影响花粉粒生活力的主要环境因素是相对湿度、温度和空气成分。一般花粉粒在低湿（25％～50％相对湿度）、低温（0～10℃）、空气中二氧化碳含量较高、氧气含量较低时易贮藏，在高湿、高氧及高温条件下花粉粒易死亡。总的来说，凡是最大限度地降低代谢活动而又不损伤原生质的条件，都有利于花粉粒的保存。相反，花粉离体后，持续处于代谢活跃状态，由于失水、营养消耗等原因，花粉粒会很快丧失生活力。

花粉粒的寿命长短，对许多雌雄蕊异花或异株的植物尤其重要，生产中应想方设法延长花粉粒的寿命。除采取行之有效的措施，保证授粉的正常进行外，还应采取一些特殊的方法以保存花粉粒，延长其贮存期，如用低温、真空、充氮，甚至将花粉粒贮藏在液体空气（－192℃）或液态氧（－196℃）中，豌豆、西红柿、桃、李、杏、柑橘可贮存 1～3 年，首蓿的花粉在－21℃和真空下可贮存 11 年以上。所以了解花粉粒的寿命，在生产中采取各种措施延长花粉粒的寿命，在农业、林业生产中具有重要意义。

花药及花粉粒的发育过程总结归纳如下。

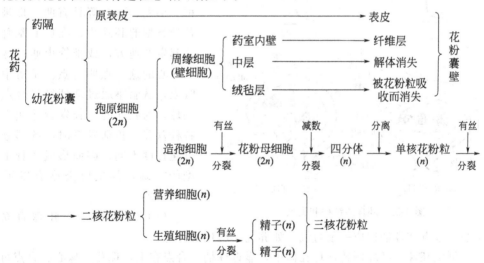

第三节　胚珠和胚囊的发育与构造

胚珠生于子房内壁的腹缝线上，完成受精作用后发育成种子。胚囊则生于胚珠内，在成熟胚囊中有卵细胞，所以胚珠和胚囊是一朵花的雌性生殖部分。

一、胚珠的发育与构造

一个成熟的胚珠由珠柄、珠被、珠心、胚囊、合点、珠孔等几部分组成，见图 4-21。

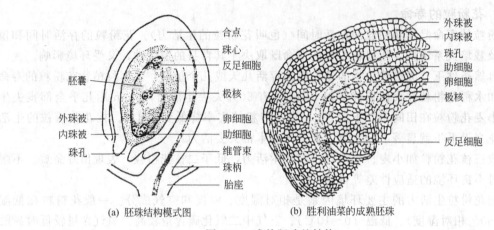

(a) 胚珠结构模式图   (b) 胜利油菜的成熟胚珠

图 4-21　成熟胚珠的结构

　　胚珠发生时，首先在胎座表皮下层的局部细胞进行分裂，产生一团突起，即胚珠原基，胚珠原基前端为珠心组织，它是胚珠中最重要的组成部分，有性生殖的胚囊将在珠心中发育，珠心的后端为珠柄。以后，由于珠心基部的细胞分裂加快，产生一圈突起，并向上扩展，将珠心包围起来，仅在前端留下一小孔，叫珠孔。包围珠心的部分叫珠被。珠被1～2层，向日葵、胡桃、西红柿等只有1层珠被，而大多数双子叶植物和单子叶植物如蓖麻、棉、白菜、甜菜、南瓜、梅、苹果、水稻、小麦、百合等具有两层珠被。在各种类型的胚珠中，在珠心基部，珠被起生的地方，或维管束通过珠柄进入珠心的这一点叫合点。子房中的维管束，从胎座通过珠柄经过合点进入胚珠，为胚珠的生长发育输送水分及各种营养。胚珠发育时，各部分生长分化程度不同，因而形成各种不同类型的胚珠，其主要类型有以下几种（图4-22）。

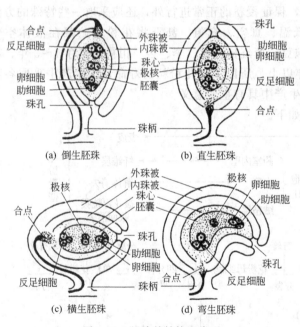

(a) 倒生胚珠   (b) 直生胚珠

(c) 横生胚珠   (d) 弯生胚珠

图 4-22　胚珠的结构和类型

　　（1）**直生胚珠**　胚珠直立，珠孔、珠心、合点和珠柄连成一条直线，如荞麦、胡桃的胚珠。

　　（2）**倒生胚珠**　胚珠倒转，珠孔向下，靠近珠柄，合点在上，珠孔、珠心、合点可连成直线且平行于珠柄，如菊、向日葵、瓜类、稻、麦等。

　　（3）**横生胚珠**　胚珠的一侧向上生长较快，胚珠横卧，珠孔、珠心、合点连成一直线，且垂直于珠柄，如花生、锦葵、梅等。

　　（4）**弯生胚珠**　胚珠下部直立，上部弯曲，珠孔朝下。珠孔、珠心、合点的连线不在一条直线上，而成弧形，如菜豆、蚕豆、柑橘、油菜等。

　　二、胚囊的发育与构造

　　胚囊在珠心中，当珠被开始形成时，由薄壁细胞组成的珠心内部发生了变化，在近珠孔端的珠心表皮下方出现一个细胞，体积较大，细胞质浓，核大而显著，叫孢原细胞。由孢原细胞进一步发育成胚囊母细胞，发育形式因植物种类不同而有差异。水稻、小麦、向日葵、百合等植物的孢原细胞不经分裂而直接长大成胚囊母细胞；而有些植物（如棉花等）其孢原细胞经过一次平周分裂形成 2 个细胞，外方的叫覆盖细胞（周缘细胞），内方的叫造孢细胞。覆盖细胞进行各方向分裂，产生多数细胞，参与珠被的形成，以后逐渐退化；造孢细胞则进一步发育成胚囊母细胞。

胚囊母细胞又叫大孢子母细胞，经过减数分裂形成 4 个子细胞（四分体）排成纵行，其中靠近珠孔的 3 个细胞常萎缩、退化、消失。远离珠孔的一个发育成单核胚囊，又叫大孢子（图 4-23）。

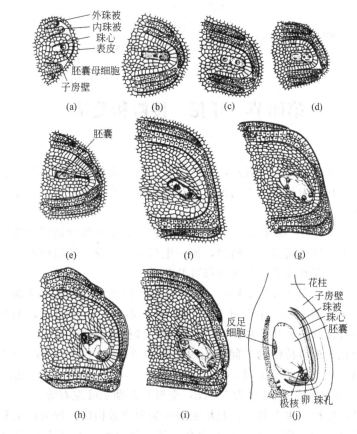

图 4-23　水稻胚囊的发育

(a) 内、外株被发育，胚囊母细胞形成；(b)、(c) 胚囊母细胞减数分裂的第一次分裂；(d) 减数分裂的第二次分裂；(e) 四分体的近株孔端 3 个细胞退化；(f) ～ (h) 2 核、4 核、8 核胚囊的形成；(i) 核胚囊的两端各有一核移向中央；(j) 子房纵切，示胚珠内的成熟胚囊

[(a)～(i) 引自戴伦焰；(j) 引自星川清亲]

单核胚囊细胞从珠心组织或已开始萎缩不育的细胞吸取营养，体积不断扩大，核也稍有增大。它经过 3 次连续的核有丝分裂，第一次分裂形成两个子核，移向胚囊两极，然后两核再进行一次分裂成 4 个核，再由 4 个核分裂成 8 个核，其中 4 个核在珠孔的一端，另 4 个核在合点的一端。以后，每端中的 4 个核各有 1 个核移向胚囊中央，互相靠拢，称为极核。随着核分裂的进行，胚囊体积迅速增大，尤其是沿纵轴扩展明显，最后各核之间产生细胞壁，形成细胞。珠孔端的 3 个核，中间 1 个分化为卵细胞，其余为助细胞。近合点端的 3 个核分

化成 3 个反足细胞，有些植物的极核，在受精前先融合，形成一个二倍体的中央细胞。至此，就由一个单核胚囊发育成 7 个细胞或 8 个核的成熟胚囊，也叫雌配子体，其中的卵细胞叫雌配子。

将胚囊的发育过程分解如下。

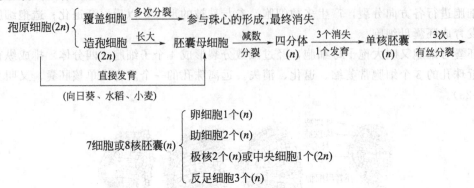

第四节　开花、传粉和受精

一、开花

花粉粒和胚囊（或两者之一）成熟，花被展开，使雌雄蕊暴露出来的现象叫开花。禾本科植物则称内外稃张开时为开花。不同植物开花的年龄、开花期长短、开花季节以及开花时间都有较大的差异。

一二年生植物一生只开一次花，结实后整株死亡；多年生植物达到开花年龄后，每年都可开花，可延续多年。竹虽属多年生植物，但一生只开一次花，花后便死亡。大多数植物在春夏季之间开花，有些花卉几乎一年四季都可开花。

一株植株，从第一朵花开放到最后一朵花开毕所经历的时间，称开花期。植物开花期长短常随植物种类而异，如水稻、小麦开花期约 1 周，梨、苹果 6～12d，油菜 20～40d，棉花、西红柿开花期可延续一至几个月，可可、柠檬、桉树可终年开花。

各种植物每朵花开放所持续的时间，也因植物种类而异。如小麦仅 5～30min，每天开花有两次高峰，第一次上午 9～11 时，第二次下午 3～5 时；水稻为 1～2h，每天的盛花期为 10～11 时；苹果为 3d，一个花序为 5～7d，全树开花期 10d 左右等。

了解植物的开花特性，更有利于在栽培实践中采取有效措施，提高产量和品质；在育种工作中，更好的通过调控花期，进行人工杂交，培育新品种；在花卉栽培中，控制环境因素，调控花期，达到终年开花美化环境的目的。

二、传粉

花粉粒传到雌蕊柱头上的过程叫传粉。

1. 传粉方式

传粉方式有两种：即自花传粉和异花传粉。

（1）自花传粉　成熟的花粉粒落到同一朵花的柱头上的过程叫自花传粉。典型的自花传粉为闭花授粉，农作物中的同株异花间和果树的同品种异株间的传粉，也被称为自花传粉。

（2）异花传粉　一朵花的花粉粒落到另一朵花的柱头上的过程叫异花传粉。在农林业中指不同株间的传粉，果树中指不同的品种间的传粉。

在自然界中，异花传粉是被子植物有性生殖最普遍的传粉方式，通常较自花传粉有更强的优越性。因为异花传粉中，卵细胞和精子在差别较大的环境中产生，遗传上有较大的差异，由它们接合产生的后代具有较强的适应性和生活力。自花传粉时，卵细胞和精子产生于基本相同的环境中，遗传上差异小，所产生的后代适应性和生活力都较差。如某些栽培植物长期连续地进行自花传粉，将会衰退成栽培价值很低的品种。可见，自花传粉无益，异花传粉有利于提高作物品质，这是自然界的一个普遍规律。

虽然自花传粉有害，是一种较原始的传粉方式，但自然界中仍存在不少的自花传粉植物。这是因为当异花传粉缺乏必要的传粉条件时，自花传粉则成为保证植物繁衍的特别适应形式并被保留下来，使种族得以延续。因此，自花传粉在某种情况下，仍具有重要意义。正如达尔文所说的，对植物来说，用自体传粉的方法来繁殖种子，总比不繁殖或繁殖少量的种子来得好些。

由于异花传粉有利，所以植物在长期进化过程中形成了很多适应异花传粉的特征。

2. 植物对异花传粉的适应

植物的花在结构上和生理上适合异花传粉的特征有以下几种。

（1）单性花　具有单性花的植物，自然是异花传粉。如雌雄同株的玉米、瓜类、蓖麻、胡桃、杨梅等；雌雄异株的如菠菜、大麻、桑、杨、柳、番木瓜、银杏等。

（2）雌雄蕊异熟　两性花中，有的是雄蕊先成熟，雌蕊后熟，不能有效地接受花粉，如向日葵、苹果、桑等；也有的是雌蕊先熟，当雄蕊成熟散粉时，花柱已枯萎，如油菜、柑橘、甜菜、车前等。

（3）雌雄蕊异长　两性花中，雌雄蕊的长度不同。如荞麦中有两种植株，一种植株上的雌蕊花柱高于雄蕊的花药，另一种是雌蕊的花柱低于雄蕊的花药。传粉时，只有高雄蕊花粉粒传到高柱头上去，低雄蕊花粉粒传到低柱头上去才能受精，不等长的雌雄蕊之间传粉则完不成受精作用，见图 4-24。

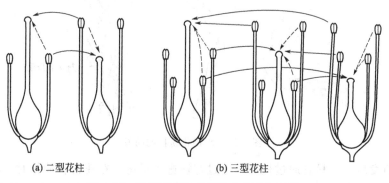

(a) 二型花柱　　　　　　　(b) 三型花柱

图 4-24　雌雄蕊异长花的种内不亲和图解
——→亲和；－－－►不亲和

（4）自花不育　花粉粒落到同一朵花上不能结实的现象叫自花不育。有两种情况：一是花粉粒落到同花柱头上不能萌发，如向日葵；另一种情况是，花粉粒能萌发，但花粉管伸长缓慢，不能到达子房进行受精，如玉米、西红柿等。

3. 异花传粉的媒介

异花传粉的花粉粒必须借助一定的外力才能传到其他花的柱头上，这些外力有风、昆虫、鸟、水等，其中风和昆虫是最主要的传粉媒介。

（1）风媒花　依靠风力传送花粉的花叫风媒花，如玉米、杨、核桃、栎等。

风媒花一般花被小或退化，不具鲜艳的色彩，无蜜腺和香气；花丝细长，易随风飘动散布花粉；每花中花粉数目多、干燥、小而轻，易随风远播；雌蕊柱头较大，常二裂成羽毛状，易接纳花粉粒。

（2）虫媒花　靠昆虫传送花粉的植物叫虫媒花，如油菜、向日葵、瓜类、薄荷、洋槐、泡桐等。

虫媒花一般花被大而具鲜艳的色彩，常具香味和蜜腺；花粉粒较大，花粉粒有丰富的营养，可作为昆虫食物，同时有黏性，易粘于虫体而被传播。

三、受精作用

卵细胞和精子互相融合的过程叫受精作用。被子植物卵细胞位于胚囊中，精子在花粉粒中，因此必须借助花粉管将精子送入胚囊中，才能受精。

1. 花粉粒的萌发及花粉管的伸长

生活的花粉粒落到柱头上以后，柱头和花粉粒经过识别后，被雌蕊柱头认可的亲和花粉粒从周围吸收水分和分泌物，代谢加强，体积增大，内壁从萌发孔突出，产生花粉管，这个过程叫花粉粒萌发。水稻花粉粒的萌发见图 4-25。

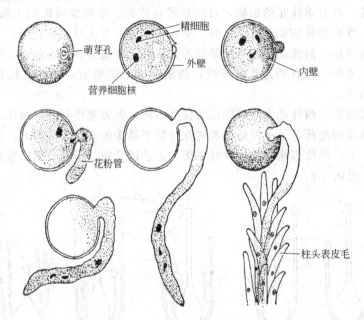

图 4-25　水稻花粉粒的萌发

花粉粒萌发后，花粉管通过柱头，穿过花柱进入子房。在花粉管伸长时，花粉粒中的全部物质进入花粉管中。如果是两核花粉粒，在花粉管伸长的过程中生殖细胞再进行一次分裂，产生 2 个精子，成为 3 细胞的花粉管。花粉管进入子房后，通常沿着子房壁内表皮生长，最后伸向一个胚珠，通过珠孔或其他部位进入胚囊，此时花粉管顶端破裂，2 个精子和其他内含物喷射入胚囊，这时营养细胞已经解体，剩余 2 个精子准备受精。现在认为，助细胞与花粉管的定向生长有关。

2. 双受精的过程及其特点

（1）双受精的过程　花粉管进入胚囊后，释放 2 个精子，其中 1 个精子与卵细胞融合成为合子，将来发育成胚；另 1 个精子与极核接合，形成初生胚乳核，将来发育成胚乳。花粉管中的两个精子分别和卵细胞及极核接合的过程叫双受精作用。如棉花双受精示意见图4-26。

（2）双受精作用的特点　双受精作用是被子植物所特有的，也是植物界进化的重要标志。首先，卵细胞和精子接合，形成二倍体的合子，恢复了原有体细胞的染色体数，保证了遗传物质的相对稳定性；其次，卵细胞和精子的接合，将父本、母本的遗传物质重新组合，形成合子，将来发育成胚，由胚长出的新一代植株往往会出现新性状，这是有性生殖中出现变异的主要原因；另外，初生胚乳核同样是受精的产物，将来发育成胚乳供胚吸收，这样会使后代的适应性和生活力更强。所以双受精是植物界有性生殖最进化的形式。

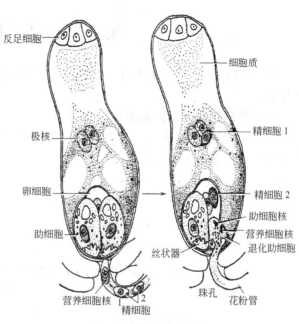

图 4-26　棉花的双受精

四、受精的选择性

选择性是生物有机体与外界环境之间发生相互作用而形成的一种适应特性。受精作用的全过程自始至终都贯穿着选择作用。从传粉开始，柱头与花粉粒之间的相互识别；柱头分泌液对来源不同的花粉粒的萌发及花粉管的伸长有选择作用；在受精过程中，卵细胞总是选择生理上和遗传上最合适的精子来完成受精过程。

受精的选择性是自然选择的进化表现，首先被达尔文所发现，他指出：植物如果没有受精选择，就不可能充分得到异体受精的利益，也不可避免自体受精或近亲交配的害处。所以，农作物育种中，应充分利用受精的选择性有利的一面，克服自交不育以及远缘杂交不亲和等不利的一面，采取各种措施，培育优良品种。

五、外界环境对传粉、受精的影响

影响传粉、受精的环境因素主要有温度、湿度及其他方面。

1. 温度

温度影响花药开裂，也影响花粉的萌发及花粉管的伸长。如水稻传粉、受精的最适温度为 25～30℃，在 15℃时花药不能开裂，在 40～50℃时，花药干枯失活；玉米传粉受精的最适温度为 26～27℃，低温阴雨影响花药散粉，高温干旱也会使花柱枯萎，失去接受花粉的能力，而使花粉粒萌发力丧失。

2. 湿度

湿度高低对传粉、受精也有较大影响，花粉萌发需要一定的湿度。空气相对湿度太低会影响花粉的生活力和花丝的生长，并使雌蕊花柱和柱头干枯；但湿度过大花粉会过度吸水而破裂。一般 70%～80% 的相对湿度对受精较为合适。

3. 其他

影响植株代谢和生殖生长的因素如光照、土壤条件、株间密度、通风、透光条件等都影响传粉和受精作用。所以，农业生产中应结合当地气候条件，选用适合本地生长的优良品种，调节栽培季节，加强田间管理，保证传粉、受精作用的正常进行，以提高产量，改善品质。

第五节　种子和果实

被子植物经过开花、传粉和受精之后，子房或连同花的其他部分发育为果实，胚珠发育为种子。

一、受精后花各部分的变化

完成受精作用后，在种子和果实发育的同时，花的各部分将发生显著变化。现将由花发育至果实和种子的过程表解如下。

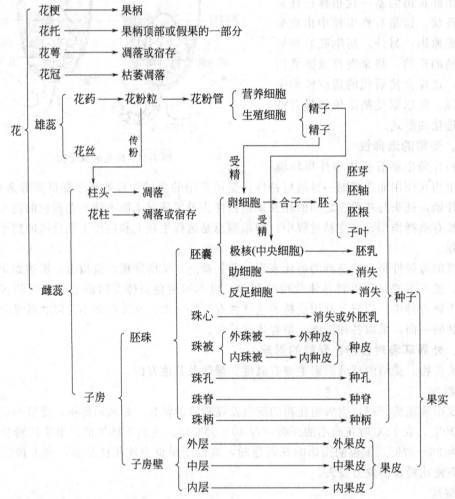

二、种子的发育

种子通常由种皮、胚、胚乳（或无）组成，种皮由珠被发育而成，胚由合子（受精卵）发育而成，胚乳由初生胚乳核发育而成。在种子形成过程中，原来胚珠内的珠心和胚囊内的助细胞、反足细胞一般被吸收而消失。

（一）胚的发育

胚的发育由合子开始，合子形成后通常经过一段时间的休眠。休眠期的长短随植物种类不同而有较大差异，如水稻 4～6h，小麦 16～18h，棉花 2～3d，苹果 5～6d，菜豆 3d，可可树 15d，茶树合子要 5～6 个月才萌发。

合子通过休眠期后，便开始进行分裂。合子的分裂是个体发育的起点，也是胚发育的开始。双子叶植物和单子叶植物胚的发育过程和成熟胚的结构差别较大。现以双子叶植物荠菜和单子叶植物小麦胚的发育为例说明。

1. 双子叶植物胚的发育

荠菜合子经过休眠后，进行 1 次不均等的横向分裂，形成 2 个大小不等的细胞，近珠孔的一个较大，有大液泡，称基细胞（柄细胞）；远离珠孔的一个较小，叫顶细胞（胚细胞）。基细胞经过多次横向分裂，形成胚柄。胚柄有固定和把胚推向胚囊中央的作用，同时，由于胚柄固着于珠孔端，对将来由胚体分化出的胚根从种孔伸出有引导作用，见图 4-27。

在基细胞形成胚柄的同时，顶细胞也经过两次连续的分裂过程，形成 4 个细胞，叫四分体胚体；然后每个细胞又各自进行一次分裂，产生 8 个细胞，叫八分体胚体；以后再经过各方向连续分裂，形成多细胞的球形胚体。

胚体形成后，在顶端两侧的细胞分裂较快，形成两个突起，称子叶原基，此时整个胚体呈心形，叫心形胚期。

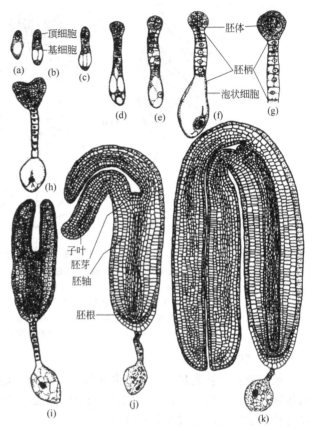

图 4-27 荠菜胚的发育
(a) 合子；(b) 二细胞原胚；(c) 基细胞横裂为二细胞胚柄，
顶细胞纵裂为二分体胚体；(d) 四分体胚体形成；
(e) 八分体胚体形成；(f)、(g) 球形胚体形成；
(h) 心形胚体形成；(i) 鱼雷形胚体形成；
(j)、(k) 马蹄形胚体形成，出现胚的各部分
（转引自 Maheshwari）

子叶原基再进一步生长延伸成两片子叶，子叶基部的胚轴也相应伸长，使整个胚体呈鱼雷形，叫鱼雷形胚体。在两片子叶中间凹陷部分之间分化成胚芽，在胚芽相对应的一端，由胚体基部细胞和与其相连接的一个胚柄细胞共同形成胚根，胚根与子叶之间的部分成为胚轴，此时幼胚分化基本形成。随着幼胚的不断发育，胚轴和子叶显著伸长，子叶沿胚囊弯曲，最终成熟胚在胚囊内弯曲成马蹄形胚体，胚柄逐渐消失。

2. 单子叶胚的发育

小麦合子经过休眠后，进行第一次分裂（常为倾斜的横分裂），形成顶细胞和基细胞；接着各自再进行一次分裂，形成 4 细胞原胚；以后，继续进行各方向的分裂，形成基部稍细长、上部较大的梨形原胚；既而梨形原胚的一侧出现一个凹沟，使胚两侧出现不对称状态。凹沟以上区域将来形成盾片（内子叶）的主要部分和胚芽鞘的大部分；凹沟稍下处即原胚的中间区域，将来形成胚芽鞘的其余部分以及胚芽、胚轴、胚根鞘和 1 片不发达的外胚叶；原胚的基部形成盾片的下部和胚柄（图 4-28）。

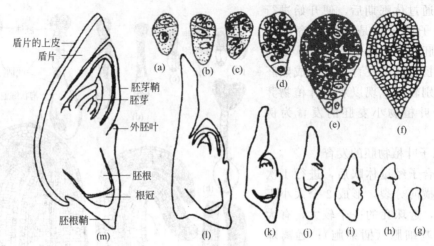

图 4-28　小麦胚的发育

(a)～(d) 2 细胞、4 细胞、多细胞的原胚（受粉后 1d、2d、3d、4d）；

(e) ～ (g) 梨形多细胞原胚，盾片刚微现（受粉后 5～7d）；

(h)～(k) 胚芽、胚芽鞘、胚根、胚根鞘和外胚叶逐渐分化形成（受粉后 10～15d）；

(l) 胚发育比较完全（受粉后 20d）；(m) 胚发育完全（受粉后 25d）

（引自赵世绪）

（二）胚乳的发育

被子植物的胚乳是由初生胚乳核发育而来的，是三倍体。初生胚乳核不经休眠或很短时间休眠就开始分裂，所以，一般较合子的第一次分裂为早，以便为胚的发育提供营养。初生胚乳核形成胚乳的方式通常有两种。

1. 核型胚乳

初生胚乳核经过多次分裂，产生许多游离核，分散在胚囊中，随着核的增加和胚囊内液泡的扩大，胚乳核常被挤到周缘。当胚乳发育到一定阶段，胚乳细胞核才被细胞壁分隔而形成胚乳细胞，见图 4-29。这种胚乳的形成方式在单子叶植物和双子叶离瓣花植物中普遍存在，如水稻、小麦、玉米、油菜、苹果。

2. 细胞型胚乳

初生胚乳核分裂后，随即产生细胞壁，无游离核时期，如番茄（图 4-30）、烟草、芝麻等大多数双子叶合瓣花植物。

有些植物的胚乳一直保留到种子成熟，叫有胚乳种子，如稻、麦、玉米、蓖麻等；有些植物的胚乳在种子发育过程中被胚吸收，形成无胚乳种子，如豆类、瓜类；一般情况下，珠心组织在种子发育过程中被吸收而消失，但少数植物的珠心组织随种子发育而增大，形成一种类似胚乳的贮藏组织，叫外胚乳，如苋、石竹、甜菜等。

（三）种皮的发育

在胚和胚乳发育的同时，珠被也增大，形成种皮。具有两层珠被的，形成两层种皮，外珠被形成外种皮，内珠被形成内种皮，如棉花、油菜、蓖麻等。具有一层珠被的形成一层种皮，如向日葵、西红柿等。有些植物虽有两层珠被，但在发育过程中，其中一层珠被被吸收而消失，只有一层珠被发育成种皮，如大豆、蚕豆、南瓜等。水稻和小麦的种皮极不发达，仅由内珠被的内层细胞发育成残存种皮，这种残存种皮和果皮愈合在一起，不易分开。一般种皮坚硬而厚，有各种色泽、花纹及附属物，如棉的外种皮向外突出伸长成纤维，石榴的外种皮发育成肉质可食用部分。

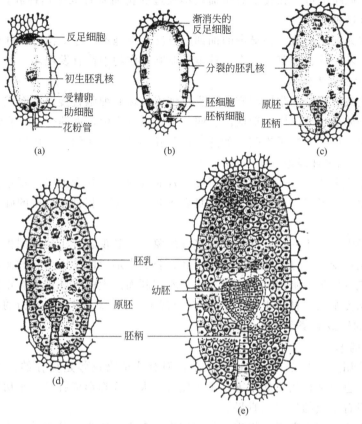

图 4-29　双子叶植物核型胚乳发育过程模式图

（a）初生胚乳核开始发育；（b）继续分裂，在胚囊周边产生许多游离核，同时受精卵开始发育；

（c）游离核更多，由边缘逐渐向中央分布；（d）由边缘向中部产生胚乳细胞；

（e）胚乳发育完成，胚仍在继续发育中

成熟种子种皮外表一般可见到种脐、种孔和种脊等结构。种脐是种子从种柄或胎座脱落留下的痕迹；种孔是原来的珠孔；种脊位于种脐的一侧，是倒生胚珠的外珠被与珠柄愈合的纵脊留下的痕迹。

有些植物的种皮外面有由珠柄或胎座发育成的结构，称假种皮。如荔枝、龙眼的可食用部分就是由珠柄发育而成的假种皮。

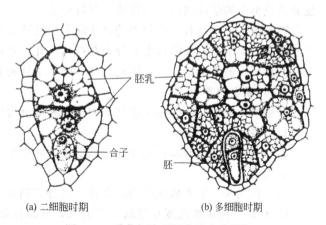

图 4-30　番茄细胞型胚乳形成的早期

（a）二细胞时期　　　（b）多细胞时期

三、无融合生殖和多胚现象

（一）无融合生殖

被子植物的胚，是有性生殖的产物。但有些植物不经过雌雄性细胞的接合而产生有胚的种子，这种现象叫无融合生殖。无融合生殖通常有以下几种。

1. 单倍体无融合生殖

由于胚是单倍体的，所以后代常不育。有以下两种情况。

（1）单倍体孤雌生殖　胚囊中的卵细胞不经过受精而发育成单倍体胚，如玉米、小麦、烟草中曾发现有这种胚。

（2）单倍体无配子生殖　胚囊中的助细胞或反足细胞不经过受精而发育成单倍体胚，这种胚在水稻、玉米、棉、烟草、黑麦、辣椒、亚麻等作物中曾有发现。

2. 二倍体无融合生殖

胚囊由未经减数分裂的孢原细胞、胚囊母细胞或珠心细胞直接发育而成，因此都是二倍体的。这种二倍体的胚囊中由卵形成的胚叫二倍体孤雌生殖，如蒲公英；胚囊中的其他成员也可形成胚，叫二倍体无配子生殖，如葱。这些胚都是二倍体的，后代可育。

（二）不定胚和多胚现象

不定胚通常是由珠心或珠被的细胞直接发育而成的，与胚囊无关。不定胚通常与受精卵产生的胚同时发育，形成一个或数个同样具有子叶、胚芽、胚轴和胚根的胚，这种胚就是不定胚。

在一个种子中有多于一个胚的现象叫多胚现象。多胚现象产生的原因极为复杂：不定胚可产生多胚现象；受精卵分裂生成两至多个胚；胚珠中形成两个以上胚囊而成为多胚；另外胚囊中的助细胞或反足细胞也发育成胚。由于不定胚而产生的多胚现象在柑橘类植物中非常普遍，通常柑橘类植物的种子里可产生 4～5 个甚至 10 个以上具有生活力的胚。

四、果实的形成和类型

（一）果实的形成

完成受精作用后，花萼、花冠通常脱落，但有些植物花萼是宿存的；雄蕊和雌蕊的柱头、花柱萎谢，也有宿存的，如苹果；子房发育膨大，胚珠形成种子，子房发育为果实，这种由子房直接发育形成的果实叫真果。

真果外为果皮，内含种子。果皮由子房壁发育而来，通常可分为外、中、内 3 层。外果皮较薄，通常指表皮或某些与表皮附近的组织，外果皮上通常有角质层、蜡被、气孔、表皮毛等。中果皮较厚，维管束较多，占果皮大部分，其结构差异很大，如桃、李、杏中果皮肉质，刺槐中果皮革质。内果皮由一至多层细胞构成，结构上变化较大，有的坚硬木质化成果核，如桃、李、杏等；有的内果皮成囊状，其内表皮为多汁毛状体突起，如柑橘；有的内果皮分离成单个的浆汁细胞，如葡萄、西红柿等。

被子植物中，还有一些种类的果实除子房外还有花的其他部分参与果实的形成，这类果实叫假果。如苹果、梨的食用部分由花筒（杯托）发育而成；桑葚、菠萝的果实由花序各部分共同形成。假果的结构较真果复杂些，除子房外还有花的其他部分参与果实的形成。

（二）果实的类型

根据果实来源、结构和果皮性质的不同将其分为单果、聚合果和聚花果三类。

1. 单果

由一朵花中的单雌蕊或复雌蕊形成的果实叫单果。根据果皮性质与结构又分为肉质果和干果两大类。

（1）肉质果　果实成熟后肉质多汁，又分下列几种（图 4-31）。

① 核果　由单雌蕊或复雌蕊发育而来，外果皮薄，中果皮肉质多汁，内果皮厚，成为坚硬果核，内含 1 粒种子。如桃、李、杏、梅等。核桃为 2 心皮下位子房形成的核果。

② 浆果　由复雌蕊发育而成，外果皮薄，中果皮和内果皮肉质多汁，内含一至多枚种子。由上位子房发育来的如西红柿、葡萄、柿、茄等；由下位子房形成的如香蕉。

③ 瓠果　由复雌蕊的下位子房发育形成的假果，为葫芦科瓜类所特有。外果皮与花托

愈合，比较坚硬；中果皮、内果皮和胎座均肉质化，内含多数种子。如南瓜、黄瓜、西瓜、栝楼、丝瓜等。

④ 柑果 由复雌蕊发育而成。外果皮革质，有挥发油腔；中果皮疏松，有多数维管束；内果皮膜质，分为若干室，向内生出许多肉质多汁的囊状毛。如芸香科植物柑、橘、柚、橙、柠檬等。

⑤ 梨果 由复雌蕊的下位子房和花托一起发育形成。花托、外果皮和中果皮均肉质化，为食用的主要部分，内果皮木质化较硬。如苹果、梨、山楂、枇杷等。

（2）干果 果熟后果皮干燥，又分裂果和闭果两类。

① 裂果 果熟时开裂，散出种子，因开裂方式不同又分以下几种（图4-32）。

a. 蓇葖果 由单雌蕊或离生单雌蕊发育而成，成熟时沿腹缝线或背缝线仅一侧开裂。如牡丹、乌头、飞燕草、木兰、萝摩、夹竹桃等。聚合蓇葖果有八角茴香等。

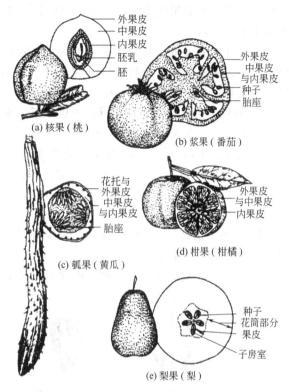

图 4-31 肉质果的主要类型

b. 荚果 由单雌蕊发育而成，果熟时沿腹缝线和背缝线两侧同时开裂，如大豆、绿豆、

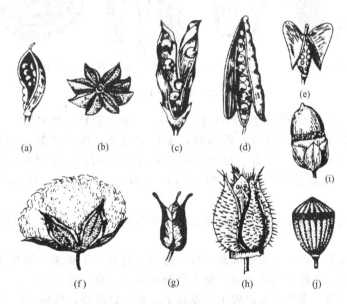

图 4-32 裂果的主要类型

(a) 蓇葖果（飞燕草）；(b) 聚合蓇葖果（八角茴香）；(c) 荚果（豌豆）；

(d) 长角果（芸薹属）；(e) 短角果（荠菜）；(f) 背裂蒴果（棉花）；

(g) 间裂蒴果（黑点叶金丝桃）；(h) 轴裂蒴果（曼陀罗）；

(i) 盖裂蒴果（马齿苋）；(j) 孔裂蒴果（虞美人）

豌豆等；但有的荚果成熟时不开裂，如皂荚、花生等；有的荚果在种子间缢缩成串珠状，如槐的果实。

c.角果　由复雌蕊发育而成，子房室中间有假隔膜（由腹缝线处向中央生出），将子房分成2室。果实成熟时沿腹缝线开裂，种子附生于假隔膜上。角果细长的叫长角果，如油菜、白菜等；果实短宽或成三角形的叫短角果，如独行菜、荠菜等。

d.蒴果　由复雌蕊发育而成，子房一至多室。成熟时有各种开裂方式，背裂的有棉花、百合、鸢尾等；腹裂的有烟草、牵牛、马兜铃等；盖裂的有马齿苋、车前等；孔裂的有罂粟、虞美人、金鱼草等。间裂的有黑点叶金丝桃等；轴裂的有曼陀罗等。

② 闭果　果熟时，果皮不开裂，常见的有下列几种（图4-33）。

a.瘦果　由1～3心皮组成，内含1粒种子。1心皮如白头翁；2心皮的如向日葵；3心皮的如荞麦。

b.颖果　由2～3心皮组成，含1粒种子，果皮与种皮愈合，不易分开，如玉米、小麦、水稻等禾本科果实。

c.坚果　果皮木质化，坚硬，内含1粒种子，如板栗、榛子、栎等。

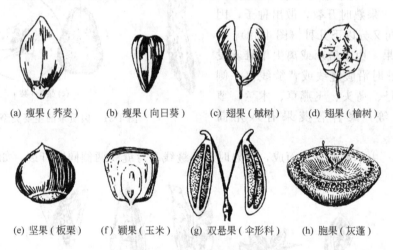

(a) 瘦果（荞麦）　　(b) 瘦果（向日葵）　　(c) 翅果（槭树）　　(d) 翅果（榆树）

(e) 坚果（板栗）　　(f) 颖果（玉米）　　(g) 双悬果（伞形科）　　(h) 胞果（灰蓬）

图 4-33　闭果的主要类型

d.翅果　果皮向外延伸成翅，如杜仲、榆树、臭椿、枫杨、槭树等。

e.分果　由复雌蕊发育而成，果熟时，子房室分离，按心皮数分成若干个各含一粒种子的分果瓣。如胡萝卜、茴香、芹菜等由2心皮发育而成，果熟时，分成两瓣，分悬于中央果柄上端，称双悬果。苘麻、锦葵的果实由多心皮构成，成熟时则分为多个分果瓣。

f.胞果　果皮薄而膨胀，疏松地包围种子而易与种子分离，如藜、青葙等。

2.聚合果

一朵花中有若干个离生心皮单雌蕊，每一雌蕊发育成一个单果，聚生于共同的花托上，这种果实叫聚合果。根据单果的类型，聚合果分成以下几种（图4-34）。

（1）聚合蓇葖果　多数蓇葖果聚生于花托上，如八角茴香、芍药、厚朴、乌头等。

（2）聚合瘦果　多数小瘦果聚生成的果实，如毛茛、白头翁、委陵菜、草莓等。有的果聚生于凹陷的花托里，如金樱子、玫瑰、蔷薇等的果实，又称蔷薇果。

（3）聚合坚果　多数小坚果聚生于海绵状花托上，如莲等。

（4）聚合浆果　多数小浆果聚生在一起，如五味子等。

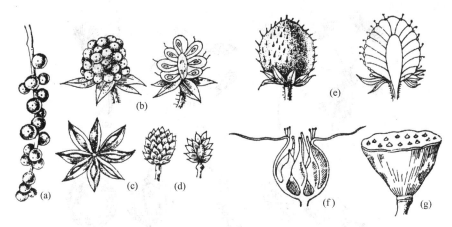

图 4-34　聚合果

（a）聚合浆果；（b）聚合核果；（c）聚合蓇葖果；（d）、（e）聚合瘦果；

（f）聚合瘦果（蔷薇果）；（g）聚合坚果

（5）聚合核果　多数小核果聚生于花托上，如悬钩子等。

3. 聚花果

由整个花序形成的果实叫聚花果（又称复果），如菠萝（凤梨）、桑葚、无花果等（图4-35）。

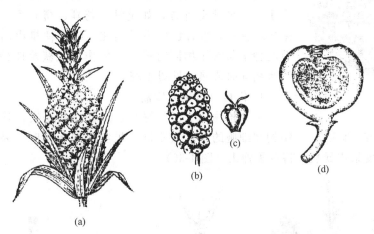

图 4-35　聚花果

（a）菠萝（凤梨）；（b）桑果（桑葚）；（c）桑果的一个小果实

（带有花被）；（d）无花果（隐花果）

五、种子和果实的传播

在长期的自然选择过程中，很多植物的果实和种子形成了适应不同传播媒介的形态特征，以扩大果实和种子的传播范围，利于种族延续和发展。

1. 借风力传播

这类果实和种子一般小而轻，具有毛翅、囊等附属物，有利于随风传播（图4-36）。

2. 借水力传播

一般水生或沼生植物，其果实或种子形成漂浮结构，以适应水力传播，如莲蓬、椰子等（图4-37）。

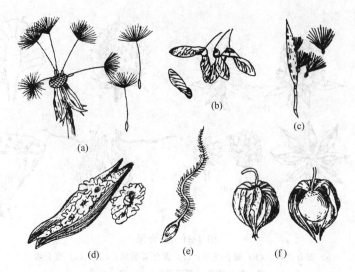

图 4-36　借风力传播的果实和种子

（a）蒲公英的果实，顶端具冠毛；（b）槭的果实，具翅；（c）马利筋的种子，顶端有种毛；

（d）紫葳的种子，四周具翅；（e）铁线莲的果实，花柱残留呈羽状；（f）酸浆的果实，外包花萼所成的气囊

3. 借人类及动物传播

这类植物果实或种子常有钩、刺，可附于动物皮毛或人的衣服上，被携至远方，如鬼针、苍耳、窃衣等；有的具坚硬的果皮或种皮，被吞食后不易消化，随粪便排出而传播；有些杂草的种子与农作物同时成熟，借作物收获及播种而传播，如稗与水稻同时成熟。见图 4-38。

4. 借自身机械力传播

某些植物如大豆、绿豆、凤仙花的果实，其果皮各部分的结构和细胞的含水量不同，果实成熟干燥时，果皮各部分发生不均衡收缩，使果皮暴裂，将种子弹出（图 4-39）。

图 4-37　莲的果实

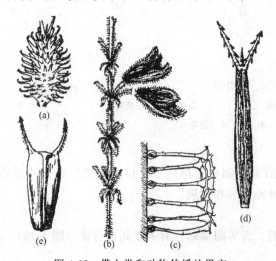

图 4-38　借人类和动物传播的果实

（a）苍耳的果实；（b）鼠尾草属的一种，萼片上有黏液腺；

（c）为（b）图黏液腺的放大；（d）、（e）两种鬼针草的果实

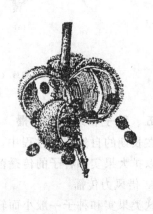

图 4-39　凤仙花的果实

表示成熟裂开后种子弹出的情况

本 章 小 结

　　花、果实和种子是植物的生殖器官，它们的形成和生长过程则属于生殖生长。在被子植物的个体发育中，花的分化标志着植物从营养生长转入了生殖生长。花是被子植物所特有的生殖器官，是形成雌性、雄性生殖细胞和进行有性生殖的场所。一朵花由花梗、花托、花被、雄蕊群和雌蕊群组成，花梗是枝条的一部分，花托是花梗顶端膨大的部分，有极密的节和极其缩短的节间，花被、雄蕊群和雌蕊群都是叶的变态，所以，花是适应有性生殖的变态短枝。

　　花萼和花冠合称花被，花萼在花的最外轮，通常绿色，具有保护花蕊及光合作用的功能；花冠位于花的第二轮，通常具有鲜艳的颜色，有时还有挥发油腔和蜜腺，在花未展开前具有保护花蕊的作用，花开放后具有吸引昆虫传粉的作用。

　　雄蕊起源于雄蕊原基，由花丝和花药组成。花丝结构简单，支持花药并为花药的发育输送营养。花药生于花丝顶端，是雄蕊的重要组成部分，通常由4个（或2个）花粉囊组成，分左右两半，中间有药隔相连。花粉囊是产生花粉粒的地方，花粉成熟时，花药开裂，花粉由花粉囊中散出传粉。

　　雌蕊位于花的中心，由变态的叶发育而成。组成雌蕊的变态叶叫心皮，心皮的中脉叫背缝线，心皮两缘卷曲围合的缝叫腹缝线。成熟的雌蕊包括柱头、花柱和子房3个部分。柱头是雌蕊顶端膨大的部分，可接纳花粉粒；花柱是柱头和子房间连接的部分，是花粉管进入子房的通道；子房是雌蕊基部膨大的部分，外为子房壁，内为子房室，胚珠生于心皮的腹缝线上，在成熟的胚珠中有7细胞或8核胚囊。

　　当花粉粒或胚囊（或其中之一）成熟，花被展开，使雌雄蕊暴露出来的现象叫开花。开花后，花粉粒以各种不同的形式落到雌蕊柱头上的过程叫传粉。传粉方式有自花传粉和异花传粉两种。从生物学意义上讲，异花传粉较自花传粉优越，因此，植物在长期进化过程中形成了很多适应异花传粉的特性。完成传粉后，雌雄两性细胞互相融合的过程叫受精。被子植物花粉粒中的两个精子分别与卵细胞和极核融合的过程叫双受精作用。双受精作用是被子植物特有的，也是植物界进化的重要标志。

　　被子植物的花经过传粉和受精后，雌蕊内的胚珠发育成种子，子房发育成果实。由子房发育成的果实叫真果；除子房外还有花的其他部分参与果实的形成，这类果实叫假果。多数植物一朵花中仅有一个雌蕊，形成一个果实，叫单果；也有些植物，一朵花中具有许多聚生在花托上的离生雌蕊，每个雌蕊形成一个小果，许多小果聚生在花托上，这种果实叫聚合果；有些植物的果实是由一个花序形成的，叫聚花果。果实和种子成熟后，形成了适应不同传播方式的特征特性，以利于种族的延续和繁衍。

思 考 题

一、名词解释

花　　辐射对称　　两侧对称　　心皮　　上位子房　　中位子房　　下位子房　　胎座
无限花序　　有限花序　　花程式　　花图式　　雌雄同株　　雌雄异株　　开花　　自花传粉
异花传粉　　风媒花　　虫媒花　　受精作用　　双受精作用　　真果　　假果　　单果　　聚合果
聚花果　　无融合生殖　　单性结实

二、填空

1. 花萼位于花的_____，由萼片组成，一朵花中的萼片_____叫离萼，萼片_____叫合萼。如果具有两轮花萼，外轮叫_____，当果实成熟时萼片依然存在的叫_____。

2. 花冠位于花的_____，由花瓣组成，根据花瓣的离合情况将花冠分为_____和_____两大类型。

3. 雄蕊由_____和_____两部分组成。雄蕊的数目及类型是鉴别植物的标志，如大豆的雄蕊是_____枚，形成_____雄蕊，油菜的雄蕊是_____枚，形成_____雄蕊。

4. 花药通常具有_____个花粉囊，囊内产生大量_____。

5. 组成雌蕊的变态叶叫_____，相当于中脉处叫_____，其边缘互相连接处叫_____，胚珠着生在_____上。

6. 花在花序轴上有规律的排列方式叫_____，包括_____和_____两大类型。

7. 传粉的方式有_____和_____两种，传粉的媒介有_____和_____等。

8. 完成受精作用后，受精卵发育成_____，受精的极核发育成_____，珠被发育成_____，整个胚珠发育成_____，整个子房发育成_____。

9. 不经过性细胞接合而形成胚的现象叫_____；卵细胞不经过受精发育成胚，叫_____；由助细胞或反足细胞直接发育成胚的现象叫_____。

10. 由一个单雌蕊或复雌蕊形成的果实叫_____，由一个花序形成一个果实的叫_____。

三、单项选择

1. 花生的花冠类型属于_____。
A. 轮状花冠　　　B. 唇形花冠　　　C. 蝶形花冠　　　D. 蔷薇形花冠

2. 下列植物中，属于多体雄蕊的植物是_____。
A. 棉花　　　　　B. 大豆　　　　　C. 苹果　　　　　D. 蓖麻

3. 花粉粒是由_____分裂发育形成的。
A. 大孢子母细胞　B. 小孢子母细胞　C. 周缘细胞　　　D. 大孢子

4. 成熟的八核胚囊中的卵细胞不经过受精而形成胚的现象称为_____。
A. 单位体孤雌生殖　　　　　　B. 单位体无配子生殖
C. 二位体孤雌生殖　　　　　　D. 二倍体无融合生殖

5. 蒲公英的种子成熟时顶端形成冠毛，这种特点适合于_____果实。
A. 风力传播　　　B. 人和动物传播　C. 水力传播　　　D. 自身机械力传播

四、多项选择

1. 属于完全花的植物有_____。
A. 花生
B. 南瓜
C. 油菜
D. 苹果
E. 甜菜

2. 下列植物花中属于离生雄蕊的有_____。
A. 蔷薇
B. 芝麻
C. 萝卜
D. 棉花
E. 绿豆

3. 适应异花传粉的植物特征有_____。
A. 单性花
B. 雌雄蕊异长
C. 雌雄蕊异熟
D. 两性花
E. 自花不育

五、判断题（对打"√"，错打"×"）

1. 油菜的花是两性花，黄瓜、南瓜的花是单性花。（　　）

2. 雌雄蕊是花的生殖器官，由子房壁、胚珠和胚囊组成。（　　）

3. 总状花序和穗状花序的区别在于小花梗的有无。（　　）

4. 在花药发育过程中，造孢细胞经过减数分裂形成花粉母细胞。（　　）

5. 产生卵细胞的胚囊和产生精细胞的花粉粒形成时，都要经过减数分裂。（　　　）

6. 卵细胞和精子都是单倍体。（　　　）

7. 两性花的植物，因其雌蕊和雄蕊都在同一朵花中，所以都是自花传粉的。（　　　）

8. 单性结实是无融合生殖的结果。（　　　）

9. 桃、李、梨、山楂的果实是真果。（　　　）

10. 大豆、油菜、向日葵的果实是裂果。（　　　）

六、用简图表示下列术语

十字形花冠　　蝶形花冠　　二强雄蕊　　四强雄蕊　　上位子房下位花　　上位子房周位花　　中位子房周位花　　下位子房上位花　　边缘胎座　　侧膜胎座　　中轴胎座　　总状花序　　穗状花序　　伞形花序　　伞房花序　　三核花粉粒　　八核胚囊

七、问答题

1. 为什么说雌蕊和雄蕊是一朵花的重要部分？

2. 说明禾本科植物小花的构造特点。

3. 说明花药和花粉粒的发育过程。

4. 说明胚囊的发育过程。

5. 自花传粉和异花传粉的生物学意义是什么？

6. 什么叫双受精作用？双受精作用的生物学意义是什么？

7. 双子叶植物和单子叶植物胚的发育过程有什么区别？

8. 列表说明受精后花各部分的变化。

9. 果实有哪些类型？各有什么特点？

10. 写出大豆和梨花的花程式。

八、实验设计

需用体视镜、放大镜、解刻器等用具，可结合课堂实训及学生课余时间进行。根据专业特点、生长季节、地理位置等，选择若干种典型植物，按下表所列项目描述不同植物花各部分的特征。

植物种类	整齐花或不整齐花	花萼数目离合情况	花冠类型离合情况	雄蕊数目类型	雌蕊心皮数目类型	子房位置	胎座类型	花和植株性别	花序类型	果实类型	花程式

第五章　植物的分类与进化

　　掌握植物分类的基本知识，了解植物界的主要类群及其代表植物，了解植物类群之间的演化关系。能够应用植物分类的基本知识，识别本地区各植物类群的常见植物。

第一节　植物分类的基础知识

一、植物分类的方法

　　植物分类就是不仅要识别物种、鉴别名称，而且要阐明物种之间的亲缘关系，并建立自然的分类系统。人类在对植物界研究和认识的漫长过程中，对植物分类方面已做了大量的工作，其分类方法大致有两种，即人为分类法和自然分类法。

　　1. 人为分类法

　　人为分类法是按照人们的目的和方法，以植物的一个或几个（形态、习性、生态）特征或经济意义作为分类依据，而不考虑植物种类彼此间的亲缘关系和在系统发育中的地位的分类方法。如我国明朝李时珍（1518—1593）所著《本草纲目》，依据外形和用途将植物分为草、木、谷、果、菜等五部分，以及山草、芳草等 30 类。又如瑞典林奈（1707—1778）依据雄蕊的有无、数目及着生情况，将植物分为 24 个纲，其中 1～23 纲为显花植物（即被子植物），第 24 纲为隐花植物。以这种方法建立的分类系统称为人为分类系统。它不能反映植物间的亲缘关系和进化顺序，常将亲缘关系很远的植物归为一类，而把亲缘关系很近的则又分开了。如林奈把小麦（禾本科）和杨、柳（杨柳科）同归为第三纲，实际上这两种植物亲缘关系相距很远。

　　为了某种应用上的需要，各种人为的分类方法及其系统至今仍在应用，如农业植物常分为作物、蔬菜、花卉及果树等，经济植物常以用途分为药用、油料、纤维、芳香等类植物。

　　2. 自然分类法

　　自然分类法是以植物进化过程中亲缘关系的远近作为分类的标准，力求客观地反映出生物界的亲缘关系和进化发展过程的分类方法。判断亲缘关系的远近依据的是植物形态、结构、习性的相似程度，相似性状多，则亲缘关系近；反之，则远。如小麦和水稻相似性状多，亲缘关系就近，而小麦和花生相似性状少，亲缘关系就远。这种方法科学性强，在生产实践中有重要的意义。例如，可根据植物的亲缘关系，选择亲本进行人工杂交，培育新品种；也可根据亲缘关系的远近，进行嫁接繁殖。

　　自然分类法在现今仍然以植物的形态特征作为其分类依据，但同时也利用了现代自然科学的研究方法，从比较解剖学、生态学、细胞学、遗传学、分子生物学、生物化学等不同角度，反映植物界的演化过程和亲缘关系，形成了许多新的研究方向。例如，用细胞学方法对染色体的数目、大小、形态以及行为动态进行比较研究来帮助查明物种的差异和亲缘关系，从而产生了染色体分类学。

　　以自然分类方法建立的分类系统称为自然分类系统。人们为了完善这样的系统，做了长期不懈的努力，但直至目前，人们尚未能提出一个完全反映客观规律的植物系统。很多分类学家根据各自理论提出了许多不同的被子植物分类系统，其中有代表性的主要有：德国的恩格勒（Engler）系统、英国的哈钦逊（Hutchinson）系统、前苏联的塔赫他间（Takhtajan）系统、美国的克郎奎斯特（Croquist）系统等。

二、植物分类的单位

植物分类的各级单位按照高低和从属关系，可排列为界、门、纲、目、科、属、种。界是最高单位，种是最基本单位，由相近的种集合为属，相近的属集合为科，依次类推。有的分类单位中包括的植物种类仍然很多，根据需要，有时在某一分类单位中再按特性归纳为亚单位，如门中有亚门，科中有亚科等。每种植物都可在分类单位中表示出它的分类地位和从属关系。现以水稻为例说明。

界：植物界（Vegetabile）

门：被子植物门（Angiospermae）

纲：单子叶植物纲（Monocotyledoneae）

亚纲：颖花亚纲（Glumifiorae）

目：禾本目（Graminales）

科：禾本科（Gramineae）

属：稻属（*Oryza*）

种：稻（*Oryza sativa* L.）

种是具有一定的自然分布区和一定的生理、形态特征的生物类群。同一种内的各个个体具有相同的遗传性状，而且彼此杂交可以产生后代，但与另一种的个体杂交，一般不能产生有生殖能力的后代。种是生物进化和自然选择的产物，种的特性一方面是稳定的，其特性可代代相传，另一方面又是继续发展的，新的种会不断产生，已有的种也在不断发展和演变。

如果种内的某些个体之间又有显著差异，可根据差异大小分为亚种（Subspecies）、变种（Varietas）、变型（Forma）等。亚种内的变异类型除在形态构造上有显著特征外，还有一定的地理分布区域。变种也是种的变异类型，在形态构造上有显著特征，但在地理分布上没有明显差异。变型是指具有微小形态差异的类型，如花色的差异、有无毛等。

品种不属于植物分类系统中的分类单位，而是属于栽培学中的变异类型，在农作物和园林、园艺植物中，通过把经过栽培及人工选择而得到的有一定经济价值的变异（如色、香、味、形状、大小等）植物称为品种。所以品种不存在于野生植物中，随着生产的发展，优良的新品种将不断取代旧的品种。

三、植物的命名法规

每种植物在不同国度和地区，其名称各不相同，因而容易出现同物异名或同名异物的混乱现象，造成识别植物、利用植物、交流经验等方面的障碍。为此，有一个统一的命名法则是非常必要的。国际上规定，植物任何一级分类单位，均须按照《国际植物命名法规》，用拉丁文或拉丁化的文字进行命名，这样的命名叫学名。学名是世界通用的唯一正式名称。

植物的学名是以瑞典植物学家林奈（C. Linnaeus）所倡导的双名法给植物命名的。它的组成是：属名＋种加名（种区别名）＋命名人姓氏缩写。属名都是名词，且第一个字母要大写。种加词一般用形容词，起着标志这一植物种的作用，全部为小写。命名人姓氏或姓氏缩写第一个字母也要大写。如桑树的学名是 *Morus alba* L.，拉丁文名词 *Morus* 是属名，第一个字母大写，种加词 *alba* 是"白色"的意思，L. 是命名人林奈的姓氏 Linnaeus 缩写。命名人姓氏除单音节外，均应缩写，缩写时要加省略号"."，且第一个字母要大写。

如果是亚种，其学名组成是：属名＋种加名（种区别名）＋命名人＋sub.（亚种的缩写）＋亚种加词＋亚种命名人。如紫花地丁（堇菜科）：*Viola philippica* sub. *manda* W. Beck。

如果是变种，其学名组成是：属名＋种加名（种区别名）＋命名人＋var.（变种的缩写）＋变种加词＋变种命名人。如柿子椒（茄科）：*Capsicum frutescens* L. var. *grgrossum* Bail。

四、植物检索表的编制与使用

植物的鉴定是植物科学中的一项最基本的技能，首先要能正确运用植物分类学的基本知识，其次要学会使用植物检索表。植物检索表是鉴定植物的必备工具，是识别植物的关键。

检索表的编制是根据法国拉马克（Lamarck，1974—1829）的二歧分类原则，把各植物群突出的形态特征进行比较，分成相对的两个分支，编为相同的号码，再把每个分支中的性状又分成相对应的两个分支，按顺序编上号码，依次下去，直编到科、属或种为止。

检索表的格式通常有两种。

（一）平行检索表

平行检索表是把每一组相对性状的描写，并列在相邻两行里，每一条的后面注明往下查的号码或植物名称。如蔷薇科的亚科分类检索表如下。

1. 果实为开裂的蓇葖果或蒴果；多无托叶 …………………………… 绣线菊亚科（Spiraeoideae）
1. 果实不开裂；具托叶 ………………………………………………………………………… 2
2. 子房下位，心皮 2～5 枚，梨果 …………………………………………… 梨亚科（Maloideae）
2. 子房上位，果实非梨果 …………………………………………………………………… 3
3. 心皮 1 枚，极少 2 或 5 枚，核果 …………………………………… 李亚科（Prunoideae）
3. 心皮多数，分离，极少 1～2 枚，聚合瘦果或聚合小核果 …………… 蔷薇亚科（Rosoideae）

（二）定距检索表

定距检索表是把每一组相对性状的两个分支，都编写在距左边一定距离处，并纵向相隔一定距离；而同一分支下的相对应两个分支，较先出现的向右低一格，这样依次类推直到编制的终点。同样以蔷薇科的亚科检索表为例。

1. 果实不开裂；具托叶
  2. 子房上位，果实非梨果
    3. 心皮 1 枚，极少 2 或 5 枚，核果 …………………………… 李亚科（Prunoideae）
    3. 心皮多数，分离，极少 1～2 枚，聚合瘦果或聚合小核果 ………… 蔷薇亚科（Rosoideae）
  2. 子房下位，心皮 2～5 枚，梨果 ……………………………………… 梨亚科（Maloideae）
1. 果实为开裂的蓇葖果或蒴果；多无托叶 …………………………… 绣线菊亚科（Spiraeoideae）

利用检索表鉴定植物，可以从科一直检索到种，但检索时首先要有完整的检索表资料和有完整性状的检索对象标本，即采集的标本要有根、茎、叶、花、果等器官。其次，对检索表中使用的各种形态术语以及检索对象标本的形态特征，应进行认真的观察、正确的理解和准确的判断，否则，容易出现鉴定不准缺或错误。

第二节 植物界的基本类群

根据植物的形态结构、生活习性和亲缘关系，可将植物界分为两大类 15 个门，如下所示。

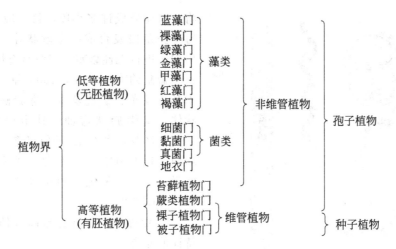

一、低等植物

低等植物是地球上出现最早最原始的类群，它们的主要特征是：植物体结构简单，由单细胞或多细胞组成，多细胞种类多呈丝状体或叶状体，没有根、茎、叶的分化；生殖器官常是单细胞，受精后合子直接发育成新个体，不形成胚；生活史没有世代交替，但也有一些种类有世代交替现象；常生活在水中或潮湿的地方。

低等植物分藻类植物、菌类植物和地衣植物 3 大类。

（一）藻类植物

藻类植物种类繁多，到目前大约有 20000 多种。多生活在水中，分布极其广泛，热带、温带、寒带均有分布。其形态结构差异很大，小球藻、衣藻等要用显微镜才能看到，而巨藻长度可达 100m 以上。藻类植物细胞中含有各种光合色素，能进行光合作用，它们的生活方式是自养的。其繁殖方式有营养繁殖、无性繁殖和有性繁殖等多种方式。根据它们含有的色素、贮藏的养料、植物体的细胞结构、生殖方式等的不同，可分为蓝藻门、绿藻门、裸藻门、金藻门、甲藻门、红藻门、褐藻门等。现以其中典型的门类进行讲述。

1. 蓝藻门——原核藻类

蓝藻细胞（图 5-1）的原生质体不分细胞质和细胞核，而分为周质和中央质。中央质位于细胞中央，没有核膜和核仁，但有染色质，有核的功能，称为原核。因此蓝藻细胞无真正的核，是原核生物。周质在中央质的周围，由很多膜围成的扁平囊状结构组成，叶绿素 a 和藻蓝素等光合色素附着其上，是光合作用的场所，光合产物主要是蓝藻淀粉。

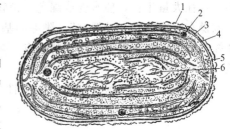

图 5-1　蓝藻结构示意

1—胶质鞘；2—质膜；3—光合片层；
4—染色质；5—类脂颗粒；6—糖原颗粒

多数蓝藻生于淡水中，海水中也有，有些则附生于石上、树上及其他物体上。有单细胞的、群体的、丝状体的，多数细胞外有果胶质组成的胶质鞘，群体类型还有公共的胶质鞘。

蓝藻的主要生殖方式是以细胞分裂行营养生殖。单细胞类型是细胞分裂后，子细胞立即分离形成单细胞个体。群体类型是细胞反复分裂后，子细胞不分离，而形成多细胞的大群体，群体破裂，形成多个小群体。丝状体类型是以藻殖段的方式繁殖，藻殖段是由于丝状体中某些细胞的死亡或形成异形胞，或在两个营养细胞间形成双凹形隔离盘，以及机械作用等

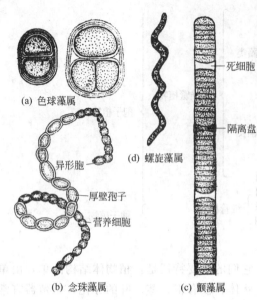

(a) 色球藻属

(d) 螺旋藻属

——死细胞

——隔离盘

——异形胞

——厚壁孢子

——营养细胞

(b) 念珠藻属

(c) 颤藻属

图 5-2 蓝藻的多样性

将丝状体分成许多小段，每一段称为藻殖段，每个藻殖段发育成一个丝状体。蓝藻还可产生孢子进行无性繁殖，但没有有性生殖。

蓝藻约有 150 属，1500 种。常见的有地木耳、发菜、螺旋藻等。螺旋藻藻体常为丝状体，呈螺旋状弯曲，其蛋白质含量高达 50%～70%，含有 18 种氨基酸，营养丰富而均衡，且细胞壁几乎不含纤维素，极易被人体吸收，是一种优良的保健食品。蓝藻的多样性见图 5-2。

2. 绿藻门——具有与高等植物细胞相似特征的藻类

绿藻植物的细胞含有与高等植物细胞相似的核、叶绿体、色素、贮藏养分和细胞壁成分。细胞核一至多枚。细胞壁分两层，外层为果胶质，常黏液化，内层为纤维素。叶绿体所含色素以叶绿素 a、叶绿素 b 为最多，也含有一些叶黄素和胡萝卜素，因而藻体都呈绿色。叶绿体中常有一至数枚蛋白核，光合产物淀粉、脂肪贮存其周围。

绿藻植物体形态多样，有单细胞、群体、丝状体和叶状体。少数单细胞和群体类型的营养细胞有鞭毛，能游动。绝大多数绿藻只在繁殖时形成游动孢子和有鞭毛的配子，能运动。

绿藻的分布很广，以淡水为多，海水、陆地阴湿处也有分布。繁殖方式多样，有营养繁殖、无性繁殖和有性繁殖，有性生殖方式又有同配、异配和卵配。

绿藻是藻类植物中最大的一个门，约有 430 属，6700 种，常见的有以下几属种。

(1) 衣藻属　本属约 100 多种，生活于富含有机质的淡水沟和池塘中，早春和晚秋较多，往往大量生长，使水变成绿色。植物体单细胞，一般为卵形，体前端有两条顶生鞭毛，是衣藻在水中的"运动器官"。鞭毛的基部有两个伸缩泡，伸缩泡一般认为是"排泄器官"，伸缩泡的侧面有一个感光作用的眼点。多数种的叶绿体形状如厚底杯形，在基部有一个蛋白核（图 5-3）。

衣藻的生殖方式为无性生殖和有性生殖。无性生殖常在夜间进行，生殖时藻体通常静

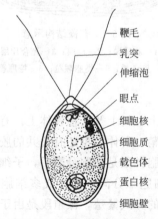

——鞭毛

——乳突

——伸缩泡

——眼点

——细胞核

——细胞质

——载色体

——蛋白核

——细胞壁

图 5-3　衣藻属细胞的结构

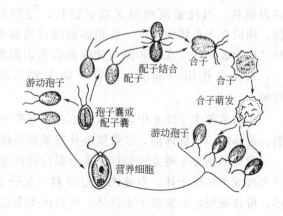

游动孢子

配子结合

配子

合子

合子

合子萌发

孢子囊或
配子囊

游动孢子

营养细胞

图 5-4　衣藻属的同配生殖

止，鞭毛收缩或脱落，变成游动孢子囊，细胞核先分裂，随后细胞质纵裂，形成2个、4个、8个、16个子原生质体，每个原生质体分泌一层细胞壁并生出两条鞭毛，子细胞由于母细胞壁胶化破裂而放出，成为新的植物体。有性生殖在多代的无性生殖后进行，多数种为同配生殖（图5-4），少数为异配生殖或卵式生殖。配子的产生和孢子的产生相似，生殖时，细胞内的原生质体经过分裂形成32～64个小细胞，称配子。配子在形态上和游动孢子无大差别，只是比游动孢子小一些。配子成熟后放出，游动不久即成对结合，形成双倍体，具有4条鞭毛，能游动的合子游动数小时后变圆，分泌形成厚壁孢子，壁上有时有棘突，休眠后经减数分裂产生4个游动孢子，合子壁胶化破裂，单倍核的游动孢子被放出，各成为一个新个体。

（2）水绵属　本属约300种，全部是淡水产，是常见的淡水藻类。在小河、池塘、水沟或水田等处均可见到，繁盛时大片生于水底或大块漂浮于水面，用手触及有黏滑的感觉。植物体是由一列细胞构成的不分枝的丝状体，每个细胞圆柱形，其内有一个核、一个大液泡，还有一至数条螺旋带状的叶绿体，叶绿体上有一列蛋白核。细胞核由原生质丝悬于中央，如图5-5。

水绵的营养繁殖可通过丝状体断裂或每个细胞分裂来进行。有性繁殖为接合生殖（即两个没有鞭毛而能变形的配子接合），多发生在春季或秋季。接合生殖又分为梯形接合、侧面接合、直接侧面接合。梯形接合是生殖时两条丝状体平行靠近，在两细胞相对的一侧相互发生突起，突起渐伸长而接触，接触处的壁溶解，连接成管，称为接合管。接合管两边细胞中的原生质体收缩形成配子，一条丝状体中的配子以变形虫形式运动，通过接合管移至相对的另一条丝状体的细胞中，并与细胞中的配子接合成为合子。结果一条丝状体只剩下空的细胞壁，此种丝状体是雄性，其中的配子是雄配子；相对的另一条丝状体是雌性，其中的配子是雌配子。接合后的每个细胞壁内各有一个合子。这样的接合方式因两条丝状体之间可以形成多个横列的接合管，外形很像梯子而称"梯形接合"（图5-6）。侧面接合是同一条丝状体上相邻的两个细胞在横壁处各生出突起，连通成接合管，一个细胞中的配子通过接合管与相邻细胞中的配子形成合子。直接侧面接合见于约格水绵，无接合管，横壁上有溶孔，相邻细胞

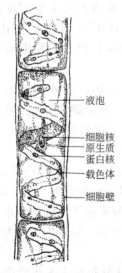

图5-5　水绵属的细胞结构

液泡
细胞核
原生质
蛋白核
载色体
细胞壁

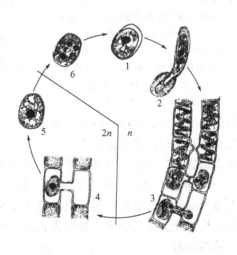

图5-6　水绵的接合生殖（梯形接合）

1—合子减数分裂后三核退化；2—合子萌发；3—梯形接合；
4—合子在配子囊中；5—合子；6—合子内细胞核减数分裂

的配子通过溶孔接合。

接合生殖形成的合子耐旱性很强，水淹不死，环境适宜时萌发。萌发时，经减数分裂，形成4个单倍核，其中3个消失，1个萌发形成萌发管，由此长成新的植物体。

3. 红藻门——红色的大型藻类

植物体多为红色或紫色，除含有叶绿素a、叶绿素d、胡萝卜素和叶黄素外，还含有藻红素和藻蓝素。贮藏的养料为红藻淀粉。植物体多为丝状、片状、树状。无性生殖产生不动孢子，有性生殖为卵式生殖。有些种类出现异形世代交替。

红藻约有550多属，3700多种，多数生于海水，约有200多种生于淡水。

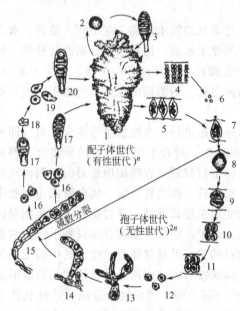

图5-7 甘紫菜的生活史

1—大紫菜（配子体）；2—单孢子；3—单孢子萌发；
4—精子囊；5—果胞；6—不动精子；
7——不动精子漂到果胞受精丝处；8—合子；
9～11—合子有丝分裂产生果胞；
12—释放果孢子；13～14—丝状体（孢子体）；
15—经减数分裂产生壳孢子；16—壳孢子；
17—壳孢子萌发；18—小紫菜；
19—单孢子；20—单孢子萌发

其代表植物是紫菜属，约有25种，在我国海岸带常见的有8种，如圆紫菜、长紫菜、甘紫菜等。紫菜的植物体是单层或双层细胞组成的叶状体，呈紫红色、紫色、蓝紫色，边缘多皱褶，基部楔形或圆形，以固着器着生于海滩岩石上，细胞单核，为胶质包被，其生活史为配子体发达的异形世代交替。甘紫菜的生活史如图5-7。

4. 褐藻门——有明显世代交替的大型海藻

褐藻门是藻类植物中比较高级的一大类群。植物体全为多细胞，有分枝的丝状体、由丝状体互相交织密贴而成的较高级的假薄壁组织体和薄壁组织体，薄壁组织体是褐藻中最高级的类型，有的细胞可以分化为表皮、皮层、髓及不同的外部形态。

藻体含有叶绿素a、叶绿素c、胡萝卜素和6种叶黄素。其胡萝卜素和叶黄素含量较多，因此常呈黄褐色。贮藏的养分主要是褐藻淀粉（海带糖，一种水溶性的多糖类）和甘露醇。褐藻的生殖方式有营养繁殖、无性生殖和有性生殖。

褐藻门大约有250属，1500种。绝大部分为海产，营固着生活，在温暖的海中虽然也有不少，但最繁盛的地方是寒冷的海边。淡水产的褐藻极为罕见，已发现的不到10种，在我国四川曾发现两种，均产于嘉陵江中。

其代表植物是海带属，海带孢子体一般长2～4m，最长可达5～6m，宽20～30cm，最宽可达50cm。褐色，可分为固着器、柄、带片3部分。固着器呈分枝的假根，柄部短而粗，在柄的上面为扁带状的带片，生长点就位于带片的基部靠柄处。海带孢子体的柄和带片内部构造相似，均可分为3层组织，外层为表皮，其次是皮层，中央为髓。海带生活史为异形世代交替，见图5-8。

海带约有30种，是冷温带性的海藻，原产日本北海道，广泛分布在太平洋沿岸。海带在我国的自然生长仅限于辽东和山东两个半岛的肥沃海区，而人工养殖的海带已推广到长江以南，如浙江、福建以及广东汕头等地。

5. 藻类植物的经济意义

（1）食用　许多藻类植物营养价值很高，可供食用，如发菜、海带、紫菜、石花菜等。据我国某医学院营养系报道：每100g干海带含糖57g，粗蛋白8.2g；每100g干紫菜含糖31g，蛋白质24.5g。另外，一些海藻还含有丰富的碘盐和维生素 C、维生素 D、维生素 E 和维生素 K。

（2）医药　有些藻类具有医用价值，如褐藻中含有大量的碘，可治疗和预防甲状腺肿大，褐藻中还可提取琼脂，制作各种微生物培养基。以海藻为主制成的"海藻晶"用于治疗高血压，效果良好。

（3）农业方面　藻类可作肥料，小河、池塘中的大量藻类死亡后，沉在水地，年年如此，可形成大量有机淤泥，农民可挖掘作为肥料，利用有固氮作用的蓝藻固氮，可提高土壤肥力。目前世界上已知有70多种固氮蓝藻，我国已发现有10多种。

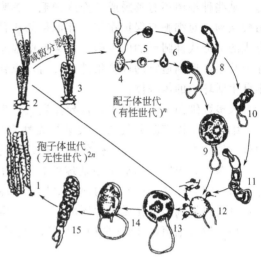

图5-8　海带的生活史

1—孢子体；2—带片横切面，一部分示孢子母细胞；
3—减数分裂产生游动孢子；4—游动孢子；
5—游动孢子变圆；6—游动孢子萌发；
7—雌配子初期；8—雄配子初期；9—成熟雌配子体；
10—成熟雄配子体；11—雄配子体释放精子；
12—附于卵囊孔上的卵和精子；13—合子；
14—合子开始分裂；15—幼孢子体

（4）净化污水　水生藻类有的能吸收和积累有害物质，起到净化污水、消除污染的作用，如四尾栅藻积累铈（Ce）和钇（Y）比外界环境高两万倍。

（5）提取工业原料　在褐藻和红藻中可提取褐藻胶、甘露醇、琼脂、碘化钾、氯化钾等，已被广泛用在染料、皮革、纺织、食品等工业中。

（6）与渔业的关系　在各种水域中生长的藻类，都直接或间接是水中经济动物的饵料，化学分析表明，浮游藻类所含的灰粉、蛋白质、脂肪等，可与最好的牧草相比。但有些藻类可危害栽培植物和鱼类、贝类，如水绵可危害水稻，绿球藻可附生在鱼和贝的鳃部，使其生病死亡。如果水体严重污染，藻类会大量繁殖，引起水体颜色改变，发生"赤潮"和"水华"，使水体中的动物大量死亡。

（二）菌类植物

菌类植物是一类没有根、茎、叶分化，一般无光合作用色素，并依靠现存的有机物而生活的低等植物。绝大多数的营养方式为异养，异养的方式有寄生和腐生。菌类植物大约有9万多种，可分为细菌门、黏菌门和真菌门，但是这3门植物的形态、构造、繁殖和生活史差别很大，彼此之间并无亲缘关系，所以菌类植物又是一个不具有自然亲缘关系的类群。

1. 细菌门——单细胞的原核菌类

（1）一般特征和分类　细菌个体微小，结构简单，单细胞，细胞具有细胞壁、细胞膜和细胞质、核质（图5-9），但没有真正的细胞核。与蓝藻相似，都属于原核生

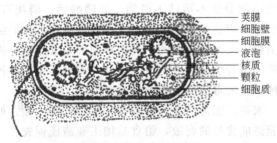

荚膜
细胞壁
细胞膜
液泡
核质
颗粒
细胞质

图5-9　细菌的细胞结构

物。某些种细菌还有荚膜或芽孢或鞭毛。荚膜位于细胞壁外面，是由多糖物质组成的一层透明胶状物，对细胞有保护作用。芽孢是某些种细菌在其生活的某个阶段，细胞质失水浓缩，形成的圆形或椭圆形的内生孢子。芽孢壁很厚，含水少，渗透性差，在不良环境条件下可生存十几年，遇到适宜的环境条件，又萌发成新菌体。可见，芽孢的形成不是繁殖，而是抵抗不良生活环境的休眠体。

大多数细菌不含叶绿素，营异养生活，少数含有细菌叶绿素，可进行自养，如紫细菌。

细菌通常以细胞分裂的方式进行无性繁殖，其繁殖速度极快，在适宜条件下 20min 细胞就分裂一次。但在实际中受各种客观条件的影响，不可能按理论数字增长。

细菌分布极广，几乎遍布地球的各个角落，无论土壤中、水中、空气中、动植物体内外，都有细菌存在。在寒冷的地方生长着嗜冷性杆菌；在酷热的场所，甚至 90℃ 的温泉中，生长着嗜热性细菌；在无氧的环境条件下，也有嫌气性细菌分布。

现已发现细菌约 2000 多种，从形态上可分为球菌、杆菌和螺旋菌 3 类（图 5-10）。

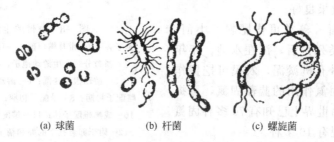

(a) 球菌　　　　　　(b) 杆菌　　　　　　(c) 螺旋菌

图 5-10　细菌的 3 种形态

① 球菌　细胞为球形或半球形，直径在 $1\mu m$ 左右，一般不形成芽孢和鞭毛。根据细胞的排列方式不同又分别称为单球菌、双球菌、链球菌、四联球菌、八叠球菌、葡萄球菌。

② 杆菌　细胞呈杆棒状，长度在 $1.5\sim10\mu m$。有些菌体很长，呈圆柱状，为长杆菌；有些菌体很短，为短杆菌；有些菌体有分枝，为分枝杆菌；能形成芽孢的称芽孢杆菌，如破伤风梭状芽孢杆菌。

③ 螺旋菌　细胞呈弯曲状，略弯呈弓形的称为弧菌，如霍乱弧菌；细胞坚韧且螺旋状弯曲的称为螺旋菌，如小螺菌；细胞柔软且螺旋状弯曲的称为螺旋体，如欧回归热疏螺旋体。螺旋菌的形态又常因发育阶段和生活环境的不同而改变，不少螺旋菌和杆菌在其生活的某一个时期生长出鞭毛，从而能够游动。

（2）细菌在自然界中的作用和经济意义　细菌在自然界物质循环中起着重要作用，它们把动植物的尸体和排泄物分解成简单物质，直至变为水、二氧化碳、氨、硫化氢和其他无机盐，不仅完成了自然界物质的循环，还供给植物肥料。

在工农业生产和医药卫生方面细菌的应用更广，如农业生产中根瘤菌与土壤中的固氮菌可固定空气中的游离氮，增加土壤肥力；磷细菌能分解不溶性无机物，如磷酸钙、磷灰石、磷灰土，释放出植物可以吸收的矿质元素；还可利用某些寄生于昆虫体内并使昆虫致死的细菌防治害虫，如青虫菌和杀螟杆菌现已制成菌粉。又如工业生产中利用细菌的发酵制造有机酸等化工原料，造纸、制革、炼糖、酿造等都离不开细菌。医药卫生方面利用细菌生产多种抗生素、人造血浆，利用杀死的病原菌或处理后丧失毒力的活病原体生产疫苗。

但是，很多细菌是致病菌，可以使人体、家畜、家禽、农作物致病，甚至危害生命。如人的伤寒、白喉、霍乱等疾病。此外细菌还能造成食品的腐败，给食品加工业造成损失。

放线菌类也是细菌中的一类。其细胞为杆状，不游动，在某种生活情况下变为分枝丝状体。从细胞的结构看，它是细菌；从分枝丝状体来看，则像真菌。故有人认它是细菌和真菌的中间形态。有些放线菌能产生抗生素，常见的药物如链霉素、四环素、土霉素等，都是从放线菌类中提取出来的。

2. 黏菌门——具有动植物特征的菌类

黏菌是一群介于动物和植物之间的真核生物，约 500 余种。在其生长期，营养体是一团裸露的原生质体，含多数细胞核，没有细胞壁，称为变形体。变形体与原生动物的变形虫相似，能做变形运动，可吞食固体食物。但在繁殖期，黏菌能产生具有纤维素壁的孢子，具有植物的性状。

黏菌多数生长在阴暗潮湿的地方，如森林中的腐木、落叶及其他湿润的有机物上。此门植物的根肿菌纲中有许多专性寄生菌，如甘蓝根肿病菌，侵害甘蓝根部，致甘蓝患根肿病。

3. 真菌门——结构较为复杂的真核菌类

真菌的营养体除少数原始种类是单细胞外，一般都是分枝的丝状体，特称为菌丝体，每一根丝称为菌丝，菌丝缠绕在一起形成丝状体。很多真菌的菌丝有横隔壁，将菌丝分隔成许多细胞。低等种类的菌丝无分隔，为一个多核长管状分枝的大细胞。多数真菌的细胞壁是由几丁质组成的，部分低等种类由纤维素组成。细胞内含有细胞核、细胞质、液泡。

真菌没有光合作用色素（有些真菌细胞含有色素，并非光合色素，可使菌丝呈现不同颜色），其营养方式有寄生和腐生。无论哪种营养方式，菌丝就是吸收养分的机构，通过菌丝与寄主或基质的接触，分泌多种水解酶，将大分子物质分解为小分子物质，然后借助较高的渗透压吸收养分。寄生真菌的渗透压一般比寄主高 2～5 倍，腐生真菌的渗透压则更高。

真菌的繁殖方式有营养繁殖、无性繁殖和有性繁殖 3 种。菌丝具有潜在的生长能力，人工接菌时就是利用断裂菌丝潜在的生长能力进行营养繁殖。无性繁殖在真菌中很发达，可形成多种无性孢子，不产生无性孢子的真菌很少。有性繁殖是通过不同性细胞的接合来实现的，并形成有性孢子，由有性孢子发育成新个体。

真菌的分布极广，陆地、水中、大气、土壤中都有，尤其以土壤中最多。

真菌与人类的关系密切，主要体现在医药和饮食方面，如灵芝、冬虫夏草、茯苓等为名贵中药材，青霉素、灰黄霉素等抗生素取自真菌，近年来还发现有 100 多种真菌有抗癌作用。很多真菌是美味的山珍，如香菇、猴头、木耳、银耳等。但同时真菌也有有害的一面，某些伞菌有剧毒，误食后会中毒或死亡。很多真菌是致病菌，可使动植物和人致病，如棉花黄枯萎病、玉米黑粉病、苹果腐烂病、人或动物皮肤上的癣也是真菌引起的。

真菌门约有 3800 多属，70000 种以上，根据营养体的形态、生殖方式的不同，通常分为藻菌纲、子囊菌纲、担子菌纲和半知菌纲。

（1）黑根霉 为腐生菌，腐生在富含淀粉的食物上。黑根霉又称葡枝根霉、面包霉，其菌丝横生，呈弓状弯曲，称为匍匐菌丝或匍匐枝。匍匐菌丝与基质接触处向下产生假根，向上生出一至数条不分枝的孢子囊梗，假根伸入基质内吸取营养，孢子囊梗顶端膨大形成孢子囊，孢子囊内产生孢囊孢子，孢囊孢子成熟后呈黑色，当散落在适宜基质上，即迅速萌发成菌丝体。黑根霉的形态和繁殖见图 5-11。

黑根霉常使蔬菜、水果、食物等腐烂，甘薯贮藏期间，如遇高温、高湿和通风不良，常由它引起软腐病。

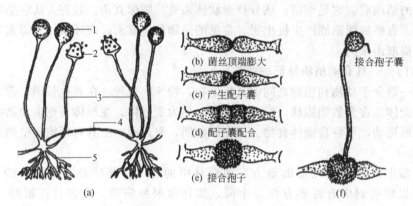

图 5-11　黑根霉的形态和繁殖

（a）无性繁殖；（b）～（e）有性繁殖各时期；（f）接合孢子的萌发
1—孢子囊；2—孢囊孢子；3—孢子囊梗；4—匍匐菌丝；5—假根

（2）酵母菌　植物体为单细胞，卵形，有一个大液泡，核较小。无性生殖的方式为出芽繁殖，首先在母细胞的一端形成一个小芽（也叫芽生孢子），核裂后形成的子核移入小芽，小芽长大后脱离母细胞，成为一个新酵母菌。繁殖旺盛时芽体未脱落又形成新芽，芽细胞相连构成假菌丝。有性生殖时，两个子囊孢子或营养细胞接合成双倍体细胞（即合子），双倍体细胞也能以芽殖方式繁殖，然后双倍体细胞转变为子囊，子囊裸露，不形成任何类型的子囊果。细胞核经减数分裂产生 4 个子囊孢子，子囊破裂后放出子囊孢子（图 5-12）。

酵母菌多存在于富有糖类的基质中，与人类关系十分密切。由于酵母菌能在无氧条件下将单糖分解成二氧化碳和酒精，所以工业上用它来制造酒精和酿酒；日常生活用它来发馒头和面包；医药上用途更广；近年来常利用酵母菌进行石油脱蜡，以降低石油的凝固点。

（3）冬虫夏草（图 5-13）　该菌的子囊孢子秋季侵入鳞翅目幼虫体内，幼虫钻入土中越冬，仅存完好的外皮，虫体内的菌丝密集形成菌核。翌年入夏，菌核上长出有柄的棒形子座，子座从幼虫头部伸出并露出土外，状似一棵褐色小草，故称冬虫夏草。该菌为我国特产，是一种名贵补药，有补肾和止血化痰之效。

（4）蘑菇　常见的各种伞状蘑菇多生于地面、枯枝落叶、朽木或兽粪上。子实体由菌盖、菌褶、菌柄和菌环（菌盖张开时残留在菌柄上的环状膜）组成。菌褶的表面有子实层，子实层中有不产生孢子的侧丝、无隔担子（担子无分隔）。担子棒状，顶端有 4 个小梗，每个小梗上长 1 个担孢子。担孢子成熟后脱落，萌发成单核菌丝，异宗的单核菌丝细胞接合形成双核菌丝体，双核菌丝体能形成根状菌索，于根状菌索上双核菌丝扭结发育成菌蕾，不久菌蕾展开成伞状子实体，见图 5-14。

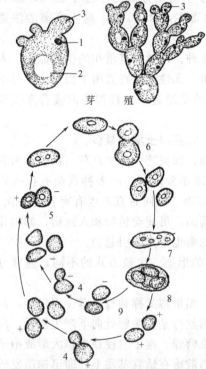

图 5-12　酵母菌的结构和繁殖

1—细胞核；2—液泡；3—芽孢子；4—单倍体
细胞芽殖；5—接合；6—双倍体细胞芽殖；
7—幼子囊；8—子囊；9—子囊孢子

其他常见的如曲霉具有强大的酶活性，工业上可用于生产有机酸类和化学药品，如酒的糖化生产、食用酱油生产等。黄曲霉的产毒菌株能产生毒性极强的黄曲霉素，引起肝脏坏死和肝癌，被其污染的食物不能食用。

真菌与人类关系密切，主要体现在医药和饮食方面，如灵芝、冬虫夏草、茯苓等为名贵中药材，青霉素、灰黄霉素等抗生素取自真菌，近年来还发现有100多种真菌有抗癌作用。很多真菌是美味的山珍，如香菇、平菇、口蘑、猴头、木耳、银耳、牛肝菌等。但同时真菌也有有害的一面，某些伞菌有剧毒，误食后会中毒或死亡；很多真菌是致病菌，可使动植物和人致病，如棉花黄枯萎病、玉米黑粉病、麦类秆锈病、苹果腐烂病、人或动物皮肤上的癣也是真菌引起的。

图5-13 冬虫夏草

（三）地衣植物——藻类与真菌共生的植物

地衣植物是藻类和真菌共生的植物。共生的真菌绝大多数为子囊菌，少数为担子菌，个别为藻状菌和半知菌；共生的藻类主要是蓝藻和绿藻。藻类细胞进行光合作用，为整个植物体制造养分；菌类则吸收水和无机盐，为藻类光合作用提供原料。有人将地衣中的藻类和真菌分离开培养，发现真菌不能单独生长，而藻类则生长良好，可见它们之间的共生关系是不均衡的，真菌在某种程度上控制了藻类，在某种意义上来说也是一种特殊的寄生关系。

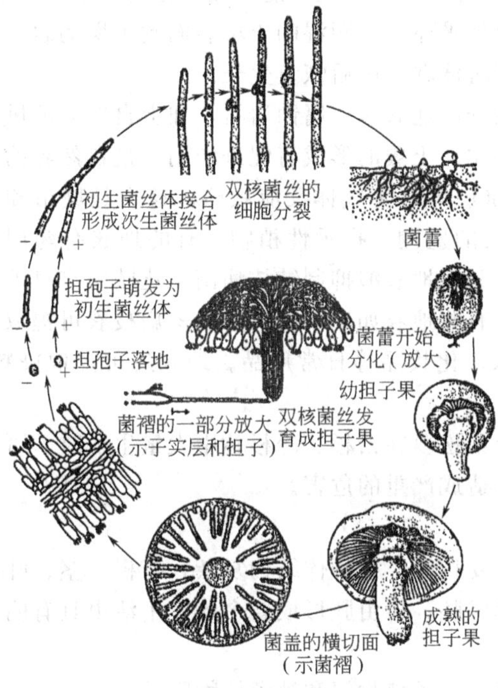

根据地衣的形态特点和在基质上的生长方式，可将地衣的形状分为3种类型（图5-15）。①壳状地衣，植物体与着生的基质紧密相贴，很难剥离，约占地衣总数的80%；②叶状地衣，植物体呈叶片状，有背腹之分，以假根或脐附着于基质上，易剥离；③枝状地衣，植物体呈直立或下垂的树枝状，以基部附着于基质上。

横切地衣植物体可发现地衣的结构大致分为上皮层、藻胞层、髓层和下皮层（图5-16）。上、下皮层由菌丝紧密交织而成，通常含有大量色素，而使地衣呈现各种颜色。上皮层之下有一层藻细胞称藻胞层，髓层位于藻胞层之下、下皮层之上，由疏松的菌丝构成，菌丝间有许多空隙。髓层的主要功能是贮存空气、水分和养分，也是地衣酸沉积的部位。并不是所有的地衣构造都是相同的，一般典型的壳状地衣多缺乏皮层或只有上皮层；有的地衣其藻细胞成层排列，有藻胞层和髓层之分的称为异层地衣；有的藻细胞散乱分布，无单独的藻胞层，称为同层地衣。

图5-14 蘑菇的生活史

（图中文字）初生菌丝体接合形成次生菌丝体　双核菌丝的细胞分裂　菌蕾　担孢子萌发为初生菌丝体　菌蕾开始分化（放大）　担孢子落地　幼担子果　菌褶的一部分放大（示子实层和担子）　双核菌丝发育成担子果　成熟的担子果　菌盖的横切面（示菌褶）

地衣的繁殖方式为营养繁殖和有性生殖。营养繁殖是地衣最普遍的繁殖方式，可通过植物体断裂成数个裂片，每个裂片均可发育成一个新个体。此外藻细胞突破上皮层，被菌丝缠绕形成的团块状结构，如粉芽、珊瑚芽等脱离母体后也可发育成新个体。有性生殖由共生的真菌独立进行，子囊菌类的产生子囊孢子，担子菌类的产生担孢子，有性孢子成熟后从母体

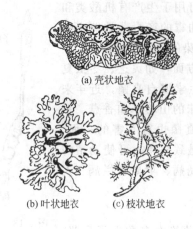

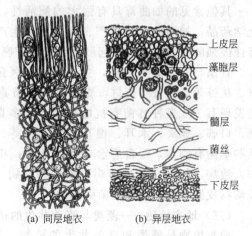

（a）同层地衣　　　（b）异层地衣

图 5-15　地衣的形态　　　　　　　图 5-16　地衣剖面的结构

散开，传播、萌发后，遇到藻细胞即可形成新地衣，如遇不到与之共生的藻细胞，则不久死去。

目前已知的地衣约有 260000 多种，在地球上分布广泛，适应能力强，特别能耐寒耐旱，对环境条件的要求不高，从沙漠到森林，从高山到平原，从潮湿的土壤表面到干燥的岩石都可找到。地衣生长缓慢，数年才长几厘米，干旱时休眠，雨后恢复生长。

生长在岩石上的地衣（特别是壳状地衣）能分泌地衣酸，腐蚀岩石，加上自然界的风化作用，久之岩石形成土壤，所以地衣对岩石的风化、土壤的形成有促进作用，是自然界的先锋植物。地衣是喜光植物，要求空气新鲜，对 SO_2 等有害气体反应敏感，这也是城市和工业区地衣极少的原因，因此地衣可作为大气污染的监测、指示性植物。有的地衣有药用作用，如松萝、石耳、石蕊都是沿用已久的中药，利用地衣酸抑制结核病菌、化脓菌有显著疗效。多种地衣体内含有较多的多糖，可供食用。有些地衣如生于栎树上的栎扁枝衣可提取香料，具浓厚而持久的香味，用于制造香皂、香水、化妆品等日常用品。地衣还可提取染料，石蕊试纸最初就是用地衣制造的。

地衣也有有害的一面，附着于树皮上的地衣如松萝在云杉、冷杉林中大量生长时，可导致树木死亡。生长在柑橘和茶树上的地衣，也可造成严重的危害。

二、高等植物

高等植物和低等植物相比较而言，有如下主要特征：植物体结构复杂，有根、茎、叶的分化；生殖器官常由多细胞组成；卵受精后先形成胚，再由胚形成新个体；生活史具有明显的世代交替；多为陆生。

高等植物主要包括苔藓植物门、蕨类植物门、裸子植物门和被子植物门。

（一）苔藓植物门——配子体发达的高等植物

1. 一般特征

苔藓植物配子体发达，能独立生活，也就是人们平常所见的植物体。配子体具有假根和类似茎、叶的分化。假根由单细胞或一列细胞组成，主要起固着作用，兼有吸收作用；茎无维管束，有的仅有皮部和中轴，输导能力弱，所以苔藓植物一般较小，大者不过几十厘米；叶多由一层细胞组成，无叶脉，仅由一群狭长而厚壁的细胞构成的中肋起支持作用，叶既能进行光合作用，又能吸收水分和养料。有性生殖时配子体上可产生多细胞构成的有性生殖器官精子器和颈卵器，内部各产生精子和卵细胞。

苔藓植物是低等的有胚植物。精子必须借助水游到颈卵器内，与卵细胞接合为合子，合子分裂而发育成胚。植物界从苔藓植物开始有了胚,因此与蕨类植物、种子植物合称为有胚植物。

苔藓植物孢子体不发达,必须寄生在配子体上。胚在颈卵器中发育成孢子体,孢子体包括孢蒴(孢子囊)、蒴柄和基足。基足伸入配子体组织内吸收养料,供给孢子体生长需要;孢蒴内孢子母细胞经减数分裂产生孢子。

苔藓植物具有原丝体。孢子成熟后释放出来,在适宜条件下萌发成原丝体。原丝体具有假根,并形成芽体,由芽体发育成配子体。

苔藓植物的生活史有明显的世代交替。孢子萌发成原丝体,原丝体的芽体发育成配子体,配子体产生精子器和颈卵器,分别产生精子和卵细胞,这个过程称为有性世代或配子体世代。精子与卵细胞接合成合子,合子发育成胚,胚发育成孢子体,这个过程为无性世代或孢子体世代。

苔藓植物是高等植物中最原始的陆生类群。由于没有维管束,且生殖离不开水,它们虽然脱离了水生环境进入陆地生活,但多数仍需生长在潮湿地区,如阴湿的墙面和地表。

2. 分类及代表植物

现有的苔藓植物约40000种,我国约有2100种,苔藓植物门分为苔纲和藓纲。

(1)苔纲　苔类植物的植物体(即配子体)多为两侧对称、具背腹之分的叶状体,个别种类有茎、叶分化。假根为单细胞。苔类植物较藓类植物有较高的温湿要求,故热带、亚热带常绿林中种类丰富。

代表植物——地钱。地钱的配子体为绿色扁平分叉的叶状体,背面可见多角形网格,网格中央有白点,网格实为气室分界,白点既为通气孔;腹面有假根及紫褐色鳞片,行吸收养分、固着的功能。地钱主要以胞芽进行营养生殖,胞芽生于叶状体背面的胞芽杯中,呈绿色圆片形,两侧有凹口,其中各有一生长点,下部有柄,成熟后自柄处脱落长成新个体。

地钱为雌雄异株,有性生殖时,在雄配子体上产生精子器托,在雌配子体上产生颈卵器托,两者都有托盘和托柄。精子器托其托盘呈圆盘状,上有精子器腔、精子器;颈卵器托其托盘边缘深裂、下垂为8~10条芒线,芒线间倒悬一列颈卵器。成熟精子随水进入颈卵器,与卵细胞接合形成合子,合子在颈卵器内发育成胚,由胚成长为孢子体。孢子体由孢蒴、较短的蒴柄、基足3部分组成,倒悬于颈卵器托上。孢蒴内的孢子母细胞经减数分裂形成单倍体异性的孢子,不育细胞则分化为弹丝。孢蒴成熟后不规则破裂,孢子借弹丝散出,在适宜环境中萌发成异性的原丝体,进而分别发育成雌配子体和雄配子体,见图5-17。

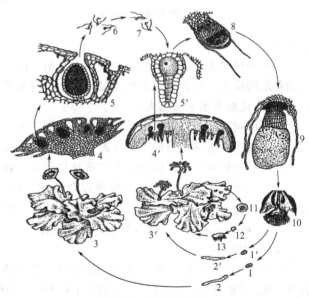

图 5-17　地钱的生活史

1,1′—孢子;2,2′—原丝体;3—雄株;3′—雌株;4—精子器托纵切;4′—颈卵器托纵切;5—精子器;5′—颈卵器;6—精子;7—精子借助水与卵细胞接合;8—受精卵发育成胚;9—胚发育成孢子体;10—孢子体成熟后孢子及弹丝散发;11—芽杯内胞芽成熟;12—胞芽发育为新植物体

(2) 藓纲 配子体多为辐射对称的拟茎、叶体，假根由单列细胞构成；茎常有中轴、皮部的分化；有的叶具有中肋。藓类植物较苔类植物耐寒、耐旱，因此在温带、寒带高山、冻原、森林及沼泽地区常能形成大片群落。

代表植物——葫芦藓。葫芦藓是田园、庭院、路旁等地方普遍生长的小型常见藓类。配子体直立矮小，多呈黄绿色，具茎、叶分化和假根；叶长舌形，具中肋，单细胞构成，丛生于茎的中上部。

葫芦藓为雌雄同株，但雌雄异枝；雄枝先生长，其叶大而开张，顶端集生多个精子器；雌枝后生长，其叶紧包呈芽状，顶端生有数个具柄的颈卵器，但通常只有一个颈卵器发育成孢子体。当生殖器官成熟时，精子器顶端裂开，精子逸出，借助水游入颈卵器中与卵细胞接合成合子，合子在颈卵器中发育成胚，进而发育成孢子体。孢子体也是由孢蒴、蒴柄和基足3部分组成的，但其结构较地钱复杂。孢蒴中的孢子母细胞经减数分裂形成孢子，孢子成熟后散出，在适宜条件下萌发成原丝体，原丝体细胞含叶绿体，能独立生活，可形成多个芽体，每个芽体分别长成新的配子体（图5-18）。

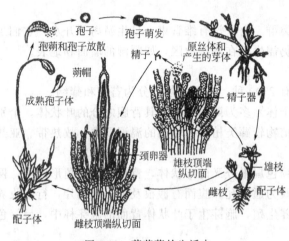

图 5-18 葫芦藓的生活史

3. 苔藓植物在自然界中的作用和经济意义

(1) 自然界的拓荒者之一 有些苔藓植物能分泌一种酸性物质，缓慢分解岩石，在加上植物体积蓄的水分和浮尘，以及植物体死亡后的遗体，经过漫长岁月后形成土壤，为其他高等植物的生长创造了条件。

(2) 保持水土 苔藓植物在地表丛生，植株间空隙很多，可起到毛细吸管的作用，有很强的蓄水的能力，如泥炭藓的吸水量相当于自身质量的10～20倍，而蒸发量只有静水面的1/5，能防止地表水土的流失。

(3) 检测大气环境 苔藓植物对大气中的 SO_2、HF 等有毒气体相当敏感，可作为检测大气污染的重要指标。另外不同生态条件下，常生长着不同种类的苔藓植物，可作为某一生态条件的指示植物，如泥炭藓多生于落叶松和冷杉林中，金发藓多生于红松和云杉林中。

(4) 经济价值 一些苔藓植物可以作药用。如打金发藓，全株可以入药，有消炎、镇痛、止血、止咳功能；泥炭藓还可用来包扎花卉、树苗，几个世纪前在欧洲曾被用作药棉。

(二) 蕨类植物门——现存最早的维管植物

1. 一般特征

蕨类植物也称羊齿植物。在其世代交替中，孢子体发达，也就是通常人们所见的蕨类植物，有根、茎、叶的分化，生活期较长；而配子体退化，结构简单，生活期较短。但孢子体和配子体都能独立生活。蕨类植物既是进化水平最高的孢子植物，又与种子植物一起被称为维管植物。

蕨类植物（孢子体）的主要特征有：①根通常为不定根，着生在根状茎上，有较好的固定和吸收能力；②茎通常为根状茎，二叉分枝，有维管组织，但分化程度不高，其木质部主要以管胞运输水分和无机盐，韧皮部主要以筛胞运输营养物质，个别种类有导管，多无形成层和次生结构，所以蕨类植物大多为草本，少数为高大乔木；③叶有小型叶与大型叶、孢子叶与营养叶之分（有的种类无营养叶和孢子叶之分）。营养叶为不育叶，仅行光合作用；孢子叶为可育叶，叶基或叶背生有孢子囊和孢子，孢子萌发成为配子体。

配子体是一种有背腹分化的叶状体，称为原叶体。绿色，能独立生活。其腹面有精子器和颈卵器，精子大多有鞭毛，受精作用仍不能脱离水的限制。受精卵在颈卵器中发育成胚，胚再发育成孢子体。

蕨类植物分布很广，除了海洋和沙漠外，到处都有它们的踪迹，因其性喜温湿，所以热带、亚热带最多，一般陆生，少水生或附生。现有蕨类植物约 10000 多种，我国有 2600 余种。

2. 分类及代表植物

蕨类植物门包括石松纲、水韭纲、松叶蕨纲、木贼纲和真蕨纲。前 4 纲为小型叶蕨类，又称拟蕨植物，是一些原始而古老的蕨类植物，现存种类很少。真蕨纲是蕨类中进化水平最高的类群，大多数为大型叶蕨类，也是现代较为繁茂的蕨类植物。

代表植物——石松、卷柏（俗称九死还魂草）、中华卷柏（图 5-19）、问荆（图 5-20）等。

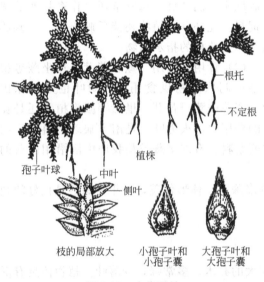

图 5-19　中华卷柏

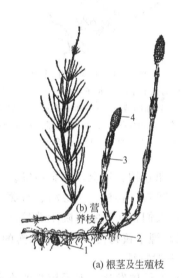

图 5-20　问荆
1—块茎；2—不定根；3—轮生的叶；4—孢子叶球

蕨类植物的生活史以肾蕨为例加以说明（图 5-21）。肾蕨也称蜈蚣草，其孢子体有根状茎和匍匐茎两种。根状茎二叉分枝，横卧地下，向上丛生大型羽状复叶；匍匐茎位于地表，其顶端又可深入土中，形成球茎，有营养繁殖的能力。在茎的内部分化出同心圆的维管束，其木质部中有管胞，韧皮部中有筛胞，没有伴胞。叶的结构与双子叶植物相似，都有叶肉组织和维管束，叶肉组织分化为栅栏组织和海绵组织。在叶片的背面有两行肾形孢子囊群，孢子囊群被一层由叶片表皮形成的薄膜所覆盖。孢子囊内的每个孢子母细胞经过减数分裂形成 4 个孢子。孢子成熟后从囊中散出，落在适宜的潮湿土壤中，萌发形成配子体。

配子体也称原叶体，雌雄同体，绿色心形，直径数毫米，中央细胞层数较多，边缘只有一层细胞，均为含叶绿体的薄壁细胞，能独立生活。在原叶体的腹面（接触地面的一面）突起的一端生有许多假根和雌雄生殖器官，颈卵器多生于原叶体顶端的凹陷处，精子器生于假根处。精子器产生数十个螺旋形具鞭毛的精子，精子在有水的条件下，游向颈卵器与卵细胞接合。

受精卵在颈卵器内分裂，形成具有根、茎、叶分化的幼小孢子体——胚，胚逐渐发育成

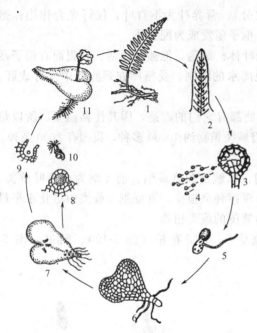

图 5-21 肾蕨的生活史

1—成熟的孢子体；2—孢子叶的一部分；3—孢子囊；
4—孢子；5—孢子萌发；6—幼配子体；7—成熟配子体
（具精子器和颈卵器）；8—精子器；9—颈卵器；
10—精子；11—幼孢子体

能独立生活的幼孢子体。

3. 蕨类植物的经济价值

蕨类植物与人类关系十分密切，其经济价值是多方面的。

（1）煤的形成　在古代蕨类植物鼎盛时期，大量蕨类植物的遗体被埋入地下，在一定的温度、压力条件下，经过漫长的时期，通过煤化作用形成了煤。

（2）工农业生产上的应用　有些蕨类植物是工业上的重要原料。如石松孢子不但可以作铸造业的分型剂，增加铸件的光洁度，而且还是火箭、信号弹、照明弹的突然起火燃料；又如满江红能增加土壤中可溶性氮的含量，也可沤制绿肥；满江红、槐叶苹还可作畜牧业的优良饲料。此外蕨类植物还能反映土壤、气候的情况，是造林的指示植物。

（3）食用和药用　蕨、紫萁、连坐蕨等根状茎可制取蕨粉供食用，其幼叶也是美味山珍，俗称蕨菜。芒萁、里白等蕨类植物还是良好的薪用材，火力旺，是南方缺乏燃料地区的主要薪料。有许多蕨类是我国中医沿用已久的中药材，如卷柏、贯众、海金沙等。

（4）观赏　卷柏、千层塔、肾蕨、桫椤等许多蕨类，体形优美，全年常绿，是良好的观赏植物，人们常在温室庭院中栽培。

（三）裸子植物门——种子裸露的高等植物

1. 一般特征

（1）孢子体发达　裸子植物的孢子体多为高大的乔木，多常绿，少落叶。植物体具有形成层和次生构造，年轮明显；木质部大多只有管胞，极少数有导管（买麻藤纲）；韧皮部只有筛胞，无筛管和伴胞。主根发达；叶为条形、针形、鳞片形，极少数为扁平的阔叶或复叶，叶脉多二叉状，少数为网状，具有明显的气孔带。

（2）配子体退化　裸子植物的配子体很小，雄配子体即多核时期的花粉粒和花粉管，由小孢子（单细胞的花粉粒）在放散之前多次分裂完成；雌配子体即成熟胚囊，由大孢子（初期胚囊）多次分裂形成。雌配子体与雄配子体完全寄生在孢子体上，不能独立生活。

（3）有花粉管的形成　裸子植物的小孢子借风力进行传粉，到达胚珠后，萌发形成花粉管，进入胚囊，精子与卵细胞接合。花粉管的形成在植物的系统发育上是一个很大的进步，使植物的受精作用不再依赖水，所以裸子植物比孢子植物更适应陆生环境。

（4）颈卵器的保留　大多数裸子植物雌配子体的近珠孔端保留了两个或多个颈卵器，能产生种子，所以裸子植物是介于蕨类植物和被子植物之间的一群维管植物。

（5）胚珠和种子裸露　与被子植物相比，裸子植物没有子房结构。其大孢子叶（即被子植物的心皮）丛生或聚生成大孢子叶球（即雌球花），胚珠不被大孢子叶所包被，裸露在外，受精后不形成果实，由胚珠发育成种子，种子外无果皮包被，因此称为裸子植物。

（6）种子的形成 裸子植物的种子也由胚、胚乳和种皮3部分组成。其中胚是由受精卵发育而来的，是新一代的孢子体；胚乳由雌配子体发育而来，与被子植物的胚乳来源不同；种皮由珠被发育而来。成熟的种子由于有种皮的保护，所以裸子植物在陆地干燥的环境中能顺利繁衍，并在陆地植被中占有一定的优势。

以松柏纲松属为例，其生活史见图5-22。

2. 裸子植物分类

现代裸子植物有5个纲，71属，760余种。我国是裸子植物种类最多、资源最丰富的国家，有236种，41属，5个纲，分别是苏铁纲、银杏纲、松柏纲、红豆杉纲和买麻藤纲。

3. 裸子植物的经济意义

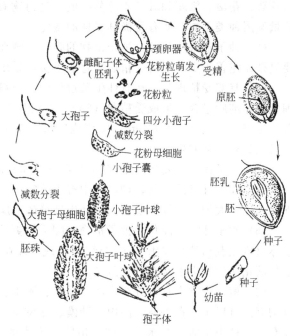

图 5-22　松属的生活史

（1）我国森林和园林绿化的主要树种　裸子植物虽然种类不多，但常大面积组成针叶林，是我国森林的主要树种，如松科、杉科植物是构成北半球森林的主要树种。同时裸子植物也是园林绿化方面的主要树种，如银杏、雪松、白皮松、油松、水杉、云杉、红豆杉、圆柏、侧柏等，因其树形挺拔优美、叶色四季碧绿秀丽而被广泛用作园林绿化的观赏树种；又如世界五大公园树种，其中南洋杉、雪松、金钱松、日本金松均为裸子植物。

（2）用材树种　松、杉、柏科的许多树种都是木材生产的主要树种。松属树种的木材纹理直或斜、结构致密、硬度适中、干后不裂，且经久耐用，是世界上主要的用材树种，可用作房屋建筑、桥梁、家具、农具及木纤维等的生产原料；云杉属树种木材不仅纹理细致、结构紧密，且质稍软有弹性，为飞机、机械、车厢、乐器、家具生产用材。

（3）工业原料树种　裸子植物也是生产纤维、树脂、芳香油、单宁等的工业原料树种。马尾松、油松的松脂可提炼松香和松节油，松香、松节油等都是合成香料的主要原料，在轻工业上有广泛用途；又如买麻藤属植物茎皮中含韧性纤维，不仅可织麻袋、渔网、绳索，还是人造棉的原料。

（4）药用　中药的柏子仁即为圆柏种子，有安心养神、润燥通便的功能；银杏叶提取的银杏黄酮苷元，为治疗冠心病的良药；麻黄属植物均含生物碱麻黄素，为重要的药用植物；红豆杉、三尖杉的枝、叶、种子中含多种生物碱，对治疗白血病、淋巴肉瘤等有较好的疗效。

（5）食用　松、柏的种子含丰富油脂，可榨油供食用或工业用；红松的种子可食用；银杏种子的胚乳俗称"白果"，可供食用；榧树的种子香榧为著名的干果。

（四）被子植物门——最进化的现代优势植物

被子植物是现代植物界中最高等、最繁茂和分布最广的一个类群。已知约有25万余种，占植物界的一半，我国约有3万余种。这与其生殖器官、营养器官形态结构的复杂性和完善性有重要关系，其主要特征概括如下。

（1）有真正的花　被子植物由于有显著的花，又被称为显花植物或有花植物。完整的花由花萼、花瓣、雄蕊和雌蕊4部分组成，是植物有性生殖最完善的器官。花的形态、结构、数量又因种类不同，而有着极其多样的变化。

（2）种子被果皮包被　被子植物的胚珠包藏在子房内，比裸子植物开放心皮和裸露胚珠要复杂而完善很多。子房受精后发育成果实，果皮包被在种子外面。

（3）有双受精现象　在有性生殖过程中，花粉管伸入胚囊后释放出两个精细胞。一个精细胞与卵细胞融合，形成受精卵（2n），最后发育成胚（2n）；另一个精细胞与2个极核融合，形成受精极核（3n），最后发育成胚乳（3n）。胚和胚乳均含有父母双方的遗传物质，使后代具有更强的生命力。

（4）孢子体高度发达　被子植物的孢子体高度发达，组织分化精细。木质部中有了导管、管胞和木纤维的分化，韧皮部中有了筛管、伴胞和韧皮纤维的分化，使植物体的输导和支持功能大大加强，提高了它们对陆生环境的适应能力。

（5）配子体极其简化　被子植物的配子体更进一步简化，并终生寄生在孢子体上。雄配子体（成熟花粉粒）仅由2~3个细胞组成；雌配子体（胚囊）大多数为7个细胞8个核。这种简化在生物学上具有进化意义。

（6）植物种类丰富，分布广泛　乔木、灌木、草本俱全；一二年生、多年生和短命的植物均有。可以生长在平原、高山、沙漠、盐碱地，也有些种类生长在湖泊、河流、池塘等，还有少数种类生活在海水中。被子植物与人类的生活息息相关，人类依赖生存的环境以及粮、棉、油、糖、药等经济作物，绝大多数是被子植物。

被子植物的生活史见图5-23。

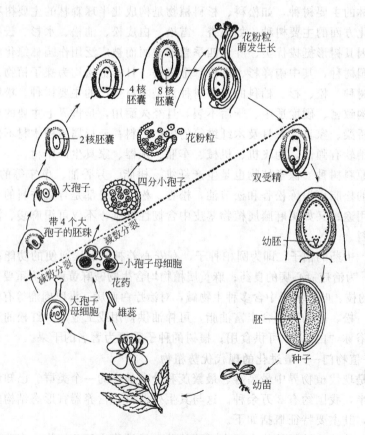

图5-23　被子植物的生活史

第三节 植物进化概述

一、植物界的发生阶段

地球自形成到现在已有近 50 亿年的历史，要探寻植物的演化过程，最有力的证据就是埋藏在不同地质年代的化石。化石是保存在地层中的古代生物的遗体或遗物，从不同地质年代中所发现的化石就是在地球演变的不同时期，各类生物发生和发展的真实记录。

地质学家把地球度过的漫长岁月划分成 4 个大期，即 4 个宙，最早为冥古宙，依次为太古宙、元古宙和显生宙。6 亿年以前到现在都是显生宙，显生宙又分为 3 个代，每代又分为若干纪。表 5-1 是不同地质年代的主要植物类群，从中可看出各主要类群在各地质年代中发展的大致情况。

表 5-1　不同地质年代的主要植物类群

宙	代	纪	距今年数/百万年	主要植物类群	优势植物
显生宙	新生代	第四纪	0～2	被子植物占绝对优势,草本植物发达	被子植物
		第三纪	2～65	被子植物取代裸子植物,杨、柳、桦等	
	中生代	白垩纪	65～144	裸子植物衰退.被子植物发达	裸子植物
		侏罗纪	144～213	裸子植物繁茂,被子植物出现	
		三叠纪	213～248	裸子植物成林(苏铁、银杏、松柏等),炭化成煤	
	古生代	二叠纪	248～286	蕨类衰退,裸子植物繁茂	蕨类植物
		石炭纪	286～360	种子蕨类繁茂,裸子植物兴起	
		泥盆纪	360～408	裸蕨和木本蕨繁盛,种子蕨(古羊齿)出现	
		志留纪	408～438	裸蕨、陆地植物出现	真核藻类,类材植物
		奥陶纪	438～505	海藻繁盛	
		寒武纪	505～509	藻类兴起	
元古宙			5900	蓝藻、真核藻类出现	细菌和蓝藻
太古宙			3800	细菌出现	
冥古宙			4600	地球形成与化学进化	

二、植物界各大类群的进化历程

关于植物界各类群的演化趋向，由于目前争议点较多，观点分歧较大，很难明确阐述。简单的说是由藻类植物演化为蕨类植物，由蕨类植物进一步演化为裸子植物，再由裸子植物演化为被子植物，这是植物界进化的一条主干，菌类植物和苔藓植物则是进化中的侧支（图 5-24）。细菌和蓝藻具有最原始的特征，是地球上最原始、最古老的植物，由于它们与其他植物在构造和生殖方式上有明显的差别，因而是独立的植物类群。真菌与藻类植物一样都起源于原始的鞭毛植物。苔藓植物虽有某些进化的特征，但孢子体尚不能独立生活，不能脱离水生环境，因而限制了其向前发展。

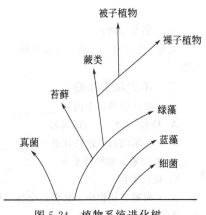

图 5-24　植物系统进化树

本 章 小 结

通过对植物各大类群形态、结构、繁殖、分布等特点的学习，可以总结出植物发展进化的一般规律。

(1) 在生态习性方面　植物是由水生过渡到陆生的。最原始的植物一般生活在水中，如低等的藻类；以后逐渐过渡到阴湿环境，如苔藓植物和蕨类植物，输导组织的不发达、生殖时产生游动精子，都使其不能脱离水；最后演变为能在干燥陆地生活的陆生植物，如绝大多数的种子植物，输导组织的发达、生殖时产生花粉管、种皮对胚的保护等特征，都使其能够较好地适应陆生环境。

(2) 在形态结构方面　植物体由单细胞到群体再到多细胞个体，组织分化由低等到高等、不完善到完善，器官之间的分工也更加明确。随着植物由水生向陆生的发展，生态环境变得越来越复杂，植物体也发生了更适宜于陆地生活的形态结构转变。例如，真根的出现和输导组织的形成和完善，使植物对水分的吸收和运输效率更高；种子被果皮的包被，对种子的保护和传播起着重要作用，有利于被子植物的繁殖，并扩大了其分布范围。

(3) 在生活史方面　由无世代交替到有世代交替，由配子体占优势的世代交替到孢子体占优势的世代交替。例如，被子植物有极其发达的孢子体，而配子体极其简化。简化的配子体可以在较短的有利时机内完成受精作用；发达的孢子体是由合子萌发形成的，合子继承了父母的双重遗传性，具有较强的生活力，能更好地适应多变的陆地环境。

(4) 在生殖方面　植物的生殖器官在进化过程中日益完善。低等植物的生殖器官多数是单细胞，受精后合子即脱离母体直接发育成新植物体。高等植物的生殖器官则由多细胞组成，如精子器和颈卵器，受精后合子在母体内发育成胚，由胚形成新植物体。到了裸子植物和被子植物，它们的生殖器官又由复杂到简化，这是植物体对环境适应的结果。

植物的生殖方式从以细胞分裂方式进行的营养繁殖，或通过产生各种孢子的无性生殖，进化到通过配子接合的有性生殖。而有性生殖则沿着同配生殖、异配生殖和卵式生殖的方向演化。有性生殖是最进化的生殖方式，它的出现使两个亲本的遗传物质基因得以重新组合，使后代获得更丰富的变异，从而使植物出现了飞跃式的进化。另外，被子植物的双受精作用，使胚和胚乳都具有双亲的遗传特性，更增强了植物的生命力和遗传特性，这也是被子植物繁荣发展的内在原因。

思 考 题

一、名词解释

人为分类系统　　自然分类系统　　真核生物　　原核生物　　接合生殖　　卵式繁殖　　芽孢　荚膜

二、不定项选择题

1. 双名法中第一个词是_____，第二个是种加词。

A. 科名　　　　　B. 属名　　　　　C. 纲名　　　　　D. 无特定的意义

2. 在绿藻门的下述特征中，_____与高等植物特征相同。

A. 叶绿素 a 和叶绿素 b 　　　　　B. 尾鞭型鞭毛

C. 接合生殖　　　　　　　　　　D. 光合产物为真淀粉

3. 下列藻类植物中，具世代交替的是_____。

A. 颤藻　　　　B. 衣藻　　　　C. 水云　　　　　D. 多管藻

4. 下列藻类植物中，细胞含叶绿素 a 和叶绿素 b 的为 _____；含叶绿素 a 和叶绿素 c 的为 _____；含叶绿素 a 和叶绿素 d 的为 _____。

A. 裸藻门　　　　B. 甲藻门　　　　C. 金藻门　　　　D. 硅藻门

E. 绿藻门　　　　F. 红藻门　　　　G. 褐藻门

5. 水绵的接合生殖方式有 _____。

A. 梯形接合和侧面接合　　　　　　B. 梯形接合和直接侧面接合

C. 侧面接合和直接侧面接合　　　　D. 梯形接合、侧面接合和直接侧面接合

6. 在下列特征中，蓝藻门和红藻门相似的特征是 _____。

A. 光合色素具藻胆素等　　　　　　B. 生活史中无带鞭毛的细胞

C. 具载色体和蛋白核　　　　　　　D. 光合作用产物为裸藻淀粉

7. 裸子植物的雌配子体是 _____。

A. 成熟胚囊　　B. 珠心　　　　C. 珠心和胚乳　　D. 胚乳和颈卵器

8. 下列植物中，只有 _____ 不属藻类植物。

A. 水绵　　　　B. 紫菜　　　　C. 金鱼藻　　　　D. 轮藻

9. 蓝藻是地球上最原始、最古老的植物，细胞构造的原始性状表现在 _____。

A. 原核　　　　　　　　　　　　　B. 细胞分裂为直接分裂，没有有性生殖

C. 叶绿素中仅含叶绿素 a　　　　　D. 没有载色体及其他细胞器

三、判断题

1. 从苔藓植物开始，植物就有了根、茎和叶的分化现象。　　　　　　（　　）

2. 藻类植物都含叶绿素，能进行光合作用而自养。　　　　　　　　　（　　）

3. 在一些蓝藻的藻丝上常有异形胞，它的功能是进行光合作用和营养繁殖。（　　）

4. 苔藓植物的原丝体和蕨类植物的原叶体都是产生有性生殖器官的植物体。（　　）

5. 绿藻细胞中的载色体和高等植物的叶绿体结构类似。　　　　　　　（　　）

6. 地衣是细菌和藻类组成的共生复合体植物。　　　　　　　　　　　（　　）

7. 裸子植物与被子植物的主要区别之一是：前者具大孢子叶，后者具心皮。（　　）

8. 高等植物是从绿藻门植物发展演化而来的。　　　　　　　　　　　（　　）

四、问答题

1. 藻类植物的主要特征及其分门的依据是什么？

2. 为什么说红藻门和褐藻门是藻类中比较高级的类群？为什么说蓝藻门是比较原始的类群？

3. 绘图说明细菌的形态类型和结构特点。

4. 写出你所知道的食用、药用、工农业生产上利用的和有危害的真菌种类名称。

5. 为什么苔藓植物是高等植物？

6. 什么叫地衣植物？它是如何繁殖的？

7. 比较蕨类植物门和苔藓植物门的特征，说明蕨类植物比苔藓植物更能适应陆地生活的原因。

8. 被子植物比裸子植物有哪些更为进化的特征？

9. 为什么说被子植物是高等、最繁茂、分布最广的一个类群？

第六章 被子植物的分类及常见植物

学习目标

了解被子植物的分纲；了解野生植物资源的类型和开发利用；掌握双子叶植物纲和单子叶植物纲中重要科的识别要点及其代表植物；能够识别常见科的典型植物。

第一节 被子植物的分纲

被子植物又称为有花植物，是植物界最高级的类群。其分布和适应性最广，物种最丰富，现有 12600 多属，25 万多种。我国有被子植物 3148 属，约 3 万种，是被子植物种类最丰富的地区之一。

依据花基数、花粉萌发孔数目、子叶数目、叶脉、维管束排列、形成层活动、根系的不同可把被子植物划分为双子叶植物和单子叶植物 2 纲。双子叶植物纲和单子叶植物纲的比较见表 6-1。

表 6-1 双子叶植物纲和单子叶植物纲的比较

性状	双子叶植物纲	单子叶植物纲	性状	双子叶植物纲	单子叶植物纲
子叶数目	2 片	1 片	叶脉序	网状脉	平行脉
花基数	4 或 5 基数，极少 3 基数	3 基数，极少 4 基数	根系	多为直根系	常为须根系
茎维管束	环状排列，有形成层	散生，无形成层	花粉粒	具 3 个萌发孔	具单个萌发孔

但是这些区别是相对的，存在交叉现象。一些双子叶植物科如毛茛科、睡莲科中有的只有 1 片子叶，也具有 3 基数的花；一些单子叶植物科如天南星科、百合科则具有网状脉和 4 基数的花。

第二节 双子叶植物纲的主要科

一、木兰科（Magnoliaceae）

1. 形态特性

常绿或落叶乔木或灌木。单叶互生，脱落后常留有明显的托叶环痕。花大，常两性，单生于枝顶或叶腋，辐射对称。花托柱状，下部着生花被，向上依次为雄蕊群和雌蕊群，雄蕊离生，螺旋状排列。雌蕊群由多数离心皮螺旋排列组成。聚合蓇葖果。

2. 花程式

$* P_{6\sim15} A_\infty \underline{G}_{\infty:1:1\sim\infty}$

3. 识别要点

木本。花萼与花瓣不分。雄蕊、雌蕊多数，螺旋状排列于花托上。聚合蓇葖果。

4. 分类及代表植物

本科约有 18 属，约 335 种，主要分布在热带和亚热带地区。我国有 14 属，约 165 种，主要分布于华南和西南地区。

（1）玉兰（*Magnolia denudate* Desr.）（图 6-1）
又名玉堂春、白玉兰、木兰。落叶乔木，树冠卵形或扁球形，幼枝和芽具柔毛，叶倒卵状椭圆形，先端突尖而短钝，基部圆形或广楔形，叶幼时背面有毛。花大，纯白色，花瓣肉质，有香气，早春2～3月先花后叶。果期 9～10 月。为著名的庭园观赏树。

（2）广玉兰（*Magnolia grandiflora* L.）又名荷花玉兰、洋玉兰。常绿乔木。芽被锈色绒毛，叶厚革质，表面有光泽，边缘反卷，老叶背面及叶柄被锈色短毛。花大白色，似荷花。花期 6～7 月。为优良的园景树、行道树。

（3）白兰（*Michelia alba* DC.）又名白玉兰、白兰花。常绿乔木。叶薄革质、长椭圆形或披针状椭圆形，枝有环状托叶环痕，托叶痕通常短于叶柄长之1/2。花小，白色，极香，腋生于近枝顶端。通常不结实。花期 4～5 月和 8～9 月。为著名的庭园观赏树，多作行道树。

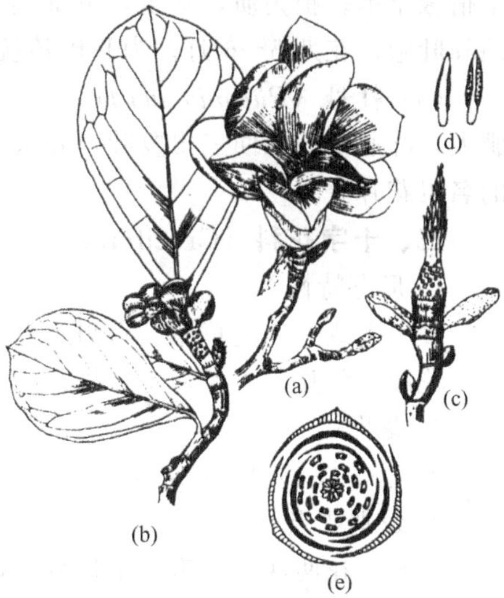

图 6-1　玉兰

(a) 花枝；(b) 果枝；(c) 雌蕊群；(d) 雄蕊（背面、腹面）；(e) 木兰科花图式

（4）含笑［*Michelia figo*（Lour.）Spreng.］又名香蕉花。常绿灌木。树冠圆形，芽、嫩枝、叶柄、花梗密被黄褐色绒毛。叶小，革质，表面有光泽，椭圆状倒卵形。花淡乳黄色，直立，边缘带紫晕，肉质，有香蕉的香气。花期 3～6 月。耐荫。庭园主要树种。

二、毛茛科（Ranunculaceae）

1. 形态特性

多为一年生或多年生草本。叶基生或互生，稀对生，叶通常掌状分裂或羽状分裂。花多两性，辐射对称，少为两侧对称。萼片 5 或多枚或特化成花瓣状。花瓣 5 瓣或更多或退化，花单生或组成聚伞花序或总状花序。雌雄蕊多数，离生，螺旋状排列。果实为聚合蓇葖果或聚合瘦果，少数为浆果或蒴果。

2. 花程式

$$* \uparrow K_{3 \sim \infty} C_{3 \sim \infty} A_{\infty} \underline{G}_{\infty:1:\infty \sim 1}$$

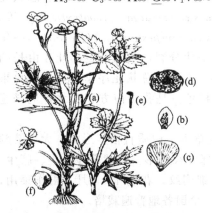

图 6-2　毛茛

(a) 植株；(b) 萼片；(c) 花瓣；(d) 花图式；(e) 雄蕊；(f) 果实

3. 识别要点

草本，萼片、花瓣各 5 枚，或萼片花瓣状，无花瓣。雌雄蕊多数，果实为聚合蓇葖果或聚合瘦果。

4. 分类及代表植物

本科全世界约 50 属 2000 种，多见于北温带和寒带。我国约 700 种。

（1）毛茛（*Ranunculus japonicus* Thunb.）（图 6-2）草本。植株密被白色长毛。基部叶3 裂，花黄色，萼片、花瓣均 5 数，雌雄蕊多数离生，螺旋状排列在突起的花托上，聚合果球形。

（2）芍药（*Paeonia lactiflora* Pall.）多年

生宿根草本。根肉质，丛生，下部茎叶为2～3回羽状复叶，上部茎叶为三出复叶，花生于茎顶和叶腋，花期5～6月。为我国传统名花，可用于花境、花带或专类花园。

(3) 牡丹（*Paeonia suffruticosa* Andr.）别名木芍药、富贵花。落叶灌木，根肉质、肥大，叶通常为二回三出复叶，花大，多有香气，于枝顶单生，花期4～5月。为我国特产的名贵花卉。

三、十字花科（Cruciferae）

1. 形态特性

多年生或一年生草本。单叶互生，全缘或羽状深裂，基部叶莲座状。花两性，辐射对称。花瓣、萼片各4片，十字排列。雄蕊6枚，为四强雄蕊。总状花序。果实为角果。

2. 花程式

$* K_{2+2} C_{2+2} A_{2+4} \underline{G}_{(2:1)}$

3. 识别要点

草本，花两性，花瓣十字排列，四强雄蕊。侧膜胎座，具假隔膜，角果。

4. 分类及代表植物

本科约350属，3200种。主产北温带。我国95属，425种。

(1) 大白菜 [*Brassica pekinensis* (Lour.) Rupr.] 二年生草本。基生叶多数，大型，倒卵状长圆形至宽倒卵形，边缘波状、皱缩；叶柄白色肉质；茎生叶长圆状卵形或长圆状披针形至长披针形。次年抽薹开花，花黄色，长角果，通常结球。还有作蔬菜用的，如青菜（*Brassica chinensis* L.；不结球）、芥菜 [*Brassica juncea* (L.) Czern. et coss.]、大头菜（*Brassica juncea* var. *megarrhiza* Tsen et Lee）、榨菜（*Brassica juncea* var. *tumida* Tsen et Lee）、叶瘤芥（*Brassica juncea* var. *stumata* Tsen et Lee）和雪里蕻（*Brassica juncea* var. *multiceps* Tsen et Lee）等变种。

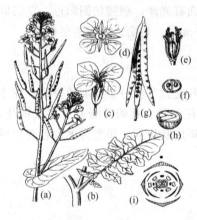

图 6-3 油菜

(a) 花果枝；(b) 中下部叶；(c) 花；
(d) 花俯视观；(e) 雄蕊和雌蕊；
(f) 子房横切面观；(g) 开裂的蒴果；
(h) 种子横切，示子叶对折；
(i) 芸苔属花图式

(2) 甘蓝（*Brassica oleracea* L.） 二年生草本。基生叶层层包裹成扁球形。二年生茎有分枝，总状花序顶生或腋生。花浅黄色，长角果圆柱形。还有基生叶结球的卷心菜（*Brassica oleracea* var. *capitata* L.）、总状花序结球的花椰菜（*Brassica oleracea* var. *botrytis* L.）等。

(3) 油菜（*Brassica campestris* L.）（图 6-3） 一年生草本。基生叶大头羽状分裂，中部及上部叶片由长圆状椭圆形变成披针形，抱茎。总状花序伞房状，长角果线形。种子球形，黄棕色。是我国南方和西北各地普遍栽植的油料作物。

(4) 萝卜（*Raphanus sativus* L.） 一年生或二年生草本。肉质直根，形状、大小及颜色随品种而异。基生叶和下部茎生叶大头羽状深裂，上部叶长圆形。总状花序顶生、腋生。花白色或淡紫色。长角果圆柱形，种子红棕色，表面有细网纹。花期4～5月。根作菜用，种子、叶、鲜根、枯根可入药（种子入药称"莱菔子"）。全国各地普遍栽培。

(5) 荠菜 [*Capsella bursa-pastoris* (L.) Medic.] 一年生或二年生草本。基生叶莲座状，铺地，大头羽状分裂。茎生叶长圆形或披针形，抱茎。总状花序。花小，白色。果实为短角果，倒三角形。全国都有分布。全株可入药。茎可作菜用。

四、蓼科（Polygonaceae）

1. 形态特性

草本。茎节常膨大。单叶互生，全缘。托叶膜质，联合成托叶鞘。聚伞花序顶生或腋生，排列成总状、穗状或圆锥状。花小，常两性，辐射对称，花瓣3～6片。子房上位，1室，雌蕊通常由3心皮合生构成。果实为坚果，三棱形或凸镜形。

2. 花程式

$* K_{3\sim6} C_0 A_{6\sim9} \underline{G}_{(2\sim4:1:1)}$

3. 识别要点

草本。茎节膨大。单叶互生，全缘，具托叶鞘。花两性，萼片花瓣状。坚果，三棱形或凸镜形。

4. 分类及代表植物

本科约32属，1200种，主产北温带。我国有14属，228种。

（1）荞麦（*Fagopyrum esculentum* Moench）（图6-4）　一年生草本。茎直立，上部分枝，绿色或红色。单叶互生，叶片三角形或卵状三角形。花白色或淡红色。瘦果卵形，有3个锐棱，暗褐色。花期5～9月。果期6～10月。种子淀粉含量高，富含水溶性蛋白质等其他营养元素，营养价值高。荞麦喜凉爽湿润，不耐高温旱风，畏霜冻，多生活在荒漠和盐碱地区。荞麦具有良好的适口性，还可作为绿肥种植。

（2）何首乌（*Fallopia multiflora* Thunb.）　多年生草质藤本。缠绕茎，块根肥厚，长椭圆形，灰褐色。叶互生，叶片心脏形，托叶鞘短筒形。圆锥花序顶生，花小而多，绿白色，花被5裂，外面3片背部有翅。蒴果椭圆形，种子三角形，熟后黑色。

（3）大黄（*Rheum officinale* Baill.）　草本。根状茎发达，内部黄色。茎粗壮，中空。基生叶近圆形，叶片掌状浅裂。大型圆锥花序，花大，绿色到黄白色。

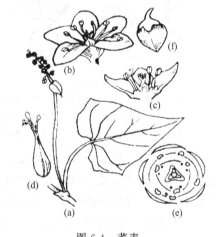

图6-4　荞麦

(a) 花枝的部分；(b) 花；(c) 花的纵切；
(d) 雌蕊；(e) 花图式；(f) 瘦果

五、葫芦科（Cucurbitaceae）

1. 形态特性

一年或多年生攀缘或匍匐草本、藤本。植株被毛，常有卷须。茎具双韧维管束。单叶互生，常掌状分裂。花单性，雌雄同株或异株，萼片、花瓣各5枚，合瓣或分离，雄蕊5枚，两两联合或完全联合。花药常折叠弯曲成"S"形。子房下位。具侧膜胎座，瓠果。

2. 花程式

$\male * K_{(5)} C_{(5)} A_{1+(2)+(2)}$ ；$\female * K_{(5)} C_{(5)} \overline{G}_{(3:1)}$

3. 识别要点

蔓生草本，有茎卷须。叶互生，掌状分裂。花单性，花瓣合生，5裂。瓠果。

4. 分类及代表植物

本科约90属，700种，多产于热带地区。我国有22属，100多种。本科植物有很多是重要的蔬菜和食用瓜类。

（1）南瓜（*Cucurbita moschata* Duch. ex Lam.）（图6-5） 瓜蒂扩大成喇叭状，果形状多样，扁球形、椭圆形或狭颈状。种子灰白色。

（2）笋瓜（*Cucurbita maxima* Duch.） 瓜蒂不扩大或稍膨大，果柄不具棱槽。果实圆柱形，可作蔬菜或饲料。其变种北瓜（var. *turbaniformis*）常栽培作观赏或药用。西葫芦（*Cucurbita pepo* L.），果柄有发达的棱槽，果作饲料和食用。

（3）黄瓜（*Cucumis sativus* L.）（图6-6） 果有具刺尖的瘤状突起，果实长圆形或长圆柱形。现为世界上主要蔬菜之一。

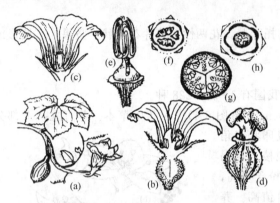

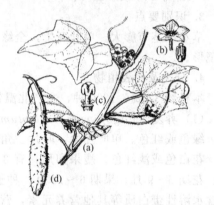

图 6-5　南瓜

(a) 花果枝；(b) 雌花的纵切；(c) 雄花的纵切；
(d) 雌蕊；(e) 雄蕊；(f) 雄花的花图式；
(g) 子房横切（示侧膜胎座）；(h) 雌花的花图式

图 6-6　黄瓜

(a) 花枝；(b) 雄花及雄蕊；
(c) 雌蕊的柱头及花柱；(d) 果实；

（4）香瓜（甜瓜）（*Cucumis meol* L.） 果皮平滑，不具瘤状突起。品种很多，通常有香、甜味，如黄金瓜、哈密瓜、枣儿瓜、白兰瓜和雪梨瓜等。其变种菜瓜（var. *conomon*）果皮淡绿色，具深浅纵条纹，无香甜味。

（5）西瓜［*Citrullus lanatus*（Thunb.）Mansfeld］ 一年生蔓生藤本。茎、枝具明显的沟棱。卷须2～3分叉。叶片白绿色，两面有短硬毛，3深裂，裂片2回羽状浅裂。果实大，胎座发达，红色或深黄色，多汁，味甜。

（6）冬瓜（*Benincasa hispida* Cogn.） 是我国南北常见的食果蔬菜，种子和外皮皆可入药。

（7）葫芦［*Lagenaria siceraria*（Molina）Standl.］ 瓠果葫芦状，嫩果可以食用，老果可作容器或药用。

（8）苦瓜（*Momordica charantia* L.） 一年生藤本。叶片5～7深裂。花黄色，雌雄同株。瓠果3裂，果实大，纺锤形或圆柱形，表面有瘤头突起，成熟时开裂。种子表面有红色假种皮。

（9）丝瓜［*Luffa cylindrica*（L.）Roem.］ 果实长圆形。嫩果可作蔬菜。成熟果实的网状纤维可入药，也是常见的厨房洗涤用品。

（10）棱角丝瓜［*Luffa acutangula*（Linn.）Roxb.］ 果实外皮有明显的纵向凸棱，长圆柱形。是常见蔬菜。

（11）括楼（*Trichosanthes kirilowii* Maxim.） 是著名中药。果实煎汁，可作妇女催乳药物。瓠果皮称瓜蒌皮，有润肺化痰、宽胸利气的功效。种子称瓜蒌仁，可入药，也可炒食。根研成细粉，中医称天花粉，可治皮肤湿毒。

六、蔷薇科（Rosaceae）

1. 形态特性

草本、灌木、乔木。茎常有皮刺。叶多互生，托叶常成对生于叶柄两侧，花两性，偶有单性，辐射对称。花托类型多样，凸隆、下陷呈壶状、杯状或与子房结合，平展为浅盘状。花各部为 5 或 5 的倍数，覆瓦状排列。雄蕊 5 至多枚，多离生。心皮 1 至多数，离生或合生。果实为蓇葖果、瘦果、核果、梨果。种子通常不含胚乳。

2. 花程式

$$* K_{(5)} C_{5,0} A_{5\sim\infty} \underline{G}_{\infty\sim1}$$

3. 识别要点

叶互生，常有托叶。花两性，辐射对称，花托凸隆至下陷。花瓣 5 基数，雄蕊多数，轮状排列。子房上位。

4. 分类及代表植物

本科是个世界性的大科，约 124 属，3300 多种。分布广泛，主产于北温带。我国有 55 属，约 1100 种。

根据花托的形态、子房与萼筒是否联合、心皮是否合生、果实情况，将蔷薇科划分为 4 个亚科（图 6-7）。

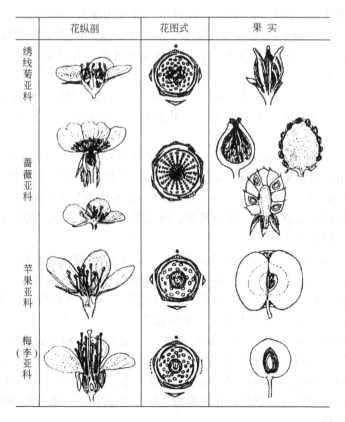

图 6-7　蔷薇科 4 个亚科比较

（1）绣线菊亚科（Spiraeoideae）　小灌木。单叶，叶片全缘或具有锯齿。花托盘状或浅杯状，心皮常 1～5 个，离生，轮状排列。蓇葖果。

柳叶绣线菊（*Spiraea salicifolia* L.）：直立灌木，高可达 2m；叶片互生，长圆披针形，边缘密生锐锯齿；花序为长圆形或金字塔形的圆锥状；花瓣卵形，先端圆钝；花萼三角形，萼筒钟状。

（2）蔷薇亚科（Rosoideae）　灌木或草本。茎有皮刺，羽状复叶，花托与萼筒愈合下陷呈瓮状或坛状，或者花托突起成圆锥状或头状，聚合瘦果。心皮多数离生。

①月季（*Rosa chinensis* Jacq.）　落叶灌木。小枝和花梗具皮刺，奇数羽状复叶互生，3～5小叶，宽卵形，边缘有锐锯齿，表面光滑。花柱伸出花托筒口。花粉红色至白色，簇生或单生，蔷薇果卵形。除观赏外，花可作香料，提取芳香油；花、根和叶还可药用。

②玫瑰（*Rosa rugosa* Thunb. Fl. Jap.）　落叶灌木。小枝和花梗密被绒毛，多皮刺和腺毛。奇数羽状复叶互生，具5～9小叶。小叶椭圆形或椭圆状倒卵形，边缘有坚锐锯齿，表面皱缩，下面被绒毛。花紫红色至白色，簇生或单生，花柱稍伸出花托筒口，蔷薇果扁球形。

③草莓（*Fragaria ananassa* Duch.）　多年生草本。三出复叶，侧生小叶基部偏斜。聚伞花序，聚合果大，鲜红色，瘦果尖卵形，表面光滑。

（3）梅（李）亚科（Prunoideae）　乔木或灌木。单叶，有托叶。花托浅杯状，1心皮，不与萼筒结合。子房上位，核果。

①桃〔*Prunoideae Persica*（L.）Batsch.〕　落叶乔木。树冠宽广。叶长圆状披针形，边缘有锯齿。花单生，先叶开放，核果。品种多，有食用和观赏两种。

②梅（*Prunoideae mume* Sieb. et Zucc.）　落叶乔木。一年生枝条绿色。叶缘有锐锯齿，核果近球形，核与果肉不易分离，表面有蜂巢状孔穴。原产我国西南，主产长江以南各省。

③李（*Prunoideae salicena* Lindl.）　落叶乔木。树冠广卵形，叶片长椭圆形，边缘有圆钝重锯齿，花常3朵簇生。果皮有光泽，并有蜡粉。核具皱纹。原产我国中部，现广为栽培。

④杏（*Prunoideae armeniaca* L.）　乔木。叶片宽卵形，先端急尖至短渐尖。花单生。果杏黄色，核光滑，沿腹缝线有沟。多分布于长江以北各省。种仁为常用中药。

⑤樱桃（*Prunoideae pseudocerasus* Lindl.）　乔木。树干灰白色，叶片卵形，叶缘有尖锐重锯齿。伞形或短总状花序，先叶开放。核果近球形，鲜红色。原产我国长江流域，栽培作水果。种仁、树皮可入药。

⑥樱花（*Prunoideae serrulata* Lindl.）　与日本晚樱（var. *lannesiana*）、红叶李（*Prunoideae cerasifera* var. *atropurpurea*）等为常见栽培的观赏植物。

（4）苹果亚科（Maloideae）　乔木或灌木。有托叶，心皮多数与杯状花托内壁联合。子房下位或半下位，2～5室。果实为梨果，又称假果。

①苹果（*Malus pumila* Mill.）　落叶乔木。叶椭圆形或卵形，树冠圆形。伞房花序，常3～7朵集生于小枝顶端。花柱基部合生。果为梨果。全世界温带地区均有栽培。

②白梨（*Pyrus bretschneideri* Rehd.）　落叶乔木。树冠开展，叶片椭圆卵形，先端渐尖，基部宽楔形，叶缘有尖锐锯齿，托叶膜质。伞形总状花序。果实卵形或近球形，萼片脱落，基部有肥厚果梗。

③沙梨〔*Pyrus pyrifolia*（Burm. f.）Nakai〕　叶卵状椭圆形或卵形，基部常为圆形或心形，果实浅褐色，近球形。适宜于温暖多雨的地区。

④山楂（*Crataegus pinnatifida* Bge.）　落叶乔木。树皮粗糙有刺。叶片宽卵形，基部宽楔形或截形，有3～5对深裂片。伞房花序，花白色。果实近球形或梨形，表面有浅斑。

七、山茶科 (Theaceae)

1. 形态特性

常绿乔木或灌木。单叶，互生，常革质，无托叶。花两性，辐射对称，单生于叶腋或簇生，通常不组成花序。萼片4至多数，覆瓦状排列。花瓣5枚，分离或基部联合，雄蕊多数，排列成多轮。子房上位，中轴胎座，胚珠多数，倒生。蒴果、核果、浆果状。种子略具胚乳，多含有油质。

2. 花程式

$* K_{4\sim\infty} \ C_{5,(5)} \ A_\infty \ \underline{G}_{(2\sim8:2\sim8)}$

3. 识别要点

常绿木本。单叶互生，花两性。5基数，雄蕊多数，数轮排列，集生为多束，着生于花瓣上。常为蒴果。

4. 分类及代表植物

本科约28属700种。我国有15属400种，广泛分布在长江流域以及江南各省。

（1）山茶（*Camellia japonica* L.）　常绿乔木或小灌木。叶革质，椭圆形，边缘有细锯齿。花红色，花芽外有鳞片包被。蒴果圆球形，果皮厚木质。

（2）油茶（*Camellia oleifera* L.）（图6-8）　常绿灌木或中乔木。叶革质，叶正面深绿色，有光泽，中脉上有细毛或粗毛，边缘有锯齿。花白色，顶生。种子褐色，富含油质。

图6-8　油茶
(a) 花枝；(b) 蒴果；(c) 种子
（引自吴国芳，1992）

八、锦葵科 (Malvaceae)

1. 形态特性

木本或草本。茎韧皮纤维发达。单叶互生，常为掌状裂叶。花两性，稀单性。花萼5基数，通常具有由多细胞腺毛组成的花蜜腺。花瓣5基数，离生，辐射对称或缺花瓣，雄蕊多数，花丝联合成管。子房上位，3至多室，中轴胎座。果实多为蒴果或分果。锦葵科花图式见图6-9。

图6-9　锦葵科花图式

2. 花程式

$* K_5 \ C_5 \ A_{(\infty)} \ \underline{G}_{(3\sim\infty:3\sim\infty)}$

3. 识别要点

茎纤维发达。花两性，整齐。花瓣5基数，有副萼，单体雄蕊，花药1室。蒴果或分果。

4. 分类及代表植物

本科约75属，1000～1500种。我国有15属，80多种，分布于温带和热带地区。

（1）陆地棉（*Gossypium hirsutum* L.）（图6-10）　一年生灌木状草本。单叶互生，嫩茎、叶、副萼及花梗上有油腺。叶掌状分裂。花大，副萼通常3枚，叶状，结合或分离；花萼杯状，裂片5枚。单体雄蕊。蒴果卵圆形，室背开裂。种子卵形，表皮细胞延伸成白色或灰白色纤维。我国主要分布在黄河及长江中下游各省。棉纤维是重要的纺织原料，种子可榨油，棉子壳可用于食用菌栽培。

（2）木槿（*Hibiscus syriacus* L.）　落叶灌木。叶三角状卵形，3裂。花单生叶腋，副萼5片；花萼钟状，5齿裂，宿存。花瓣5枚，多呈钟形，淡紫色。5心皮合生子房，柱头

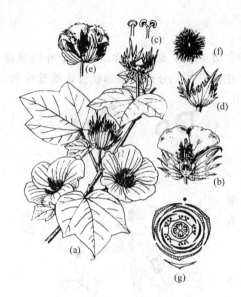

图 6-10　陆地棉

(a) 花枝；(b) 花纵剖；(c) 雄蕊；(d) 蒴果；
(e) 开裂的蒴果；(f) 种子；(g) 棉属的花图式

(引自周云龙，2000)

（3）木芙蓉（*Hibiscus mutabilis* L.）　落叶灌木或小乔木。小枝、叶柄、花萼均被绒毛。叶宽卵形至心形，5～7 裂。花粉红色，小苞片 8 枚，线形。蒴果扁球形。广泛分布于华北至华南各地，栽培观赏。

（4）扶桑（*Hibiscus schizopetalus* L.）　常绿灌木。叶阔卵形，边缘具锯齿。花单生于叶腋，花冠漏斗形，大红色、黄色等。几乎全年开花。

常见栽培观赏的还有：①蜀葵（*Althaea rosea* L.），茎枝密被刺毛。苞片 6～7 片，合生。花单生或排列成总状花序；②锦葵（*Malva sylvestris* var. *mauritiana* Boiss.），叶圆心形，5～7 裂。花苞片 3 片，花萼 5 裂片，花瓣匙形。果为分果。

九、大戟科（Euphorbiaceae）

1. 形态特性

乔木、灌木、草本。植物体多含乳汁。单叶互生，叶柄顶端常有腺体，托叶早落。花单性，同株，少异株。花双被、单被或无被（退化），具有花盘和腺体，杯状聚伞花序。雄蕊 1 到多数。子房由 3 个心皮合成，少数 2 室到 1 室，多数为 3 室。退化雄蕊存在或缺，花盘围绕子房，花柱 3 个，每条花柱再分裂为 3 个。蒴果或核果。

2. 花程式

♂ $* K_{0\sim5} C_{0\sim5} A_{1\sim\infty}$；♀ $* K_{0\sim5} C_{0\sim5} \underline{G}_{(3:3:1\sim2)}$

3. 识别要点

植株多含乳汁。单性花，子房上位。柱头分裂为 3 个，3 个心皮常合成为 3 室。

4. 分类及代表植物

本科约 300 属，8000 种。我国有 60 属，364 种，主要分布在长江流域以南各省。

（1）蓖麻（*Ricinus communis* L.）（图 6-11）　一年生草本，单叶。掌状 5～11 深裂，盾状着生。圆锥花序，顶生。花单性，雌雄同株，无花瓣。蒴果，表面有刺。

（2）油桐 [*Vernicia fordii*（Hemsl）Airy Shaw]　落叶乔木。体内含白色乳汁。单叶，全缘。叶柄顶端有 2 腺体。顶生圆锥状聚伞花序，双被花，雌雄同株。花白色，先叶或与叶同放。核果大型，近球状，果皮光滑，种皮木质，种仁含油（即桐油）。花期 3～4 月。果期 8～9 月。约 6 种，我国有 3 种，产于江南各省。桐油为干性植物油，是油漆及涂料工业的重要原料。

（3）一品红（*Euphorbia pulcherrima* Willd.）　灌木。茎直立，叶卵状椭圆形，叶面被短柔毛或无毛，叶背被短柔毛。

图 6-11　蓖麻

(a) 花枝；(b) 雄花；(c) 雌花；
(d) 子房的横切；(e) 叶；(f) 种子

苞片狭椭圆形，朱红色。聚伞花序排列于枝顶，花小，黄色。广泛栽培于热带、亚热带地区。

（4）乌桕 [*Sapium sebiferum* (L.) Roxb.]　落叶乔木。具乳汁。叶片菱形。花单性，雌雄同株，聚生于枝条顶端。无花瓣。蒴果。重要的木本油料作物。

（5）橡胶树（*Hevea brasiliensis* Muell.-Arg.）　常绿乔木。富含乳汁。指状三出复叶，小叶椭圆形。圆锥花序，腋生。雌雄同株，同序。蒴果椭圆状。

十、豆科 （Leguminosae）

1. 形态特性

木本或草本。叶常为复叶，少单叶，具托叶，叶枕发达。花两性，常两侧对称。花冠多为蝶形或假蝶形，离生。雄蕊 10，常为二体雄蕊。1 心皮，离生，子房 1 室，边缘胎座。果实荚果，开裂或不开裂。种子无胚乳，子叶肥厚，富含淀粉或油脂。

2. 花程式

$$\uparrow K_{(5)} \; C_5 \; A_{(9)+1,(10),10} \; \underline{G}_{1:1}$$

3. 识别要点

花两侧对称，花冠蝶形。雄蕊 10 枚，常结合成两体或单体。荚果。

4. 分类及代表植物

本科约有 690 属，17600 种。我国约 130 属，1200 种，分布于全国各地。是被子植物的第三大科。

（1）含羞草亚科（Mimosoideae）　木本或草本。一至二回羽状复叶，有托叶。花辐射对称，花瓣镊合状排列，中下部常合生，雄蕊 4~10 或多数。荚果。

① 合欢（*Albizzia julibrissin* Durazz.）　落叶乔木。树冠开展。二回羽状复叶，小叶线形至长圆形，中脉紧靠小叶的上边缘。花丝长 2.5cm。头状花序，花淡红色。荚果带状。常栽培作行道树。树皮、花可入药。产于我国东北、华南及西南部各省区。

② 含羞草（*Mimosa pudica* L.）　多年生草本。茎圆柱状，茎上有刚毛和皮刺。二回羽状复叶，羽片通常 2 对，受触动即闭合而下垂。头状花序，花瓣 4 枚，雄蕊 4 枚。荚果扁，边缘有刺毛。

③ 台湾相思树（*Acacia confusa* Merr.）　常绿乔木。叶片退化，叶柄扁化成叶片状。革质，披针形。头状花序球形，花金黄色。华南地区常见，为荒山造林及水土保持的优良树种。

（2）云实亚科（Caesalpinioideae）　又名苏木亚科，木本。通常为偶数羽状复叶，互生。两性花，花两侧对称，假蝶形花冠。花瓣上升覆瓦状排列。雄蕊 10 枚，常分离。荚果。分布于热带、亚热带地区。

① 紫荆（*Cercis chinensis* Bunge）　小乔木或灌木。叶心形。花紫色，簇生于老枝和主干上，先于叶开放。荚果扁狭长形，绿色。原产我国及日本，栽培供观赏。

② 红花羊蹄甲（*Bauhinia blakeana* Dunn.）　常绿乔木，高达 5~10m。叶革质，阔心形，顶端 2 裂至叶片全长的 1/4~1/3，裂片顶端圆形。总状花序腋生或顶生，花冠紫红色。几乎全年均可开花，尤以春、秋两季为盛。

③ 决明（*Cassia tora* L.）　一年生亚灌木状草本。偶数羽状复叶，小叶常 3 对，倒卵形。花深黄色，常 2 朵聚生于叶腋，荚果线形或近四棱形。

（3）蝶形花亚科（Papilionoideae）　木本或草本。叶为三出复叶或羽状复叶，稀单叶。根具有根瘤。花两侧对称，蝶形花冠，5 枚，上面 1 瓣在最外面，为旗瓣；两侧的 2 瓣平行相对，为翼瓣；下面最里面的 2 瓣下缘彼此合生成龙骨瓣；花瓣下降，覆瓦状排列。雄蕊

10 枚，结合成（9）+1 两体雄蕊。

①大豆 [*Glycine* Max（L.）Merr.]（图 6-12） 一年生草本。叶为三出复叶，小叶卵形。总状花序腋生，花白色或紫色，蝶形花冠。荚果密生长硬毛，种子黄色、绿色或黑色。原产中国，现全世界广为栽培，是主要油料作物之一。大豆种子含丰富蛋白质（38%）和脂肪（18%～20%），有较高的营养价值。

②花生（*Arachis hypogaea* L.）（图 6-13） 一年生草本。偶数羽状复叶，小叶 4 枚。花小，黄色，单生于叶腋或 2 朵簇生。受精后子房柄迅速伸长，向地面弯曲，将子房推入土中，果实在地下成熟，不开裂。种子是重要的油料作物。全世界现广为栽培。

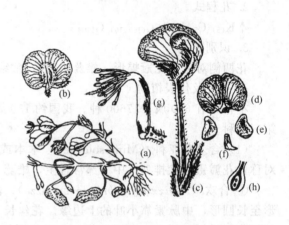

图 6-12 大豆

（a）花枝；（b）花；（c）旗瓣；（d）翼瓣；（e）龙骨瓣；
（f）雄蕊；（g）雌蕊；（h）荚果；（i）种子；（j）花图式
（引自周云龙，2000）

图 6-13 花生

（a）植株；（b）花；（c）花的纵切；（d）旗瓣；
（e）翼瓣；（f）龙骨瓣；（g）雄蕊及雌蕊；（h）子房

③豇豆（*Vigna unguiculata* L.） 一年生缠绕草质藤本。茎近无毛，羽状三出复叶，托叶披针形，小叶卵状菱形。总状花序腋生，花萼钟状，裂齿披针形，花冠黄白色。荚果细长，达 40～90cm。是广泛栽培的蔬菜。

④菜豆（*Phaseolus vulgaris* L.） 一年生草本。茎缠绕，三出复叶。小叶卵形，苞片显著，与花萼等长。荚果带形，扁平，稍弯曲，顶端不变宽。嫩荚果菜用，种子食用或药用。各地广泛栽培。

⑤豌豆（*Pisum sativum* L.） 一年生攀缘草本。全株绿色，无毛，被白霜。羽状复叶，顶端小叶成卷须。托叶大于小叶，基部耳状包围叶柄。花萼钟状，深 5 裂。荚果肿胀，长椭圆形，内有坚硬纸质的内皮。种子和嫩苗可供食用。

十一、杨柳科（Salicaceae）

1. 形态特性

木本。单叶互生，有托叶。花单性，柔荑花序，先叶开放。雌雄异株，无花被。雄蕊 2 至多数，心皮 2 枚，合生。子房上位，1 室，侧膜胎座，蒴果 2～4 裂，种子小，无胚乳。基部有丝状毛。

2. 花程式

♂ * $K_0 C_0 A_{2\sim\infty}$；♀ * $K_0 C_0 \underline{G}_{(2:1)}$

3. 识别要点

木本，单叶互生。花单性，雌雄异株，柔荑花序，无花被，有花盘和蜜腺。蒴果。

4. 分类及代表植物

本科约 3 属，620 种，主要分布在北温带和亚热带。我国有 3 属，320 种。

（1）毛白杨（*Populus tomentosa* Carr.）（图 6-14）　乔木，高 30m。树干直，树冠卵圆形。幼时树皮灰白色，光滑，老时树皮纵列，黑灰色。嫩枝灰绿色，初生密被绒毛，后脱落。叶片三角状卵形或卵圆形，先端骤尖。叶正面暗绿色，有金属光泽，背面幼时密被灰白色柔毛，后脱落。叶缘有缺刻或锯齿，叶柄侧扁。果序长 14cm，蒴果圆锥形或长卵形。花期 2～3 月，先叶开放。果期 4～5 月。

（2）垂柳（*Salix babylonica* L.）（图 6-15）　乔木。树冠倒卵形，树皮灰褐色，不规则开裂。小枝细长下垂。叶狭披针形，边缘有细锯齿。叶片表面绿色，背面灰绿色，有白粉。雄花序长 1.5～3cm，雄蕊 2 枚。雌花序长 2～5cm。花期 3～4 月。

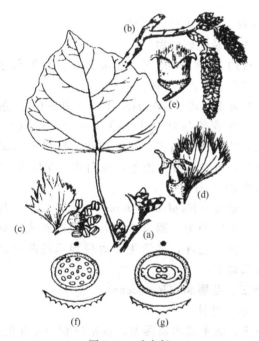

图 6-14　毛白杨

(a) 叶和芽；(b) 雄花枝；(c) 雄花；(d) 雌花；
(e) 蒴果；(f) 雄花花图式；(g) 雌花花图式

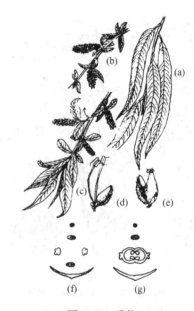

图 6-15　垂柳

(a) 枝叶；(b) 雄花枝；(c) 雌花枝；(d) 雄花；
(e) 雌花；(f) 雄花花图式；(g) 雌花花图式

（3）加杨（*Populus canadensis* Moench.）　高大乔木，高 30m。树冠卵形。树皮灰褐色，粗厚深裂。芽大，先端反曲，富黏质。叶近三角线形或三角状卵形，叶缘有毛，叶柄先端常有腺点。先端渐尖，基部平截或宽楔形。叶正面亮绿色，背面淡绿色。叶柄侧扁，呈红色。雄株多，雌株少。花期 4 月，果期 5～6 月。系杂交种，常广为栽培作绿化树种，多见雄树。

（4）响叶杨（*Populus adenopoda* Maxim.）　叶卵状圆形或卵形，先端长渐尖或尾状尖。叶柄先端腺点明显突起，似具柄状。江南丘陵有分布。

（5）银白杨（*Populus alba* L. Sp. Pl.）　树冠宽大，枝条斜展，树皮灰白色。叶基部阔楔形或圆形，稀截形或微心形。长枝叶浅裂，先端钝尖。分布于北方，常栽培作绿化树种。

（6）钻天杨（*Populus nigra* Moench.） 树皮粗糙，暗灰色。长枝叶，宽大于长。短枝叶基部宽楔形至近圆形。树形美观，生长快。原产西亚及南欧，现长江、黄河流域广为栽培。

十二、葡萄科（Vitaceae）

1. 形态特性

藤本或草本，有茎卷须。单叶或复叶，互生，托叶早落。花两性或单性，雌雄异株，排成穗状、总状、圆锥状或聚伞花序，花序与叶对生。花有花盘，花萼 4～5 枚，有时退化成环状。花瓣 4～5 枚，花瓣带绿色，分离或在顶端联合，成帽状脱落。雄蕊 4～5 枚，与花瓣对生，插生于花盘基部。子房上位，2～6 室，每室胚珠 1～2 枚。花柱短，柱头头状或盘状。浆果。胚小，有油质胚乳。

2. 花程式

　$* K_{5\sim4} C_{5\sim4} A_{5\sim4} \underline{G}_{(2)}$

3. 识别要点

攀缘茎，有卷须。花常与叶对生，花瓣 4～5 枚。子房上位。浆果。

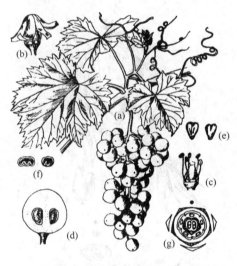

图 6-16　葡萄

（a）果枝；（b）花，示花冠成帽状脱落；
（c）雄蕊、雌蕊及雄蕊间的蜜腺；
（d）果实纵剖；（e）种子；（f）种子横切，
示腹面有沟；（g）花图式

4. 分类及代表植物

本科约 12 属，700 种，主要分布在温带和热带。我国有 7 属，109 种。

（1）葡萄（*Vitis vinifera* L.）（图 6-16） 落叶藤本。茎卷须与叶对生，单叶互生，近圆形，3～5 裂，叶缘具有粗齿。圆锥花序。浆果椭球形或圆球形，黄绿色或紫黑色，被白粉，花期 5～6 月，果期 8～9 月。

（2）地锦（*Euphorbia humifusa* Nakai） 落叶藤本。叶广卵形，通常 3 裂，叶缘有锯齿，具茎卷须。聚伞花序，通常生于短枝顶端的两叶之间。浆果球形。

十三、芸香科（Rutaceae）

1. 形态特性

乔木、灌木或木质藤本，茎常具刺。叶互生，羽状复叶或单身复叶，通常有透明的油点。花两性，多辐射对称。花萼 4～5 基数，基部合生或离生。花瓣 4～5 枚，离生，有明显的花盘。雄蕊 8～10 个，2 轮。雌蕊 4～5 心皮。子房上位，5～4 室，有胚乳。果实蒴果、浆果、核果、蓇葖果。

2. 花程式

　$* K_{5\sim4} C_{5\sim4} A_{10\sim8} \underline{G}_{(5\sim4)}$

3. 识别要点

茎常具刺。叶多为羽状复叶或单身复叶，常有透明的油点。子房上位，有明显的花盘。果实多为浆果、柑果。

4. 分类及代表植物

本科约 100 属，1000 种。主要分布在热带、亚热带和温带。我国有 29 属，150 种。

（1）花椒（*Zanthoxylum bungeanum* Maxim.）落叶灌木，枝上有宽扁而尖锐的皮刺。奇数羽状复叶，小叶5～13枚，对生，卵形至椭圆形，叶缘有细锯齿，齿缝处有油点，叶背面中脉基部两侧常簇生褐色长柔毛。聚伞状圆锥花序顶生。蓇果球形，红色或紫红色，密生疣状油腺体。花期4～5月，果期7～10月。

（2）柑橘（*Citrus reticulate* Blanco）（图6-17）　常绿小乔木，常具枝刺。叶互生，单身复叶（羽状三出复叶退化，仅剩顶生小叶，与叶柄联合处有关节），叶缘有细钝锯齿。花两性，白色，芳香。单生或簇生，或为聚伞或圆锥花序。子房8～14室。柑果，果扁球形，果皮易剥，外果皮内侧充满半透明的汁胞。种子无胚乳。约20多种，主产东亚，我国约有14种。著名品种有温州蜜柑、椪柑。

（3）橙［*Citrus sinensis*（L.）Osbeck］　叶柄有狭翅。果近球形，成熟时心实，果皮不易剥离。

（4）柚［*Citrus grandis*（L.）Osbeck］　叶柄有倒心形宽翅。果大，直径10～25cm。圆球形、扁球形、梨形。

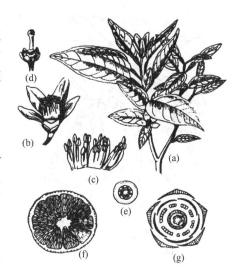

图6-17　柑橘

(a) 花枝；(b) 花；(c) 雄蕊；(d) 花萼和雌蕊；
(e) 子房横切；(f) 果实横切；(g) 花图式

（引自周云龙，2000）

十四、无患子科（Sapindaceae）

1. 形态特性

乔木或灌木。叶互生，常为羽状复叶，无托叶。花两性、单性或杂性，辐射对称或两侧对称。常成总状花序、圆锥花序或伞房花序。花萼4～5枚，花瓣4～5枚，花盘发达，位于雄蕊的外方。子房上位。果实蒴果、核果、浆果、坚果或翅果。

2. 花程式

$* \uparrow K_{5\sim4} C_{5\sim4} A_{10\sim8} \underline{G}_{(3:3)}$

3. 识别要点

叶常为羽状复叶。花小，常杂性异株。花盘发达，位于雄蕊的外方。种子常具有假种皮。

4. 分类及代表植物

本科约150属，2000种。主要分布在热带、亚热带。我国有25属，53种。

（1）荔枝（*Litchi chinensis* Sonn.）（图6-18）　常绿乔木。树皮灰褐色，偶数羽状复叶，叶片薄革质，叶表面绿色，背面灰绿色，侧脉于正面不明显。花序顶生，无花瓣。果卵形至近球形，果皮革质或脆壳质，散生圆锥状或瘤状突起。种子具白色肉质假种皮，假种皮供食用，核可入药。为我国南部广泛栽培的著名果树。

（2）龙眼（*Dimocarpus longan* Lour.）（图6-19）　常绿乔木。树皮粗糙纵裂，偶数羽状复叶，小叶4～6对，侧脉明显。果实幼时有小瘤状突起，成熟时近平滑。白色假种皮食用，为岭南佳果。

（3）无患子（*Sapindus mukorossi* Gaertn.）　落叶乔木或灌木。一回偶数羽状复叶，具5～8对小叶，小叶基部偏斜。圆锥花序，有花瓣，子房3室，每室1胚珠。果近球形，黄

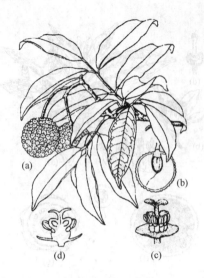

图 6-18　荔枝

（a）果枝；（b）果的纵切面；（c）花；（d）花的纵切面

图 6-19　龙眼

（a）花枝；（b）果枝；（c）花；（d）花瓣内面观

色。果为核果状，深裂为 3 果瓣，通常仅 1 个发育。种子无假种皮。约 13 种，分布在美洲、亚洲和大洋洲热带至亚热带。我国有 4 种，分布于长江以南。常作行道树，根和果也可药用，果皮可作肥皂。

十五、伞形科（Umbelliferae）

1. 形态特性

草本。茎中空或有髓，有纵棱，具分泌管。叶互生，常掌状分裂或一至四回羽状分裂的复叶，叶柄基部膨大，呈鞘状。全株有醚性油道、香油道、树脂道，有香气。花两性，伞形花序或复伞形花序，再组成头状花序。花 5 轮 5 数，雄蕊与花瓣同数且互生，心皮 2 枚，花柱基部常膨大，称为花柱基，或上位花盘，子房下位。双悬果（干果），果实成熟时 2 心皮沿着室间开裂，悬挂于宿存的心皮柄（轴）上。种子胚小，胚乳丰富。

2. 花程式

$* K_{(5)} C_5 A_5 \underline{G}_{(2:2)}$

3. 识别要点

草本，茎中空。叶柄基部膨大，呈鞘状。伞形花序或复伞形花序。双悬果。

4. 分类及代表植物

本科约 250 属，2000 种，主要分布在北温带。我国有 57 属，500 种。

（1）胡萝卜（Daucus carota var. sativa DC.）（图 6-20）　二年生草本。叶二至三回羽状深裂。根常肉质肥大，黄色或橙黄色。复伞形花序。总苞片叶状，羽状分裂。双悬果，棱不明显，棱上有刺毛。

（2）芹（Apium graveolens L.）　一年生或二年生草本。叶一至二回羽状分裂。复伞形花序。双悬果，光滑，不具刺或刚毛，卵圆形，果棱线形。为栽培的蔬菜。

（3）当归（Angelica sinensis Diels）　多年生大型草本。叶三出式二至三回羽状复叶。复伞形花序，总苞片及小总苞片无或有少数叶状苞片。双悬果，长椭圆形，背腹压扁，侧棱有宽翅。根可入药。

十六、菊科（Compositae）

1. 形态特性

多为草本，少数为灌木或小乔木。单叶、复叶，多互生，少对生。头状花序及以头状花序组成其他复花序，花序的外有总苞片有一至多层。头状花序中有全为舌状花，亦有全为管状花，有中央花（盘花）为两性花或中性不孕的漏斗状花，外围的边缘花（放射花）为雌性或中性不孕的假舌状花或雌性的管状花。花萼常变态为各种形状，聚药雄蕊。连萼瘦果，有冠毛。

菊科植物的花冠为合瓣花冠，通常分为 5 类（图 6-21）：①筒状花，是辐射对称的两性花，花冠 5 裂，裂片等大；②舌状花，两侧对称的两性花，5 个花冠裂片结成 1 个舌状；③假舌状花，是两侧对称的雌花或中性花，舌片仅具三齿，如向日葵的边缘花；④两唇花，是两侧对称的两性花，上唇 2 裂，下唇 3 裂；⑤漏斗状花，花冠漏斗状，中性不孕，5～7 裂，裂片大小不等，如矢车菊的边缘花。

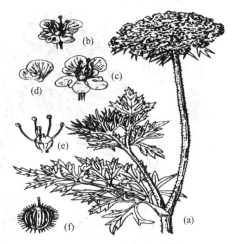

图 6-20　胡萝卜

(a) 花枝；(b) 着生在伞形花序中心的花；
(c) 着生在伞形花序周边上的花，示花瓣不等大；
(d) 花瓣；(e) 去花瓣后的雄蕊和雌蕊；(f) 果实

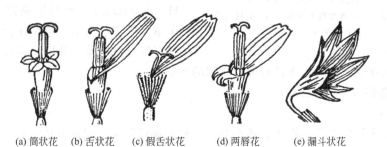

(a) 筒状花　(b) 舌状花　(c) 假舌状花　(d) 两唇花　(e) 漏斗状花

图 6-21　菊科花冠类型图

2. 花程式

$* \uparrow K_{0 \sim \infty} C_{(5)} A_{(5)} \overline{G}_{(2:1)}$

3. 识别要点

多为草本。头状花序。聚药雄蕊。连萼瘦果，有冠毛。

4. 分类及代表植物

菊科植物是被子植物第一大科，全世界约有 1000 属，约 30000 种，占被子植物种数的 1/8。我国约 230 属，2300 种，不包括栽培种在内。菊科分两个亚科：筒状花亚科和舌状花亚科。

（1）筒状花亚科（Tubuliflorae）　头状花序全部为筒状花或盘花（同形）为筒状花，边缘花为舌状花（异形）。植株不含乳汁。分为蒿属、苍术属、菊属、向日葵属、风毛菊属、千里光属。常见植物有如下几种。

① 向日葵（*Helianthus annuus* L.）（图 6-22）　一年生或多年生草本。下部叶常对生，上部叶互生。头状花序单生，总苞外轮叶状，边缘假舌状花中性不孕，黄色。中央为管状花，两性能孕，小花基部有托片（小苞片）。瘦果倒卵形。种子含油 50%，可榨食用油。种仁可食。有些品种还可作观赏用。

② 菊芋（*Helianthus tuberosus* L.）　又名洋姜。块茎富含淀粉，可作蔬菜用。

图 6-22　向日葵
(a) 植株上部；(b) 头状花序纵切；(c) 舌状花；
(d) 管状花；(e) 聚药雄蕊展开；
(f) 连萼瘦果；(g) 连萼瘦果剖面；(h) 菊科花图式
（引自周云龙，2000）

③ 菊 〔*Dendranthema morifolium* (Ramat) Tzvel.〕 多年生草本。茎直立，分枝或不分枝，被柔毛。叶卵形至披针形，羽状浅裂或深裂，叶下面被白色短柔毛。头状花序约 2.5～20cm，总苞片多层，外层外面被柔毛。

(2) 舌状花亚科 (Liguliflorae)　整个花序全部为舌状花，植物体含有乳汁。分为莴苣属、蒲公英属。常见植物有如下几种。

① 莴苣 (*Lactuca sativa* L.)　一年生或二年生草本。叶基生或茎上互生，倒披针形或椭圆状披针形。头状花序总苞片 3 至多层，由内向外渐变短。瘦果倒披针形，每面有 6～7 条细脉纹，具长喙，冠毛多而细，基部常连成环。

② 蒲公英 (*Taraxacum mongolicum* Hand.-Mazz.)　叶基生成莲座状。头状花序单生于花葶顶端。边缘花舌片黄色，背面具有红紫色条纹，外层总苞片先端背部有小角。瘦果，倒卵状披针形，下部有成行排列的小瘤。

十七、茄科 (Solanaceae)

1. 形态特性

一年生至多年生草本、灌木、稀小乔木。具双韧维管束。单叶互生，在开花枝段上时常形成近对生的大小不等的双生叶。花单生或聚伞花序，两性，花冠轮（辐）状，或钟状、筒状、漏斗状，常辐射对称。花萼 5 裂，结果时常增大，宿存。雄蕊 5 枚，着生在花冠筒上，与花冠裂片互生。花药靠合，子房上位，由 2 心皮构成，2 心皮不位于正中线而发生偏斜，2 室，中轴胎座，胚珠多数，花柱顶生。胎座常分裂并突入子房腔，将子房隔成多室。蒴果、浆果。

2. 花程式

$* \quad K_{(5)} \, C_{(5)} \, A_5 \, \underline{G}_{(2:2)}$

3. 识别要点

单叶互生。具双韧维管束。花萼 5 裂，结果时常增大，宿存。雄蕊 5 枚，着生在花冠筒上，与花冠裂片互生，蒴果或浆果。

4. 分类及代表植物

全世界约有 80 属，约 2500 种，主要分布于热带及温带地区。我国约 26 属，107 种。

(1) 马铃薯 (*Solanum tuberosum* L.) （图 6-23）　多年生草本。地下茎块状，奇数羽状复叶，小叶大小相间排列，卵形至长圆形。伞房状聚伞花序顶生，后侧生。花白色或蓝紫色，花冠辐状，花冠筒隐于萼内。浆果圆球形。原产南美洲。

(2) 茄 (*Solanum melongena* L.)　一年生草本，全株被星状毛。单叶，小枝多为紫色。叶大，圆形至长圆状卵形，先端钝。花紫色，花冠辐状，裂片三角形。花萼钟形，宿存。浆果球形或圆柱形。原产亚洲热带，现广为栽培。茄果作蔬菜，根可入药。

（3）辣椒（*Capsicum annuum* L.）　一年生草本，多分枝。单叶互生。花腋生，俯垂，花萼杯状。花冠辐状，5中裂，雄蕊5枚，贴生于花冠筒基部，花药纵裂。浆果少汁液，果熟时红色，常具辣味。约30种。常见的栽培品种或变种有：菜椒（圆椒，var. *grossum*），果实大型，近球状、圆柱状、扁球状，多纵沟，不辣或稍有辣味，菜用；朝天椒（var. *conoides*）、五彩椒（*Capsicum frutescens* var. *cerasiforme*）、牛角椒（var. *longum*）等食用或观赏用。

（4）烟草（*Nicotiana tabacum* L.）　一年生高大草本，根粗壮。叶片披针状长椭圆形。全株有黏腺毛。顶生圆锥状聚伞花序，花冠长管状漏斗形，淡红色。蒴果。

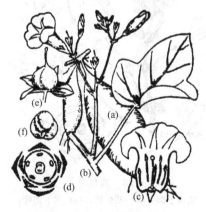

图6-23　马铃薯
(a) 花枝；(b) 块茎；(c) 花；(d) 花图式
（引自胡国忠，2002）

（5）番茄（*Lycopersicon esculentum* Mill）　一年生草本，全体被黏质腺毛，分泌汁液，散发特殊气味。叶互生，单数羽状复叶，有小叶5~9片，卵形或椭圆形。花小，黄色，聚伞花序。浆果扁球形。

（6）枸杞（*Lycium chinense* Mill）　有刺灌木。单叶互生或簇生，全缘。叶卵形或卵状菱形。花淡紫红色，花萼常3裂或不规则4~5裂，花冠裂片边缘缘毛浓密。雄蕊稍短于花冠。浆果，红色。花果期6~11月。同属的宁夏枸杞（*L. barbarum* L.），叶狭披针形，果较大，药用商品枸杞大多为本种。

十八、旋花科（Convolvulaceae）

1. 形态特性

多为缠绕草本。茎常具乳汁，有双韧皮维管束。单叶互生，无托叶。花两性，整齐，单生叶腋或成聚伞花序，花萼5数，宿存。花冠合瓣，多漏斗状、钟状，近全缘或5浅裂，雄蕊与花冠裂片同数，互生。心皮2个，合生。子房上位，中轴胎座。果实蒴果或浆果。

2. 花程式

$* \quad K_5 C_{(5)} A_5 \underline{G}_{(2:2)}$

3. 识别要点

茎常具乳汁，有双韧皮维管束。花冠多漏斗状、钟状。果实蒴果或浆果。

4. 分类及代表植物

全世界约有56属，1800种，主要分布于热带及温带地区。我国约22属，128种。

（1）番薯（*Ipomoea batatas* Lam.）（图6-24）　又称甘薯、红薯。一年生草本。有白色乳汁，地下部分具圆形、椭圆形的块茎。叶片常为宽卵形，形状、颜色因品种不同而异。聚伞花序腋生，花冠粉红色、白色、淡紫色，漏斗状、钟状。雄蕊和花柱内藏，花丝基部被毛。蒴果。

图6-24　番薯
(a) 块根；(b) 花枝；(c) 花纵切；
(d) 花图式；(e) 果实；(f) 种子
（引自徐汉卿，1994）

（2）蕹菜（*Ipomoe aaquatica* Forsk.）　又称空心

菜、藤菜。为湿生植物。一年生水生或陆生草本。茎圆柱形，中空。叶片卵形或披针形。聚伞花序腋生，花序梗基部被柔毛，花淡白色，漏斗状。蒴果卵球形。

（3）牵牛花 [*Pharbitis purpurea*（L.）Voigt.] 一年生缠绕草本。茎上有毛，叶宽卵形或近圆形，叶片通常 3 裂，外萼披针状线形。花腋生或 2 朵聚生于花序梗顶端，花冠漏斗状，雄蕊及花柱内藏。蒴果，3 裂。

十九、唇形科（Labiatae）

1. 形态特性

草本，常含有挥发性芳香油。茎常四棱形。单叶，对生或轮生，无托叶。花两性，两侧对称，腋生聚伞花序组成轮伞花序，再组成穗状花序或总状花序。花萼 5 裂或两唇形，常上唇 3 齿，下唇有 2 齿，宿存；花瓣合生，4~5瓣，两唇形，上唇 2 齿，下唇有 3 齿，稀单唇、假单唇，或裂片近乎相等。雄蕊 4 枚，二强雄蕊，着生于花冠筒部。心皮 2 枚，合生。子房上位，由 2 心皮深裂成 4 室。果实为 4 枚小坚果或核果。唇形科花图式见图 6-25。

图 6-25 唇形科花图式

2. 花程式

↑$K_{(5)}$ $C_{(5)}$ A_4 $\underline{G}_{(2:4)}$

3. 识别要点

单叶对生。茎四棱形。唇形花冠。二强雄蕊。四枚小坚果。

4. 分类及代表植物

全世界约有 220 属，约 3500 种，分布广泛。我国约 99 属，800 种。

（1）薄荷（*Mentha haplocalyx* Briq.） 多年生草本。全株被微柔毛。茎四棱形，有香气，叶背有腺点。叶片长圆状披针形，叶缘牙齿状。轮伞花序腋生，花有苞片，花萼管状钟形，萼齿狭三角状钻形。花冠近辐射对称。雄蕊 4 枚，近等长。小坚果平滑。薄荷全草含薄荷油和薄荷脑，为高级香料。分布于我国华北、华东至华南。

（2）益母草（*Leonurus japonicus* Houttuyn.）（图 6-26） 一年生或两年生草本。茎直立，钝四棱形，被短柔毛。下部叶卵形，掌状 3 裂；上部叶轮廓近菱形，通常裂为 3 个长圆状线形的裂片。轮伞花序腋生，多集中在顶端，穗状。花冠唇形，上下唇约相等。花萼外面贴生微柔毛。小坚果，长圆状三棱形。

（3）藿香 [*Agastache rugosus*（Fisch. et. Mey.）O. Ktze.] 多年生草本。叶心状卵形至长圆状披针形，被柔毛及点状腺体。轮伞花序在顶端集生成圆筒状的假穗状花序。

二十、石竹科（Caryophyllaceae）

1. 形态特性

草本。茎节膨大。单叶对生，常狭长。花两性，辐射对称，二岐聚伞花序或单生，花萼 4~5 枚，分离或结合成筒状，具有膜质边缘，宿存。

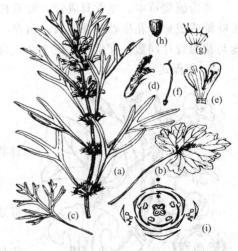

图 6-26 益母草
(a) 植株上部；(b) 基生叶；(c) 茎下部叶；
(d) 花；(e) 花冠展开，示雄蕊；(f) 雌蕊；
(g) 花萼展示，内面观；(h) 小坚果；
(i) 唇形科花图式
（引自周云龙，2000）

花瓣 4～5 枚，离生，有瓜。雄蕊 1～2 轮，5～10 枚。心皮 2～5 枚，合生。子房上位，特立中央胎座或基底胎座。果实蒴果，顶端齿裂或瓣裂。种子有外胚乳。石竹科（繁缕属）花图式见图 6-27。

图 6-27　石竹科（繁缕属）花图式

2. 花程式

$$* \quad K_{4～5,(4～5)} \ C_{4～5} \ A_{5～10} \ \underline{G}_{(5～2:1)}$$

3. 识别要点

草本，茎节膨大。单叶全缘对生。花两性，雄蕊 5 枚或为花瓣的两倍。特立中央胎座。蒴果。

4. 分类及代表植物

全世界约有 55 属，约 1300 种，主要分布在北温带。我国约 32 属，400 种。

香石竹（*Dianthus caryophyllus* L.）　又名康乃馨。多年生宿根草本，常作 1～2 年生栽培。茎呈圆筒形，节部明显膨大，光滑无毛，被蜡质白粉，呈灰蓝绿色，多分枝。叶狭披针形，对生。花单生或多朵聚生枝顶，具花柄，芳香。花色多种，有白色、桃红色、大红色、玫瑰红色、乳黄色、淡紫色和复色。

二十一、木犀科（Oleaceae）

1. 形态特性

直立、攀缘灌木或乔木。叶常对生，单叶或复叶，无托叶，花两性或单性，辐射对称，常成圆锥、聚伞花序或簇生。花萼通常 4 裂，花冠合瓣，稀离瓣或无花冠。雄蕊通常 2 枚，子房上位，2 室，每室胚珠 2 枚。果实为浆果、核果、蒴果或翅果。木犀科花图式见图 6-28。

图 6-28　木犀科花图式

2. 花程式

$$* \quad K_{(4)稀(3～10)} \ C_{(4)稀(5～9)} \ A_{2稀3～5} \ \underline{G}_{(2:2)}$$

3. 识别要点

木本。叶常对生。花辐射对称。雄蕊常 2 枚。子房上位，2 室，每室 2 胚珠。

4. 分类及代表植物

全世界约有 30 属，约 600 种，主要分布在温带和热带地区。我国 12 属，200 多种。

（1）女贞（*Ligustrum lucidum* Ait.）（图 6-29）　常绿乔木。树皮灰色，光滑。叶革质、全缘，卵形或卵状椭圆形，单叶对生。顶生圆锥花序，花小白色，芳香。核果紫蓝色，被白粉。喜光树种。主产江南各地，作绿化树种及绿篱用。果实可药用。女贞抗 SO_2 的能力强，适宜城市、工厂绿化。

（2）桂花〔*Osmanthus fragrans*（Thunb）Lour.　Fl.　Cochinch.〕　常绿小乔木或灌木。株高 5～10m，茎干灰色光滑，幼枝黄褐色，粗糙。单叶对生，椭圆形至长椭圆形，革质，深绿色，具短柄，全缘或具疏生锯齿。聚伞状花序，簇生叶腋，小花 4～6 朵，具细梗。花小，淡黄或橙黄色，浓香。核果椭圆形，成熟时蓝黑色。喜阳光温暖和湿润，耐高温，不耐寒，稍耐半荫。要求土层深厚、肥沃和排水良好的酸性沙质壤土。忌雨涝积水和干旱，忌碱土和煤烟。常见的品种有：金桂（var. *thunbergii* Markino）、银桂（var. *latifolius* Markino）、丹桂（var. *aurantiacus* Markino）、四季桂（var. *semperflorens* Markino）。

（3）茉莉花〔*Jasminum sambac*（L.）Ait.〕　常绿直立灌木，枝细长有棱，稍成藤本状。单叶对生，椭圆形或宽卵形，薄纸质。花白色、芳香，聚伞花序。花期 5～11 月。喜光，稍耐荫。

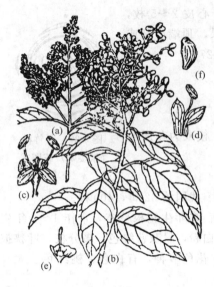

图 6-29 女贞

(a) 花枝；(b) 果枝；(c) 花；
(d) 雄花；(e) 雌花；(f) 种子

（4）迎春花（*Jasminum nudiflorum* Lindl.）落叶灌木，丛生。幼枝四棱形，细长或拱形，绿色。三出复叶，小叶卵状至长圆状卵形，对生。花单生叶腋，先叶开放，淡黄色，花冠黄色，雄蕊内藏。花期 2～4 月。各地均有栽培。

（5）丁香（*Syringa oblata* Lindl.）落叶灌木或小乔木。单叶对生。叶片革质或厚纸质，卵圆形至肾形，先端锐尖，基部心形或截形。圆锥花序顶生。花萼杯状，顶端 4 裂，花冠 4 裂，裂片卵圆形，紫色，芳香。蒴果，先端常渐尖，光滑。花期 4～5 月。

二十二、桑科（Moraceae）

1. 形态特性

木本，常具乳汁。单叶互生，托叶早落。花小，单性，单被，雌雄同株或异株。聚伞花序常集成头状、穗状、圆锥状花序或隐头花序，花萼常 4 片，离生。雄蕊与萼片同数而对生。心皮 2 枚合生或 1 枚，子房上位，1 室。聚花果。

2. 花程式

♂ ＊ $K_{4\sim6}C_0A_{4\sim6}$；♀ ＊ $K_{4\sim6}C_0\underline{G}_{(2:1)}$

3. 识别要点

木本，常具乳汁。单叶互生。花小，单性，单被。雄蕊与萼片同数而对生。子房上位。聚花果。

4. 分类及代表植物

全世界约有 30 属，约 600 种，主要分布在温带和热带地区。我国 12 属，200 多种。

（1）菠萝蜜（*Artocarpus heterophyllus* Lam.）常绿乔木。叶椭圆形至倒卵形，厚革质，螺旋状排列，托叶抱茎环状。雄花花序腋生或顶生。雌花花序椭球形，着生于大枝或老茎上。聚花果成熟时黄色，外皮呈六角形瘤状突起，核果长椭圆形。为热带著名水果。宜作行道树。

（2）桂木（*Artocarpus lingnanensis* Merr.）常绿乔木，主干通直。叶革质，椭圆形或倒卵形，表面深绿，背面暗绿。侧脉在叶背面明显隆起。雄花序头状，倒卵圆形。雌花序近头状。聚花果近球形。成熟时红色或黄色。多栽培作庭园风景树或行道树。

（3）构树［*Broussonetia papyifera*（L.）L'Herit. ex Vent］落叶乔木。小枝密被丝状刚毛。叶卵形，缘有锯齿，不裂或有不规则 2～5 裂，两面密生柔毛。雌雄异株。聚花果球形，成熟时橙红色。喜光，适应性强，抗烟尘及有毒气体能力强，少病虫害。是城乡绿化的重要树种。

（4）高山榕（*Ficus altissima* Bl.）常绿乔木。茎上有少量气生根。单叶，互生，厚革质，广卵形至广卵状椭圆形。托叶厚革质，外被灰色绢毛。隐花果成对生于叶腋，近球形，深红色或淡红色。常作庭荫树或行道树。

（5）垂叶榕（*Ficus benjamina* L.）常绿乔木。小枝稍下垂。叶近革质，顶端尾状渐尖，微外弯。隐花果成对或单生叶腋，成熟时红色至黄色。喜光，抗大气污染，不耐旱，耐强度修剪，移植易成活。为优良的庭院树、行道树和绿篱树。

（6）无花果（*Ficus carica* L.）　落叶小乔木。叶广卵形或近圆形，常 3～5 掌状分裂，表面粗糙，边缘有不规则钝齿，互生。雌雄异株。隐花果单生叶腋，梨形，黄绿色。果可生食或制蜜饯，也可药用。花果期 5～7 月。是绿化、观赏结合生产的好树种。

（7）印度橡胶榕（*Ficus elastica* Roxb. ex Hornem）　常绿乔木。富含乳汁。叶厚革质，有光泽，长椭圆形，全缘，中脉显著。托叶膜质，深红色，脱落后留下托叶环痕。隐花果成对着生于落叶的叶腋。花期冬季。喜暖湿气候，不耐寒，耐荫，抗污染，耐修剪。宜作庭荫树和盆栽观赏树。

（8）小叶榕（*Ficus. microcarpa* L. f.）　常绿乔木。气生根着地增粗成树干状，形成奇特的独木成林现象。叶革质，椭圆形至倒卵形。先端钝尖，全缘或浅波状。隐花果腋生，近扁球形。分布于华南，常作行道树。

（9）薜荔（*Ficus pumila* L.）　常绿藤本。有乳汁。叶二型，互生。营养枝，叶卵状心形，有不定根。结果枝无不定根，叶片卵状椭圆形，革质，表面光滑，背面网脉隆起并构成显著小凹眼。隐花果单生叶腋，梨形或倒卵形。耐荫，耐旱，不耐寒。可作假山、水泥砖墙的垂直绿化材料。

（10）菩提榕（*Ficus religiosa* L.）　落叶乔木。有乳汁。叶互生，革质，三角状卵形，顶端骤尖成长尾状，表面亮绿色，有光泽。叶柄纤细较长，有关节。隐花果球形，成熟时红色。喜光，抗大气污染，耐干旱，移植易成活。为优美的风景树和行道树。寺庙中普遍栽植。

（11）黄葛榕［*Ficus virens* Ait. var. *sub-lanceolata*（Miq.）Corner］　落叶或半落叶乔木。有板根或气生根。叶椭圆状披针形，薄革质，叶背面侧脉明显。隐花果近球形，单生或对生或簇生于已落叶枝的叶腋，熟时黄色或红色。喜光，生长迅速，萌芽力强，抗污染能力强。又称雀榕，为优良的行道树。

（12）桑树（*Morus alba* L.）（图 6-30）　落叶乔木。叶卵形或卵圆形，先端尖，锯齿粗钝。雄花序下垂，花淡绿色，被白毛。雌花序穗状，小花无梗。聚花果长卵圆形。花期 4～5 月。果期 5～8 月。适宜于城乡、工矿区和农村四旁绿化。

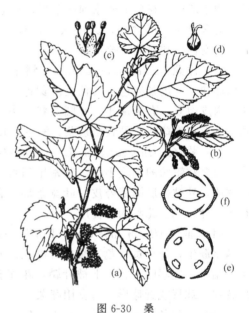

图 6-30　桑

（a）雌枝；（b）雄枝；（c）雄花；（d）雌花；
（e）雄花花图式；（f）雌花花图式

第三节　单子叶植物纲的主要科

一、百合科（Liliaceae）

1. 形态特性

常为多年生草本。茎为根状茎、球茎或鳞茎。单叶，基生或茎生，互生，对生或轮生，有或无叶柄，有时退化为鳞片状。单花或组成总状、穗状或圆锥花序。花两性，辐射对称，稀单性。花被花瓣状，6 枚，排成 2 轮。雄蕊通常 6 枚，花丝分离或联合。子房上位，由 3 心皮组成，中轴胎座，胚珠多数。蒴果或浆果。百合科花图式见图 6-31。

图 6-31 百合科花图式

2. 花程式

$$* P_{3+3} A_{3+3} \underline{G}_{(3:3:\infty)}$$

3. 识别要点

草本。具根状茎、球茎或鳞茎。花被花瓣状，6枚。雄蕊通常6枚。蒴果或浆果。

4. 分类及代表植物

全世界约有175属，约2000种，分布广泛。我国54属，334多种。

（1）百合（*Lilium brownii* var. *viridulum* Barker.）（图6-32）叶片倒披针形至倒卵形，鳞茎球形。花单生或排列成伞形。花冠喇叭形，花瓣乳白色，外面常带紫色，有香气。鳞茎富含淀粉，可食用，又可入药，有清肺、止咳、清热、安神、利尿的功效。

（2）洋葱（*Allium cepa* L.）鳞茎粗大，球状至扁球状。外皮紫红色，黄色至淡黄色，纸质至薄革质。内皮肉质，有辛辣味。叶圆筒状，中空。花葶粗壮，伞形花序球状。是栽培蔬菜，鳞茎供食用。

（3）蒜（*Allium sativum* L.）鳞茎球状至扁球状，由多数瓣状的肉质小鳞茎紧密排列组成，含挥发性物质，外被数层鳞茎外皮。叶宽条形，扁平。伞形花序。叶、花、花葶均可食用。

（4）韭（*Allium tuberosum* Rottl. ex Spereng）鳞茎簇生，外皮黄褐色，裂成纤维状。叶条形，基生，扁平。花葶圆柱状，下被叶鞘，花序有总苞。伞形花序半球形或近球形。为食用蔬菜。

（5）天门冬〔*Asparagus cochinchinensis*（Lour.）Merr.〕攀缘草本。根部纺锤形膨大。叶状枝通常3枚簇生，茎基部有硬刺。浆果，熟时红色。块根是常用的中药。

（6）芦荟〔*Aloe vera* L. var. *chinensis*（Haw.）Berg.〕茎短，叶簇生，肥厚多汁，条状披针形，粉绿色，边缘疏生小齿。总状花序着生于花葶上。南方各地和温室常见栽培。可食用、药用。

图 6-32 百合
(a) 植株上部；(b) 鳞茎；(c) 雌蕊；
(d) 雄蕊；(e) 花图式
（引自周云龙，2000）

二、禾本科（Graminae）

1. 形态特性

一年生或多年生草本，少数为木本。植株散生或丛生，有地下茎。地上茎特称为"秆"，常为圆形，有明显的节和节间，节间多中空，很少实心。单叶互生，排成2列，由叶片和叶鞘组成，在叶片和叶鞘的连接处有时有叶舌和叶耳，叶鞘包围茎秆，常一侧开裂。叶片与叶鞘连接处增厚的部分是叶颈。花小，两性，稀单性，组成小穗（组成小穗的花称为小花）。小穗由一至数朵小花、内颖（一朵不孕小花的苞片）和外颖（另一朵不孕小花的苞片）组成。由小穗组成穗状花序或圆锥花序。小花由外稃、内稃、浆片、雄蕊、雌蕊组成。雄蕊1～6枚，常为3枚，花丝细长，花药丁字着生。雌蕊由2～3心皮组成，胚珠1枚，柱头羽毛状。果实多为颖果，稀为浆果或坚果。种子具丰富的胚乳，胚乳粉状，占种子的比例大。

2. 花程式

$P_{2\sim3}\ A_{3,6}\ \underline{G}_{(2\sim3:1)}$

3. 识别要点

圆柱形茎，中空。叶2列，互生。由小穗组成花序。子房上位。颖果。

4. 分类及代表植物

全世界约有660属，约10000种，为被子植物第四大科。我国225属，1200多种，分布广泛。

(1) 禾亚科（Agrostidoideae）　一年生或多年生草本，秆草质。叶片大多数狭长披针形或线形，有中脉，通常无叶柄，叶鞘和叶片之间无明显关节，不易从叶鞘脱落。

① 水稻（*Oryza sativa* L.）　一年生草本，圆锥花序顶生。小穗两性，有3小花，顶端1花结实，下方2小花退化成外稃，外稃硬纸质。颖退化成两个半月形，附着在小穗基部。雄蕊6枚，雌蕊1枚。颖果。

② 小麦（*Triticum aestivum* L.）（图6-33）　一年生或二年生草本，穗状花序直立顶生。小穗有3～9朵小花，顶端1花不结实，每小花有2枚浆片，3雄蕊和1雌蕊，柱头2枚，羽毛状。外稃无芒，颖果与稃片分离。

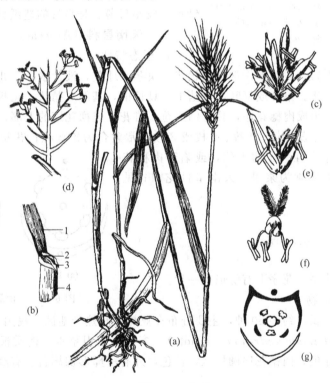

图6-33　小麦
(a) 植株；(b) 叶（示叶舌和叶耳）；(c) 小穗；(d) 小穗模式图；
(e) 小花；(f) 除去内外稃的小花；(g) 花图式
1—叶片；2—叶舌；3—叶耳；4—叶鞘
（引自周云龙，2000）

③ 玉米（*Zea mays* L.）　一年生高大草本，秆实心。花单性，雌雄同株。雄花序圆锥状，顶生，每一小穗有2朵小花。雌花序肉穗状，单生叶腋，外有数层苞片，每一小穗有2朵小花，1花结实。雌蕊1枚。颖果。

④ 高粱（*Sorghum vulgare* Pers.）　一年生草本，秆直立实心，粗壮。基部节上具有支

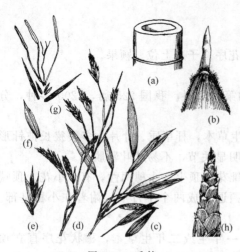

图 6-34 毛竹

(a) 秆的一段，示秆环不显著；(b) 秆箨顶端
的腹面观；(c) 叶枝；(d) 花枝；(e) 小穗丛的
一部分；(f) 颖片；(g) 小花；(h) 竹笋

(引自周云龙，2000)

持根。叶线形，表面暗绿色，背面淡绿色。顶生圆锥花序，排列疏松，主轴裸露，3～7 分枝，轮生。颖果。

（2）竹亚科（Bambusoideae） 秆木质，节间常中空，主秆叶常特化成秆生叶，即秆箨，包括箨叶和箨鞘两部分。箨叶常缩小，无中脉，直立或外反。箨鞘抱秆，与箨叶之间无明显关节。枝生叶具短柄，包括叶片和叶鞘。叶片与叶鞘相连处有关节，脱落时在关节处断开。

毛竹（*Phyllostac hysheterocycla* cv. *pubescens* Mazel. ex H. de Lehaie）（图 6-34） 幼秆密被细柔毛和厚白粉，老秆黄绿色。秆的节间于分枝一侧多少扁平，或具纵沟 2 条。箨鞘顶端渐狭，箨叶短，长三角形至披针形，有波状弯曲。叶片披针形，较小且薄。是良好的造纸材料。

三、天南星科（Araceae）

1. 形态特性

多年生草本，少为木质藤本。常具根状茎、块茎或球茎，液汁水样、乳状或针状草酸钙结晶，有时具辛辣气味。单叶或复叶，常基生，具长柄，基部成鞘状。花两性或单性，单性花雌雄同株或异株，组成肉穗花序，具有佛焰苞。雄花在肉穗花序的上部，雌花在花序的下部。单性花无花被，雄蕊 2 枚、4 枚、6 枚或 8 枚，常愈合为雄蕊柱；花粉粒头状椭圆形或长圆形。假雄蕊柱常存在。子房上位，或陷于肉穗花序中，一至多室。果实常为浆果。天南星科花图式见图 6-35。

2. 花程式

$* P_{0,4\sim6} A_{6\sim少数} \underline{G}_{(2,3\sim15)}$

3. 识别要点

多草本。肉穗花序，花序下有佛焰苞一片。

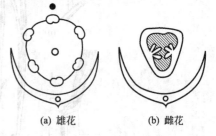

(a) 雄花　　　　(b) 雌花

图 6-35　天南星科花图式

4. 分类及代表植物

全世界约有 115 属，约 2450 种，主要分布在亚热带和热带地区。我国 35 属，206 种。

（1）红掌（*Anthurium andreanum* Lindl.） 多年生宿根草本，肉质根。叶单生，自基部抽出，心形，鲜绿色。肉穗花序圆柱状，黄色，外有一卵形佛焰苞。有红色、粉红、白色等颜色。

（2）马蹄莲（*Zantedeschia aethiopica* Spr.） 多年生草本。叶片心状剑形。花序柄长 40～50cm，佛焰苞白色。肉穗花序圆柱形，黄。雌花序长 1～2.5cm，雄花序长 5～6.5cm。

四、石蒜科（Amaryllidaceae）

1. 形态特性

多年生草本，茎为鳞茎或根状茎。叶线形，基生。花单生或排列成伞形花序，总苞片一至数枚，膜质。花两性，花被 6 片，2 轮。子房下位，花柱细长。蒴果。

2. 花程式

$* P_{3+3} A_{3+3} \underline{G}_{(3:3)}$

3. 识别要点

草本，具鳞茎或根状茎。叶线形，基生。花萼花瓣状。子房下位。蒴果。

4. 分类及代表植物

全世界约有 100 属，约 1300 种，主要分布在亚热带和热带地区。我国 17 属，44 种。

（1）水仙（*Narcissus tazetta* var. *chinensis* Roem.） 鳞茎肥大，卵状至广卵状球形。外被褐色膜。叶狭长带状，边全缘，顶端钝圆。花葶从叶丛中抽出，稍高于叶丛，每葶有花 3～8 朵，伞形花序。花白色，芳香，中间有副冠一轮，鲜黄色，杯状。花期 1～2 月。

（2）君子兰（*Clivia miniata* Regel） 常绿宿根花卉。根粗壮肉质，基部有假鳞茎。叶 2 列基生，剑形，正面深绿色有光泽。叶脉明显，主脉平行，侧脉横向。花葶从叶丛中抽出，粗壮。伞形花序，有花 10～40 朵，外有总苞。花大，直立，宽漏斗形。有橙色、红色等。花期冬、春两季。

五、莎草科（Cyperaceae）

1. 形态特性

草本，常多年生。茎常三棱形，多实心，无节和节间。叶常 3 列，叶鞘闭合。花小，生于鳞片腋内，两性或单性，花被完全退化，或为下位刚毛或鳞片，花排列成小穗再组成花序，花序下常有叶状总苞。雄蕊 1～3 枚，子房上位，雌蕊 1 个，花柱 2～3 裂。小坚果。莎草科薹草属花图式见图 6-36。

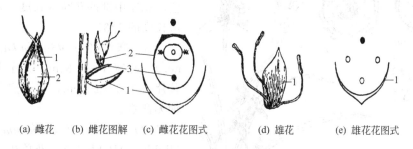

(a) 雌花　(b) 雌花图解　(c) 雌花花图式　　(d) 雄花　　(e) 雄花花图式

图 6-36　莎草科薹草属花图式

1—颖片；2—囊状先出叶；3—枝

（引自王全喜，2004）

2. 花程式

$P_0 A_{1\sim3} \underline{G}_{(2\sim3:1)}$；♂　$P_0 A_{1\sim3}$；♀　$P_0 \underline{G}_{(2\sim3:1)}$

3. 识别要点

多年生草本，具根状茎。秆三棱形，实心。叶 3 列。小坚果。

4. 分类及代表植物

全世界约有 70 属，约 4000 种，分布世界各地。我国 30 属，约 650 种。

（1）莎草（*Cyperus rotundus* L.） 草本，根状茎匍匐状，先端生有多数黑褐色长圆状块茎。秆三棱形。叶片狭条形，叶鞘棕色，常裂成纤维状。长侧枝聚伞花序，约 2～10 个辐射枝，为穗状花序。小穗斜展，线形。花药暗血红色。干燥的块茎名香附子，可提取香附油，作香料，也可入药。

（2）荸荠［*Heleocharis dulcis* Trin.（Burm. f.）］ 草本。秆多数，丛生，直立，圆柱状。秆基部有扁球形的球茎。球茎下有细长的匍匐根状茎。小穗顶生，圆柱状，稍带绿色。小坚果宽倒卵形，棕色。球茎富含淀粉，可食用、药用。

六、兰科（Orchidaceae）

1. 形态特性

多年生草本。陆生、附生或腐生。陆生兰、腐生兰常有根状茎、块茎、假鳞茎，有明显肉质的须根。附生兰，茎节膨大成假鳞茎，靠气生根吸收水分。花单生或组成花序，有苞片。花两性，两侧对称。花被片6个，排成2轮。外轮花萼3枚，花瓣状，上方的1枚称为中萼片，两侧的2枚称为侧萼片。花瓣3枚，中央的1枚称为唇瓣，常特化成各种形状，两侧的称为花瓣。雄蕊和雌蕊结合成合蕊柱。子房下位。蒴果。

2. 花程式

$$↑P_{3+3} A_{2\sim1} \overline{G}_{(3:1)}$$

3. 识别要点

草本。花两性，两侧对称。花瓣3枚，中央的1枚特化为唇瓣。花粉结合成花粉团。雄蕊和雌蕊结合成合蕊柱。子房下位。蒴果。

4. 分类及代表植物

是被子植物第二大科，全世界约有700属，约17000种，主要分布在亚热带和热带地区。我国166属，1100多种。

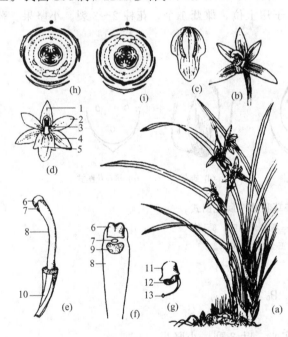

图 6-37　建兰及兰属花的构造

(a) 建兰植株；(b) 建兰花；(c) 建兰唇瓣；

(d) 兰属的花被片各部分示意图；(e) 子房和合蕊柱；

(f) 合蕊柱；(g) 花药；(h) 兰亚科花图式

(子房扭转前)；(i) 兰亚科花图式（子房扭转后）

1—合蕊柱；2—花瓣；3—中萼片；4—侧萼片；

5—唇瓣；6—花药；7—蕊喙；8—合蕊柱；

9—柱头；10—子房；11—药帽；12—花粉块；13—黏盘

（1）墨兰 ［*Cymbidium sinense* (Andr.) Willd.］ 叶宽1.5～3cm，暗绿色，花序中部的花苞片长度不及花梗和子房长度的1/3。

（2）寒兰 （*Cymbidium kanran* Makino.） 叶宽1～1.8cm，花序中部以上的苞片长1.3～2.8cm，与子房等长；花序轴无蜜腺。

（3）春兰 （*Cymbidium goeringii* (Rchb. f.) Rchb. f.） 花单生，极少2朵并生。早春开花。

（4）建兰 ［*Cymbidium ensifolium* (L.) Sw.］ 花序长40cm以下，低于叶丛。假鳞茎不显著。建兰及兰属花的构造见图6-37。

（5）天麻 （*Gastrodia elata* Bl.） 多年生草本。花萼与花瓣合生成斜歪筒，萼片与花瓣合生成花被筒，总状花序。蒴果倒卵状长圆形。根状茎横生，可入药。

七、棕榈科（Palmae）

1. 形态特性

常绿乔木或灌木。单生或丛生。叶大型，互生，掌状或羽状分裂，多集中于茎干顶部。叶柄基部常扩大成具有纤维的鞘。花小，两性或单性，组成肉穗花序。花萼、花瓣各3片，覆瓦状或镊合状排列。雄蕊通常6枚，有一至数个佛焰苞。浆果或核果。棕榈科花图式见图6-38。

2. 花程式

$\hat{\diamond}$ * $P_{3+3} A_{3+3}$；$\female$ * $P_{3+3} \underline{G}_{3,(3)}$ 或 * $K_3 C_3$ $A_{3+3} \underline{G}_{3,(3)}$

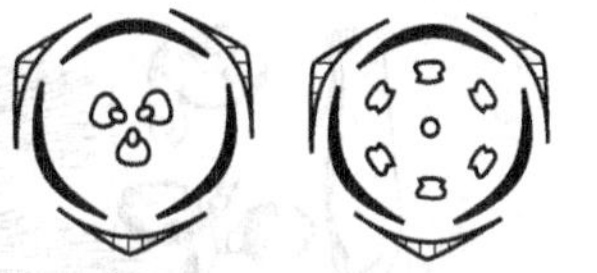

3. 识别要点

树干不分枝。大型叶丛生于枝顶。肉穗花序，花 3 基数。

4. 分类及代表植物

(a) 雌花花图式   (b) 雄花花图式

图 6-38 棕榈科花图式

全世界约有 217 属，约 2500 种，主要分布在亚热带和热带地区。我国 22 属，72 种。

(1) 假槟榔（*Archontophoenix alexandrae* Wendl et Drude） 乔木状。茎单生，圆柱形，基部膨大，茎干具阶梯状环纹。叶片羽状，羽片呈 2 列排列，线状披针形。肉穗花序生于叶鞘下。果实卵球形，熟时红色。抗大气污染、吸收粉尘能力差。宜作园景树和行道树。

(2) 砂糖椰子［*Arenga pinnata*（Wurmb）Merr.］ 乔木状。茎单生，宿存黑色粗糙的叶鞘纤维和针刺叶基。叶长，裂片极多数，较宽，具双侧耳垂，顶端和上部边缘有啮状齿，基部有耳垂，叶背面苍白色，叶鞘褐黑色，包围茎干。宜作行道树和园景树。

(3) 短穗鱼尾葵（*Caryota mitis* Lour.） 丛生小乔木。干直立，绿色，茎被白色毡状绒毛。叶长 3～4m，二回羽状深裂，裂片互生，基部斜楔形，先端啮齿状。肉穗花序，外被佛焰苞。果实成熟时紫红色。耐荫，在强烈阳光下生长不好。丛植或列植作园景树。

(4) 鱼尾葵（*Caryota ochlandra* Hance） 单干，乔木。茎被白色毡状绒毛。裂片厚革质，有不规则啮齿状齿缺，似鱼鳍，先端延长成长尾状。穗状花序。果实红色。耐荫。宜作行道树和园景树。

(5) 董棕（*Caryota urens* L.） 单干直立，树干中下部膨大如瓶，具明显的脱叶环痕。茎不被白色毡状绒毛。羽片斜楔形，边缘具大小不等的咬切状缺刻，顶端一片为宽楔形。较耐荫。宜作行道树和园景树。

(6) 散尾葵（*Chrysalidocarpus lutescens* H. Wendl.） 丛生灌木。树干光滑，黄绿色，嫩时被蜡粉。羽片全裂，裂片条状披针形。喜光，耐荫性强。适宜庭园丛植或盆栽。

(7) 椰子（*Cocos nucifera* L.） 植株高大，乔木状，树干常倾斜或稍弯曲。裂片线状披针形，基部明显向外折叠。花序腋生，纺锤形。果期 4～5 月或 7～8 月。宜作行道树和园景树。

(8) 油棕（*Elaeis guineensis* Jacq.） 常绿乔木。叶多，羽状全裂，羽片外向折叠，下部退化成针刺状。花雌雄同株异序。雄花序穗状，雌花序近头状。果实卵球形，红色。喜光。宜作行道树和园景树。

(9) 蒲葵（*Livistona chinensis* R. Br.） 常绿乔木，单干直立。叶肾状扇形，掌状浅裂或深裂，裂片条状披针形，深裂片前端下垂，叶片下部有黄绿色下弯的短刺。圆锥花序，每个分枝花序基部有佛焰苞。宜作行道树和丛植园景树。

(10) 长叶刺葵（*Phoenix canariensis* Hort. ex Chaub.） 乔木，茎单生，直立。具紧密排列的扁菱形叶痕。叶羽状全裂，羽片线形，锐尖，绿色，近基部羽片成针刺状。花序着生于叶间，奶黄色。果成熟时橙黄色。树形优美，宜作行道树。

(11) 软叶刺葵（*Phoenix roebelenii* O'Brien） 常绿灌木，单干。茎表面有三角状残存的叶柄基。叶羽状全裂，下部裂片退化为长软刺。雌雄异株。肉穗花序，腋生。喜光，能耐半荫。常作园景树。

(12) 海枣（*Phoenix dactylifera* L.） 又称伊拉克蜜枣。乔木状，茎单生，上有宿存的叶柄基部。羽状叶可长达 6m，下部叶片变成长而硬的针刺状，叶裂片两面灰绿色。密集

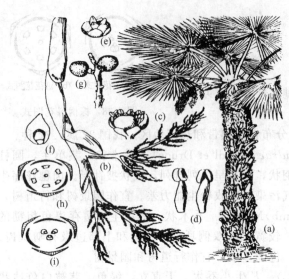

图 6-39 棕榈
(a) 植株；(b) 雄花序；(c) 雄花；
(d) 雄蕊；(e) 雌花；(f) 子房纵切图；
(g) 果实；(h) 雄花花图式；(i) 雌花花图式

圆锥花序，雄花长圆形，雌花近球形。果实长椭圆形，成熟时深橙黄色。

（13）棕竹 ［*Rhapis excelsa*（Thunb）Henry ex Rehd.］ 常绿丛生灌木。茎上有褐色纤维质叶鞘，叶掌状深裂，聚生在茎顶。肉穗花序，多分枝。雌雄异株。喜荫，宜丛植。

（14）大王椰子 ［*Roystonea regia*（H. B. K.）O. F. Cook］ 高大乔木状。茎上具有整齐的环状叶鞘痕，中部膨大。叶片聚生于枝顶，羽状全裂，裂片条状披针形。肉穗花序组成圆锥花序，外有佛焰苞 2 枚。宜作行道树和风景树。

（15）棕榈 ［*Trachycarpus fortunei*（Hook）H. Wendl.］（图 6-39） 常绿乔木，无主根。干圆柱形，直立，不分枝，树干具环状叶痕，有残存不脱落的老叶柄基部和暗棕色的叶鞘纤维。叶大，扇圆形，簇生于树干顶端，掌状分裂成多数狭长的裂片，裂片坚硬而不下垂，条形，顶端浅二裂。雌雄异株。花淡黄色，肉穗花序，排列成圆锥花序。花期 5 月。核果肾形，初为青色，熟时黑褐色，11～12 月果熟。

本 章 小 结

被子植物分为单子叶植物纲和双子叶植物纲。单子叶植物和双子叶植物在子叶数目、花基数、茎维管束、叶脉序、根系、花粉粒都有不同。

双子叶植物纲木兰科的识别要点：木本；花萼与花瓣不分；雄蕊、雌蕊多数，螺旋状排列于花托上；聚合蓇葖果。毛茛科的识别要点：草本，萼片、花瓣各 5 枚，或萼片花瓣状、无花瓣；雌蕊、雄蕊多数，果实为蓇葖果或瘦果。十字花科的识别要点：草本，花两性，花瓣十字排列，四强雄蕊；有两个侧膜胎座，具假隔膜，角果。蓼科的识别要点：草本；茎节膨大；单叶互生，全缘，具托叶鞘；花两性，萼片花瓣状；坚果，三棱形或凸镜形。葫芦科的识别要点：蔓生草本，有茎卷须；叶互生，掌状分裂；花单性，花瓣合生，5 裂；瓠果。蔷薇科的识别要点：叶互生，常有托叶；花两性，辐射对称，花托凸隆至下陷；花瓣 5 基数，雄蕊多数，轮状排列；子房上位。山茶科的识别要点：常绿木本；单叶互生，花两性；5 基数，雄蕊多数，数轮排列，集生为多束，着生于花瓣上；常为蒴果。锦葵科的识别要点：茎纤维发达；花两性，整齐；花瓣 5 基数，有副萼，单体雄蕊，花药 1 室；蒴果或分果。大戟科的识别要点：植株多含乳汁；单性花，子房上位；柱头分裂成 3，3 心皮常合成为 3 室。豆科的识别要点：花两侧对称，花冠蝶形；雄蕊 10，常结合成两体或单体；荚果。杨柳科的识别要点：木本，单叶互生；花单性，雌雄异株，柔荑花序，无花被，有花盘和蜜腺；蒴果。葡萄科的识别要点：攀缘茎，有卷须；花常与叶对生，花瓣 4～5 数；子房上位；浆果。芸香科的识别要点：茎常具刺；叶多为羽状复叶或单身复叶，常有透明的油点；子房上位，有明显的花盘；果实多为浆果、柑果。无患子科的识别要点：叶常为羽状复叶；花小，常杂性异株；花盘发达，位于雄蕊的外方；种子常具有假种皮。伞形科识别要点：草本，茎中空；叶柄基部膨大，呈鞘状；伞形花序或复伞形花序；双悬果。菊科的识别要点：多为草本；头状花序；聚药雄蕊；连萼瘦果，有冠毛。茄科识别要点：单叶互生；具双韧维管束；花萼5裂，结果时常增大，宿存；雄蕊5，着生在花冠筒上，与花冠裂片互生。旋花科的识别要点：茎常具乳汁，有双韧皮维管束；花冠多漏斗状、钟状；果实蒴果或浆果。唇形科的识别要点：单叶对生；茎四棱形；唇形花冠；二强雄蕊；四枚小坚果。石竹科识别要点：草本，茎节膨大；单叶全缘对生；花两性，雄蕊5或为花瓣的2倍；特立中央胎座；蒴果。苋科的识别要点：草本；花小，单被；雄蕊与萼片对生；胞果常盖裂。玄参科的识别要点：多草本；单叶，常对生；花两性，常两侧对称，花被4或5；雄蕊常4，二强；2心皮，2室，中轴胎座。木犀科的识别要点：木本；叶常对生；花辐射对称；雄蕊常2枚；子房上位，2室，每室2胚珠。桑科的识别要点：木本，常具乳汁；单叶互生；花小，单性；单被；雄蕊与萼片同数而对生；子房上位；聚花果。

　　单子叶植物纲百合科的识别要点：草本；具根状茎、球茎或鳞茎；花被花瓣状，6枚；雄蕊通常6枚；蒴果或浆果。禾本科的识别要点：圆柱形茎，中空；叶2列，互生；由小穗组成花序；子房上位；颖果。天南星科的识别要点：多草本；肉穗花序，花序下有佛焰苞一片。石蒜科的识别要点：草本，具鳞茎或根状茎；叶线形，基生；花萼花瓣状；子房下位；蒴果。莎草科的识别要点：多年生草本，具根状茎；秆三棱形，实心；叶3列；小坚果。兰科的识别要点：草本；花两性，两侧对称；花瓣3枚，中央的1枚特化为唇瓣；花粉结合成花粉团；雄蕊和雌蕊结合成合蕊柱；子房下位；蒴果。棕榈科的识别要点：树干不分枝；大型叶丛生于枝顶；肉穗花序，花3基数。

思　考　题

一、名词解释

聚合蓇葖果　　柔荑花序　　合蕊柱　　蝶形花冠　　单体雄蕊　　佛焰苞与佛焰花序　　聚药雄蕊　舌状花　　假鳞茎

二、填空

1. 木兰科植物的花中雄蕊与雌蕊均_____数，_____生，_____状排列于_____的花托上。

2. 桑科无花果属植物与木兰科植物的枝上均具_____环，但前者植物体内含_____，而易于与后者相区别。

3. 石竹科的主要特征是：_____本，节_____，叶_____生；花_____性，整齐，宿存，雄蕊_____轮，子房_____位，胎座或_____胎座；_____果。

4. 具单身复叶，叶片上有透明油点的是_____科。

5. 十字花冠，四强雄蕊，为_____科。

6. 蝶形花冠，荚果，为_____科。

7. 叶具有叶舌，颖果，为_____科。

8. 无花果属植物隐头花序中雌花有两种花，能结实者为_____，称_____，不能结实者为_____，称_____。

9. 指出下列观赏植物所属的科：石竹_____，鸡冠花_____，紫茉莉_____，康乃馨_____，昙花_____，千日红_____，亚麻_____。

10. 蔷薇科植物的识别要点为叶_____生，常有_____；花_____基数，_____花；果实为_____、_____、_____和_____等。

11. 豆科三亚科的主要区别表现在花冠的_____及其花瓣的_____、雄蕊的_____。豆目（科）花的演化趋势是：雄蕊数目由_____到_____，雄蕊由_____生到_____生，花冠由_____对称性到_____。

12. 大戟科植物常含_____；花_____性，子房_____位，常_____室，_____胎座，胚珠悬垂；果多为_____果。

13. 桑和构的果均为由_____果集合成的聚花果，分别称_____和_____；无花果的果是由_____果集合成的聚花果，称_____果。

14. 藜科植物花的特征是：花_____，_____被，_____宿存。

15. 山茶科植物为_____本，单叶_____生。花_____性，整齐，_____基数。雄蕊_____，成轮_____；子房_____位，_____胎座。常为_____果。

16. 菊科的头状花序在功能上相当于一朵花。其_____相当于花萼，起_____作用，其_____相当于虫媒花的花冠。具有_____的作用；中央的_____相当于雌蕊和雄蕊。

17. 双子叶植物花部常_____基数，极少_____基数。

18. 唇形科植物茎_____，花_____性，_____对称，_____花序，常再组成穗状或总状花序。

19. 蔷薇科月季和玫瑰的区别是：月季小叶_____，玫瑰小叶_____；玫瑰茎上_____。

20. 棕榈科典型的特征是：树干_____，叶_____，花序_____。

21. 葫芦科植物花的突出特征是：花_____性，_____对称，_____雄蕊，_____胎座。

22. 下列著名水果各属于蔷薇科哪一亚科：桃_____，枇杷_____，樱桃_____，山楂_____，梨_____，苹果_____，草莓_____。

23. 菊科植物花依花冠形态不同而分为_____、_____、_____和_____5种类型。

24. 下列著名花卉各属哪个科：玉簪_____，郁金香_____，白芨_____，文殊兰_____，萱草_____，唐菖蒲_____，晚香玉_____，射干_____，鹤望兰_____，蝴蝶兰_____，万年青_____，君子兰_____，鸢尾_____，百合_____。

三、单项选择题

1. 被子植物又称_____。

A. 有花植物　　B. 显花植物　　C. 颈卵器植物

D. 雌蕊植物　　E. A，B 和 D　　F. A，B 和 C

2. 兰科植物花中最独特的结构是_____。

A. 合蕊柱　　B. 唇瓣　　C. 蜜腺　　D. 花粉块

3. 水仙花中鲜黄色杯状物为_____。

A. 副萼　　B. 蜜腺　　C. 花冠　　D. 副花冠

4. _____为石蒜科著名花卉。

A. 君子兰　　B. 紫罗兰　　C. 白兰花　　D. 茉莉花

5. _____为木犀科著名香料植物。

A. 栀子花　　B. 茉莉花　　C. 白兰花　　D. 玫瑰

6. _____为无患子科的著名热带水果。

A. 香蕉　　B. 芒果　　C. 菠萝　　D. 龙眼

7. 蓼科植物营养器官最为突出的特征是_____。

A. 膜质托叶鞘　　B. 草本　　C. 单叶互生　　D. 子房上位

8. 南瓜雄花的雄蕊为_____。

A. 单体雄蕊　　　B. 两体雄蕊　　　C. 三体雄蕊　　　D. 聚药雄蕊

9. 杨柳科植物的花为裸花，这是指其_____。

A. 子房裸露，不被毛　　　　　　B. 无苞片，故花裸露

C. 无花被，因而雌蕊、雄蕊裸露　D. 因先花后叶花序裸露

10. 十字花科的花程式为_____。

A. $* K_4 C_4 A_6 \underline{G}_{(2:1)}$　　　　　　B. $K_4 C_4 A_6 \underline{G}_{(2:2)}$

C. $* K_{2+2} C_{2+2} A_{4+2} \underline{G}_{(2:1)}$　　D. $K_{2+2} C_{2+2} A_{2+4} \underline{G}_{(2:1)}$

11. 中药"莱服子"的原植物是_____。

A. 蜀葵　　　B. 萝卜　　　C. 罗汉果　　　D. 闹羊花

12. 蔷薇果是_____植物果实的特称。

A. 蔷薇科　　　B. 蔷薇亚科　　　C. 蔷薇属　　　D. 蔷薇

13. 典型的唇形花冠为两唇形，一般_____。

A. 上唇 2 裂，下唇 3 裂　　　　B. 上唇 3 裂，下唇 3 裂

C. 上唇下唇均 2 裂　　　　　　D. 上唇下唇均 3 裂

14. 枫杨的坚果具翅，翅由_____发育而来。

A. 种皮　　　B. 果皮　　　C. 苞片　　　D. 花被

15. 十字花科植物具多种重要的经济价值。芸苔属栽培种中以_____种类为最多。

A. 油脂植物　　　B. 蔬菜　　　C. 花卉　　　D. 药用植物

16. 蝶形花冠中位于最内方的是_____

A. 旗瓣　　　B. 唇瓣　　　C. 龙骨瓣　　　D. 翼瓣

17. _____子房于土中发育成荚果。

A. 大豆　　　B. 土豆　　　C. 花生　　　D. 豆薯

18. _____是天南星科常见的观赏植物。

A. 佛肚竹　　　B. 无花果　　　C. 文竹　　　D. 南天竹

19. 禾本科植物的花序（如稻的圆锥花序）以_____为基本单位。

A. 小花　　　B. 小穗　　　C. 两性花　　　D. 单性花

四、判断题

1. 有无乳汁是判断是否为桑科植物的一个关键性特征。　　　　　　　　　（　　）

2. 胡桃（核桃）的果实为坚果，包被坚果的"外果皮"并非来自子房而是来自花托。（　　）

3. 向日葵头状花序边缘的花不育。　　　　　　　　　　　　　　　　　（　　）

4. 胡萝卜属于十字花科，为一种蔬菜。　　　　　　　　　　　　　　　（　　）

5. 小麦的小穗是一个穗状花序。　　　　　　　　　　　　　　　　　　（　　）

6. 葫芦科植物的果实特称为瓠果。　　　　　　　　　　　　　　　　　（　　）

7. 菊科植物头状花序下部的变态叶称副萼。　　　　　　　　　　　　　（　　）

8. 竹亚科植物普通叶片脱落时，留在茎上的部分是叶鞘。　　　　　　　（　　）

五、问答题

1. 指出下列花的性状为哪一科植物所具有：十字花冠、副萼、唇形花冠、蝶形花冠、舌状花冠、聚药雄蕊、单体雄蕊、合蕊柱、连萼瘦果。

2. 哪些科的子房为下位子房？列举 10 种以上具有下位子房的植物。

3. 依据植物的哪些突出特征，就可以确定是属于桑科？无花果是否有花？

4. 简述石竹科植物的主要特征，并举 2 种常见的该科植物。

5. 山茶科植物有哪些主要特征？举出几种常见的经济植物。

6. 木兰科有哪些主要特征？有哪些重要植物？

7. 有学者将兰科作为单子叶植物中最进化的类群，其依据是什么？

第七章　裸子植物的分类及常见植物（选学）

学习目标

了解苏铁纲、银杏纲、松柏纲、红豆杉纲、买麻藤纲及其常见科的主要特征，能够运用所学知识识别常见裸子植物。

裸子植物曾在中生代繁盛一时，后因各种原因致使很多种类灭绝，现仅存 800 多种。我国是裸子植物资源最丰富的国家，有 41 属，236 种。人们日常生活中常见的雪松、侧柏、银杏、苏铁等都是裸子植物，其中有一些是第三纪的孑遗植物，或称"活化石"植物，如银杏等。裸子植物大多数是林业生产的重要用材树种，由它们组成的森林约占全球森林总面积的 80%，我国东北大兴安岭的落叶松林，吉林、辽宁的红松林，甘肃的云杉、冷杉林等，都在各林区占有重要地位。有些裸子植物是各地最普遍的园林绿化树种；有些裸子植物体内含有生物碱，如红豆杉，是制取药物的原料。裸子植物可分为苏铁纲、银杏纲、松柏纲、红豆杉纲和买麻藤纲 5 个纲。

第一节　苏铁纲（Cycadopsida）

苏铁纲为常绿木本植物，茎干粗壮，通常不分枝，叶螺旋状排列，分为鳞叶和营养叶两种，鳞叶小且密被褐色毛，营养叶大，为羽状复叶，集生于茎的顶部。雌雄球花生于茎的顶端，雌雄异株。游动精子具多数鞭毛。

本纲是原始的裸子植物，现仅存 1 目，1 科，9 属，分布于热带及亚热带地区。我国仅有苏铁属（Cycas）一属，8 种。

苏铁科（Cycadaceae）

（1）**主要特征**　常绿乔木，茎干粗壮，常不分枝，营养叶为羽状复叶，集生于茎的顶端，雌雄异株。

（2）**代表植物**　本科我国仅有苏铁属 1 属，其中最常见的是该属的苏铁（Cycas revoluta Thunb.）（图 7-1 和图 7-2）。苏铁又称铁树，具有直立的柱状主干，常不分枝，顶端簇生大型羽状复叶，幼时小叶片拳卷，叶基宿存。茎中具有发达的髓部和厚的皮层。雌雄异株，大小孢子叶球分别着生于茎顶的叶丛中。小孢子叶稍扁平，肉质、鳞片状，紧密地螺旋状排列成长椭圆形的小孢子叶球（雄球花），单生于茎顶。每个小孢子叶下面生有许多由 3~5 个小孢子囊组成的小孢子囊群。小孢子囊为厚囊性发育，囊壁由多层细胞构成，借表皮细胞壁不均匀增厚而纵裂，散发小孢子（花粉粒）。

大孢子叶密被褐色绒毛，先端羽状分裂，下端成狭长的柄，柄的两侧生有 2~8 枚胚珠。大孢子叶丛生于茎顶，并不形成孢子叶球。胚珠较大，直生，有一层珠被；珠心厚，珠心顶端有内陷的花粉室，并与珠孔相通；珠心内的胚囊发育有 2~5 个颈卵器。种子卵圆形，熟时朱红色，具有珠被变成的 3 层种皮，外层肉质甚厚，中层为石细胞构成的硬壳，内层为薄纸质。成熟种子的胚具有 2 片子叶和稍指向珠孔的胚根，并陷于由雌配子体发育而来的充满营养物质的胚乳中。

苏铁分布于我国华南、西南部。因其树形古朴优美，现已作为我国常见的观赏树种广为

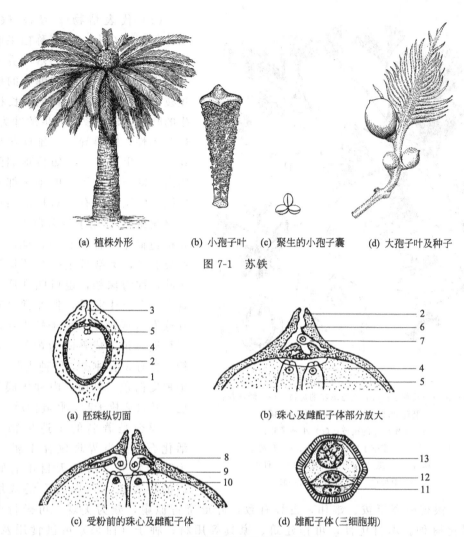

(a) 植株外形　　　(b) 小孢子叶　(c) 聚生的小孢子囊　　(d) 大孢子叶及种子

图 7-1　苏铁

(a) 胚珠纵切面　　　　　　(b) 珠心及雌配子体部分放大

(c) 受粉前的珠心及雌配子体　　　(d) 雄配子体（三细胞期）

图 7-2　苏铁的胚珠及雌雄配子体

1—珠被；2—珠心；3—珠孔；4—雌配子体；5—颈卵器；6—花粉室；7,8,13—吸器细胞；
9—颈细胞；10—卵核；11—营养细胞；12—生殖细胞

栽培。茎内髓部含有大量淀粉，可供食用。种子含油（约 20％）和丰富的淀粉，微毒，可供食用和药用，入药有治痢疾、止咳及止血之功效。

第二节　银杏纲（Ginkgopsida）

银杏纲为落叶乔木，多分枝，枝条有长枝和短枝之分，长枝上的叶互生，短枝上的叶簇生。单叶扇形，先端二裂或波状缺刻，二叉脉序。球花单性，雌雄异株，精子具多数鞭毛。种子核果状，具 3 层种皮，胚乳丰富。

本纲为单目、单科、单属和单种，现仅存银杏一种，为我国特产，是著名的孑遗植物。目前国内外已广为栽培。

银杏科（Ginkgoaceae）

（1）主要特征　落叶乔木，单叶扇形，二叉状叶脉，雌雄异株。

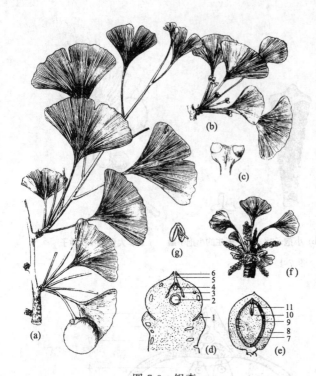

图 7-3 银杏

(a) 长短枝及种子；(b) 生雌球花的短枝；(c) 雌球花；

(d) 胚珠和珠领纵切面；(e) 种子纵切面；

(f) 生雄球花的短枝；(g) 小孢子叶；

1—珠领；2—雌配子体；3—珠心；4—贮粉室；

5—珠孔；6—珠被；7—内种皮；8—外种皮；

9—中种皮；10—胚乳；11—胚

(2) 代表植物　银杏 (*Ginkgo biloba* L.) (图 7-3) 又称白果或公孙树，为高大而多分枝的落叶乔木，具有顶生的营养性长枝和侧生的生殖性短枝。单叶、扇形，具柄，长枝上着生的叶互生，短枝上着生的叶为簇生。球花单性，雌雄异株。雄球花呈柔荑花序状，生于生殖性短枝顶端的鳞片腋内，每个小孢子叶即雄蕊都有一个短柄，柄端常生有一对长形的小孢子囊（花粉囊），精子具多数鞭毛。雌球花构造简单，常具有一长柄，长柄顶端分 2 叉，叉端各生一个环形的大孢子叶，称为珠领，也可叫珠座，其上各生一个直生胚珠，但通常只有一个胚珠发育成种子。种子核果状，椭圆形至近球形，成熟时为黄色，外被白粉，具有 3 层种皮。外种皮厚，肉质；中种皮白色，骨质；内种皮膜质，红色。胚具 2 枚子叶，胚乳肉质。

银杏是著名的孑遗植物，俗称活化石，全世界现仅存 1 属，1 种，为我国特有。浙江天目山有野生状态的银杏树木，现已广泛栽培于世界各地。银杏树姿挺拔、雄伟，古朴有致，叶形奇特似扇，颇为美观，可做行道树及园林绿化树种。木材优良，可作建筑、家具等用材；种子（白果）可供食用及药用，入药有润肺、止咳之功效。近年来人们从银杏叶中提取银杏叶黄酮苷，用于治疗冠心病等病症。

第三节　松柏纲 (Coniferopsida)

松柏纲是现代裸子植物中数目最多、分布最广、经济价值最高的一个类群。约 44 属，隶属松科 (Pinaceae)、杉科 (Taxodiaceae)、柏科 (Cupressaceae)、南洋杉科 (Araucariaceae) 4 科，近 400 余种。我国是松柏植物最古老的起源地，也是松柏类植物最丰富的国家，分布几乎遍及全国，现有 3 科，23 属，150 余种。

松柏纲植物多为常绿或落叶乔木，或为灌木，茎多分枝，常有长枝、短枝之分，具树脂道。叶单生或成束，针状、鳞片状、钻形、条形或刺形，螺旋着生或交互对生或轮生。孢子叶常排成球果状，单性，雌雄同株或异株。小孢子有气囊或无气囊，精子无鞭毛。雌球花的种鳞与苞鳞离生、半合生及完全合生。种子具翅或无翅，胚乳丰富，子叶 2～10 枚。本纲植物因叶多为针状，故称为针叶植物；又因孢子叶常排成球果状，也称为球果植物。

分科检索表

1. 雌雄异株，稀同株；雄蕊具 4～20 个悬垂的花药，排成内外两行，花粉无气囊；球果的种鳞仅具 1 枚种子，种鳞与苞鳞合生或离生 ……………………………… 南洋杉科（Araucariaceae）
1. 雌雄同株，稀异株；雄蕊具 2～9 个背腹排列的花药；种鳞的腹面具 1～∞种子
2. 种鳞与苞鳞离生（仅基部合生），每个种鳞具 2 枚种子；雄蕊具 2 个花药，花药具气囊或无气囊 ………………………………………………………………… 松科（Pinaceae）
2. 种鳞与苞鳞半合生或完全合生，每个种鳞具 1～∞种子；雄蕊具 2～9 个花药，花粉无气囊
3. 种鳞与苞鳞半合生，种鳞和叶均成螺状排列，稀对生，每个种鳞具 2～9 枚种子
   ……………………………………………………………………… 杉科（Taxodiaceae）
3. 种鳞与苞鳞完全合生，种鳞和叶均成交互对生或轮生；每个种鳞具 1～∞枚种子
   ……………………………………………………………………… 柏科（Cupressaceae）

一、松科（Pinaceae）

常绿或落叶乔木，稀为灌木。叶针状或线形，线形叶在长枝上螺旋状散生，在短枝上簇生；针状叶常 2～5 针一束，生于退化短枝的顶端，基部包有叶鞘。球花单性，雌雄同株。雄球花腋生或单生枝顶，具多数螺旋状着生的雄蕊，每个雄蕊（小孢子叶）具有两个花药（小孢子囊），花粉（小孢子）多数具有气囊，便于漂浮在空气中散布。雌球花果状，由多数螺旋状着生的珠鳞与苞鳞组成，珠鳞与苞鳞分离（仅基部结合），每个珠鳞基部的上侧都生有 2 个胚珠，种子常有翅，胚具 2～16 枚子叶。

本科是松柏纲植物中种类最多、经济意义最大的一类植物，主要分布在北半球，我国有 10 属，100 多种，其中绝大多数是构成森林的重要树种，还有许多是特有属和子遗植物。

（1）油松（*Pinus tabulaeformis* Carr.）（图 7-4）　常绿乔木，叶针状，两针一束，粗硬，叶鞘宿存，球果卵形，种鳞的鳞盾肥厚，鳞脐凸起具尖刺，种子有翅。花期 4～5 月，球果次年 9～10 月成熟。我国华北、东北、西北等地均有分布。油松因其耐干旱瘠薄，是非常好的园林绿化及荒山造林树种；木材可供建筑、家具等用；种子含油 30%～40%，供食用或榨油。

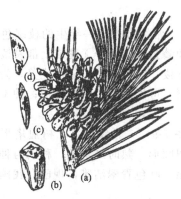

图 7-4　油松
(a) 球果枝；(b) 种鳞背面；
(c) 种鳞侧面；(d) 种子

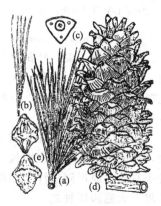

图 7-5　红松
(a) 枝叶；(b) 一束针叶；(c) 叶横剖面；
(d) 球果；(e) 种鳞

（2）红松（*Pinus koraiensis* Sieb. et Zucc.）（图 7-5）　常绿乔木，小枝被黄色或红色柔毛，针叶 5 针一束，粗硬而直，深绿色，基部叶鞘脱落。球果圆锥状长卵形，熟时黄褐色，种鳞不开裂，种子无翅。分布于我国东北，在长白山、小兴安岭、完达山地区极多。材质优良，可供建筑、车船等用材；种子含油 50% 以上，可食用或榨油。

(3) 马尾松（*Pinus massoniana* Lamb.）（图 7-6） 常绿乔木，树冠狭圆锥形，老树冠呈伞形，树皮红褐色。针叶 2 针一束，细长柔软，基部叶鞘宿存，球果卵圆形，熟时栗褐色，种子有翅。分布于我国东部及江南各省区。马尾松因其树冠如伞，姿态古奇，因此是很好的园林绿化树种，也是荒山绿化的先锋树种；树干为割取松脂、提炼松香和松节油的主要原料；种子含油 30%，可食用。

(4) 白皮松（*Pinus bungeana* Zucc. ex Endl.）（图 7-7） 常绿乔木，一年生的小枝灰绿色，光滑无毛。针叶 3 针一束，叶鞘早落，球果圆锥状卵形，熟时淡黄褐色，种子有短翅。为我国特有树种，在山西、河南、陕西、甘肃、四川、湖北等地均有分布。白皮松树姿优美，树皮斑驳奇特，宛若银龙，是园景观赏树种的珍品；木材可供建筑、家具等用；种子可食用和榨油。

图 7-6 马尾松

(a) 雄球花枝；(b) 一束针叶；(c) 叶横切面；
(d) 芽鳞；(e) 球果枝；(f) 种鳞
背面；(g) 种鳞腹面；(h) 种子

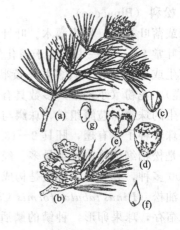

图 7-7 白皮松

(a) 雄花枝；(b) 球果枝；(c) 雄蕊；(d) 种鳞背面；
(e) 种鳞腹面；(f) 雌花苞片；(g) 种子

(5) 华山松（*Pinus armandii* Franch.）（图 7-8） 常绿乔木，一年生的枝绿色或灰绿色，无毛，针叶 5 针一束，叶鞘早落。球果成熟后，种鳞张开，种子无翅或上部具棱脊。分布于山西、河南、四川、湖北、陕西等地。因其高大挺拔，针叶苍翠，冠形优美，为优良的园林绿化树种，也可作园景树、庭荫树；木材优良耐腐，可供建筑、家具等用；种子含油约 42%，可食用，亦可榨油。

(6) 雪松［*Cedrus deodara*（Roxb.）G. Don.］（图 7-9） 常绿乔木，树冠塔形，针形叶，坚硬，在长枝上互生，在短枝上簇生。球果大，卵圆形，熟时红褐色，种鳞与种子一起脱落，种子具翅。原产阿富汗、印度等地，因树姿雄伟，叶色青翠洁雅，现已在我国广为栽培，为世界三大庭园树种之一。

(7) 金钱松［*Pseudolarix amabilis*（Nelson）Rehd.］（图 7-10） 落叶乔木，叶扁线形，在长枝上互生，在短枝上簇生，并成辐射状平展，外形似金钱。球花单性、同株；球果大，成熟时种鳞和种子一起脱落。产于我国中部和东南部地区。因其树姿优美，叶入秋后变为金黄色，雅致悦目，为庭园观赏树种和优良的用材树种。

(8) 银杉（*Cathaya argyrophylla* Chun et Kuang）（图 7-11） 常绿乔木，有长枝和短枝之分，叶扁平、线形。球花单性，同株；球果腋生，种鳞宿存，种子具翅。为我国所特有的活化石植物，分布于四川及广西。

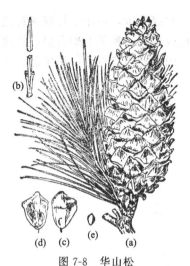

图 7-8 华山松

（a）球果枝；（b）叶的外形；（c）珠鳞背面；

（d）珠鳞腹面；（e）种子

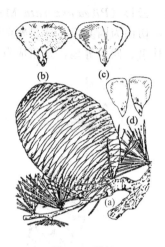

图 7-9 雪松

（a）球果枝；（b）种鳞背面；

（c）种鳞腹面；（d）种子

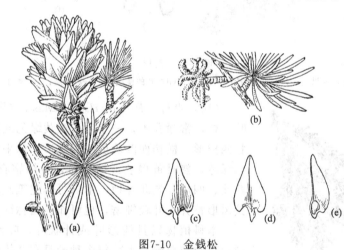

图 7-10 金钱松

（a）球果枝；（b）小孢子叶球枝；（c）种鳞背面及苞鳞；（d）种鳞腹面；（e）种子

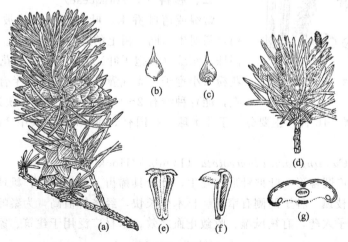

图 7-11 银杉

（a）球果枝；（b）苞鳞背面；（c）苞鳞腹面；（d）小苞子叶球枝；（e）、（f）小苞子囊；（g）叶的横切面

（9）云杉（*Picea asperata* Mast.）（图 7-12）　　常绿乔木，一年生枝淡褐黄色或淡黄褐色，叶横切面为四菱形，球果熟前绿色，熟时淡褐色或褐色，种子上端有膜质长翅。分布于陕西、甘肃、四川等地，是组成自然林的重要树种。因其材质优良，可供乐器、家具、建筑等用。

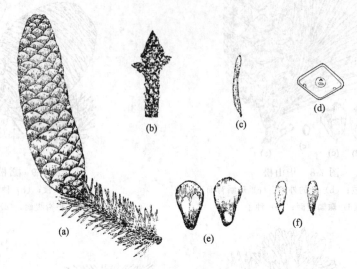

图 7-12　云杉

（a）球果枝；（b）小枝及芽；（c）叶；（d）叶的横剖面；（e）种鳞；（f）种子

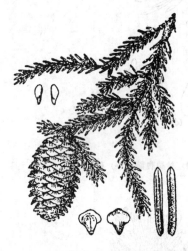

图 7-13　青杆

（10）青杆（*Picea wilsonii* Mast.）（图 7-13）　　又称细叶云杉，常绿乔木，一年生枝淡黄绿色或淡黄灰色，叶针状四棱形，横切面四菱形或扁菱形。球果卵状圆柱形，熟前绿色，熟时黄褐色或淡褐色，种鳞宿存。分布于华北、西北、四川、湖北等地。木材可作建筑及器具等用材；因其树形整齐，叶较细密，也可作为园林绿化树种。

本科植物以具线形叶或针状叶，叶及种鳞螺旋状排列，种鳞与苞鳞离生，每个种鳞具有 2 枚种子为特色。

二、杉科（Taxodiaceae）

常绿或落叶乔木，叶针形或线状披针形，螺旋状排列，稀对生，同一树上的叶同型或二型。球花单性，雌雄同株，雄蕊（小孢子叶）具有 2～9 个花药（小孢子囊），花粉（小孢子）无气囊，珠鳞与苞鳞半合生，球果当年成熟，能育种鳞有 2～9 粒种子，种子有狭翅。

本科有 10 属，16 种，主要分布于北半球。我国有 5 属，7 种，其中 2 属为我国特有属，均为孑遗植物。

（1）杉木［*Cunninghamia lanceolata*（Lamb.）Hook.］（图 7-14）　　常绿乔木，树冠尖塔形，老树冠广圆锥形。叶披针形，互生，叶缘具稀齿。雌雄同株，雄球花簇生枝顶，雌球花单生或簇生枝顶。种子两侧有窄翅。杉木生长快，经济价值高，为秦岭以南重要的造林树种。球果、种子入药，有祛风湿、收敛止血之效；木材广泛用于建筑、家具等，也是优良的造纸原料。

（2）水杉（*Metasequoia glyptostroboides* Hu et Cheng）（图 7-15）　　落叶乔木，树冠尖

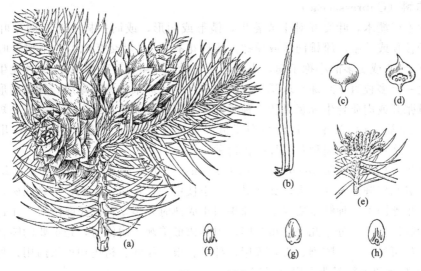

图 7-14 杉木

（a）球果枝；（b）叶；（c）苞鳞背面；（d）苞鳞腹面及珠鳞、胚珠；

（e）小孢子叶球体；（f）小孢子囊；（g）种子背面；（h）种子腹面

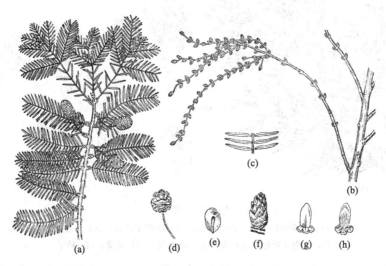

图 7-15 水杉

（a）球果枝；（b）小孢子叶球枝；（c）叶；（d）果球；

（e）种子；（f）小孢子球；（g）小孢子叶背面；（h）小孢子叶腹面

塔形或广圆形，小枝对生，叶条形，交互对生，羽状排列，冬季与侧生小枝一同脱落。球果下垂，种鳞交互对生，种子扁平，周围有窄翅。水杉为我国珍贵特有树种，属活化石植物，仅分布于四川、湖北、湖南的一些地区，现各地已广为栽培。树姿优美挺拔，秋叶经霜色艳紫，颇为美观，为著名的庭园绿化树种。

另外，我国还有一些著名的杉科植物，如水松［*Glyptostrobus pensilis*（Staunt.）K. Koch］为第三纪孑遗植物，分布于我国华南、西南。因其树形优美，可作庭园观赏树种。

本科植物以珠鳞与苞鳞半合生，种鳞有 2～9 粒种子，叶针形或线状披针形，螺旋状排列，稀对生，小孢子无气囊为特色。

三、柏科（Cupressaceae）

常绿乔木或灌木，叶交互对生或轮生，鳞形或刺形，或同一树上兼有两型叶。球花单性，单生于枝顶或叶腋，雌雄同株或异株。雄球花有 3～8 对交互对生的小孢子叶，每个小孢子叶具有 3～6 或更多的小孢子囊，小孢子无气囊。珠鳞交互对生或 3～4 片轮生，珠鳞腹面基部着生一至多枚直立胚珠，珠鳞与苞鳞完全合生。球果常为圆球形，种鳞盾形，木质或肉质，熟时张开或肉质合生成浆果状。种子两侧具窄翅或无翅，或上端具一长一短的翅。

本科有 22 属，近 150 种，广泛分布于世界各地。我国有 8 属 29 种，分布几乎遍布全国。本科多为优良的用材树种及园林绿化树种。

（1）侧柏 [*Platycladus orientalis*（L.）Franco.]（图 7-16） 常绿乔木，幼树树冠卵状尖塔形，老则广圆形。叶鳞形，交互对生，小枝扁平，排成一平面。雌雄同株，球花单生于枝顶。球果卵圆形，种鳞木质扁平，球果当年成熟时开裂，种子长卵圆形，无翅。侧柏又称扁柏，为我国特产，分布几乎遍布全国，因其树形美观，耐修剪，是重要的园林绿化和绿篱树种；木材可供建筑、雕刻、文具等用；种子、根、枝叶、树皮均可供药用；种子含油量约 22%，在医药和香料工业上用途很广。

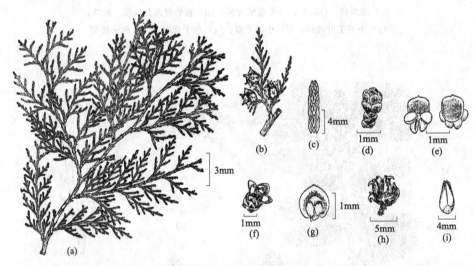

图 7-16 侧柏
(a) 枝条；(b) 具果球的枝条；(c) 小枝；(d) 小孢子叶球；(e) 小孢子叶两面观；
(f) 大孢子叶球；(g) 大孢子叶内面观；(h) 球果；(i) 种子

（2）圆柏 [*Sabina chinensis*（L.）Ant.]（图 7-17） 常绿乔木，树冠尖塔形或圆锥形，老树树冠呈广圆形。叶二型，鳞叶交互对生，多见于老树上；刺叶常 3 枚轮生，多见于幼树上；成年树同时有鳞叶和刺叶。雌雄异株，球果近圆形，熟时种鳞愈合，肉质浆果状，种子卵圆形，无翅。我国华北、东北、西北、西南等省区均有分布。各地多栽培作园林绿化树种；木材供建筑等用；枝叶可入药，也可提取柏木脑及柏木油；种子可提制润滑油。

（3）刺柏（*Juniperus formosana* Hayata）（图 7-18） 常绿乔木或灌木，树冠窄塔形或圆柱形。叶全为刺形，3 枚轮生，基部有关节。雌雄异株，球花单生叶腋。球果近球形，熟时淡红色或淡红褐色，种鳞合生、肉质、不开裂。种子半月形，无翅。为我国特产，分布范围很广，各地常作为园林观赏树种广为栽培，木材可供制作工艺品等用。

图 7-17　圆柏

图 7-18　刺柏

（4）柏木（*Cupressus funebris* Endl.）（图 7-19）　常绿乔木，树冠狭圆锥形。叶鳞形，交互对生，先端尖锐。生鳞叶的小枝扁平，排成一平面，下垂。雌雄同株，球花单生于小枝顶端，球果小，圆球形，熟时开裂，种鳞盾形，种子两侧有窄翅。为我国特有树种，分布于华东、中南、西南、甘肃、陕西等省区。因其生长快、用途广、适应性强，可作为长江以南温暖区石灰岩山地的造林树种；又因其树姿秀丽清雅，也可作为庭园绿化和观赏树种；木材供建筑、器具等用；种子可榨油；全株可药用及提取挥发油。

本科植物在我国常见的还有日本扁柏和日本花柏。日本扁柏〔*Chamaecyparis obtusa*（Sieb. et Zucc.）Endl.〕（图 7-20），树冠尖塔形，叶鳞形，先端钝，交互对生。因树形与枝叶均优美，故可作为庭园绿化和园景观赏树种。日本花柏〔*Chamaecyparis pisifera*（Sieb. et Zucc.）Endl.〕（图 7-21），树冠尖塔形，树皮红褐色，叶鳞形，先端锐尖，交互对生。因其枝叶纤细，优美秀丽，具独特姿态，故可作为庭园绿化树种。日本扁柏和日本花柏均引自日本，现已在我国许多地方作为观赏树种广为栽培。

图 7-19　柏木

本科植物以叶对生或轮生，具两型叶，种鳞和苞鳞完全合生，珠鳞交互对生或 3～4 片轮生，胚珠直立为其主要特征。

除此之外，属于本纲的还有南洋杉科（Araucariaceae）的一些植物，原产南半球的热带和亚热带地区，我国常见栽培的有该科的南洋杉（*Araucaria cunninghamii* Sweet），因树形雄伟，姿态优美，成为世界著名的园林观赏树种。

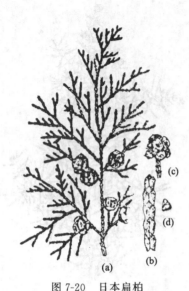

图 7-20 日本扁柏

(a) 球果枝；(b) 鳞叶排列；(c) 球果；(d) 种子

图 7-21 日本花柏

(a) 球果枝；(b) 鳞叶排列；(c) 球果；(d) 种子

第四节 红豆山纲（紫杉纲）（Taxopsida）

常绿乔木和灌木，多分枝。叶为条形、披针形、鳞形、钻形或退化成叶状枝。孢子叶球单性，异株或稀同株。胚株着生于盘状或漏斗状的珠托上，或由囊状或杯状的套被（由珠鳞发育而来）所包围。种子具有肉质的假种皮或外种皮。

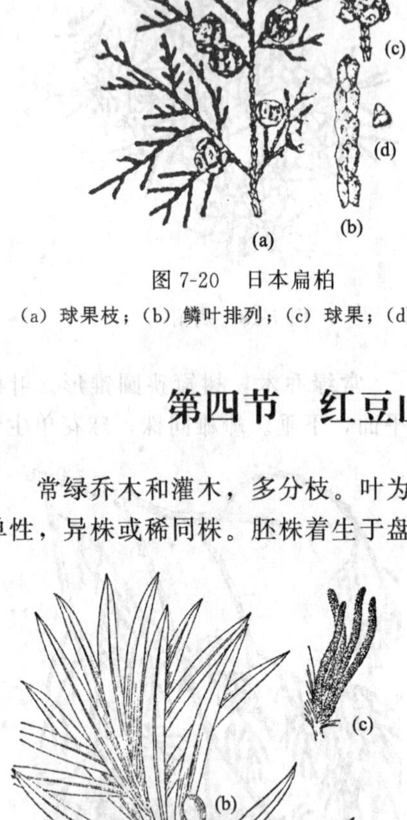

红豆杉纲有 3 科 14 属 162 种，我国有 3 科 7 属 33 种，即罗汉松科（Podocarpaceae）、三尖杉科（粗榧科）（Cephalotaxaceae）和红豆杉科（紫杉科）（Taxaceae）。本纲植物有一些是我国特有的孑遗植物，有一些具有较高的药用价值。

（1）罗汉松［*Podocarpus macrophyllus* (Thunb.) D. Don］ 属于罗汉松科植物（图 7-22）。常绿乔木，叶条状，披针形，互生，叶两面有明显隆起的中脉。雌雄异株，雄球花穗状，常 3～5（稀 7）簇生叶腋；雌球花单生叶腋，有梗。种子卵圆形，熟时肉质假种皮呈紫色，颇似一秃顶的头，而其下的肉质种托膨大呈紫红色，仿佛罗汉袈裟，故称罗汉松。分布于长江流域以南各省区。本种还有一变种，名为小叶罗汉松［*Podocarpus macrophyllus* (Thunb.) D. Donvar. *maki* Endl.］（图 7-23），小乔木或灌木，枝条向上斜生，叶密生较短而狭，先端钝或圆，在长江以南均有栽培。因罗汉松和小叶罗汉松树姿秀美，可供园林绿化及盆栽观赏；木材供建筑、制器具等用。

图 7-22 罗汉松

(a) 种子枝；(b) 种子与种托；
(c) 小孢子叶球枝

（2）三尖杉（*Cephalotaxus fortunei* Hook. F.）　属于三尖杉科植物（图7-24）。常绿乔木，树皮褐色或红褐色，裂成片状脱落。小枝常对生，基部有宿存芽鳞。叶条形或披针状条形，螺旋状着生，排成两列。雌雄异株，雄球花8～10聚生成头状，单生叶腋。雌球花有数对交互对生，生于小枝基部的苞片腋部。种子椭圆状卵形，假种皮熟时紫色或红紫色，顶端有小尖头。产于陕西、四川及南方各省区。木材富有弹性、坚实，可作建筑、家具等用材；全株含有三尖杉生物碱，可供提制抗癌药物；种子含油30%以上，可用于榨油；还是重要的造林树种和园林景观树种。

（3）粗榧〔*Cephalotaxus sinensis*（Rehd. etWils.）Li.〕　属于三尖杉科植物。常绿小乔木或灌木。树皮灰色或灰褐色，裂成薄片脱落。叶条形，螺旋状着生，基部扭转，排成二列。雄球花6～7枚，聚生成头状，雌球花由数对交互对生，腹面各由2胚珠的苞片组成。种子卵圆形、椭圆状卵形或近球形。产于长江以南各省区，河南、陕西、甘肃等省部分地区也有分布。

图 7-23　小叶罗汉松

（a）具小孢子叶球的枝条；（b）具大孢子叶球的枝条；（c）成熟的种子和种托

粗榧木材坚实，可供农具、细木工等用，也是重要的庭园观赏树种；叶、枝、种子、根可提取多种生物碱，对治疗白血病及淋巴肉瘤等有一定疗效。

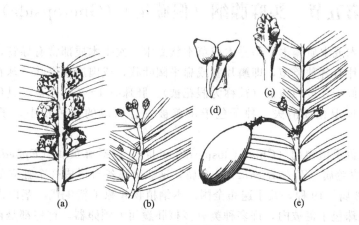

图 7-24　三尖杉

（a）雄球花枝；（b）雌球花枝；（c）雄球花；（d）雌球花苞片与胚珠；（e）种子枝

（4）红豆杉〔*Taxus chinensis*（Pilger）Rehd.〕（图7-25）　为我国特有树种，也为第三纪子遗植物，属于红豆杉科（紫杉科）植物。常绿乔木，树皮条状脱落，小枝互生。叶条形，螺旋状排列，基部扭转排成二列。雌雄异株，球花单生叶腋，胚珠1枚，基部具盘状或漏斗状的珠托。种子核果状，生于红色肉质的杯状假种皮（由珠托肉质化而成）中。在甘肃、陕西、湖北、四川等省区均有分布。因其木材水湿不腐，是水上工程的优质用材；种子

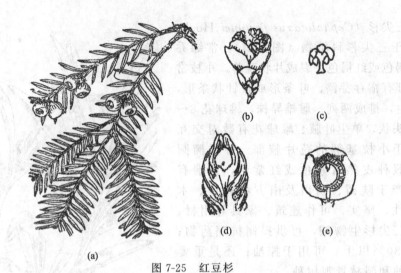

图 7-25 红豆杉

(a) 雌球花枝；(b) 雄球花；(c) 小孢子囊；(d) 雌球花纵切；(e) 种子纵切

含油 60%以上，供制皂及润滑油；枝叶、根及树皮能提取紫杉醇，可治疗糖尿病或提制抗癌药物；又因红豆杉叶深绿色，假种皮肉质红色，颇为美观，故也可作为庭园观赏树种和园林绿化树种。

(5) 榧树（*Torreya grandis* Fort. ex Lindl.） 属于红豆杉科（紫杉科）。常绿乔木，叶线形，排成 2 列。雄球花圆柱形，种子卵圆形或长椭圆形，熟时包有淡紫褐色的假种皮。榧树又称香榧，是我国特有的第三纪子遗植物，产自华东、湖南及贵州等地。材质优良，可作建筑及家具等用材；种子（香榧子）为著名的干果，也可榨油，亦可食用；假种皮和叶可提取香榧油，供药用。

第五节　买麻藤纲（倪藤纲）（Gnetopsida）

灌木、亚灌木或木质藤本，稀乔木或草本状灌木。次生木质部常有导管，无树脂道。叶对生或轮生，叶片有各种类型，即鳞片状或扁平阔叶状，或肉质长带状。球花单性，雌雄同株或异株，有类似于花被的盖被（被称为假花被）。胚珠有 1～2 层珠被，具珠孔管，精子无鞭毛，颈卵器极度退化或消失。种子包于由盖被发育而成的假种皮中，子叶 2 枚，胚乳丰富。

买麻藤纲 [盖子植物纲（Chlamydospermopsida）] 包括麻黄属（*Ephedra*）、买麻藤属（*Gnetum*）和百岁兰属（*Welwitschia*）3 个属，这 3 个属各自形成 3 个独立的科和目。我国有 2 目、2 科、2 属、19 种，几乎遍布全国。本纲植物起源于新生代，茎内次生木质部有导管，具盖被，胚珠包于盖被内，许多种类有多核胚囊而无颈卵器，这些都是裸子植物中最进化类群的性状。

(1) 草麻黄（*Ephedra sinica* Stapf.）（图 7-26） 属于麻黄科（Ephedraceae）植物，草本状灌木，常无直立的木质茎，有木质茎时则短而成匍匐状。小枝圆，对生或轮生，节间较长。叶膜质鞘状，生于节上，2 裂，裂片锐三角形。雄球花多成复穗状，常具有总梗。雌球花单生，有梗；雌球花成熟时苞片肉质，红色，长方状卵形或近圆形。种子通常两粒，包藏于红色肉质苞片内，不露出。广布于我国东北、华北、西北等省区，习见于山坡、平原、干燥荒地、河床及草原等处，常组成大片单纯群落。草麻黄是重要的药用植物，生物碱含量丰

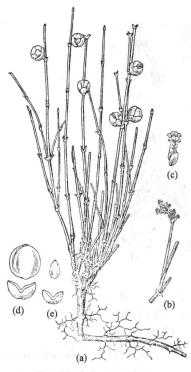

图 7-26 草麻黄

(a) 大孢子叶球植株；(b) 小孢子叶球植株；

(c) 大孢子叶球的一对苞片及小苞子囊；

(d) 大孢子叶球及苞片；(e) 种子及苞片

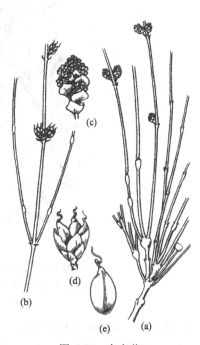

图 7-27 中麻黄

(a) 植株；(b) 部分雌株；(c) 雄球花；

(d) 雌球花；(e) 种子

富，仅次于木贼麻黄，木质茎少，易于加工提炼，是我国提制麻黄碱的主要资源。

　　(2) 木贼麻黄（*Ephedra equisetina* Bunge）　也是麻黄科（Ephedraceae）常见植物，与草麻黄最大的区别是：植株具有直立的木质茎，灌木状，节间细而较短，通常具有 1 枚种子。产于内蒙、河北、山西、陕西、甘肃及新疆等地，习见于干旱地区的山崖、山顶或石壁等处，耐干冷气候。木贼麻黄也是优良的药用植物，生物碱含量较其他种类为高，是提制麻黄碱的重要原料。

　　(3) 中麻黄（*Ephedra intermedia* Schrenk）（图 7-27）　亦属麻黄属（Ephedra）常见植物，灌木，茎直立，小枝对生或轮生；叶退化为膜质鞘状；雄球花通常无梗，雌球花 2～3 枚，成簇生、对生或轮生于节上，无梗或有短梗；种子包于肉质红色苞片内，不外露，2～3 粒。分布范围广泛，产于辽宁、内蒙、河北、山东、山西、陕西、青海、新疆、甘肃等省区，以西北最为习见，生于干旱荒漠、戈壁、干旱山坡或草地上，耐旱性强。根、茎含生物碱，供药用，肉质苞片可食用，根茎可作燃料，为我国优良的药用植物。因其生物碱含量丰富，均为重要的药用植物，尤其可用于提取麻黄素。

　　(4) 买麻藤（*Gnetum montanum* Markgr.）（图 7-28）　属于买麻藤科（Gnetaceae）植物，常绿木质藤本，叶片通常为长圆形，革质或半革质，对生，长 10～25cm，宽 4～11cm。雌雄异株，球花排成穗状花序，腋生或顶生，雄球花序一至二回三出分枝，排列疏松，雌球花序侧生于老枝上，成熟种子常有明显的种子柄。分布于云南南部、广西、广东等地。茎皮含韧皮纤维，可织麻袋、渔网等；种子可炒食或榨油或酿酒，供食用或作润滑油。

图 7-28　买麻藤

(a) 具雄球花序的枝；(b) 雄球花序部分放大；(c) 小孢子叶；

(d) 成熟的雌球花序的一部分；(e) 大孢子叶；(f) 大孢子叶纵切；(g) 种子

1—内珠被；2—外珠被；3—盖被

(5) 百岁兰 [*Welwitschia bainesii* (Hk. f.) Carr.]　属于百岁兰科 (Welwitschiace-ae) 植物，一生只有一对叶，叶大，带状，长达 2～3m，产于非洲，典型旱生植物，可存活 100 年以上。

本 章 小 结

裸子植物现存 800 种左右，分为苏铁纲、银杏纲、松柏纲、红豆杉纲和买麻藤纲 5 个纲。

① 苏铁纲　常绿乔木，茎干常不分枝，大型羽状复叶，集生于茎顶，球花顶生，雌雄异株，精子有鞭毛。常见植物为本纲苏铁科的苏铁，是我国重要的观赏树种。

② 银杏纲　落叶乔木，枝条有长枝、短枝之分。叶扇状，二裂，二叉脉序。球花单性，雌雄异株，精子多鞭毛，种子核果状。本纲仅银杏科 1 科 1 种，即银杏，是我国特有的著名子遗植物。

③ 松柏纲　木本，常有长短枝之分，具树脂道。叶为针形、条形或刺形，孢子叶常排成球果状，精子无鞭毛。本纲植物是裸子植物中数目最多、分布最广的一个类群，约 400 余种，隶属松科、柏科、杉科和南洋杉科 4 科。常见植物油松、雪松、红松、圆柏、侧柏、云杉、水杉、南洋杉等多为森林树种、庭院绿化及造林树种。

④ 红豆杉纲　常绿木本，多分枝。大孢子叶特化为鳞片状的珠托或套被，种子具肉质的假种皮或外种皮。本纲有 3 科，即罗汉松科、三尖杉科和红豆杉科。常见植物有红豆杉、三尖杉、粗榧等，是重要的药用植物。

⑤ 买麻藤纲　灌木、亚灌木或木质藤本，次生木质部有导管，无树脂道。球花单性，有类似花被的盖被（称假花被），颈卵器极度退化或无，精子无鞭毛。本纲有 3 科，我国仅有麻黄科和买麻藤科 2 科。常见植物有草麻黄、木贼麻黄、买麻藤等。

裸子植物在林木生产、园林绿化、食用和药用等方面都有重要作用。

思　考　题

一、名词解释

针叶植物　　球果植物

二、填空题

1. 裸子植物通常可分为_____、_____、_____、_____和_____等5个纲。

2. _____是裸子植物种类最多、资源最丰富的国家。

3. 苏铁又称_____，具有直立的柱状_____，常不分枝，顶端簇生大型_____，雌雄_____。

4. 银杏为高大而多分枝的_____乔木，具有顶生的营养性_____枝和侧生的生殖性_____枝，单叶_____形，长枝上着生的叶大都_____生，短枝上着生的叶常为_____叶序。

5. 松柏纲植物因孢子叶常排成_____状，也称为_____。

6. 松柏纲是现代裸子植物中数目_____、分布_____，经济价值_____的一个类群。约_____属，隶属_____科、_____科、_____科和_____科4科。

7. 油松为常绿乔木，叶_____状，_____针一束，粗硬，叶鞘_____。

8. 雪松为常绿乔木，树冠塔形，针形叶，坚硬，在长枝上_____，在短枝上_____。金钱树为_____乔木，叶扁线形，在_____枝上互生，在_____枝上簇生，并成_____平展，外形似金钱。

9. 圆柏叶二型，即_____和_____，_____三叶轮生，多见于_____树上；_____交互对生，多见于_____树上；成年树同时具有_____和_____，雌雄_____。

10. 松柏纲植物多为_____或_____乔木，或为_____；茎多分枝，常有_____和_____之分，具_____。

11. 华山松为常绿_____，一年生枝绿色或灰绿色，无毛，针叶_____针一束，叶鞘早落。

12. 侧柏为常绿乔木，叶_____形，_____生，小枝扁平，排成一_____，雌雄_____株，球花_____生于枝顶。

13. 刺柏为常绿_____或_____，树冠窄塔形或圆柱形。叶全为_____形，_____枚轮生，基部有_____；雌雄_____株，球花单生_____。

14. 红豆杉纲分为3科，即_____科、_____科和_____科。本纲植物有一些是我国特有的_____植物，有一些具有较高的_____价值。

15. 三尖杉属于_____科植物。常绿乔木，小枝常_____，基部有宿存_____。叶条形或披针状条形，_____状着生，排成_____，雌雄异株，雄球花（8～10）聚生成_____状，单生叶腋，雌球花有数对交互_____，生于小枝基部的_____腋部。

16. 红豆杉为我国特有树种，也是_____纪子遗植物，属于_____科植物。

17. 买麻藤纲植物起源于新生代，茎内次生木质部有_____，胚珠包于_____内，许多种类有多核胚囊而无_____，这些都是裸子植物中最_____类群的性状。

18. 买麻藤纲分为3科，即_____科、_____科和_____科。

三、不定项选择题

1. 白皮松没有_____。

A. 胚珠　　　　　B. 子房　　　　　C. 球果　　　　　D. 颈卵器

2. 雪松的叶在长枝上的着生方式为_____。

A. 对生　　　　　B. 互生　　　　　C. 轮生　　　　　D. 簇生

3. 下列裸子植物中，精子具有鞭毛的纲有_____。

A. 苏铁纲和银杏纲　　　　　　　　　B. 苏铁纲和松柏纲

C. 银杏纲和买麻藤纲   D. 苏铁钢和买麻藤纲

4. 马尾松的针叶_____针一束。

A. 一   B. 二   C. 三   D. 五

5. 下列植物中，_____为落叶乔木。

A. 雪松   B. 马尾松   C. 金钱松   D. 云杉

6. 下列植物中，叶为三针一束的是_____。

A. 油松   B. 马尾松   C. 华山松   D. 白皮松

7. 下列植物中，属于松科的是_____。

A. 罗汉松   B. 小叶罗汉松   C. 金钱松   D. 圆柏

8. 下列植物中，属于杉科的是_____。

A. 云杉   B. 银杉   C. 三尖杉   D. 水杉

9. 下列植物中，属于红豆杉纲的是_____。

A. 云杉   B. 银杉   C. 三尖杉   D. 水杉

10. 买麻藤纲植物具有类似花被的_____。

A. 果皮   B. 套被   C. 子房   D. 盖被

11. _____植物颈卵器极度退化或消失，可称为没有颈卵器的颈卵器植物。

A. 苏铁纲   B. 银杏纲   C. 买麻藤纲   D. 红豆杉纲

12. 下列裸子植物中，较为原始的类群是_____。

A. 买麻藤纲   B. 苏铁钢   C. 红豆杉纲   D. 松柏纲

13. 下列植物中，属于裸子植物的是_____。

A. 葫芦藓   B. 地钱   C. 水稻   D. 银杏

14. 下列植物中，具有种子的植物是_____。

A. 地衣植物   B. 苔藓植物   C. 蕨类植物   D. 裸子植物

15. 下列植物中，不属于裸子植物的是_____。

A. 雪松   B. 百岁兰   C. 麻黄   D. 柳树

16. 苏铁的营养叶为_____。

A. 鳞叶   B. 针叶   C. 单叶   D. 大型羽状复叶

四、判断题

1. 裸子植物中有草本植物。   （ ✕ ）

2. 苏铁科我国仅有苏铁属 1 属。   （ ）

3. 苏铁成熟种子的胚具有 2 片子叶，故苏铁属于双子叶植物。   （ ）

4. 银杏的中果皮骨质白色，胚具 2 枚子叶。   （ ）

5. 马尾松的针叶 5 针一束，细长柔软，基部叶鞘宿存。   （ ）

6. 雪松只有长枝而无短枝。   （ ）

7. 松科植物均为常绿乔木，稀为常绿灌木。   （ ）

8. 杉科植物常为常绿或落叶乔木，叶针形或线状披针形，螺旋状排列，稀对生，同一树上的叶同型或二型。   （ ）

9. 水杉为常绿乔木，叶条形，对生，基部扭转。   （ ）

10. 柏科的主要特征之一是叶鳞形或刺形、互生或轮生。   （ ）

11. 罗汉松的种子为卵圆形，熟时肉质假种皮呈紫色，颇似一秃顶的头，而其下的肉质种托膨大呈紫红色，仿佛罗汉袈裟，故称罗汉松。   （ ）

12. 云杉是杉科植物，而银杉是松科植物。   （ ）

13. 买麻藤纲植物的种子包于由盖被发育而成的假种皮中，子叶 2 枚，胚乳丰富。   （ ）

14. 草麻黄为裸子植物中唯一的草本植物。   （ ）

15. 百岁兰是百岁兰科植物，一生只有一对叶，叶大，带状，长达 2～3m。   （ ）

16. 榧树属于裸子植物，水稻属于被子植物，它们均为种子植物。 （　）
17. 裸子植物茎的木质部中只有导管而无管胞。 （　）
18. 银杏为著名的子遗植物，其野生状态的银杏遍布世界各国。 （　）
19. 银杉为常绿乔木，有长枝和短枝之分，叶扁平、线形，球花单性，异株；球果腋生，种鳞宿存，种子不具翅。 （　）
20. 青杆又称细叶云杉，为常绿乔木，其球果卵状圆柱形，熟前绿色，熟时黄褐色或淡褐色，种鳞宿存。 （　）
21. 杉木树冠尖塔形，老树冠广圆锥形。叶披针形，对生，叶缘具稀齿。雌雄异株，雄球花簇生枝顶，雌球花单生或簇生枝顶。种子无翅。 （　）
22. 水杉为我国珍贵特有树种，属活化石植物。 （　）
23. 柏木雌雄同株，球花单生于小枝顶端，球果小，圆球形，熟时开裂，种鳞盾形，种子两侧有窄翅。 （　）
24. 南洋杉为杉科植物，因树形雄伟、姿态优美，成为世界著名的园林观赏树种。 （　）
25. 粗榧和三尖杉均属于红豆杉科植物。 （　）
26. 木贼麻黄是麻黄科常见植物，与草麻黄最大的区别是：植株具有直立的木质茎，灌木状，节间细而较短，通常具有1枚种子。 （　）

五、问答题

1. 试列表比较松科、杉科和柏科的不同点。
2. 为什么说买麻藤纲是裸子植物中最进化的类型？
3. 为什么说裸子植物比蕨类植物进化？
4. 苏铁钢、银杏纲、松柏纲、红豆杉纲及买麻藤纲各有什么主要特征？有哪些常见植物？

第八章　野生植物资源的开发利用

一、野生植物资源的类型

野生植物资源就是指一定时间、空间、人文背景和经济技术条件下，对人类直接或间接有用的野生植物的总和。我国野生植物资源种类十分丰富，约有高等植物 3 万余种，居世界第三位，有裸子植物 250 多种，居世界第一位。其中银杏、银杉、水杉、金钱松、白豆杉、水松、台湾杉、杉木、福建柏、侧柏、穗花杉、油杉、苏铁、冷杉、珙桐等约 1.7 万~1.8 万种为我国所特有；拥有人参、甘草、肉苁蓉、杜仲、石斛、红豆杉等贵重的野生经济植物万余种；我国约有农业野生植物 1 万余种，其中大部分为我国独有；经济树种 1000 种以上，其中干果枣树、板栗、饮料茶、木本油料油茶、油桐、涂料漆树等都是中国特产。我国的野生植物人工栽培历史悠久，因此我国也是世界上栽培作物的重要发源地之一，拥有大量的作物野生种群及其近缘种，如野生稻、野大豆、野苹果等。我国也是野生和栽培果树的主要起源和分布中心，果树种数居世界第一位。苹果、梨、李属种类繁多，分布广泛。我国还被称为"花卉之母"，世界上许多著名的观赏花卉，如茶花、杜鹃花、牡丹等，都是引种于我国的野生花卉或用其野生原型培育而成的栽培品种。丰富的野生植物资源不仅是自然生态系统的重要组成部分，也是国民生存和国家发展的重要物质基础，是国家重要的经济战略资源，识别、研究、保护和合理开发利用这些宝贵资源，充分发挥其应有的作用，对于发展我国经济，提高国民收入，活跃市场，扩大外贸都有着重要的意义。

为了科学合理地开发利用野生植物资源，首先需要科学合理地对野生植物资源进行分类。目前，我国对野生植物资源的分类还没有统一的标准，本书采纳 2003 年中国农业出版社出版的戴宝合主编的《野生植物资源学》分类系统，按照野生植物资源的用途，将野生植物资源分为 17 大类。

（1）药用植物资源　按照功效分为解表药、清热药、泻下药等共 20 类。

（2）果树植物资源　主要依据果实形态结构和特征分为：①仁果类，苹果、梨、秋子梨、山楂、枇杷、木瓜等；②核果类，桃、李、杏、梅、樱桃、杨梅、橄榄；③浆果类，越橘、软枣猕猴桃、山葡萄、东方草莓；④坚果类，板栗、银杏、香榧、阿月浑子；⑤柑果类，橘、橙、柚、柠檬；⑥热带和亚热带果树类，香蕉、凤梨、荔枝、龙眼等。

（3）野菜植物资源　按照实用部分分为苗菜类、根菜类、叶菜类、花菜类、果菜类、树芽类、蕈菜类。

（4）芳香油植物资源　按照芳香化学成分划分为含氮含硫化合物类、叶绿素类、芳香族化合物类、脂肪族化合物类、萜类化合物类。

（5）色素植物资源　按色素成分的化学结构分为叶绿素类、胡萝卜素类、叶黄素类、花青素类、醌类衍生物类、吲哚衍生物类、酚类衍生物类。

（6）纤维植物资源　按利用部位可分为韧皮类、木材类、茎叶类、根类、果壳类、种子类、绒毛类等。

（7）油脂植物资源　分为食用油类和工业用油类，按油脂成分又可分为不饱和脂肪酸类和饱和脂肪酸类。如红松、藿香、野薄荷、百里香、香薷、柏木、杉木、马尾松、广玉兰。

（8）淀粉植物资源　按用途分食用淀粉类和工业用淀粉类。如壳斗科、百合科、桦木科、禾本科。

（9）树脂植物资源　按照提取树脂的性质和产品分为松脂类、生漆类、枫脂类。

（10）树胶植物资源　按照化学成分分为聚糖树胶类和聚烯树胶类。

（11）鞣质植物资源　按照所含单宁类别分为凝缩类、水解类和混合类。

（12）观赏植物资源　按照观赏特点分观形类、观花类、观叶类、观茎类、观果类、芳香类等。按照观赏季节可分为春季观赏类、夏季观赏类、秋季观赏类、四季观赏类等。

（13）农药植物资源　按对病虫害防治的方法分为毒杀类、激素类、驱拒类、引诱类和杀菌类等。

（14）甜味剂植物资源　按照非糖甜味化学成分分为糖苷类、糖醇类和甜味蛋白质类。

（15）皂素植物资源　按有效化学成分分为三萜皂素类和甾体苷皂素类。

（16）经济昆虫寄主植物资源　按昆虫分为紫胶虫寄主类、白蜡虫寄主类和五倍子寄主类。

（17）木栓植物资源　这类植物木栓层发达，质地轻软、弹性好、不传热、不导电、不透水、不透气以及耐摩擦。

二、野生植物资源开发利用的价值

野生植物资源的开发利用即对各种野生有用植物资源进行比较详细的调查，查清区域野生植物资源的种类、贮量、分布规律和生态条件，研究其利用途径和方法，在保护植物资源再生能力的前提下，开发植物资源产品，优化生产过程，以最少的资源消耗，获取最大的经济效益，以提高资源的利用率。

我国幅员辽阔，野生植物资源丰富多样，许多地区都有自己独特的野生植物资源。对野生植物资源进行积极的开发利用，充分发挥各个地区本有的野生植物资源优势，对促进当地经济、带动相关产业、增加国民就业、推动外贸出口，都有着积极的意义。

安徽黄山地区是我国著名的自然风景旅游区，植被覆盖率高，植物种类丰富。科考人员通过系统的调查研究，发现黄山地区蕴藏着十分丰富的可开发利用的药用野生植物资源和观赏野生植物资源。黄山市贮量大的野生药用植物有乌头、天葵、茴茴蒜、猫爪草、毛茛、石龙芮、山木通、威灵仙、女萎、圆锥铁线莲等，入药部分广泛。观赏野生植物有大花威灵仙，花大而美丽，可作庭院绿化和观赏之用；重瓣秋牡丹花萼有 20 多片，极具观赏价值。通过调查，发掘了很好的可利用野生植物资源，针对当地生态旅游的发展，对野生植物资源进行合理开发利用，为当地创造了良好的经济发展效益。

长白山横贯吉林省东部地区，是我国东部最高山，它以地域辽阔、资源丰富、保存完整而闻名于世。药用野生植物以长白山人参闻名于世，其他种类的野生植物也颇具开发价值。通过科学考察，发现了许多十分珍贵的野生植物资源。山葡萄、山楂、蓝靛果、软柿子、越橘、龙葵、接骨木、月见草、兰花以及一些蜜源植物等野生植物颇具规模，这些野生植物资源的发现，对当地的经济发展做出了极大的贡献。

可以说，在我国广阔的领土上，只要认真考察，都能够发掘出自己当地特有的野生植物资源，东到大海，南至海岛，西至高山，北至广漠，各地都有其有待认真挖掘的野生品种。只要方法对头，规划合理，充分发挥本地的资源优势，都能够创造出可观的经济收益。

三、野生植物资源开发利用的层次

野生植物资源开发利用的层次，是针对野生植物资源开发利用程度的深浅而言的，主要分为：①针对发展原料的一级开发，驯化栽培、组织培养、资源选育；②针对发展资源产品的二级开发，食品、药品、香料、色素、树脂等；③针对发展新资源、新成分、新产品的三级开发，综合研究、利用发展新资源、新成分、新产品。

四、野生植物资源开发利用的工作要点

要将野生植物资源转化为现实的经济效益，需要做好许多基础研究工作。其中，比较重要的是做好野生植物资源的调查。这是植物开发利用前一项重要的基础性工作。其目的是为了查清野生植物资源的种类、贮量和分布规律，为资源的合理开发利用提供科学的依据。调查应包括以下几个方面的内容。

（1）野生植物资源种类及分布调查　编写野生植物资源名录。每种植物应包括植物的学名、中文名、俗名、生态环境、分布规律及经济利用部位和利用方法。野生植物资源采集标本野外记录表见表 8-1。

表 8-1　野生植物资源采集标本野外记录表（引自戴宝合，1990）

标本室：		标本编号：	采集人：	采集日期：
采集地点：	省　　　县　　　乡	海拔高度：		生境条件：
习性：	体高：	胸径：	发育阶段：	多度：
植物学名：	俗名：		科名：	
根：	茎：		叶：	
花：	果实：		种子：	
用途：	利用部位：		利用方法：	
备注：				

（2）野生植物资源贮量调查　主要调查一些重要、有开发潜力、供应紧张或已受到威胁的资源种，包括经济贮量、总贮量、经营贮量。

① 经济贮量　是指符合采收标准和质量规格要求的某种植物资源可利用部位的贮藏量。

② 总贮量　指某一个时期内一个地区某种野生植物资源经济贮量的总和。

③ 经营贮量　指总贮量中可能采收利用的部分，因交通原因等客观条件不能采收利用的部分不包括在内。

（3）野生植物资源利用现状调查　我国的野生植物资源相当丰富，有着十分广阔的发展前景。但是，由于我国目前的科技水平总体还很落后，许多地方对于野生植物资源的开发利用还停留在十分原始的技术水平上。因此，在通过调查了解了某一区域野生植物资源的种类以及贮量之后，还要对野生植物资源的利用现状进行调查，以发现问题，对症下药，从而为后续的制定野生植物资源的科学规划提供有益参考。

五、我国野生植物资源的利用现状

多年来，我国的野生植物资源利用状况，都是比较原始的小农经济方式。近年来，通过国际交流，以及国家经济规模的壮大，野生资源的开发利用日益显出重要性，政府以及地方都开始重视野生植物资源的利用价值，相关投资也有了一定的增加，许多地方已经涌现出来一批有活力的农业企业。大体说来，我国目前的野生植物利用状况包括以下几个特点。

（1）日渐重视，广泛调查，已进行一定深度的基础研究，但研究力度尚嫌不足　我国对野生植物资源已日渐重视，并广泛地进行了调查工作。基本上对各地的野生植物资源都展开了调查工作，野生植物资源的开发利用也具有了相当的程度。如对我国东北、华北、华东、华中、华南、西南、西北、内蒙、青藏 8 个地区的野生植物资源的种类都有了相当的把握，各地区的野生植物资源的种类都有详细的记载。有些地方还对本地区的野生植物资源绘制了

详细的资源图。有些部门已经开始着手建立野生植物资源信息系统。

部分野生植物的研究已经深入分子领域。如已获得野生金荞麦与养分积累相关的特异的功能基因，并通过对野生种金荞麦的基因转化，获得高营养成分含量的金荞麦新株系；另外，从野生金荞麦的 cDNA 文库分离克隆出 3 个类黄酮次生代谢产物的关键酶（CHS、LCR）基因和调控因子 P 基因，并转化进入高 DFR 类黄酮含量的野生金荞麦中超量表达，检测其活性原矢车菊素（苷）含量和类黄酮含量的变化情况，并初步选育出具有高药用活性成分的转基因金荞麦新品种，为最终实现其代谢次生产物规模化生产提供可能。

(2) 综合利用程度不高，科技含量低，经济效益不高　　目前，我国已规模开发的野生果树种类尚不足总数的 10%，野生果树的综合利用率只有 1% 左右。在约 700 个种类的山野菜中，进行商品生产的只占 7%，而且开发工作也多局限在少数地区和山野菜的个别器官，产品的科技含量也普遍较低，大量资源被闲置浪费。如广东省梅州地区野生食用植物一般都以干品出售，且全市仅有寥寥几家小型民营野生食用植物加工企业，尚无生产基地。另外，绝大多数野生蔬菜种类未得到开发利用，或仅被农民自采自销零星销售，或当为杂草除灭，或充饲料绿肥，或于林地水边自生自灭。湖南野生木本观赏植物的开发利用还刚刚起步，许多名贵的野生天然食用色素植物资源被开发利用的仅有少数几种，绝大多数还处于实验研究阶段，大量的野生植物资源还处在自生自灭的原始状态。

(3) 缺乏有效的管理　　一是管理机构不健全。目前许多地方野生植物管理机构不够完善，部分地区甚至还未建立相应的管理机构。由于资源归属不清，缺乏有效的制度和法规，致使一些需求量大、经济价值高的野生果树，如沙棘、刺梨等，抢收、抢青现象十分严重；传统的野菜种类，如发菜、蕨菜、薇菜、紫其等，在传统采集区也被过度采集，面临资源匮乏的问题。二是野生植物专门管理人才缺乏。野生植物保护管理工作是一个综合性的工作，相关的工作人员不仅需要生态学、野生植物学等相关专业知识，还需要法律、管理学、经济学等方面的知识。

六、制定野生植物资源开发利用的合理规划

在进行野生植物资源开发利用的过程中，必须制定详尽的科学规划，做到有效利用与科学研究并举，经济效益与生态效益统一。既有切实可行的近期开发利用目标，又有谋虑周详的长远发展规划，使野生植物的开发利用走上科学的可持续发展的道路。

野生植物资源的生长特点、分布规律、贮量规模以及目前人类所掌握的再生产技术，对于不同的种类是不同的。为了科学合理地开发利用，需要将不同的野生植物根据其特点和人类目前的现实生产条件以及人类的需要进行划分。

1. 直接开发利用的资源

对于贮量大、分布集中、经济效益大的种类，可以尽快组织开发。但是本着利用量与再生量相平衡的原则，应规定开发程度和规模。如大兴安岭的山葡萄、越橘、黄芪、山野菜等，蕴藏量丰富且分布相对集中，经过详细规划，可采取划片保护、科学采摘并进行深加工利用的措施，充分发挥了野生资源的经济效益。

2. 近期开发利用的资源

对于经济效益大、贮量小的某些野生植物资源，首先要通过引种驯化，变野生资源为栽培品种，进行大规模的种植之后，再进行利用。如长白山的北五味子野生状态下授粉不良，种子发芽率很低，影响其果实品质及营养价值。经人工栽培，采用人工辅助授粉后，其种子发芽率显著提高，果实品质和营养价值均优于野生状态，大大提高了其经济价值。

3. 远期开发利用的资源

对于贮量大、分布集中，但是还未探明利用途径，或者利用程度不大，造成严重浪费的种类，不要急于开发，需要研究出合理的利用方法后再行利用。在我国的西部地区，自然条件复杂多变，因而形成了种类丰富的野生植物资源。但是，由于当地经济落后，交通不便，生产能力低下，野生植物的开发利用相当原始低级，大多数地区的野生植物资源还处在自生自灭的状态。对于这种资源，就需要暂时保护，等到相关条件满足时，再行开发。

4. 保护珍稀资源

对于有较高利用价值，或者濒临灭绝的珍稀野生植物资源，要及时做好保护工作。由于自然条件的变迁，以及人类的掠夺式无序开采，地球上的野生植物资源正在快速消减，许多珍稀植物物种面临着灭绝的危险。对于这些野生植物资源，要积极抢救，组织人力物力，加以有效保护。1994年，国家林业局和农业部组织专家制定了《国家重点保护野生植物名录》，并于1999年8月公布了第一批《国家重点保护野生植物名录》，其中百山祖冷杉、普陀鹅耳枥和银杉等57种极危，巨柏、水杉、观光木和滇楠等47种濒危。

七、我国野生植物资源开发利用的趋势

① 建立野生植物引种驯化栽培试验和示范基地，集中收集、驯化、繁殖价值高的野生植物，研究其生长发育、开花结实、繁殖规律及其生态适应性，利用具有优良特性的野生种与栽培种杂交，培育高品位的优良新品种。建立野生植物资源的评价体系。

② 合理开发利用，走可持续发展道路。

③ 搞好一物多用的综合性开发，充分发挥野生资源的整体效益。

④ 充分利用先进的科学技术，特别是利用生物技术等新兴科学成果，以培植新品，改良品质，扩大市场。

实　训

实训一　光学显微镜的构造及使用技术

一、实训目的和要求

1. 了解显微镜的基本结构。
2. 掌握显微镜的使用与维护方法。

二、实训材料和仪器

显微镜、擦镜纸、绸布、棉棒、香柏油、清洁剂。

三、实训内容和方法

（一）生物显微镜的基本构造

显微镜的基本构造分为光学部分和机械部分两个部分。光学部分主要包括物镜、目镜、反光镜（或内置光源）、聚光器和彩光圈等，而机械部分主要包括镜座、镜柱、镜臂、镜筒、物镜转换器、载物台、粗调焦手轮、细调焦手轮和聚光器等结构（图1）。

（二）显微镜的使用

1. 取镜和放置：按照规定的编号从镜箱里取出显微镜。取镜时，右手握镜臂，左手托镜座，使镜身直立平稳，轻放于身体左前方的实验台上，距桌边5～6cm。取下防尘罩，折好放在显微镜的左侧。检查各部分是否完整，如有缺损，报告老师。

2. 对光：转动物镜转换器，使低倍镜镜头正对着载物台中央的透光孔位置，打开透光光阑，对光。若显微镜使用自然光或日光灯作为光源，用左眼观察镜内视野（两眼都张开），同时转动反光镜使视野中的光线最明亮、均匀，一般使用平面反光镜，如果光线较弱可用凹面反光镜；若显微镜使用内置光源，接通电源，打开开关，调节亮度直至目镜中出现明亮、均匀的视场为止。

3. 装片：升高镜筒或下降载物台，把玻片标本放在载物台上，用弹簧夹固定，转动玻片推动器使标本正对着通光孔的中央。

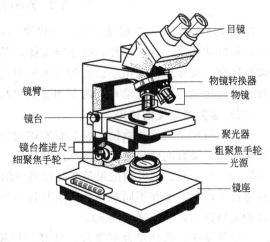

图1　普通光学显微镜的结构

4. 低倍物镜的使用：观察任何玻片标本都必须先使用低倍镜。先把低倍物镜旋转到中央，两眼从侧面注视物镜，转动粗调焦手轮使镜筒下降或使载物台上升到最高限定位置（玻片距物镜2～5mm）。用左眼或双眼观察目镜内视野，反方向转动粗调焦手轮，直至观察到清晰的物像为止。此时可根据需要移动玻片，把要观察的部分移至视野正中央，或转动细调焦手轮使物像更清晰。

5. 高倍物镜的使用：观察较小物体或细微结构时可使用高倍物镜。先用低倍物镜选好观察的目标，并将其移至视野中央，旋转物镜转换器移开低倍物镜，小心换上高倍物镜。正常情况下，在视野中央可见到模糊的物像，只要略微转动细调焦手轮即可获得清晰的物像。因高倍物镜工作距离较短，操作时要防止镜头碰击玻片。在换用高倍物镜观察时，视野会变小变暗，需重新调节视野亮度，可通过升高聚光器、调大光圈、使用凹面反光镜或调高电压进行。

6. 油镜的使用：先使用低倍物镜找到观察部位，换高倍物镜调正焦点后，再换用油浸镜头观察。使用油镜时，务必要在盖玻片上滴加一滴香柏油（或石蜡油），若聚光器镜口率高于1.0，还需在聚光器上面滴加一滴香柏油，以充分发挥油镜的功能。观察标本时不可使用粗调焦手轮，只能用细调焦手轮调节焦点。若盖玻片过厚则不能聚焦，应注意调换，否则会压碎玻片或损伤镜头。使用完毕后立即用棉棒或擦镜纸蘸少许清洁剂（乙醚和无水乙醇的混合液）将镜头上残留的油迹擦去，否则香柏油干燥后不易擦净，且易损坏镜头（图2）。

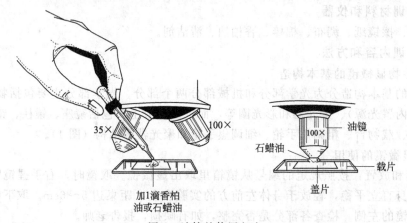

图 2　油镜的使用方法

7. 使用后的整理：观察结束后，内置照明式显微镜需把电压调节杆调到最小值，关掉电源，降低载物台，取下玻片，擦干净镜体，罩上防尘罩，然后用右手握住镜臂，左手平托显微镜底座，按号放回镜箱中。若为外置照明式显微镜还需把反光镜转至垂直方向，转动物镜转换器使物镜与通光孔错开，两个物镜呈"八"字形位于通光孔两侧。

（三）显微测微尺的使用

显微测微尺是测量显微镜内所观察物体大小的一种附属工具，包括镜台测微尺和目镜测微尺两部分。镜台测微尺是一块特殊的载玻片，中央有标尺，其上标有刻度，每小格长度为0.01mm（10μm）。目镜测微尺是装在目镜中的一块圆形玻璃片，上面亦标有刻度，有直线式和网格式两种，但在不同观察条件下其每一小格所代表的长度不同，测量时需先用镜台测微尺确定每格的实际长度（图3）。

长度测量法：移动镜台测微尺，使其与目镜测微尺的刻度重合，选取成整数重合的一段，记录两者的格数，然后再计算目镜测微尺每格的长度。

$$每小格长度 = \frac{两对重合线间镜台测微尺格数 \times 10\mu m}{两对重合线间目镜测微尺格数}$$

（四）显微镜的维护

1. 严格按照操作规程来使用显微镜。

2. 取放显微镜时应轻拿轻放，以免发生振动损坏光学系统，也不可随意拆开显微镜的各部分零件。

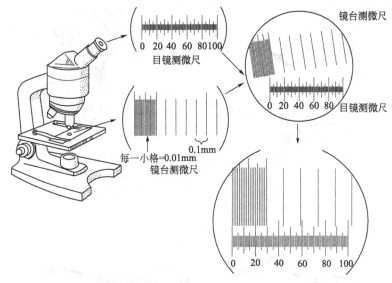

图 3　显微测微尺的使用

3. 注意防潮和防尘，保持显微镜清洁，以免影响镜头和各个部件的使用。

4. 保护好目镜、物镜和光阑器中的透镜，清洁时只能用专用的擦镜纸擦拭。

5. 防止酸、碱等化学试剂沾污显微镜。

四、实训报告

使用显微镜观察植物切片，熟悉显微镜的使用方法，并写出操作过程中的注意事项。

实训二　植物细胞结构的观察与植物绘图技术

一、实训目的和要求

1. 掌握植物细胞在光学显微镜下的基本结构。

2. 学习植物材料的临时装片技术和植物绘图技术。

二、实训材料和仪器

洋葱鳞叶、西红柿、显微镜、载玻片、盖玻片、镊子、刀片、解剖针、铅笔、绘图纸、吸水纸、擦镜纸、碘-碘化钾溶液、蒸馏水。

三、实训内容和方法

（一）洋葱鳞叶表皮细胞的结构

1. 表皮细胞临时装片的制作：取一洋葱鳞茎，剥除外部较老的鳞叶，纵切成几瓣，剥下一片成熟适度的鳞叶，用刀片在其内表面划一个边长约为 5mm 的"井"字形刻痕，然后用尖头镊子轻轻刺入表皮层，撕下"井"字内表皮，迅速置于滴有水滴的载玻片上，用镊子或解剖针将其平铺，盖上盖玻片，再用吸水纸吸去多余的水分（图 4）。

2. 细胞结构的观察：将制好的临时装片置于显微镜下观察，先用 10× 的低倍镜观察细胞的整体形态，可见表皮细胞呈网状结构、排列紧密，每一网眼即一个细胞，网格即为细胞壁。选择图像清晰、结构完整的几个细胞移到视野中央，换用 40× 的高倍镜，观察细胞的内部结构。

（1）细胞壁：在细胞的最外层，为植物细胞所特有。由于细胞壁是无色透明的，只能看

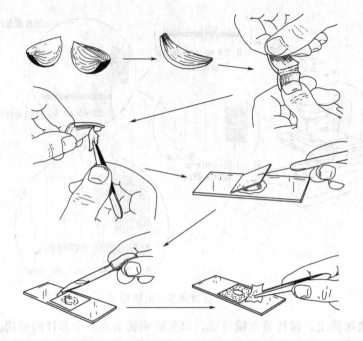

图 4 制作洋葱表皮装片

到一个长方形的轮廓，通过转动微调焦手轮，可见相邻细胞的细胞壁为 3 层，中央稍亮的为胞间层，而两侧较暗的为两个细胞的初生壁，有时还可以看到初生壁上有许多凹陷的区域——初生纹孔场。

（2）细胞质：细胞核外的原生质。紧贴在细胞壁的内侧，被中央大液泡挤成一薄层，为半透明的胶状物，能够流动。

（3）细胞核：为卵圆形的小球体，折光性强。在幼小细胞内位于细胞的中央，在成熟细胞内由于液泡的挤压常位于细胞的边缘，紧贴细胞壁。在细胞核内还可见 1～2 个或多个发亮小颗粒，为核仁。在观察过程中，有些表皮细胞看不到细胞核，因为制片时已把这些细胞撕破，导致一些结构物质流出。

（4）液泡：植物细胞的特征之一。在幼小细胞内不明显，成熟细胞常有一个或几个大液泡位于细胞的中央，里面充满细胞液，主要含有水、无机盐、色素和有机物等。

为了更好地观察，可用碘-碘化钾溶液染色。具体方法为：在盖玻片的一侧滴加一滴碘液，用吸水纸从盖玻片的另一侧吸水，将染液引入其中并使材料着色，几分钟后，盖上盖玻片进行观察，可见细胞质被染成浅黄色，细胞核呈深黄色，整个细胞结构更为清晰。

（二）西红柿果肉细胞的结构

1. 果肉细胞临时装片的制作：取一个成熟西红柿，用镊子挑取少量靠近果皮的红色果肉，置于滴有水滴的载玻片上，用镊子或解剖针将果肉分散，盖上盖玻片，再用吸水纸吸去多余的水分。

2. 细胞结构的观察：将制好的临时装片置于显微镜下观察，由于成熟果肉细胞之间的胞间层已经自然溶解，因此可以看到许多卵圆形或圆形的离散细胞，选择结构清晰的几个细胞移到视野中央，换用高倍镜进行观察，找出细胞壁、细胞质、细胞核和液泡等内部结构。

（三）植物绘图技术

植物绘图是形象地描述植物外部形态和内部结构的重要方法，也是研究植物形态解剖学的必备技能之一，其基本步骤包括如下几点。

1. 观察：绘图前要仔细观察，对拟绘制对象的结构、比例和特征要有充分的认识，然后选择有代表性的、典型的部位进行绘制。

2. 布局：根据绘图纸的大小和绘图的比例、数目来确定某个图的具体位置，力求做到布局合理、美观，注意在图纸右侧留出引线和图注的位置，而左侧则需留出一定空间以备装订之用。

3. 起稿：把绘图纸放在显微镜的右侧，左眼观察显微镜图像，右眼看绘图纸进行起稿，用软铅笔按一定的比例尺度把观察对象的主要轮廓轻轻勾画出来（图5）。

4. 实描：对照所观察的显微镜图像，不断修正和补充轮廓草图，当草图与观察对象的结构、形状、位置、比例相符后，用硬铅笔把各部分结构绘出。线条要求平滑、流畅、粗细均匀。

5. 打点：绘图时用打点的方式来表示各结构的质地和颜色深浅，质地浓厚、凹陷或颜色较深的部位打密集的粗圆点，光亮或颜色较浅的部位则

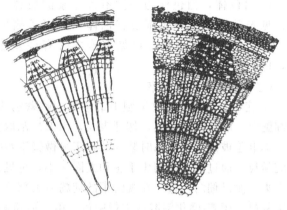

图 5　轮廓和细胞图

打稀疏的细圆点。打点时要求笔尖垂直图纸向下进行，所打出的点要圆滑、大小一致、分布均匀和不拖尾巴。

6. 注释：绘制完毕后再次与显微镜图像对照，检查有无遗漏或错误，然后对各部分结构做简要图注。图注一般位于图的右侧，用平行线引出，引线的末端要处在同一垂直面上，注字要工整。在每个图的下方分别注明图的名称、所用材料和放大倍数。

四、实训报告

1. 绘制洋葱鳞叶的表皮细胞图，并注明各部分结构的名称。

2. 绘制西红柿的果肉细胞图，并注明各部分结构的名称。

实训三　叶绿体、有色体及细胞后含物的观察

一、实训目的和要求

1. 掌握植物细胞质体的类型和形态结构。

2. 掌握植物细胞后含物的主要类型、特点和化学鉴定方法。

二、实训材料和仪器

菠菜、辣椒、美人蕉花瓣、胡萝卜根、鸭跖草、马铃薯块茎、花生种子、蓖麻种子、95％乙醇、碘-碘化钾溶液、苏丹-Ⅲ乙醇溶液、显微镜、载玻片、盖玻片、镊子、刀片、解剖针、吸水纸、擦镜纸、蒸馏水。

三、实训内容和方法

（一）质体类型观察

1. 叶绿体：叶绿体是一类含有叶绿素的质体，主要存在于植物的绿色部分，尤其是叶片中。选用新鲜菠菜叶，用镊子撕取表皮，放在加有一滴蒸馏水的载玻片上，盖上盖玻片制

成临时装片；或取任何绿色植物叶片，用镊子撕去表皮后，再用刀片刮取少量的叶肉细胞，涂在载玻上制成临时装片。置于显微镜下观察，可见细胞内有许多椭圆形或圆形的绿色小颗粒，即为叶绿体。

2. 有色体：有色体是一类含有大量类胡萝卜素的质体，常存在于成熟果实或鲜艳的花瓣中。选取红辣椒果实，用刀片切取果皮或果肉的一小块；或取美人蕉花瓣，用镊子撕下一小片表皮；或用胡萝卜根等材料，制成临时装片。置于显微镜下观察，可见细胞内含有许多黄色、橙黄色或橙红色的棒状或球状的小颗粒，即为有色体。

3. 白色体：白色体为一类不含色素的质体，常存在于植物幼嫩组织或不见光的部位，见光后转化成叶绿体或有色体。用镊子撕取鸭跖草叶的下表皮细胞，制成临时装片。置于显微镜下观察，可见细胞内含有许多白色颗粒状的物质，特别是在细胞核周围，即为白色体。

（二）后含物类型观察

1. 淀粉：淀粉是植物细胞中最常见的贮藏物质，主要以颗粒状（淀粉粒）的形式存在于细胞中。取马铃薯块茎，切开表面，用刀片刮取少量汁液，涂在载玻片上，滴加 1 滴蒸馏水，盖上盖玻片，制成临时装片。置于显微镜下观察，在视野中可见许多椭圆形的颗粒，即为淀粉粒。通过调节微调焦手轮和光圈大小，可见淀粉粒上有轮纹和脐点，脐点并不在淀粉粒中央，而是偏向一边。在视野中的淀粉粒大部分为具有一个脐点的单粒，也有少量的复粒和半复粒。用碘-碘化钾溶液进行染色，由于淀粉遇碘能显蓝色反应，淀粉粒被染成淡蓝色，轮纹更加清晰。

2. 蛋白质：许多植物的果实和种子常含有贮藏蛋白质，其主要以糊粉粒的形式存在。取蓖麻种子一粒，剥去种皮，用刀片切取胚乳一小薄片，放在载玻片上，滴加 95% 乙醇数滴，以除去脂肪，再用碘-碘化钾溶液进行染色，盖上盖玻片，用吸水纸吸去多余溶液。置于显微镜下观察，可见细胞内含有许多金黄色的椭圆形颗粒，即为糊粉粒。

3. 脂肪：脂肪在植物体内常以油滴的形式存在于一些油料植物的种子或果实中。取花生种子一粒，剥去种皮，用刀片切取子叶一小薄片，放在载玻片上，滴加苏丹-Ⅲ乙醇溶液染色 15min，制成临时装片。置于显微镜下观察，可见细胞内有许多橙红色的圆球形颗粒，即为油滴。

四、实训报告

1. 绘制马铃薯块茎的淀粉粒结构图，并注明各部分结构的名称。
2. 比较说明 3 种质体的特点。
3. 比较说明 3 种后含物的特点及鉴定方法。

实训四　细胞有丝分裂的观察

一、实训目的和要求

1. 熟悉植物细胞的有丝分裂过程。
2. 掌握植物细胞各个分裂时期的主要特征。
3. 掌握根尖培养技术和根尖压片技术。

二、实训材料和仪器

洋葱根尖纵切片、洋葱鳞茎、显微镜、酒精灯、载玻片、盖玻片、镊子、刀片、解剖针、吸水纸、擦镜纸、改良苯酚品红染液、离析液、蒸馏水。

三、实训内容和方法

（一）根尖细胞有丝分裂的观察

取洋葱根尖纵切片，置于低倍镜下观察，在其最前端可见由许多薄壁细胞组成的帽状结构——根冠；根冠内方即为分生区，发生有丝分裂的细胞就处在此区域内，将分生区移至视野中央，可以观察到形态近似正方形、排列整齐、细胞核大的细胞，这是处在分裂间期的细胞，还可以看到大量处在不同分裂时期的细胞。根据有丝分裂各时期细胞形态变化的特点，选择不同时期的细胞，转换至高倍镜下仔细观察，了解其分裂的全过程。

1. 分裂间期：有丝分裂的准备阶段，细胞在积累物质、贮存能量和准备分裂。细胞核无明显变化，核大、结构均匀，细胞质浓，核仁、核膜明显，细胞内部正进行着 DNA 的半保留复制。

2. 分裂期：分裂期分成前期、中期、后期和末期 4 个时期，各时期细胞的变化特征如下。

（1）前期：分裂的开始时期，最初细胞核膨大，核内出现不均匀的状态，随后染色质丝螺旋化缩短变粗，形成形态清晰的染色体。每条染色体由两条染色单体组成，由着丝点连在一起。接着核仁、核膜消失，细胞内开始出现纺锤丝。核膜的解体标志着前期的结束。

（2）中期：染色体聚集到细胞中央，连接两条染色单体的着丝点整齐地排列在赤道板上。纺锤体形成，明显可见。中期是观察染色体的形态结构和计数的最好时期。

（3）后期：纺锤丝收缩，染色体在着丝点处断裂，每一条染色体的两条染色单体彼此分离，在纺锤丝的牵引作用下分别向两极移动，至两极为止，成为两组子染色体。每组子染色体具有和母细胞数目相同的染色体。部分纺锤丝残留在赤道板上，成为未来新细胞壁形成的基础——成膜体。

（4）末期：两组子染色体移至两极后，逐渐解螺旋、变细，重新分散成为染色质，核仁、核膜重新出现，形成两个新细胞核。在原赤道板位置所形成的成膜体进一步发展成为细胞板，并向四周扩展形成细胞壁，将一个母细胞分成了 2 个子细胞。至此，有丝分裂完成了全过程。

（二）临时压片法观察根尖细胞有丝分裂

1. 根尖培养：实验前 3～5d 取洋葱鳞茎一个浸泡在水中，室温下培养，每天换水，使其长出幼根，备用。

2. 材料处理：当幼根长到 2～3cm 时，在上午 10～11 点之间用刀片截取幼根根尖，长度以 5mm 为宜。立即投入到固定离析液中（等量的浓盐酸和 95％乙醇配成的混合液）进行离析固定，处理 10～20min 后，取出用清水漂洗 10～30min 即可制片。

制片时，取已处理好的根尖放在干净载玻片上，用解剖刀或解剖针把根尖自伸长区以上的部分切去，只剩下 1～2mm 长的一段，用镊子将根尖压裂，滴 2 滴改良苯酚品红染液进行染色，约 5min 后盖上盖玻片，用镊子背轻敲使材料压成均匀、单层细胞的薄层，也用大拇指轻压盖玻片，使根尖细胞分散开，再用吸水纸吸掉多余的水分即可。若细胞核的染色质和染色体颜色过淡，可把载玻片放在酒精灯上略微加热，这样可使细胞质破坏，增进染色体的染色；但不宜过热，否则会使细胞干缩毁坏、染料沉淀而不能观察。

3. 镜检：把制好的切片放在显微镜下观察，根据细胞有丝分裂的特点，找出切片中各个分裂时期的典型细胞。

四、实训报告

1. 绘制洋葱细胞有丝分裂各时期的特征图，并注明各部分结构的名称。

2. 比较说明植物细胞有丝分裂各时期的特点。

实训五　植物组织的观察

一、实训目的和要求

1. 掌握各类植物组织的细胞形态、组成特点和生理功能。
2. 掌握维管束的结构特点。
3. 了解各类组织在植物体内的分布。

二、实训材料和仪器

洋葱根尖纵切片、丁香芽纵切片、棉花老茎横切片、椴木二年生茎横切片、玉米茎节间基部纵切片、蚕豆叶下表皮切片、桑茎横切片、迎春叶横切片、水稻老根横切片、南瓜茎纵（横）切片、黄麻茎纵（横）切片、梨果肉横切片、松树茎三断面切片、马尾松茎横切片、甘薯叶横切片、棉花叶横切片、蚕豆叶、洋葱幼根、莲藕根状茎、甘薯块根、芹菜叶柄、梨果肉、柠檬果实、烟草茎或叶柄、体视显微镜、显微镜、载玻片、盖玻片、镊子、刀片、解剖针、吸水纸、擦镜纸、番红溶液、蒸馏水。

三、实训内容和方法

（一）分生组织

1. 顶端分生组织：位于根、茎顶端，分裂活动的结果是使根、茎伸长。取洋葱根尖纵切片置于显微镜下观察，在根冠内侧可见到一些体积小、细胞壁薄、细胞质浓、排列紧密、无细胞间隙的细胞，即为根尖分生组织。或取丁香芽纵切片置于显微镜下观察，可见幼叶的中央包裹着锥形的生长锥，即为茎尖分生组织。

2. 侧生分生组织：一般位于植物体的周围，包括维管形成层和木栓形成层，分裂活动的结果是使根、茎增粗和形成新的保护组织。取棉花老茎横切片置于显微镜下观察，可见次生韧皮部与次生木质部之间有几层扁平、紧密的细胞，呈环状排列，即为维管形成层。取椴木二年生茎横切片置于显微下观察，在切片边缘可见几层扁平、排列紧密、棕红色的死细胞，为木栓层；在其内侧有一层形态相似、着色较浅、含有浓厚细胞质的活细胞，即为木栓形成层。

3. 居间分生组织：常位于植物节、叶基部等部位，是顶端分生组织在某些器官局部区域的保留，分裂活动的结果是使器官急剧伸长。取玉米茎节间基部纵切片，置于显微镜下观察，在其基部可见一些体积小、排列紧密、细胞核大、细胞壁薄、细胞质浓厚、具有分生能力的细胞群，即为居间分生组织。

（二）保护组织

1. 初生保护组织——表皮：取蚕豆叶下表皮切片或用镊子撕取蚕豆叶下表皮制成临时装片，置于显微下观察。可见表皮细胞形状不规则，呈波浪状相互嵌合，无细胞间隙，在表皮细胞之间还有许多气孔器。

2. 次生保护组织——周皮：周皮由木栓层、木栓形成层和栓内层三部分组成，在椴木二年生茎横切片中已观察过，木栓层细胞高度栓质化，不易透水、透气，起到良好的保护作用。也可取桑茎横切片等其他植物材料进行观察。

（三）薄壁组织

1. 吸收组织：位于根、茎等器官幼嫩部位的表面，具有吸收养分和水分的能力。取洋葱幼根置于体视显微镜下观察，可见成熟区外侧有许多毛状突起，即为根毛。再取洋葱根尖纵切片进行观察，可见表皮细胞外壁向外突起形成根毛，细胞核位于根毛的前端，这些根毛即为吸收组织。

2. 贮藏组织：主要存在于种子、果实、块根、块茎等各类贮藏器官中，起着贮藏同化产物的功能。取莲藕根状茎或甘薯块根制成临时装片，置于显微镜下观察，可见细胞内含有大量淀粉粒等营养物质，这些细胞即为贮藏组织。

3. 同化组织：常位于植物体的绿色部位，含有大量的叶绿体，能进行光合作用。取迎春叶横切片进行观察，在上下表皮之间有许多含叶绿体的细胞，其中上表皮下方的是排列整齐、圆柱状的长形细胞——栅栏组织，下表皮内侧是排列疏松、不规则的细胞——海绵组织，这些细胞即为同化组织。

4. 通气组织：一般存在于水生植物和湿生植物中，胞间隙发达，常形成大的气腔或气道。取水稻老根横切片进行观察，可见皮层细胞排列疏松，胞间隙发达，许多薄壁细胞已经解体，形成大的气腔，成为空气流通的通道，这些细胞和气腔即为通气组织。

（四）机械组织

1. 厚角组织：常位于嫩茎、叶柄、花柄的外围或表皮下方，在细胞壁的局部或角隅处发生不均匀增厚，为活细胞。取南瓜茎横切片进行观察，可见表皮内侧的几层细胞在角隅处有增厚现象，这些细胞群即为厚角组织。或取芹菜叶柄制作临时装片，用番红染色后置于显微镜下观察，可见表皮内侧存在着成片分布的厚角组织。

2. 厚壁组织：细胞壁全面木质化次生增厚，为死细胞，包括纤维和石细胞两种，具有强烈的机械支持功能。取黄麻茎横切片进行观察，可见韧皮部有许多聚集的纤维细胞，呈多边形，细胞壁全面均匀增厚，中空；再观察黄麻茎纵切片，可见每个纤维细胞呈狭长纺锤形，两端尖锐，彼此贴合在一起。取梨果肉横切片或用刀片切取一小块梨果肉放在载玻片上压碎、分散，番红染色后制成临时装片，置于显微镜下观察。可见薄壁细胞中分布着许多石细胞群，这类细胞呈多边形或近圆形，近似等径，次生壁明显增厚，细胞腔小。

（五）输导组织

1. 维管束：取南瓜茎横切片进行观察，可见在表皮和髓腔之间约有 10 个椭圆形的维管束，环状排列。仔细观察其中一个维管束，处于中部的是被染成红色的木质部，在木质部内、外两侧被染成绿色的分别是内韧皮部和外韧皮部，此类属双韧维管束。

2. 导管和管胞：植物体内输导水分和无机盐的结构，均为死细胞。取南瓜茎纵切片观察，可见许多被染成红色的、具有不同形状次生增厚的中空管道状结构，即为导管，它是由许多导管分子横壁溶解、形成穿孔后彼此连接在一起形成的，其管壁有环纹、螺纹、梯纹、网纹、孔纹等不同增厚方式。另取松树茎三断面切片，置于显微镜下观察，可见到两端尖削、口径小、横壁不具穿孔的管道状细胞，即为管胞。

3. 筛管和伴胞：植物体内输导有机物质的结构，均为活细胞。取南瓜茎纵切片观察，在导管外侧可见许多被染成绿色的管道状细胞，即为筛管，它是由许多筛管分子纵向连接而成的，在筛管分子之间可见一至几个口径小、细胞质浓厚、具有细胞核、着色较深的细胞，即为伴胞。

（六）分泌组织

1. 内分泌组织：将分泌物质贮于植物体内的分泌组织，常存在于基本组织内，包括分泌细胞、分泌腔、分泌道和乳汁管等。取马尾松茎横切片，置于显微镜下观察，可见皮层内有裂生性的树脂道，即为分泌道。或取柠檬外果皮制成临时装片进行观察，可见圆形的囊腔状结构，即为分泌腔。

2. 外分泌组织：将分泌物质排出体外的分泌组织，常分布于植物体的表面，包括腺毛、腺鳞、蜜腺、排水器等。取烟草茎或叶柄制成临时装片观察，可见表皮层有许多向外突出的毛状结构，即为腺毛。或取甘薯叶横切片观察，可见表皮层有向外突出的腺鳞。或取棉花叶横切片观察，可见主脉处有许多乳突状的突起，即为蜜腺。

四、实训报告

1. 绘制蚕豆叶下表皮细胞的结构图。
2. 绘制厚角组织和纤维细胞的结构图。
3. 绘制各类导管的纵切面结构图。
4. 绘制筛管和伴胞的纵切面结构图。

实训六　根尖及根初生结构的观察

一、实训目的和要求

1. 了解根尖的分区，掌握各区细胞及组织结构的特点。
2. 掌握双子叶植物根的初生结构。

二、实训材料和仪器

洋葱根尖纵切片、蚕豆幼根横切片、棉花幼根横切片、毛茛幼根横切片、显微镜、擦镜纸。

三、实训内容和方法

（一）根尖结构观察

根尖为根的顶端在根毛生长处及其以下的一部分，从顶端起依次分为根冠、分生区、伸长区和根毛区（成熟区）。取洋葱根尖纵切片，置于显微镜下观察，比较各区细胞的特点。

1. 根冠：位于根尖顶端，由薄壁细胞组成，呈帽状结构。细胞排列疏松，外层细胞较大，内层细胞较小。

2. 分生区：在根冠内侧，由排列紧密的细胞组成，细胞近正方形，壁薄，细胞质浓厚，细胞核大，无细胞间隙，属于分生组织。细胞分裂能力强，许多细胞正在进行有丝分裂。

3. 伸长区：位于分生区上方，细胞停止分裂。一方面逐渐伸长而呈长方形，离分生区越远，细胞长宽比、体积越大；另一方面逐渐分化，液泡化明显，向成熟区过渡。

4. 根毛区（成熟区）：位于伸长区上方，细胞已停止伸长，并分化出各种成熟组织，表面密生根毛，为根的主要吸收部位。

（二）双子叶植物根的初生结构观察

取蚕豆幼根横切片置于显微镜下观察，由外至内可将根的横切面分为表皮、皮层、维管柱三部分。

1. 表皮：位于根的最外面，由一层排列紧密的薄壁细胞组成，有些细胞的外壁向外突出，形成根毛。

2. 皮层：表皮以内中柱以外的部分，在幼根横切面上所占比例较大，由外向内可分为外皮层、皮层薄壁细胞和内皮层三部分。外皮层由紧贴表皮的一至几层体积较小、排列紧密的细胞组成，无胞间隙，表皮破坏后，其细胞壁增厚并木质化，起暂时的保护作用；皮层薄壁细胞体积较大，排列疏松，胞间隙大，多层；皮层最内方的一层细胞为内皮层，细胞形态较小，排列紧密、整齐，其径向壁、横向壁局部增厚，并连成环带状，称凯氏带。

3. 维管柱（中柱）：皮层以内的中轴部分，由维管柱鞘、初生木质部、初生韧皮部、薄壁细胞和髓等部分组成。维管柱鞘由1～2层薄壁细胞组成，处于维管柱外围并与内皮层相连，细胞呈环状排列，形态较小、紧密，有较强的潜在分裂能力；初生木质部呈放射状排列，4～5束，常被染成红色，由靠近维管柱鞘、导管口径小、分化发育早的原生木质部和处于中央部分、导管口径大、分化发育迟的后生木质部组成；初生韧皮部分布于初生木质部的辐射角之间，常被染成绿色，细胞较小、壁薄，原生韧皮部在外，后生韧皮部在内；在初生木质部和初生韧皮部之间有一到几层薄壁细胞，具有分裂能力，以后分化为维管形成层的一部分；在维管柱的中央为薄壁细胞组成的髓部。

也可取棉花幼根横切片、毛茛幼根横切片进行观察，其初生结构与蚕豆幼根的基本相似，但初生木质部的束数为4束，且维管柱的中央没有形成髓。

四、实训报告

1. 绘制洋葱根尖纵切面结构简图及各区特征细胞2～3个，并注明各部分结构的名称。
2. 绘制蚕豆（棉花、毛茛）幼根横切面结构部分详图，并注明各部分结构的名称。

实训七　根次生结构的观察

一、实训目的和要求

1. 掌握双子叶植物根维管形成层的发生与活动规律。
2. 掌握双子叶植物根的次生结构。

二、实训材料和仪器

蚕豆根横切片（示形成层）、棉花老根横切片、显微镜、擦镜纸。

三、实训内容和方法

（一）维管形成层的发生

根的维管形成层来源于初生韧皮部与初生木质部之间的薄壁细胞以及维管柱鞘细胞。取蚕豆根横切片（示形成层）进行观察，可见初生韧皮部与初生木质部之间的部分薄壁细胞已恢复分裂能力，产生维管形成层片断，并向两侧扩展；初生木质部辐射角处的维管柱鞘细胞也恢复分裂，两者共同组成波浪状的维管形成层环，其不断进行分裂，向内、外分别形成次生木质部和次生韧皮部。

（二）双子叶植物根的次生结构

取棉花老根横切片进行观察，从外到内可依次看到下列结构。

1. 周皮：位于根的最外面，由维管柱鞘细胞脱分化形成的木栓形成层分别向内、外分裂形成，包括木栓层、木栓形成层和栓内层。木栓层位于最外侧，由几层排列紧密、扁平形的死细胞组成，被染成红色；木栓层内侧的一层活细胞为木栓形成层；栓内层则为木栓形成层内侧的一至几层薄壁细胞。

2. 次生韧皮部：周皮以内、维管形成层以外的部分，包括筛管、伴胞、韧皮薄壁细胞、韧皮射线和韧皮纤维等结构，其中韧皮射线由薄壁细胞组成，呈漏斗状，沿长轴径向排列，与次生木质部的木射线相连，统称维管射线，起横向输导和贮藏养分的功能。

3. 维管形成层：位于次生韧皮部与次生木质部之间，细胞较小、扁长方形、壁薄，排列紧密。一般只有一层，但由于刚分裂出来的几层细胞在形态、大小方面均与维管形成层细胞相似而难以区分。

4. 次生木质部：位于维管形成层以内，由导管、管胞、木射线、木纤维、木薄壁细胞等结构组成，在横切面上所占面积最大，常被染成红色。其中口径较大的为导管，口径小的为木纤维和木薄壁细胞，在导管之间由中心向四周呈放射状排列的薄壁细胞群为木射线。

5. 初生木质部：位于根的中央，有4束，呈放射状排列，常被染成红色。与次生木质部相比，初生木质部的导管口径较小，且没有木射线。

四、实训报告

1. 绘制蚕豆根维管形成层的发生活动图，并注明各部分结构的名称。
2. 绘制棉花老根横切面结构部分详图，并注明各部分结构的名称。

实训八　茎的初生结构观察

一、实训目的和要求

1. 了解植物茎尖的一般结构。
2. 掌握双子叶植物茎的初生结构。

二、实训材料和仪器

黑藻顶芽纵切片、丁香芽纵切片、向日葵茎横切片、棉花茎横切片、大豆茎横切片、苜蓿茎横切片、显微镜、擦镜纸。

三、实训内容和方法

（一）植物茎尖的结构

取黑藻顶芽或丁香芽等植物叶芽纵切片在低倍镜下观察，可见芽的中心部分为一细嫩的茎尖，其先端呈圆锥状突起，即生长锥；在生长锥下方两侧的小突起为叶原基，以后发育为幼叶，再进一步发育为成熟叶；某些叶原基的腋内及幼叶与幼叶之间可见圆柱状的小突起，即腋芽原基，长大后成为腋芽。

（二）双子叶植物茎的初生结构

取向日葵茎横切片或徒手切片，置于显微镜下观察，由外向内可分为表皮、皮层和维管柱（中柱）三部分。

1. 表皮：位于茎的最外层细胞，形状规则，横切面上呈长方形，排列整齐、紧密，外切向壁上有角质层，属于初生保护组织。某些表皮细胞间还可见气孔和表皮毛。

2. 皮层：表皮以内、维管柱以外的部分，在整个茎的横切面上所占比例明显比根少，包括厚角组织、薄壁组织和淀粉鞘。靠近表皮的几层细胞为厚角组织，可以增强幼茎的支持能力；厚角组织以内有几层排列疏松的薄壁细胞，细胞间可见分泌道；皮层最内一层薄壁细胞，排列紧密，常含有丰富的淀粉粒，称淀粉鞘（若观察徒手切片可用碘-碘化钾溶液染成蓝色，但在永久切片中很少能看到）。

3. 维管柱（中柱）：皮层以内的部分为维管柱，包括维管束、髓和髓射线。

（1）维管束：由初生木质部和初生韧皮部组成的一种束状结构。在横切面上，单个维管束常呈椭圆形，许多大小不等的维管束在皮层内侧分散地排成一个间断的圆环。初生韧皮部位于外侧，由筛管（直径较大，呈多边形的薄壁细胞）、伴胞（直径较小，呈长方形或三角形）、韧皮纤维（位于韧皮部的外侧，常被染成蓝色）和韧皮薄壁细胞等组成。初生木质部位于内侧，由导管（常被染成红色）、管胞和木薄壁细胞等组成，导管常径向排列，一个维管束可以有一至多列导管，其中内侧导管口径小（原生木质部），外侧导管口径大（后生木质部），属于"内始式"的发育方式，与根的初生结构有重要区别。初生木质部与初生韧皮部之间排列紧密、整齐的一层薄壁细胞为束中形成层。

（2）髓：位于茎的中心部分，由一群较大的圆形或多边形、排列疏松的薄壁细胞组成，细胞中常含有贮藏物质。

（3）髓射线：位于相邻的两个维管束之间的薄壁细胞，连接外侧的皮层和中央的髓部，横切面上呈放射状。髓射线的存在使薄壁组织成为一个互相联系的系统。

也可取棉花、大豆或苜蓿等植物茎的横切片或徒手切片进行观察，它们的初生结构与向日葵茎的结构基本相似。

四、实训报告

1. 绘制黑藻顶芽纵切面的结构简图，并注明各部分结构的名称。

2. 绘制向日葵茎初生结构横切面的部分详图，并注明各部分结构的名称。

实训九　茎的次生结构观察

一、实训目的和要求

1. 掌握双子叶植物茎维管形成层、木栓形成层的发生与活动规律。

2. 掌握双子叶植物茎的次生结构。

二、实训材料和仪器

棉花老茎横切片、三叶草茎横切片、椴树 3 年生茎横切片、桑树一年生茎横切片、显微镜、擦镜纸。

三、实训内容和方法

（一）维管形成层、木栓形成层的发生

1. 维管形成层的发生：维管形成层是由维管束内部的初生木质部和初生韧皮部之间的薄壁细胞（束内形成层）与维管束之间的薄壁细胞（束间形成层）恢复分裂而形成的，包括纺锤状原始细胞和射线原始细胞两种类型。取棉花老茎横切片进行观察，可看到束内形成层、束间形成层的薄壁细胞恢复分裂后连成圆环形的维管形成层，其向内、外分别产生次生木质部和次生韧皮部。

2. 木栓形成层的发生：木栓形成层的来源比较复杂，常因植物种类的不同而异。大多数植物茎最初的木栓形成层是由皮层的外部细胞恢复分裂形成的，也可以从表皮细胞（如夹竹桃、苹果等）、皮层的薄壁细胞（如棉花、三叶草等），甚至在初生韧皮部中（如葡萄、石榴等）发生。木栓形成层向内、外分别产生栓内层和木栓层。取三叶草茎横切片观察，可见表皮下第一层细胞恢复分裂形成木栓形成层。

（二）双子叶植物茎的次生结构

取椴树茎横切片，置于显微镜下观察，由外至内可观察到周皮、皮层、韧皮部、维管形成层、木质部、髓和髓射线等结构。

1. 周皮：位于茎的外围，由木栓层、木栓形成层、栓内层三部分组成，为次生保护组织。木栓层是最外侧的几层扁长形的死细胞，排列整齐、紧密，着色较深；木栓形成层是位于木栓层内侧的一层活细胞，形状与刚分裂产生的木栓层细胞相似，但壁薄、细胞质浓厚且细胞核明显；木栓形成层以内为几层薄壁细胞构成的栓内层，排列较为疏松。有的切片还可见皮孔和正在脱落的表皮。

2. 皮层：位于周皮以内、韧皮部以外的部分，由厚角组织和薄壁组织细胞组成。

3. 韧皮部：位于皮层与维管形成层之间的部分，细胞排列呈梯形，主要由次生韧皮部构成（初生韧皮部细胞在次生生长过程中逐渐受挤压而破坏、死亡），包括筛管、伴胞、韧皮薄壁细胞、韧皮纤维和韧皮射线等结构。

4. 维管形成层：位于次生韧皮部与次生木质部之间的部分，由几层排列紧密的扁平、长方形细胞组成，其中处在中央的最扁狭的一层细胞为形成层，内、外方的各层细胞为正在分化的木质部和韧皮部。

5. 木质部：维管形成层以内的部分，在茎的横切面上占最大面积，主要由次生木质部构成，包括导管、管胞、木薄壁细胞、木纤维和木射线等结构。由早材和晚材所构成的年轮明显，呈同心环状，其中早材的细胞口径大、壁薄、木质化程度低而染色较浅，晚材的细胞口径小、壁厚、木质化程度高而染色较深。在次生木质部内方紧靠髓部周围为保留的初生木质部，由导管、管胞、木薄壁细胞和木纤维等组成，其中导管较次生木质部的小，着色更深，并且外侧导管的口径较内侧的稍大。

6. 髓：位于茎的中心，主要由薄壁细胞组成，其中处于外侧的、与初生木质部相连的细胞较小、壁厚，称环髓带。髓细胞一般含有单宁、淀粉粒等贮藏物质，具有贮藏作用，并使部分细胞的着色较深；髓部中央的细胞较大，排列疏松，常有黏液道。

7. 髓射线：位于两个维管束之间的薄壁区域，内起髓部，外连皮层，在木质部仅由1～2列长条形的细胞径向连成，而在韧皮部其细胞变大，列数由内至外增加，呈喇叭形或倒三角形，起贮藏和横向运输的作用。

注意区分维管射线和髓射线，维管射线包括木射线和韧皮射线，位于维管束内部，内连初生木质部，存在于茎的次生结构中，由起横向运输作用的薄壁细胞组成；髓射线位于维管束之间，内连髓部，在茎的初生结构中就已存在。

取桑树一年生茎或棉花老茎横切片等植物材料进行观察，可见其次生结构与椴树茎的结构基本相似。

四、实训报告

1. 绘制棉花茎维管形成层的发生活动图，并注明各部分结构的名称。
2. 绘制椴树老茎横切面结构的部分详图，并注明各部分结构的名称。

实训十　叶的结构观察

一、实训目的和要求

1. 掌握双子叶植物叶片的基本结构。
2. 掌握单子叶植物叶片的基本结构。
3. 掌握植物叶片的形态结构对生态环境的适应。

二、实训材料和仪器

棉花叶横切片、茶叶横切片、女贞叶横切片、迎春叶横切片、水稻叶横切片、小麦叶横切片、玉米叶横切片、夹竹桃叶横切片、眼子菜叶横切片、显微镜、擦镜纸。

三、实训内容和方法

（一）双子叶植物叶片的结构

取棉花叶横切片置于显微镜下观察，可看到其结构由表皮、叶肉和叶脉三部分组成。

1. 表皮：位于叶片上、下表面的一层细胞，分别称上表皮和下表皮。细胞在横切面上呈长方形，排列紧密，外壁具有角质层，有气孔器（由两个保卫细胞组成）分布且以下表皮较多，气孔内有较大的气室。在表皮上还可看到表皮毛和腺毛等结构。

2. 叶肉：位于上、下表皮之间的绿色部分，细胞中含有大量的叶绿体，明显分化为栅栏组织和海绵组织，有时还可看到分泌腔。栅栏组织的细胞近似长圆柱形，紧靠上表皮，与上表皮呈垂直排列，紧密，细胞内含有较多叶绿体。海绵组织的细胞形状不规则，位于栅栏组织与下表皮之间，排列疏松，胞间隙较大，细胞内含叶绿体较少。

3. 叶脉：主要由维管束组成，其结构随叶脉粗细、大小不同而稍有差异。主脉维管束的木质部位于近轴面（靠近上表皮，被染成红色），韧皮部位于远轴面（靠近下表皮，被染成绿色），两者之间为不发达的形成层。维管束周围是薄壁组织，在其中常可观察到分泌腔和结晶体。上、下表皮的内侧为机械组织（厚角或厚壁组织）。叶脉越细结构越简单。

也可取茶叶、女贞叶或迎春叶横切片进行观察，其结构与棉花叶基本相似。

（二）单子叶植物叶片的结构

取水稻叶横切片置于显微镜下观察，其基本结构包括表皮、叶肉和叶脉三部分。

1. 表皮：分为上表皮和下表皮，由表皮细胞、泡状细胞和气孔器等组成。表皮细胞排列紧密，外壁不仅角质化而且高度硅化，形成许多角质和硅质的乳突，有时还可看见表皮毛。在上表皮的两个叶脉之间有泡状细胞，而上、下表皮均分布有气孔器（由两个保卫细胞和两个副卫细胞组成），气孔内有较大空腔，称孔下室。

2. 叶肉：叶肉没有栅栏组织和海绵组织的分化，属于等面叶。细胞的形状不规则，胞间隙较小，细胞壁向内褶皱，形成"峰、谷、腰、环"的结构，叶绿体沿褶皱分布。

3. 叶脉：平行脉，由维管束和机械组织构成。维管束包括木质部、韧皮部和维管束鞘三部分，无形成层，其中木质部位于近轴面（上表皮），韧皮部位于远轴面（下表皮）；维管束鞘由两层细胞组成，外层细胞较大、壁薄，含叶绿体，而内层细胞较小、壁厚，几乎不含叶绿体。主脉中央有较大而分离的气腔，气腔的上、下方各有一个维管束，维管束的上、下方有成群的机械组织与表皮相连。

也可取小麦叶或玉米叶横切片进行观察，其结构与水稻叶的基本相似。

（三）不同生境植物叶片的结构

1. 旱生植物的叶片：取夹竹桃叶横切片进行观察，其基本结构仍由表皮、叶肉、叶脉三部分组成，但表现为典型的旱生叶结构。

（1）表皮：上、下表皮均为多层细胞构成的复表皮结构，细胞壁厚，排列紧密，外壁有发达的角质层。下表皮有许多凹陷的窝，里面有多个气孔，在窝内密生表皮毛，称气孔窝。

（2）叶肉：具有栅栏组织和海绵组织的分化，上、下表皮均有多层栅栏组织存在，排列紧密。海绵组织位于栅栏组织之间，层数较多，胞间隙不发达。

（3）叶脉：主脉较大，为双韧维管束，可观察到形成层细胞；侧脉很小，只能看到木质部和韧皮部。

2. 水生植物的叶片：取眼子菜叶横切片进行观察，其基本结构由表皮、叶肉、叶脉三部分组成，但表现为典型的水生叶结构。

（1）表皮：细胞壁薄，外壁一般没有角质层，细胞内含有叶绿体，无气孔和表皮毛。

（2）叶肉：叶肉细胞不发达，没有栅栏组织和海绵组织的分化，胞间隙发达，常形成许多通气组织。

（3）叶脉：叶脉退化，木质部简化，甚至看不到导管。

四、实训报告

1. 绘制棉花叶横切面结构部分详图，并注明各部分结构的名称。

2. 绘制水稻叶横切面结构部分详图，并注明各部分结构的名称。

实训十一 花药和子房结构的观察

一、实训目的和要求

1. 掌握未成熟与成熟花药的形态结构。
2. 掌握子房结构的主要特征。

二、实训材料和仪器

百合花药横切片（未成熟与成熟花药）、百合子房横切片、显微镜、擦镜纸。

三、实训内容和方法

（一）花药的结构

1. 未成熟花药的结构：取未成熟的百合花药横切片，置于显微镜下观察。可以看到花药呈蝴蝶形，两侧各有 2 个花粉囊（药室），中间有药隔相连，药隔由维管束和薄壁组织组成，有时还可观察到有一花丝横切面位于药隔下方。选一结构清晰的花粉囊转换至高倍镜观察，从外向内分别为表皮、药室内壁、中层和绒毡层。

表皮是位于花药的最外一层细胞，其中间常可见到气孔；表皮内侧有一层较大的细胞，为药室内壁；紧邻着药室内壁为 2~3 层体积较小、扁平状的薄壁细胞，称中层；最内一层为绒毡层，细胞体积较大，细胞质浓厚，常具有多个核。花粉囊中央为花粉母细胞，细胞近圆形、核大、细胞质浓厚，在一些切片中，有的花粉母细胞正在进行减数分裂。

2. 成熟花药的结构：取成熟的百合花药横切片，置于显微镜下观察，可发现其结构已发生较大的变化。绒毡层细胞完全退化；中层细胞全部退化或部分保留；药室内壁细胞的细胞壁上出现明显的加厚条纹，称纤维层；同时，药隔两侧的一对花粉囊之间的细胞解体，两室相互连通，并且由于纤维层的不均匀收缩而在唇细胞处纵向开裂，花粉粒散出。

（二）子房的结构

取百合子房横切片，置于显微镜下观察。可见百合子房由 3 枚心皮合生而成，子房 3 室，每室有两个倒生型胚珠着生于胎座上，子房壁由内、外两层表皮和中间的薄壁细胞组成，其中分布有维管束。

选择一个完整的胚珠转换至高倍镜下观察，可发现胚珠倒生，包括有珠柄、珠被、珠孔、合点、珠心和胚囊等结构。其中胚珠以珠柄着生于胎座上；珠被有内、外两层，珠被之间的缝隙为珠孔；在珠孔的另一端，珠心与珠柄的连接处为合点；珠心位于珠被内部，是胚珠中最重要的部分，胚囊在其内部发育，成熟的胚囊几乎占据整个珠心，其具有 "7 细胞或 8 核" 的结构，即一个中央细胞（或 2 个极核）、2 个助细胞、1 个卵细胞和 3 个反足细胞。

四、实训报告

1. 绘制成熟百合花药横切面部分详图，并注明各部分结构的名称。
2. 绘制百合子房横切面结构图，并注明各部分结构的名称。

综合实训一 植物标本的采集及制作技术

一、实训目的和要求

1. 了解高等植物的形态特征和生习性。
2. 掌握高等植物标本的采集技术和野外观察记录方法。
3. 掌握高等植物标本的制作技术。

二、实训材料和仪器

标本夹、枝剪、采集箱（袋）、铲子、砍刀、草纸、麻绳、采集记录表（册）、采集号牌、记录本、海拔仪、卷尺、小刀、铅笔、橡皮擦、放大镜、照相机、望远镜、备用药品等。

三、实训内容和方法

（一）植物标本的采集

1. 采集方法：采集前需了解该地区的气候、环境、地理、植物等基本情况，以便决定采集时间、内容和所带物品等。一般而言，采集时间应选择在植物的花、果期，采集对象应选择生长发育良好，无病虫害，具有花、果、叶、根等器官的植株或枝条。每号标本的大小以不超过 25cm×35cm 为宜。

木本植物选择树冠外围中上部有叶、花或果实的枝条采集，尽量带有分枝、一年生和二年生枝条以及其他的特殊特征，如具刺、树皮特征显著等。草本植物要连根采集，若长度较长可把它折叠成 N 形或 V 形，或截分成上（带有花果）、中（带叶）、下（带根）三段压制后再合成一份标本（图6），但要记录全草高度。寄生植物如桑寄生、菟丝子等要连寄主一起采集。雌雄异株的植物则必须分开采集。

图6　标本压制方法

每号标本采集的数量根据需要而定，一般为 3～5 套，修剪后挂上号牌（图7）。原则上同地所采的同种植物应编为同一号码。

2. 采集记录：野外采集标本必须附有现场记录，对植物的生长环境、海拔高度、采集时间、采集地点、地方名、用途和形态（如植株高度、茎、叶、花、果、气味、乳汁）等主要特征都应有详细记录，以供日后参考。采集记录卡式样如图8所示，其采集号必须与标本上号牌的号码一致。

（二）植物标本的压制与翻晒

1. 压制：采回的标本要及时修整，以除去过多的枝、叶、花、果部分。压制时先把一块标本夹放在地上，铺放 5～6 层草纸，纸上放一层标本，注意标本的各部分不可露出纸外，四周需高低一致，每份均有正、反两面叶片。若标本过长可适当折成 V 形或 N 形，再盖3～5 层草纸，依此类推。当达到一定数量（50～80 份）或一定厚度（20～30cm）时即可停止，在最上面盖 5～6 层草纸，压上另一块标本夹，用绳子将标本夹四周拴实、压紧，放在室外通风处晾晒。

<table>
<tr><td colspan="2">植物标本采集记录</td></tr>
<tr><td>采集号：</td><td>采集时间：</td></tr>
<tr><td>采集地点：</td><td>海拔（米）：</td></tr>
<tr><td colspan="2">习性：常绿、落叶、半落叶、乔木、灌木、草本、藤本</td></tr>
<tr><td colspan="2">生境：山顶、山腰、山脚、路旁、河边、田间、水中</td></tr>
<tr><td>株高（米）：</td><td>胸径（厘米）：</td></tr>
<tr><td>树皮：</td><td>叶：</td></tr>
<tr><td>花：</td><td>果实（种子）：</td></tr>
<tr><td colspan="2">分布量、用途：</td></tr>
<tr><td colspan="2">附录：</td></tr>
<tr><td>采集人：</td><td>科名：</td></tr>
<tr><td>学名：</td><td>俗名：</td></tr>
</table>

图 8　采集记录卡式样

采集号：
俗名：
采集时间：
采集地点：
采集人：

图 7　采集号牌式样

2. 翻晒：标本压制的最初几天必须每天翻晒 2～3 次，用干草纸替换湿草纸，使水分迅速蒸发，以免标本霉变、落叶、落花、落果或变色，换下的湿草纸需及时晒干或烘干以备再用。4～5d 后可每隔 2～3d 换一次纸，直至标本完全干燥为止。

换纸过程中要注意对植株的再次整理，如有花、果、叶脱落，可装入小纸袋内附在标本上。对于肉质多浆的植物、块根、块茎、鳞茎等不易干燥或易脱落的标本，可在压制前用沸水冲烫几分钟，晾干后再压制。

（三）植物标本的消毒、装订与保存

1. 消毒：标本压干后需进行消毒，以杀死标本上的虫卵或病菌孢子。消毒方法有多种，一般用升汞和 95％乙醇配成 2‰～5‰的升汞-乙醇溶液，然后把标本浸泡在溶液中 5min，拿出后用草纸压干或在空气中晾干即可。或把标本放在熏蒸室或密闭的容器内，通入有毒气体如溴甲烷、磷化氢、二硫化碳等，3～5h 即可达到消毒效果。

2. 装订：消毒好的标本需装订在台纸上才能永久保存，台纸宜采用 40cm×30cm 或更大的白色厚纸板。把标本放在台纸上适当位置，左上角和右下角分别留出部分空间以备贴采集记录和定名标签，用针从台纸背面穿引棉线分别捆绑标本的上、下部位，在背面打一个线结即可固定标本，若有分枝或叶、花、果太多，可增加几个固定点。也可用刻刀沿标本适当位置切出成对的小纵口，把坚韧的纸条由纵口穿入，从台纸背面拉紧，用胶水贴牢两端即可固定。

<table>
<tr><td colspan="2">植物标本定名标签</td></tr>
<tr><td>采集号：</td><td>采集地点：</td></tr>
<tr><td>科名：</td><td>中文名：</td></tr>
<tr><td>学名：</td><td>采集时间：</td></tr>
<tr><td>采集人：</td><td>鉴定人：</td></tr>
</table>

图 9　定名标签式样

标本固定好后，在台纸的左上角贴采集记录，右下角贴定名标签（图 9），使其成为一份完整的标本。一些脱落的枝、叶、花、果实和种子等可用纸袋装好贴在台纸上。

3. 保存：装订好的标本用牛皮纸包装起来，统一编号记录后按照一定的要求放入标本柜内保存，以供研究和教学使用。保存条件为室温、干燥和无病虫害。

四、实训报告

1. 采集草本植物和木本植物各 3 种，并制作成蜡叶标本。
2. 填写上述标本的野外采集记录。

综合实训二　野生资源植物的识别和测定技术

一、实训目的和要求

掌握野生资源植物的识别和测定技术。

二、实训材料和仪器

枝剪、砍刀、小刀、放大镜、载玻片、吸水纸、碘-碘化钾溶液、明胶溶液、10％氯化铁溶液、碳酸钠溶液、蒸馏水。

三、实训内容和方法

（一）野生油料植物的识别和测定

植物的非挥发性油脂和挥发性芳香油一般存在于根、茎皮、叶、花、果实和种子等器官中，尤其以果肉和果仁含量较高，调查时可据其化学性质做出判断。

把叶片对光透视，如发现叶面有许多透明小亮点（油细胞或树脂点），即可证实该植物属含油植物，如香薷。揉碎叶片可溴到愉快的芳香味或难闻的气味者为含油植物，如樟科植物。果实表面有黄色透明小油点，破碎后散发出生姜味者可确定该植物含油，如山苍子和厚朴等；或把果实捣碎后放入水中，若表面有油点漂浮，则为含油植物。把果实或种子夹在白纸或白色吸水纸之间，用力压碎，稍干后纸上留有明显油迹者为含油植物；也可据碎渣的状态来判断，碎渣软润者含油，粉状者则不含油，如野茉莉属和木姜子属等植物。

（二）野生淀粉植物的识别和测定

淀粉主要贮存在植物的块根、块茎、鳞茎和地上部分的果实中，可针对性采样鉴别。用刀切开植物的果实、块根或块茎，刮取少量汁液，涂在载玻片上，滴加 1 滴碘-碘化钾溶液，呈蓝色者为淀粉植物，用放大镜可观察到蓝黑色的颗粒物——淀粉粒。也可用手摸一下切开的材料，若干后手指上呈白色则表明含有淀粉。

（三）野生单宁植物的识别和测定

单宁大部分存在于植物的果实、种子、根和茎等器官中。用一把无锈的铁刀切开植物材料，若小刀及材料断面很快变成蓝黑色则含单宁。或把材料压出汁液后溶入水中，滴加明胶溶液可产生白色沉淀者为含单宁。也可往材料的切面或汁液中滴加 10％氯化铁和少量碳酸钠溶液，出现蓝绿色者为单宁植物。

（四）野生纤维植物的识别和测定

一般藤本植物的树皮大多含有纤维。用手把植物种子或雌花序上的毛拉下，若此毛细长、柔软、韧性强，则可能为纤维植物。或把植物的茎皮撕下，若有纤维存在则可看到一条条韧状结构，用指甲或竹片削刮会有一丝丝物质出现，如络石、罗布麻等。或枝条韧性大、难折断、耐拉力强，也可能为纤维植物。

（五）野生橡胶类植物的识别和测定

把植物的茎、叶或根切断，切口处有白色的乳汁液流出，且带有黏性，将乳汁收集在手中摩擦一段时间后，若剩余物质有弹性，则可能为橡胶类植物，如红楠、油杉等。或把样品破碎后，若有耐力强、弹性高的密集丝状物出现，也可能为橡胶类物质。

四、实训报告

对采集的野生资源植物样品进行测定，判断其属于何类资源植物，并写出操作过程中的注意事项。

综合实训三　野生植物资源的调查技术

一、实训目的和要求

1. 掌握野生植物资源的样方调查技术。
2. 掌握野生植物资源的蕴藏量调查技术。
3. 掌握野生植物资源调查工作报告的编写方法。

二、实训材料和仪器

GPS（全球卫星定位系统）、海拔仪、树木测高仪、电子天平、干燥箱、铁铲、枝剪、砍刀、标本夹、采集箱（袋）、样方框、测绳（皮尺）、钢卷尺、剪刀、小刀、野外用秤、记录本、纸袋、标签、铅笔、橡皮、放大镜、照相机、望远镜、备用药品等。

三、实训内容和方法

（一）调查前的准备

1. 收集资料：查阅调查区域的自然、地理、气候、农业、林业、土壤、植被等有关资料，并通过走访当地群众，了解当地野生植物资源的情况以及相应的开发利用途径，为制定调查计划提供依据。

2. 制定调查计划：根据调查的目的、任务、所具备的条件以及掌握的情况制定调查计划，确定调查的内容、地点、路线、方法和步骤等。调查地点要选择有代表性的典型地段，能充分代表本地区的生境特点和植被类型，并且要有足够大的面积。

3. 仪器用品：准备好野外调查用的仪器用品，包括资源植物测定、标本采集与制作以及群落考察的相应器具。

（二）调查方法

1. 线路调查：在调查区域内，根据当地实际情况按不同方向选择几条具有代表性的线路，沿着线路调查，记录野生植物种类、数量、生长习性和生境等指标，并采集标本与目测其多度。这种方法比较粗放，但可窥其全貌，适用于大面积，特别是产量较少、分布又不均匀的地区。

2. 样方调查：指在调查区域内选择不同的地段，并按不同的植物群落设置样方，在样方内做细致的调查研究。样方设置可按不同的环境（地形、海拔、坡度、坡向等）和工作线来进行，其大小则根据调查的目的、对象而定，一般草本植物为 $0.5 \sim 4m^2$（常用 $1m^2$），灌木为 $4 \sim 16m^2$（常用 $5m \times 5m$），北方森林为 $100 \sim 400m^2$（常用 $10m \times 10m$），热带森林则需 $1000 \sim 2000m^2$ 以上。样方的数量可设 $3 \sim 5$ 个，其形状亦有多种，但最常用的为方形。调查时对样方内植物的密度、多度、盖度、郁闭度及频度、优势度等分别做测量统计。各类指标的意义如下。

① 密度：描述植物群落样方中各种植物的疏密状况，用单位面积植株数量的多少来表示。

$$密度 = \frac{某种植物的株数}{样方面积}$$

$$相对密度 = \frac{某种植物的株数}{样方内的植物总株数}$$

② 多度：描述植物群落样方中各种植物的多少程度，其中以德氏（Drude）多度最为常用。划分方法为：Soc——极多，Cop^3——很多，Cop^2——多，Cop^1——尚多，Sp——少，

Sol——稀少，Un——个别。野外调查时，有时来不及或难于进行密度测定，采用多度等级则简便快速，且不受样地大小限制。但目测法的主观性较强，对同一对象的测定结果常有差异。

③ 郁闭度：指样地中乔木林冠的投影面积，一般用十分法表示。

$$郁闭度=\frac{林冠投影面积}{样地面积}$$

④ 盖度：植物群落中各种植物的相对投影面积，用百分数表示，多用目测法估计。其中林业上常用郁闭度来表示乔木层的盖度。

⑤ 频度：植物群落某物种在样方总体中出现的频率，常用某物种出现的样方数占总样方数的百分比来表示，在一定程度上反映了物种在群落中水平分布的均匀程度。

$$频度=\frac{某物种出现的样方数}{总样方数}\times100\%$$

⑥ 优势度：指某种植物在群落中的作用和地位大小，优势度大的种就是该群落中的优势种。

⑦ 重要值：反映植物群落中每一物种的重要性高低，重要值越高的物种在群落结构中作用越大。可据密度、频度和优势度来确实群落中每一物种的相对重要值。

$$重要值=相对密度+相对频度+相对优势度$$

样方法适用于各种生活型的植物，调查结果较为准确，但费时费力。样方内植物种类调查内容详见表1。

表1 样方内植物种类调查表

植物名称	株高/cm		胸径/cm		树龄/年	密度	多度	郁闭度	盖度	频度	优势度	重要值	物候期
	最高	平均	最大	平均									

3. 蕴藏量调查：蕴藏量对野生植物资源的开发利用有重要意义，因为野生植物的利用价值高低不仅与其有效成分的种类、含量和质地有关，还与蕴藏量大小密切相关。目前对野生植物资源蕴藏量的调查还缺乏比较精确和切实易行的方法，一般采用的有估量法和实测法两种。

（1）估量法：走访当地有经验的、熟悉野生植物资源分布情况的农民和收购员等相关人员，邀请其座谈、讨论，并参照历年资料和调查所得的印象做出估算。这种方法虽然不精确，但也有一定的参考价值。

（2）实测法：在同一个地区分别调查各种植物群落的种类组成，并设置若干样地，在样方内调查各种野生植物的株数和经济收获量。通过重复调查，统计出样方面积的平均株数及经济产量，再从当地的植被图、林相图等算出该地区野生植物群落的总面积，即可求得该种野生植物的蕴藏量。把各种野生植物的蕴藏量相加，即可得到该地区野生植物资源的总蕴藏量。如果当地没有植被图或林相图，可按各种植物群落的分布位置、分布规律进行绘制，或利用有关资料转绘而成，但误差稍大。

（三）采集标本和样品

野生植物资源调查是一项科学性很强的工作，调查中要对初步确定的资源植物进行标本和样品的采集。采集标本可按综合实训一的要求进行。采集样品主要是用于室内检测，样品采集的部位、数量以及规格要求等视资源植物的种类不同而异，如油脂植物可采集果实或种子，纤维植物则采集树皮或全部茎叶。样品采集后要及时测定处理。

（四）指标测定

1. 野外测定：在野外调查时可根据综合实训二的方法对植物材料进行化学成分的初步检验，以确定该物种属于何类资源植物。要特别注意那些鲜为人知的植物种类，它们可能具有某种尚未发现的资源价值。某些野生植物尤其是各种药用植物，在野外很难测定，可访问当地居民，了解其药用价值。野外检验要求简便、快速，根据检验的结果再用其他方法进一步确证。

2. 室内测定：指利用有关仪器、设备、药品在室内对资源植物进行检验测定，主要包括植物标本的制作和检索鉴定，植物样品的整理和登记，植物干重、湿重的测定，植物有效成分（如芳香油、生物碱、纤维）的分离、提取和测定等。通过室内测定明确资源植物的种类、有效成分、产量、品质和利用价值，为资源植物的开发利用提供理论依据和实践基础。

（五）数据整理

整理各种原始资料和相关数据，包括所有野外观察记录、访问记录、野外简易测定结果、室内测定结果和各种测定方法等。数据资料要按类别装订成册，由专人保管。

（六）总结分析

1. 提出本地区各类野生资源植物名录，对名录中的每一种植物，需说明它的分布、生境、利用部位、有效成分、用途和蕴藏量等。

2. 绘制野生资源植物分布图，把野生资源植物的种类、分布、蕴藏量等指标以地图的形式科学、形象地反映出来。

3. 提出现阶段有重要开发价值的资源植物种类，并说明它的利用方法和开发前景。

4. 提出本地区野生植物资源综合利用的方案，使植物资源的开发与保护可以协调、持续地发展。

四、实训报告

1. 调查学校所在城市的野生植物资源，并编写调查报告。

2. 根据野外调查资料，填写样方内植物种类调查表（表1）。

综合实训四　常用植物制片技术

一、实训目的和要求

1. 掌握临时装片的制作技术。

2. 掌握徒手切片技术。

3. 掌握石蜡切片技术。

二、实训材料和仪器

转动切片机、显微镜、培养皿、小烧杯、小塑料盘、滴管、载玻片、盖玻片、镊子、刀片、解剖针、毛笔、温箱、温台、酒精灯、打火机、铅笔、硬木块、纱布、吸水纸、擦镜纸、固定液、95％乙醇、无水乙醇、二甲苯、氯仿、番红溶液、固绿溶液、石蜡、粘片剂、

3%甲醛、加拿大树胶、蒸馏水。

三、实训内容和方法

（一）临时装片的制作技术

临时装片技术是使用显微镜观察植物材料的最基本技术之一，尤其适用于新鲜材料的观察。把实验材料（已切好的徒手切片、撕取的植物组织或一些低等植物如衣藻等）放置在载玻片上，滴加一滴水，盖上盖玻片，即可进行显微镜观察。具体的制作方法（图10）如下。

取洁净的载玻片、盖玻片各一块，用滴管在载玻片中央滴加1～2滴清水，再用镊子把已准备好的植物材料置于小水滴中，尽量平展。用镊子夹起盖玻片，以其一边斜着与小水滴接触，然后轻轻放下，使水滴自然弥散在盖玻片内，这样可以避免因产生气泡而影响观察效果。制作好的切片，要求盖玻片与载玻片之间的水分适宜。若不足可用滴管从盖玻片的一侧边缘滴加少量水，在另一侧用吸水纸吸；若水分过多可用吸水纸吸去多余水分。若临时装片需要染色，可用滴管从盖玻片的一侧边缘滴加少量染色剂，在另一侧再用吸水纸吸，使染色剂扩散进材料中染色；也可在盖上盖玻片前加染色剂。

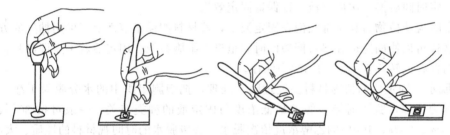

图10　临时装片的制作

（二）徒手切片技术

徒手切片法是指直接用刀（双面刀、单面刀、剃刀）或徒手切片器把新鲜植物材料切成薄片的方法。它是观察植物体内部结构的一种最简易的制片方法，尤其适用于草本植物和未完全木质化的木本植物。具体的制作方法（图11）如下。

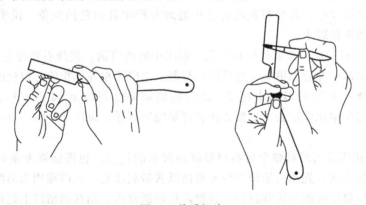

图11　徒手切片

切片前，先准备好盛有清水的培养皿、毛笔和刀片等用具，然后把植物材料切成2～3cm长截面平整的小段。用左手拇指、食指及中指夹住材料，并使材料稍高出手指且横轴与水平面平行，右手拇指和食指横向平握刀片，置于左手食指之上，刀口向内并与材料的纵轴垂直，然后自左外方向右内方拉刀进行切片。切片时要用臂力而不用腕力，切的过程中刀片亦不能离开食指，否则很难切平切薄。动作要敏捷，不要中途停顿或拉锯式切割。不论切何种植物材料，切片前刀片和材料都要蘸些水，使其呈湿润状态。每切下数片，即用毛笔蘸水，将切好的薄片材料转移到盛水的培养皿中，然后选出完整的、最薄的（透明的）、切面正的切片，制成临时装片，放在显微镜下观察。过于柔软的植物材料如幼嫩的叶片等，难于直接拿在手中进行切片，需夹入较硬且易切的维持物中，常用的维持物有萝卜、胡萝卜或马铃薯块茎等。

（三）石蜡切片技术

石蜡制片法是植物制片中最常用的一种方法，它能将研究材料切成厚薄均一且连续的薄片，有助于观察植物体内的细胞结构和组织分化的动态过程。

1. 材料选择：根据研究目的选取适宜的、有代表性的植物材料，用自来水洗刷干净，然后用刀片切成小段或小块，以便后序固定液能迅速渗入材料。

2. 杀死与固定：材料切好后立即投入固定液中，以免发生变形。固定液的种类很多，可根据不同的制片目的和材料性质来选择，最常用的为 FAA 固定液。固定液的用量一般为材料体积的 20 倍或以上，含水少的植物材料可适当减少固定液用量，含水多的植物材料则在浸泡一定时间后换一次固定液，以保证固定效果。

固定时应使植物材料全部浸泡在固定液中，若材料漂浮于液面上，可用抽气的方式使之下沉，这样可以使固定剂在尽可能短的时间里进入细胞组织。固定后若不立即制片，可放在固定液内保存或转移至 70％的乙醇中保存。

3. 脱水：固定后的植物材料要经过脱水处理，把细胞组织中的水分脱除干净。最常用的脱水剂为乙醇，脱水时第一级的最低浓度与固定液的种类有关，一般可按 30％、50％、70％、85％、95％、100％的乙醇浓度依次脱水。各级脱水的时间视材料的性质、大小而定，一般为 2～4h，而乙醇的用量约为材料体积的 3～5 倍。最后一级脱水时常再换一次无水乙醇，以彻底除去植物材料中的水分，但放置时间不能太长，以免材料变脆。

4. 透明：材料脱水后必须进行透明处理，先经 1/2 无水乙醇＋1/2 纯二甲苯（或氯仿）混合液，再经纯二甲苯（或氯仿）透明，每级的处理时间约为 2～3h。在 1/2 无水乙醇＋1/2 纯二甲苯（或氯仿）混合液处理时可加入少量番红干粉，使材料着色，便于在石蜡包埋、切片等环节的操作。若材料在混合液中处理时产生乳白色的现象，说明材料脱水不彻底，需逐级返回重新脱水。

5. 浸蜡：用石蜡进一步取代植物细胞、组织中的透明剂，使纯石蜡充分透入材料体内。浸蜡时，可先倒出一部分二甲苯，然后倒入与剩余二甲苯相等体积的已熔化的石蜡，再把装有材料的容器放入 35℃的温箱中过夜，之后将温箱温度调高至 56℃（比石蜡熔点高 2～3℃），待石蜡完全熔化后倒去，更换 3 次新鲜熔融纯石蜡，每次 2～4h，即可进入材料的包埋处理。

6. 包埋：指用纯石蜡将整个材料埋藏凝固起来的过程。包埋前需准备好酒精灯、打火机、镊子和一盆冷水，先用质地较厚且光滑的纸张折成小盒，其两端用铅笔注明即将包埋的材料名称，然后将熔融的石蜡和材料一并倒入包埋纸盒内。用在酒精灯上烧热的镊子将植物材料按需要的切面及间距迅速排好。当石蜡稍有凝结时将纸盒平放入冷水中充分冷却，使其很快凝固，避免因凝固太慢石蜡出现结晶而不能切片。

7. 修块：将包埋蜡块的纸盒撕去，用刀片切分蜡块材料成长方形小块，使植物材料位于中央。准备好一些长方形硬木块，在长轴的一端表面刻出网格，浸入熔化的废石蜡中。然后将具有材料的蜡块粘在硬木块的蜡面上，再用烧热的解剖针给予加固，使接触处不留空隙。冷凝后用刀片将材料四周多余的蜡修去。

8. 切片：石蜡切片法一般使用转动切片机。切片时，先装好刀片，把粘贴有蜡块的硬木块夹在固定的装置上，调整装置使材料的切面与刀口平行，再根据需要调节厚度标志，使切片厚度适宜。然后右手转动切片机转轮进行切片，左手持毛笔将切下成条带状的切片托住。

9. 粘片：在洁净的载玻片上涂一小滴粘片剂，用手指涂抹均匀后，滴加几滴 3% 甲醛或蒸馏水，用解剖针将蜡片轻放于液面上，然后再把载玻片放置于温台上。蜡片受热后徐徐伸展，用解剖针调整好切片位置，再用吸水纸吸去多余水分。切片在温台烤干后可置于 30℃ 温箱中 24h，使其充分干燥。

10. 脱蜡：把粘贴牢固、干燥的玻片标本放入盛有纯二甲苯的染色缸中 5～10min，即能脱净石蜡，然后再转入 1/2 无水乙醇＋1/2 纯二甲苯混合液中处理 5～10min，以便复水。

11. 复水、染色、脱水与透明：脱蜡后的玻片可用 100%、95%、85%、70%、50%、30% 的乙醇浓度依次复水，每级停留的时间约为 2～3min。染色方法及染色剂的种类很多，可根据植物材料与观察目的的不同而进行选择，最常用的为番红-固绿双重染色法。染色后再进行脱水和透明处理，即可封片。

12. 封片：当玻片从纯二甲苯缸内取出后，立即滴适量的加拿大树胶于切片上，并盖上盖玻片。加盖玻片时要先将其在酒精灯火焰上微烤一下，使盖玻片无水汽，然后把盖玻片从切片的一侧成一倾斜的角度接触树胶，慢慢放下，待盖玻片的内表面全部接触树胶后，用镊子轻压盖玻片，使植物材料与树胶充分接触。

13. 干燥、贴标签与保存：封好的玻片放置于 30℃ 温台上烘 2～3d，使溶解树胶的二甲苯蒸发，刮去盖玻片周围多余的树胶，再用沾有二甲苯的纱布擦干净。在玻片上的一端贴上标签，注明植物材料的名称、部位、制作者、制片日期等，妥善保存。

四、实训报告

1. 用徒手切片技术制作植物的临时装片标本，并写出操作过程中的注意事项。

2. 用石蜡切片技术制作植物永久切片，并写出操作过程中的注意事项。

附　录

附录一　植物材料常用的染色液及配制

一、1%乙酸洋红溶液

酸性染料，为压片法中最常用的染料之一，能把染色体染成深红色，细胞质染成浅红色。

配方　1g洋红，45%乙酸。

方法　将100mL 45%的乙酸溶液放于烧瓶中煮沸，缓慢加入1g洋红粉末，再煮沸1～2min。此时把一枚生锈铁钉用棉线系好悬入溶液中，1min后取出（铁为媒染剂），静置12min，过滤，放入棕色瓶中保存备用。

二、苯酚品红溶液

优良的核染色剂，能将细胞核和染色体染为红紫色，细胞质一般不着色，背景清晰。

配方　3g碱性品红，70%乙醇，5%苯酚，冰乙酸，37%甲醛。

方法　A液：取3g碱性品红溶于100mL的70%乙醇中（可长期保存）。

　　　　B液：取A液10mL加入90mL 5%苯酚（石炭酸）溶液中（可保存2周）。

　　　　染色液：取B液55mL，再加入6mL冰乙酸和6mL 37%甲醛（可长期使用）。

此染色液可使原生质体硬化而保持其固有的形态，但不太适用于植物组织的染色体压片染色。对原配方加以改进，配成改良的苯酚品红溶液，则可普遍适用于一般植物组织的压片法和涂片法染色。

改良配方　原染色液，45%乙酸，1.8g山梨醇。

取原配方的染色液20mL，加入80mL 45%乙酸和1.8g山梨醇，配成后染液为淡红色，如立即使用染色较浅，放置2周后，染色能力显著增强，可使用2～3年不变质。

三、碘-碘化钾溶液

碘-碘化钾溶液能使淀粉呈蓝色反应、蛋白质呈黄色反应，是测定植物化学成分的最常用试剂。

配方　1g碘，2g碘化钾，蒸馏水。

方法　先将2g碘化钾加入5mL蒸馏水中，加热使其完全溶解，然后加入1g碘，完全溶解后用蒸馏水稀释至300mL，贮于具有毛玻璃塞的棕色玻璃瓶中，置暗处保存。使用时可稀释2～10倍，这样染色不致过深，效果更好。

四、苏丹-Ⅲ乙醇溶液

苏丹-Ⅲ能把细胞中的脂肪、木栓质、角质等染成红色或橘红色，因此可用来显示上述物质在细胞中的分布和位置。

配方　0.1g苏丹-Ⅲ或苏丹-Ⅳ，95%乙醇，甘油。

方法　先将0.1g苏丹-Ⅲ或苏丹-Ⅳ染料溶于10mL 95%乙醇中，过滤后再加入10mL甘油。

五、番红溶液

碱性染料，种类很多，常配成1%的溶液使用，可把高等植物木质化、角质化、栓质化的细胞壁染成红色，也可把细胞核中的染色质、染色体和花粉外壁等染成红色，并能与固绿、结晶紫等作双重染色或三重染色。

配方 1g 番红，蒸馏水。

方法 把 1g 番红溶于 100mL 蒸馏水中即为 1%的番红水溶液。

配方 1g 番红，50%（或 95%）乙醇。

方法 把 1g 番红溶于 100mL 50%（或 95%）乙醇溶液中即为 1%的番红乙醇溶液。

六、固绿溶液

酸性染料，能把细胞质、纤维素细胞壁染成鲜艳的绿色，着色快。可与番红、结晶紫、橘红 G 等作双重或多重染色，是植物制片中不可缺少的材料。

配方 1g 固绿，95%乙醇。

方法 把 1g 固绿溶于 100mL 95%乙醇溶液中即为 1%的固绿乙醇溶液。

七、苯胺蓝溶液

酸性染料，适用于纤维素细胞壁、非染色质的结构、鞭毛等染色，也常与番红作双重染色。

配方 1g 苯胺蓝，95%乙醇。

方法 把 1g 苯胺蓝溶于 100mL 95%乙醇溶液中即为 1%的苯胺蓝乙醇溶液。

八、橘红 G 溶液

酸性染料，用于细胞质染色，也常作双重或三重染色。

配方 1g 橘红 G，95%乙醇。

方法 把 1g 橘红 G 溶于 100mL 95%乙醇溶液中即为 1%的橘红 G 乙醇溶液。

九、苏木精溶液

苏木精是植物制片中应用最广的染料，适用于一般组织学和细胞学的结构，是很强的细胞核染料，而且可以分化出不同的颜色。其配方很多，现以海登汉铁矾苏木精染液为例说明（铁矾苏木精染液）。

配方 A 液（媒染剂）：2～4g 硫酸铁铵（铁铵钒），蒸馏水。

B 液（染色剂）：0.5g 苏木精，95%乙醇，蒸馏水。

方法 （1）A 液必须保持新鲜，最好在临用前配制，把 2～4g 硫酸铁铵溶于 100mL 蒸馏水中即可。其中硫酸铁铵应为紫色结晶，若为黄色则不能使用。

（2）B 液在使用前 6 周配制，将 0.5g 苏木精溶解于 5mL 95%乙醇中让它充分氧化，用时再加入 100mL 蒸馏水。此液配好后可保存 3～6 个月，但不能与 A 液混合，否则会变质。

染色时切片需先经 A 液媒染，并充分水洗后才能用 B 液染色，染色后用水稍冲洗再用另一瓶 A 液分色至适度即可。

附录二 植物材料常用的各级乙醇配制

各级浓度的乙醇如 30%、50%、70%、80%等均用 95%的乙醇稀释而成（不用无水乙醇）。配制方法简单，即用 95%的乙醇加上一定量的蒸馏水来配制，其中所加 95%乙醇的量（mL）与所需配制的乙醇浓度数值相等，而所加蒸馏水的量（mL）与原乙醇浓度和需配制的乙醇浓度的差值相等。如 30%的乙醇是由 30mL 95%乙醇加上 65mL 的蒸馏水配制而成，而 70%的乙醇则由 70mL 95%乙醇加上 25mL 的蒸馏水配制而成，其他各级浓度依此类推。

附录三　植物材料常用的固定液及配制

一、福尔马林液

福尔马林液即 37%～40%的甲醛溶液。需注意固定和保存时所用的溶液为福尔马林溶液的百分比，而不是甲醛溶液的百分比，如 10%福尔马林溶液是由 10mL 的福尔马林加上 90mL 的水配制而成的，实质上仅含 3.7%～4%的甲醛溶液。用福尔马林固定材料后，组织硬化程度显著，但收缩很少。一般较少单独使用。

二、FAA 固定液

福尔马林-乙酸-乙醇混合液，适用于除单细胞和丝状藻类以外的植物组织，但不适宜作细胞学研究。一般柔嫩材料可用 50%乙醇代替 70%乙醇，以防止材料收缩。固定时间最短需 18h，也可无限期延长，木质小枝至少须固定 1 周。固定后可用 50%乙醇冲洗，木质材料用流水冲洗 48h 后再放入 50%乙醇和甘油溶液中浸 2～3d 使其软化。

　　配方　（1）70%乙醇 90mL，冰乙酸 5mL，福尔马林液 5mL。

　　　　　　（2）50%乙醇 89mL，冰乙酸 6mL，福尔马林液 5mL（固定植物胚胎材料）。

三、卡诺液

适用于一般植物组织和细胞的固定，穿透力强、快，其中无水乙醇固定细胞质，冰乙酸固定染色质，并能防止组织由乙醇引起的高度收缩与硬化。处理时间为 12～24h，有的也可缩短，如根尖材料可固定 15min，花药可固定 1h 等。固定后用 95%乙醇冲洗至不含冰乙酸为止。

　　配方　（1）无水乙醇 3 份，冰乙酸 1 份。

　　　　　　（2）无水乙醇 6 份，冰乙酸 1 份，氯仿 3 份。

四、纳瓦兴液

适用于一般植物组织和细胞的固定。在使用前先将 A 液、B 液等量混合。固定时间为 24～48h，固定后可直接在 70%乙醇中冲洗几次，再继续脱水。

　　配方　A 液：10%铬酸 15mL，冰乙酸 10mL，蒸馏水 75mL。

　　　　　　B 液：福尔马林液 40mL，蒸馏水 60mL。

五、桑弗利斯液

适用于染色体和有丝分裂中纺锤体的固定。在使用前先将 A 液、B 液等量混合。固定时间为 4～6h，固定完毕后用流水冲洗 6～12h。

　　配方　A 液：10%铬酸 13mL，冰乙酸 8mL，蒸馏水 79mL。

　　　　　　B 液：福尔马林液 64mL，蒸馏水 36mL。

参 考 文 献

[1]　贺学礼. 植物学. 北京：高等教育出版社，2004.

[2]　高信曾. 植物学. 北京：高等教育出版社，1987.

[3]　周云龙. 植物生物学. 北京：高等教育出版社，1999.

[4]　陈机. 植物发育解剖学. 济南：山东大学出版社，1996.

[6]　马炜梁. 高等植物及其多样性. 北京：高等教育出版社，1998.

[7]　陆时万，徐祥生等. 植物学. 北京：高等教育出版社，1992.

[8]　杨继，郭友好，杨雄，饶广正. 植物生物学. 北京：高等教育出版社，1999.

[9]　李扬汉. 植物学. 北京：高等教育出版社，1988.

[10]　傅书遐. 湖北植物志. 武汉：湖北科学技术出版社，2004.

[11]　吴万春. 植物学. 北京：高等教育出版社，1991.

[12]　谢国文，姜益泉等编. 植物学实验实习指导. 北京：中国科学文化出版社，2003.

[13]　何凤仙. 植物学实验. 北京：高等教育出版社，2000.

[14]　谢国文，廖福林，李晓宏. 植物学. 北京：中国教育文化出版社，2005.

[15]　陈忠辉. 植物及植物生理学. 北京：中国农业出版社，2001.

[16]　胡宝宗，胡国宣. 植物学. 北京：中国农业出版社，2002.

[17]　王全喜，张小平. 植物学. 北京：科学出版社，2004.

[18]　郑湘如，王丽. 植物学. 北京：中国农业大学出版社，2002 .

[19]　李明扬. 植物学. 北京：中国林业出版社，2003.

[20]　戴宝合. 野生植物资源学. 第二版. 北京：中国农业出版社，2003.

[21]　叶创兴，冯虎元. 植物学实验指导. 北京：清华大学出版社，2006.

[22]　王衍安. 植物与植物生理实训. 北京：高等教育出版社，2004.

[23]　高愿君. 中国野生植物开发与加工利用. 北京：中国轻工业出版社，1995.

[24]　高信曾. 植物学实验指导：形态、解剖部分. 北京：高等教育出版社，1986.

[25]　杨继. 植物生物学实验. 北京：高等教育出版社，施普林格出版社，2000.

[26]　徐汉卿. 植物学. 北京：北京农业大学出版社，2000.

[27]　滕崇德. 植物学. 长春：东北师范大学出版社. 1998.